YTONG-HANDBUCH

Dipl.-Ing. Wolfgang Reichel

YTONG-HANDBUCH

Gasbeton

Planung, Konstruktion und Anwendung

2., überarbeitete Auflage

BAUVERLAG GMBH · WIESBADEN UND BERLIN

Mitarbeiter: Dipl.-Ing. Wolfgang Dubral
Arch. Dipl.-Ing. Hellmuth Bahlmann

2., überarbeitete Auflage 1974

Satz und Druck: Wiesbadener Graphische Betriebe GmbH, Wiesbaden
Einband: C. Fikentscher, Darmstadt
Herausgeber: **YTONG** AG

ISBN 3-7625-0384-2

Inhaltsübersicht

Geleitwort

Eine Verbesserung der Produktinformatik gehört mit zu den wichtigen Aufgaben, die sich der Bund Deutscher Architekten, BDA, gestellt hat.
Das vorliegende YTONG-Handbuch ist ein begrüßenswerter und wichtiger Beitrag auf diesem Gebiet.
Die zunehmende Umfänglichkeit und Komplexität der Bauaufgaben verlangen heute mehr denn je den koordinierten Einsatz neuer Methoden und die Ausschöpfung aller Möglichkeiten eines bestimmten Produktes. In diesem Sinn ist die Industrialisierung im Bauwesen eine adäquate und problemorientierte Antwort auf den erhöhten quantitativen und qualitativen Bedarf an gebauter Umwelt. Denn hier liegt das größte Reservoir notwendiger Innovationen für unsere gebaute Zukunft. Unabdingbare Voraussetzung jedoch für eine solche Entwicklung ist eine lückenlose und systematische Produktinformation über die technischen und physikalischen, chemischen und formalen Leistungswerte eines Produktes, ist die sorgsame Erfassung und Weitergabe von Nutzungs- und Gebrauchserfahrungen. Der durchschnittliche Herstellermarkt läßt hierbei die Architekten heute noch weitgehend im Stich: Prospekte zwischen irreführender Werbung und unspezifischen Aussagen halten viele „informationsgeschädigte“ Planer von neuen Methoden und Produkten ab.
Um so begrüßenswerter ist deshalb die Neuauflage des YTONG-Handbuches, ergänzt und erweitert um wichtige Informationen über Material, seine Bearbeitung und Anwendungsmöglichkeiten.
Es wäre zum Nutzen unserer gebauten Umwelt, wenn dieses gute Beispiel Schule machen würde.

Dipl.-Ing. Hans Busso von Busse
Präsident des Bundes Deutscher Architekten

Geleitwort

Die Industrialisierung des Bauens ist identisch mit der Aufgabe, die zweckmäßigsten Materialien in bestmöglicher Form wirtschaftlich zu produzieren und zu nutzen.
Die Anwendung der Grundsätze industrieller Produktion auf alle Bauleistungen ist zwar noch nicht gelungen, jedoch gibt es bereits zahllose Wegbereiter des technischen und ökonomischen Fortschritts, an die industrielle Wert- und Leistungsmaßstäbe angelegt werden können.
Der Gasbeton ist ein Meilenstein auf dem Weg zur Industrialisierung des Bauens. Er liefert das klassische Beispiel für die immer wieder bewiesene Regel, daß industriell gefertigte Produkte höchsten Güteanforderungen genügen. Voraussetzung dazu ist eine bis ins letzte Detail ausgeführte Planung der Konstruktion und Montage. Dazu liefert das YTONG-Handbuch erstmals alle Unterlagen speziell über Gasbeton. Es schließt eine Informationslücke und wird zweifellos allen mit Gasbeton planenden und bauenden Fachleuten wertvolle Dienste leisten.
Da es sich um eine ebenso umfassende wie gründliche Darstellung handelt, ist es der Wunsch vieler, daß sie das Wissen über den Gasbeton verbreiten und die Zusammenarbeit zwischen Produzenten, Bauherren und Bauunternehmern erleichtern möge.

Dr.-Ing. E. h. Hermann Brunner
Präsident des Hauptverbandes
der Deutschen Bauindustrie

Vorwort zur zweiten Auflage

Die unter dem Namen „YTONG“ bekannten dampfgehärteten Gasbeton-Produkte haben sich in vier Jahrzehnten als Baustoffe für Dach, Decke und Wand hervorragend bewährt. Sie sind aufgrund ihrer vielseitigen Einsatzmöglichkeiten aus dem Wohnungs-, Industrie- und Verwaltungsbau nicht mehr wegzudenken. Ihre Verwendung hat sich seit dem Jahre 1960 in der Bundesrepublik mehr als verzehnfacht.

Die Vielzahl der YTONG-Produkte – vom großformatigen Block bis zum Montage- und Fertigbauteil – bietet Planenden und Bauausführenden eine Fülle von gestalterischen und wirtschaftlichen Vorteilen. Nur die Kenntnis aller Eigenschaften dieser Produkte – hohe Wärmedämmung, große Druckfestigkeit bei geringem Gewicht, Feuerbeständigkeit sowie leichte Be- und Verarbeitbarkeit – führen zu richtigen konstruktiven Lösungen und damit zum optimalen Einsatz.

Mit dem YTONG-Handbuch wurde einem seit langem bestehenden Wunsch der Praxis entsprochen, Planende und Bauausführende über den Rahmen einer Werbeschrift hinausgehend objektiv und detailliert darüber zu informieren, welche Verwendungsmöglichkeiten YTONG-Produkte bieten und wie technisch einwandfreie Lösungen erreicht werden.

Der Verfasser und seine Mitarbeiter verfügen über jahrelange praktische Erfahrungen in der Verwendung und Verarbeitung von YTONG-Produkten. Sie haben sich zur Aufgabe gestellt, alle behandelten Themen anschaulich und systematisch darzustellen. Ihnen gebührt für diese Arbeit besonderer Dank.

Möge das YTONG-Handbuch dazu beitragen, Planenden und Bauausführenden eine echte Hilfe bei ihrer täglichen Arbeit zu sein.

Dr. Helmut Hartmann
Vorsitzender des Vorstandes
der YTONG-Aktiengesellschaft

Inhaltsverzeichnis

3. Anwendungsbereiche der YTONG-Produkte

4. Bauphysik

6. Die Wand

1. Der Baustoff YTONG

(Technische Grunddaten)

1.1 Materialbeschreibung, Herstellung

YTONG ist ein von Luftporen durchsetzter, silikathaltiger Baustoff. Seine Ausgangsstoffe sind als Silikatträger hochkieselsäurehaltige Sande, industrielle Flugaschen oder Schlacken und Branntkalk. Die feingemahlenen Grundstoffe werden zu einer wäßrigen Suspension gemischt und in Gießformen gefüllt. Das Wasser löscht unter Wärmeentwicklung den Kalk. Durch Zugabe eines Treibmittels, z. B. Aluminiumpulver, entstehen gasbildende Reaktionen, die zum Aufblähen der YTONG-Masse und zur Bildung eines feinen Porengerüstes führen. Die standfeste Masse wird in automatisch arbeitenden Sägeeinrichtungen in die gewünschten Formen der YTONG-Bauteile geschnitten.

Bei der Produktion von stahlbewehrten Montagebauteilen werden vor dem Gießvorgang in Schweißautomaten hergestellte und rostgeschützte Bewehrungskörbe in die Formen eingebaut.

Unter hochgespanntem Sattdampf erfolgt die Härtung. In dem Porengerüst entstehen Kalziumsilikathydrate und Kalziumaluminathydrate, die in ihren Eigenschaften, insbesondere in ihrer Festigkeit, natürlichen Mineralien entsprechen. Die endgültige Festigkeit und Raumbeständigkeit ist unmittelbar nach diesem Prozeß gewährleistet; Zwischenlagerung von YTONG vor der Verwendung ist nicht notwendig.

Aus YTONG werden in stationären Produktionsanlagen bewehrte und unbewehrte Bauteile mit tragender und nichttragender Funktion hergestellt (siehe Kapitel 2 „Produktbeschreibung"). Ihre Anwendung ist durch Normen und baubehördliche Zulassungen geregelt.

Bild 1/1 Blick in die Produktionshalle eines vollmechanisierten YTONG-Werkes

1.2 Überwachung der Herstellung nach DIN (Gütesicherung)

Die YTONG-Produkte werden in werkseigenen Laboratorien ständig kontrolliert. Dazu kommt eine regelmäßige Güteüberwachung durch amtliche Stellen. Geprüft werden unter anderem Rohstoffe, Rohdichte, Druckfestigkeit, Nachschwinden, Rostschutz des Bewehrungsstahles und die Maßhaltigkeit der Bauteile. Bei Montagebauteilen werden darüberhinaus die statischen Eigenschaften überwacht. (Siehe Bild 1/3.)

1.3 Porenstruktur

YTONG enthält runde, in sich geschlossene Makro-Poren mit einem Durchmesser von ca. 0,5 bis 1,5 mm. Die Porenwände sind ihrerseits von kleinen Poren durchsetzt, den Mikro-Poren. Bei der YTONG-Rohdichte von 470 kg/m³ beträgt das Porenvolumen ca. 80%, das Volumen des Feststoffes also ca. 20%. Das Verhältnis zwischen Porenvolumen und Feststoffgehalt bestimmt die Rohdichte. Sie wird durch entsprechende Dosierung des Treibmittels gesteuert. (Siehe Bild 1/2.)

1.4 Oberflächenbeschaffenheit

Die Oberflächenbeschaffenheit ist auf den Verwendungszweck der Bauteile abgestimmt:
aufgerauhte Oberfläche mit fischgrätartig verlaufenden, etwa 1,5 mm tiefen Rillen bei Blöcken und Platten,
glatte Oberfläche bei PLANBLÖCKEN, PLANPLATTEN und Montagebauteilen für Dach, Decke und Wand.

1.5 Druckfestigkeit, Rohdichte, Güteklassen und ihre Kennzeichnung

1.5.1 YTONG-Blöcke und -PLANBLÖCKE

Aus Blöcken werden Prismen herausgeschnitten, die bei 105° C getrocknet und anschließend gewogen werden. Daraus ergibt sich die Rohdichte.
Für die Ermittlung der Druckfestigkeit werden ganze Blöcke im lufttrockenen Zustand verwendet. Es gelten die in Tabelle 1/1 angegebenen Werte.

Tabelle 1/1 Druckfestigkeit, Rohdichte, Güteklassen und Kennzeichnung

Güteklasse	mittlere Druckfestigkeit kp/cm²	mittlere Rohdichte kg/m³	Kennfarbe
GS 25	25	470	gelb
GS 50	50	640	blau
GS 75	75	780	rot

1.5.2 Stahlbewehrte YTONG-Montagebauteile

Rohdichte und Druckfestigkeit werden wie bei den Blöcken, jedoch an Würfeln mit einer Kantenlänge $\leq$ 10 cm ermittelt.

Tabelle 1/2 Druckfestigkeit, Rohdichte, Güteklassen und Kennzeichnung

Güteklasse	mittlere Druckfestigkeit kp/cm²	mittlere Rohdichte kg/m³	Kennzeichnung
GSB 35	35	550	Durch Stempelung der Elemente
GSB 50	50	640	

Berechnungsgewichte siehe Abschnitt 5.1.1

Bild 1/2 Porenstruktur im Maßstab 1:1 (Originalgröße)

MATERIALPRÜFUNGSAMT FÜR DAS BAUWESEN
DER TECHNISCHEN UNIVERSITÄT MÜNCHEN

8000 MÜNCHEN 2, ARCISSTRASSE 21 · RUF NR. 286017 · FERNSCHREIBER 05/22854

PRÜFUNGSZEUGNIS

Nr. 1295 Bö/Ei Lab.-Nr.2312 - 2

vom 7.3.1972

Betreff:	Prüfung von 6 Plansteinen aus dampfgehärtetem Gasbeton GS 25-624x3oox249 nach DIN 4165
Antragsteller:	Firma Ytong AG Werk Schrobenhausen 8898 Schrobenhausen Königslacher Weg 14
Antragschreiben:	6.7.1971 - gem. Überwachungsvertrag
Probenahme:	6.7.1971 im Werk des Antragstellers
Probeneingang:	7.7.1971

Das Prüfungszeugnis umfaßt ...2... Textseiten

.... Pausen

.... Lichtbilder

Das Prüfungszeugnis darf nur ungekürzt veröffentlicht werden.
Die gekürzte oder auszugsweise Veröffentlichung bedarf der vorherigen Genehmigung des Materialprüfungsamtes

3' 5.70 Mei.

Bild 1/3 Beispiel eines Prüfungszeugnisses (Vorderseite)

Materialprüfungsamt für das Bauwesen
der Technischen Hochschule München
Prüfamt und Forschungsinstitut für Baustoffe und Bauarten

Blatt 2 zum Prf. Zg. Nr. 1295 v.7.3.72

Probematerial 6 Plansteine aus dampfgehärtetem Gasbeton GS 25-624x300x249

Prüfung nach DIN ~~18151~~ 4165 + Zul. d.OBB v. 8.5.1969

Prüftag: 9.9.1971 Prüfalter: 65 Tage

Probenbezeichnung	Abmessungen in mm: Breite	Länge	Höhe	a	b	c	d	e	f	g
25	299	625	250							
26	299	624	250							
27	298	624	249							
28	299	624	250							
29	298	624	250							
30	299	624	250							
Mittelwert	299	624	250							
Sollwert	300 ± 1,5	624 (± ~~3~~ 1,5 mm)	249 ± 1	(Kleinstwerte)						

Probenbezeichnung	Gewicht (3)	Rohwichte (3)	Druckfestigkeit
	kg	kg / dm^3	kp / cm^2
25	21,3	0,46	30
26	21,4	0,46	33
27	20,0	0,43	29
28	19,7	0,42	32
29	21,8	0,47	28
30	20,9	0,45	33
Mittelwert	20,9	0,45	31
Sollwert	-	≤ 0,60	≥ 25
Einzelwert	-	-	≥ 20

Nachschwinden: 0,07 mm/m
(zul. gem. DIN 4165: ≤ 0,5 mm/m)

Für Gewicht und Rohwichte: (1) im Anlieferungszustand
(2) lufttrocken
(3) bei 105° C getrocknet

Materialbefund nach Augenschein:
Zuschlagsmaterial: —
Korngröße: — Poren: —
Kornform: — Gefüge: —

Die Normenprüfung wurde **bestanden.**

Bemerkungen: Kennzeichnung als GS 25: "gelber Farbstreifen".

(Dr.Zelger) (Bönnisch)

Bild 1/3 Rückseite

1.6 Wärmeleitfähigkeit

Die Wärmeleitzahlen von YTONG, gemessen am trockenen Material, sind:

Rohdichte in kg/m³	Wärmeleitzahl λ_{tr} kcal/m h grd
470	0,094
550	0,11
640	0,13
780	0,16

Tabelle 1/3 Wärmeleitzahlen von YTONG in Abhängigkeit von der Rohdichte

Die Wärmeleitzahlen, die der Bestimmung des Wärmeschutzes, den Wärmebedarfsberechnungen und den feuchtigkeitstechnischen Nachweisen zugrunde gelegt werden müssen, sind 4.1.3.1 und 4.1.3.2 zu entnehmen. Bild 1/4 zeigt die Abhängigkeit der Wärmeleitzahl von der Rohdichte.

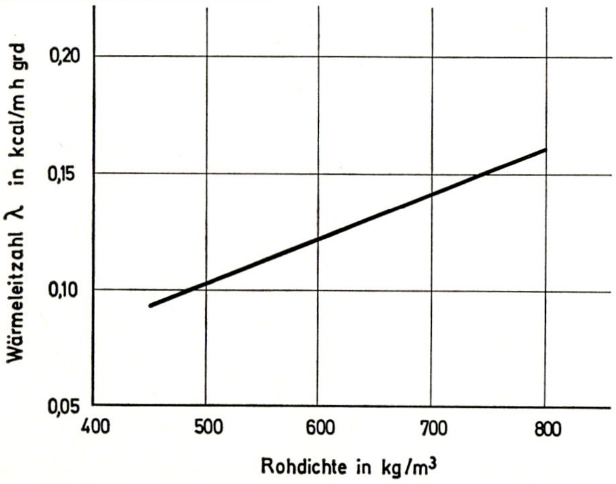

Bild 1/4 Wärmeleitzahlen von YTONG (Meßwerte) in Abhängigkeit von der Rohdichte

1.7 Wärmedehnung

Der Längenausdehnungskoeffizient α_t von YTONG ist ca. $0{,}8 \cdot 10^{-5}$ grd^{-1}, d. h., die thermische Ausdehnung beträgt ca. 0,008 mm/m grd in einem Temperaturbereich von 20° bis 100° C, ist also etwas geringer als für Schwerbeton.

1.8 Spezifische Wärme

Die spezifische Wärme c beträgt bei hygroskopischer Ausgleichsfeuchte (2 bis 5 Gew.-%) im YTONG 0,24 bis 0,26 kcal/kg grd.

1.9 Schmelzpunkt

YTONG beginnt bei ca. 1000° C zu sintern, bei 1100° bis 1200° C zu schmelzen.

1.10 Elastizitätsmodul

Rohdichte kg/m³	Elastizitätsmodul i. M. kp/cm²
470	16700
550	18000
640	20000
780	23300

Tabelle 1/4 Elastizitätsmodul von YTONG in Abhängigkeit von der Rohdichte

1.11 Zugfestigkeit

Die Zugfestigkeit von YTONG liegt zwischen 4 bis 12 kp/cm², was ungefähr einem Sechstel der jeweiligen Würfeldruckfestigkeit entspricht.

1.12 Biegezugfestigkeit

Die Biegezugfestigkeit beträgt ein Fünftel der jeweiligen Würfeldruckfestigkeit, das sind 5 bis 15 kp/cm².

1.13 Feuerbeständigkeit

YTONG ist nicht brennbar (DIN 4102, Klasse A). Je nach Dicke können feuerbeständige und hochfeuerbeständige Bauteile erstellt werden (siehe hierzu Abschnitt 4.4 Brandschutz).

1.14 Raumbeständigkeit

Das Nachschwinden wird an Prismen ermittelt, die aus der Mitte verschiedener Blöcke und Platten im Lieferzustand herausgesägt werden. Die Probekörper werden 28 Tage lang über Pottasche gelagert. Die bei den laufenden Überwachungsprüfungen festgestellten Werte für YTONG sind $\leq$ 0,2 mm/m.

1.15 Ausgleichsfeuchte

Baustoffe trocknen bis zu einer Ausgleichsfeuchte aus. Diese hängt von der relativen Feuchtigkeit der den Baustoff umgebenden Luft ab. Bild 1/5 zeigt den Bereich, in welchem sich die Ausgleichsfeuchte bei YTONG bewegt.

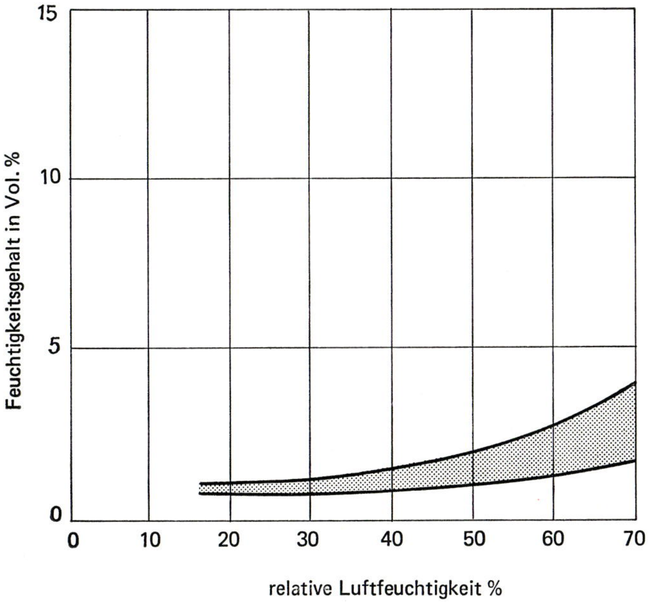

Bild 1/5 Ausgleichsfeuchte in YTONG in Abhängigkeit von der relativen Luftfeuchtigkeit bei Temperaturen von 15 bis 25° C

Die Ergebnisse von Untersuchungen der Feuchtigkeitsverhältnisse in YTONG-Bauteilen sind in Abschnitt 4.2.5 zusammengefaßt.

1.16 Wasserabsorption

Die Kapillarwirkung der sichtbaren Poren von YTONG ist unbedeutend. Die feststellbare Wasseraufnahme wird durch die kapillare Saugfähigkeit der dünnen Zellwände hervorgerufen. Diese besitzen eine geringe Wasseraufnahmefähigkeit bei niedriger kapillarer Sauggeschwindigkeit.

1.17 Wasserdampfdurchlässigkeit

YTONG hat durch seine poröse Struktur einen relativ niedrigen Dampfdurchlaßwiderstand.

Tabelle 1/5 Wasserdampfdiffusionswiderstandsfaktor für μ YTONG

YTONG-Güteklasse	GS 25	GSB 35	GS/GSB 50	GS 75
Wasserdampfdiffusionswiderstandsfaktor μ	3	4	5	6

1.18 Frostwiderstandsfähigkeit

Sie hängt von dem Feuchtigkeitsgehalt im YTONG ab. Die Poren dürfen nicht vollständig mit Wasser gefüllt sein. Wenn der Feuchtigkeitsgehalt niedriger als 30 Vol.-% ist, was bei der Güteklasse GS 25 ca. 60 Gew.-% bedeutet, besteht die Gefahr von Frostschäden nicht. Besonders im Winter soll YTONG vor Durchfeuchtung bei der Lagerung durch Abdecken und im Bau, z. B. durch Putz, geschützt werden.

1.19 Rostschutz

Ein poröser Baustoff bietet für Eisenteile keinen Rostschutz. Deshalb wird die Bewehrung von YTONG-Montagebauteilen vor dem Einbau mit einem mehrschichtigen Rostschutz versehen. Dieser wird nach DIN 4223 ständig geprüft.
Nägel, Schrauben und Verankerungen in Bauteilen aus YTONG sollen entweder rostgeschützt sein oder aus nichtrostendem Material bestehen.

1.20 Bearbeitbarkeit

YTONG läßt sich mit Sägen, Beil, speziellen Hobeln, Rillenkratzern, Bohrern usw. gut bearbeiten. Außerdem kann YTONG genagelt werden. Besonders eignen sich hierfür geschnittene Nägel oder Spiralnägel, die hohe Auszugskräfte besitzen.
Bei Montagebauteilen ist zu beachten, daß die Stahlbewehrung nur bei nichttragenden Elementen abgeschnitten werden darf. Die Schnittflächen müssen nachträglich rostgeschützt werden.

2. Produktbeschreibung

2.1 **Übersicht** (YTONG-Produktionsprogramm)

Bauteil	Abschnitt	Produktbezeichnung	Güteklassen
WAND	2.2.1	YTONG-Blöcke und -Platten	GS 25, GS 50, GS 75
	2.2.2	YTONG-PLANBLÖCKE und -PLANPLATTEN	GS 25 P, GS 50 P, GS 75 P
	2.2.3	YTONG-Planelemente	GS 25, GS 50
	2.2.4	YTONG-Stürze für nichttragende Wände	GSB 50
	2.2.5	YTONG-Stürze für tragende Wände	GSB 50
	2.2.6	Stehende YTONG-Wandelemente, tragend	GSB 35, GSB 50
	2.2.7 a	Stehende YTONG-Wandelemente, nichttragend	GSB 35, GSB 50
	2.2.7 b	YTONG-Zwischenwandelemente	GSB 35, GSB 50
	2.2.8	Liegende YTONG-Wandelemente	GSB 35, GSB 50
			YTONG-Rohdichte
	2.2.9	YTONG-Fassadenelemente	600 kg/m³
			Güteklassen
	2.2.10	Raumgroße YTONG-Wandelemente	GSB 35
DECKE	2.2.11	Bewehrte YTONG-Deckenplatten	GSB 50
DACH	2.2.12	Bewehrte YTONG-Dachplatten	GSB 35, GSB 50

Aus den YTONG-Produkten können alle wesentlichen Bauteile eines Gebäudes, wie Dächer, Decken und Wände erstellt werden. Sie eignen sich auch sehr gut für eine Kombination mit anderen Baustoffen. Ihre Anwendung ist durch Normen und baubehördliche Zulassungen geregelt.

Die folgenden Einzelbeschreibungen der YTONG-Produkte beinhalten:

Abmessungen
Profilierungen
Materialgüteklassen
Kennzeichnung
Toleranzen
Produktnormen und baubehördliche Zulassungen
Anwendungsgebiete

2.2 Einzelbeschreibung

2.2.1 YTONG-Blöcke und -Platten

Bild 2/1 Wandausschnitt YTONG-Blöcke

Abmessungen, Kennfarbe

	Güteklasse	GS 25	GS 50	GS 75
	Kennfarbe	Gelb	Blau	Rot
	Länge/Höhe cm	49 u. 61,5/24	49 u. 61,5/24	49/24
Platten	Dicke cm	5 7,5 10 12 15	5 7,5 10 12 15	— — — 12 —
Blöcke	Dicke cm	17,5 20 24 30	17,5 20 24 30	17,5 — 24 30

Toleranzen

Für Länge, Breite und Höhe ± 3 mm.

Materialgüteklassen

YTONG-Blöcke und -Platten werden in drei Güteklassen hergestellt: GS 25, GS 50 und GS 75.

Produktnormen und baubehördliche Zulassung

DIN 4164 „Gas- und Schaumbeton, Herstellung, Verwendung und Prüfung"
DIN 4165 „Wandbausteine aus dampfgehärtetem Gasbeton und Schaumbeton"
DIN 4166 „Wandbauplatten aus dampfgehärtetem Gasbeton und Schaumbeton"
DIN 4172 „Maßordnung im Hochbau"
Zulassungsbescheid ist nicht erforderlich.

Anwendungsgebiete

Bei der Verwendung von YTONG-Blöcken und -Platten müssen neben den auf das Produkt bezogenen Normen die allgemeinen Baunormen berücksichtigt werden:

DIN 1053 „Mauerwerk, Berechnung und Ausführung"
DIN 1055 „Lastannahmen für Bauten"
DIN 4102 „Brandverhalten von Baustoffen und Bauteilen"

DIN 4103	„Leichte Trennwände“
DIN 4106	„Wanddicken für Wohnungsbauten“
DIN 4108	„Wärmeschutz im Hochbau“
DIN 4109	„Schallschutz im Hochbau“
DIN 4172	„Maßordnung im Hochbau“
DIN 18515	„Fassadenbekleidungen aus Naturwerkstein, Betonwerkstein und Keramik“
DIN 18550	„Putz, Baustoffe und Ausführung“

Folgende Bauteile werden aus YTONG-Blöcken und -Platten hergestellt:

- Tragende und nichttragende Außen- und Innenwände
- Kelleraußen- und -innenwände
- Feuerbeständige und hochfeuerbeständige Wände
- Brandwände
- Leichte Zwischenwände
- Innere tragende und wärmedämmende Schale bei zweischaligem Mauerwerk
- Ausfachungen
- Schornsteinummantelungen
- Wärmedämmung zur Vermeidung von Kältebrücken (z. B. bei Ringankern, Betondecken, -stürzen usw.)

Bild 2/2 Wohngebäude mit tragenden Außenwänden aus YTONG-Blöcken

2.2.2 YTONG-PLANBLÖCKE und -PLANPLATTEN

Bild 2/3 Wandsausschnitt YTONG-PLANBLÖCKE

Abmessungen, Kennfarbe

	Güteklasse	GS 25 P	GS 50 P	GS 75 P
	Kennfarbe	Gelb	Blau	Rot
	Länge/Höhe cm	50 und 62,5/25	50 und 62,5/25	50/25
Platten	Dicke cm	10 12,5 15	10 12,5 15	— 12,5 —
Blöcke	Dicke cm	17,5 20 25 30	17,5 20 25 30	17,5 — 25 30

Toleranzen

Für Länge und Breite ± 1,5 mm,
für Höhe ± 1,0 mm.

Materialgüteklassen

YTONG-PLANBLÖCKE, -PLANPLATTEN werden in drei Güteklassen hergestellt: GS 25 P, GS 50 P und GS 75 P.

Produktnormen und baubehördliche Zulassung

DIN 4164 „Gas- und Schaumbeton, Herstellung, Verwendung und Prüfung"
DIN 4165 „Wandbausteine aus dampfgehärtetem Gasbeton und Schaumbeton"
DIN 4166 „Wandbauplatten aus dampfgehärtetem Gasbeton und Schaumbeton"
DIN 4172 „Maßordnung im Hochbau"
Zulassungsbescheid: „Mauerwerk aus YTONG-PLANBLÖCKEN"

Anwendungsgebiete

Durch die hohe Maßgenauigkeit der YTONG-PLANBLÖCKE und -PLANPLATTEN entfällt die übliche 10 mm dicke Mörtelfuge; sie beträgt nur noch 1—2 mm, so daß praktisch fugenlose Wände mit wesentlich höherer Wärmedämmung und Festigkeit entstehen. Die Oberflächen der unverputzten Wände sind glatt.
Anwendungsgebiete und allgemeine Normen wie YTONG-Blöcke und -Platten.

Bild 2/4 Wohngebäude mit tragenden Außenwänden aus YTONG-PLANBLÖCKEN im Rohbau

2.2.3 YTONG-Planelemente

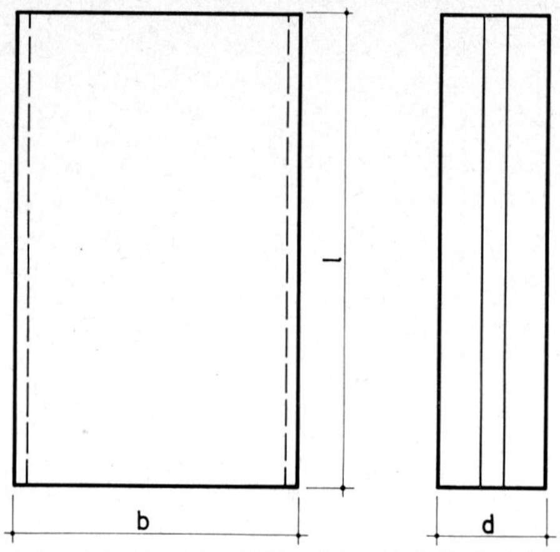

Bild 2/5 Darstellung der YTONG-Planelemente mit Profilierung der Längsseiten

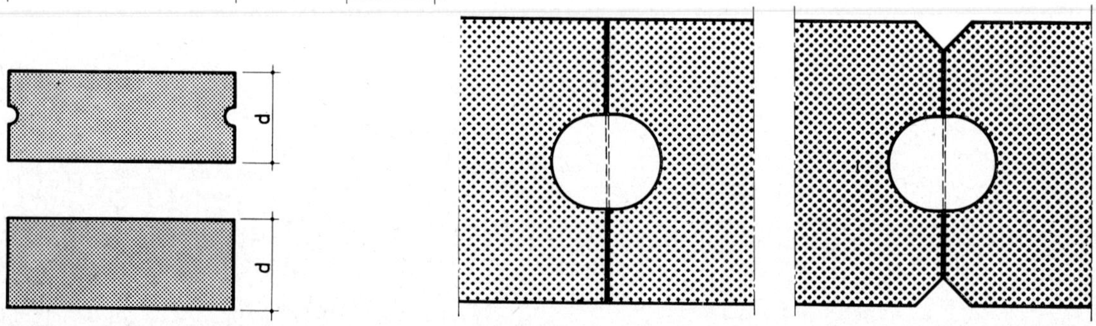

Profilierungen

Scharfkantig oder gefast, mit oder ohne Vergußnut.

Abmessungen

Bezeichnung	Dicke cm	max. Länge[1] cm	Breite cm
GS 25/50	10 12,5 15 17,5 20 25 (24)	100 125 150 150 150 150	62,5 (60)

[1] Standardlänge 75 cm

Toleranzen

Für Länge und Breite $\pm$ 3 mm.

Materialgüteklassen

GS 25 und GS 50

Produktnormen und baubehördliche Zulassung

DIN 4164 „Gas- und Schaumbeton, Herstellung, Verwendung und Prüfung“
DIN 4172 „Maßordnung im Hochbau“
Zulassungsbescheid ist nicht erforderlich.

Anwendungsgebiete

Nichttragende Wände
Brüstungen
Ausfachungen
Füllkörper bei Schwerbetondecken
Wärmedämmung von Betonwänden (Mantelbeton)

Bild 2/6 YTONG-Planelemente als äußere Wärmedämmung von Ortbetonwänden (Mantelbeton)

2.2.4 YTONG-Stürze für nichttragende Wände

für Mauerwerk aus YTONG-Blöcken und -Platten
(und YTONG-PLANBLÖCKEN und -PLANPLATTEN)

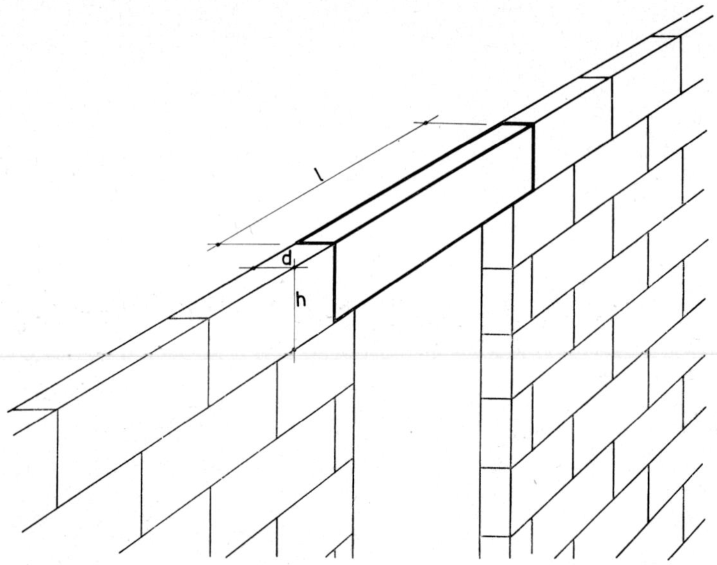

Bild 2/7 Darstellung eines nichttragenden YTONG-Sturzes

Abmessungen

Bezeichnung	Abmessungen [1]			Lichte Öffnung cm
	Länge cm	Dicke cm	Höhe cm	
SN 1	124	7,5	24	100
SN 2	124	10	24	100
SN 3	124	12	24	100

[1] YTONG-Stürze für Mauerwerk aus YTONG-PLANBLÖCKEN bzw. -PLANPLATTEN besitzen entsprechende Maße (z. B. SNP 1 125/25/10 cm).

Toleranzen

Für Mauerwerk

aus YTONG-Blöcken und -Platten:
Länge, Breite und Höhe ± 3,0 mm

aus YTONG-PLANBLÖCKEN und -PLANPLATTEN:
Länge und Breite ± 1,5 mm
Höhe ± 1,0 mm

Materialgüteklasse

GSB 50

Produktnormen und baubehördliche Zulassung

DIN 4164 „Gas- und Schaumbeton, Herstellung, Verwendung und Prüfung"
DIN 4172 „Maßordnung im Hochbau"
Zulassungsbescheid ist nicht erforderlich.

Anwendungsgebiete

Stürze für Öffnungen, bis 100 cm lichte Weite in nichttragendem Mauerwerk.
Bei Wänden, die dicker als 12 cm sind, werden mehrere Stürze nebeneinandergelegt, z. B.

2 × 7,5	= 15	cm
7,5 + 10	= 17,5	cm
2 × 10	= 20	cm
2 × 12	= 24	cm
3 × 10	= 30	cm

Bild 2/8 Eingebauter YTONG-Sturz (Nichttragende Innenwand)

2.2.5 YTONG-Stürze für tragende Wände

für Mauerwerk aus YTONG-Blöcken (und YTONG-PLANBLÖCKEN)

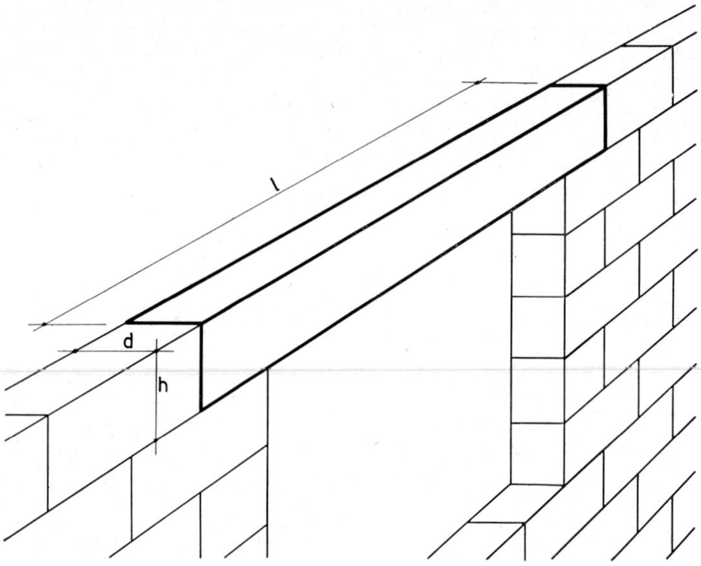

Bild 2/9

Abmessungen

Bezeichnung	Zulässige Belastung	Abmessungen[1]			max. Stützweite	max. lichte Öffnung
		Länge	Dicke	Höhe		
	kp/m	cm	cm	cm	cm	cm
ST 1.18	1800	149	24	24	130	110
ST 2.18	1800	174	und	24	155	135
ST 3.18	1800	199	30	24	180	160

[1] YTONG-Stürze für Mauerwerk aus YTONG-PLANBLÖCKEN bzw. -PLANPLATTEN besitzen entsprechende Maße (z. B. STP 1.12 150/25/25 cm).

Toleranzen

für Mauerwerk aus YTONG-Blöcken:
Länge, Breite und Höhe ± 3 mm

für Mauerwerk aus YTONG-PLANBLÖCKEN:
Länge und Breite ± 1,5 mm
Höhe ± 1,0 mm

Materialgüteklasse

GSB 50

Produktnormen

DIN 4164 „Gas- und Schaumbeton, Herstellung, Verwendung und Prüfung“
DIN 4172 „Maßordnung im Hochbau“
Zulassungsbescheid: „Bewehrte YTONG-Stürze aus dampfgehärtetem Gasbeton GSB 50“

Anwendungsgebiete

Stürze für Fenster- und Türöffnungen bis 160 cm lichte Weite in tragenden Außen- und Innenwänden.

Bild 2/10 Eingebauter YTONG-Sturz (tragende Außenwand)

2.2.6 Stehende YTONG-Wandelemente, tragend

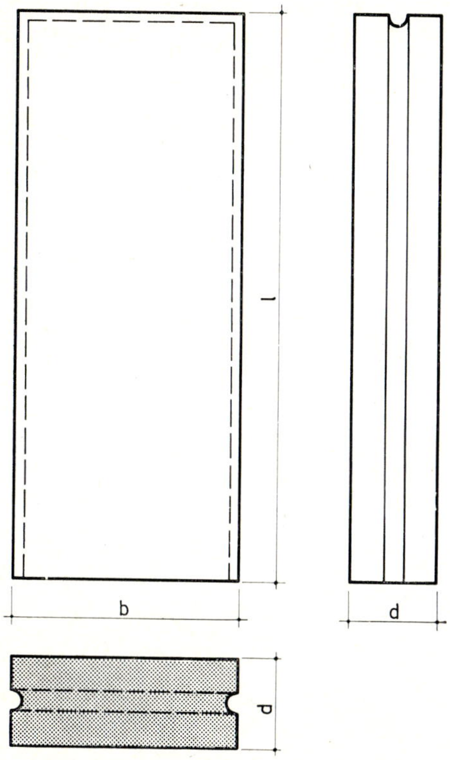

Bild 2/11 Darstellung der stehenden YTONG-Wandelemente, tragend, mit Profilierung

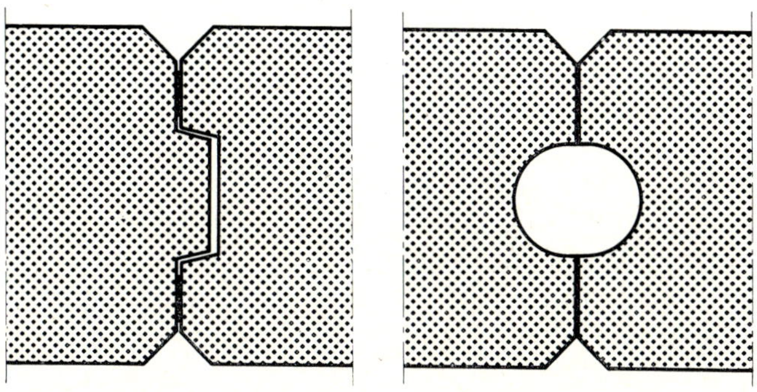

Profilierungen

Scharfkantig oder gefast,
halbkreisförmige Nut an den oberen Schmalseiten,
Vergußnut oder Nut und Feder an den Längsseiten.

Abmessungen

Güteklasse	Dicke cm	max. Länge cm	Breite cm
GSB 35/50	12,5 15 17,5 20 24	300	60; 62,5

Toleranzen

Für Länge und Breite ± 3,0 mm
für Dicke ± 1,5 mm

Materialgüteklassen

GSB 35 und GSB 50

Produktnormen und baubehördliche Zulassung

DIN 4164 „Gas- und Schaumbeton, Herstellung, Verwendung und Prüfung"
DIN 4172 „Maßordnung im Hochbau"
Zulassungsbescheid: „Geschoßhohe, tragende YTONG-Wandplatten aus dampfgehärtetem Gasbeton GSB 35 und GSB 50"

Anwendungsgebiete

Tragende Innen- und Außenwände mit vorwiegend ruhenden Verkehrslasten sowie in Fabriken und Werkstätten mit leichtem Betrieb (bis zu max. 3 Vollgeschossen).
Feuerbeständige und hochfeuerbeständige Wände
Brandwände
Innere tragende, wärmedämmende Schale bei hinterlüfteten Fassaden.
Stehende YTONG-Wandelemente dürfen nicht verwendet werden für:

Fundamentmauerwerk
Außenwände und tragende Trennwände im Kellergeschoß
Außenwände, die weniger als 30 cm über dem anstoßenden Gelände liegen, und zur Herstellung von Schornsteinen.

Bild 2/12 Bungalow mit Außenwänden aus stehenden YTONG-Wandelementen, tragend

2.2.7a Stehende YTONG-Wandelemente, nichttragend

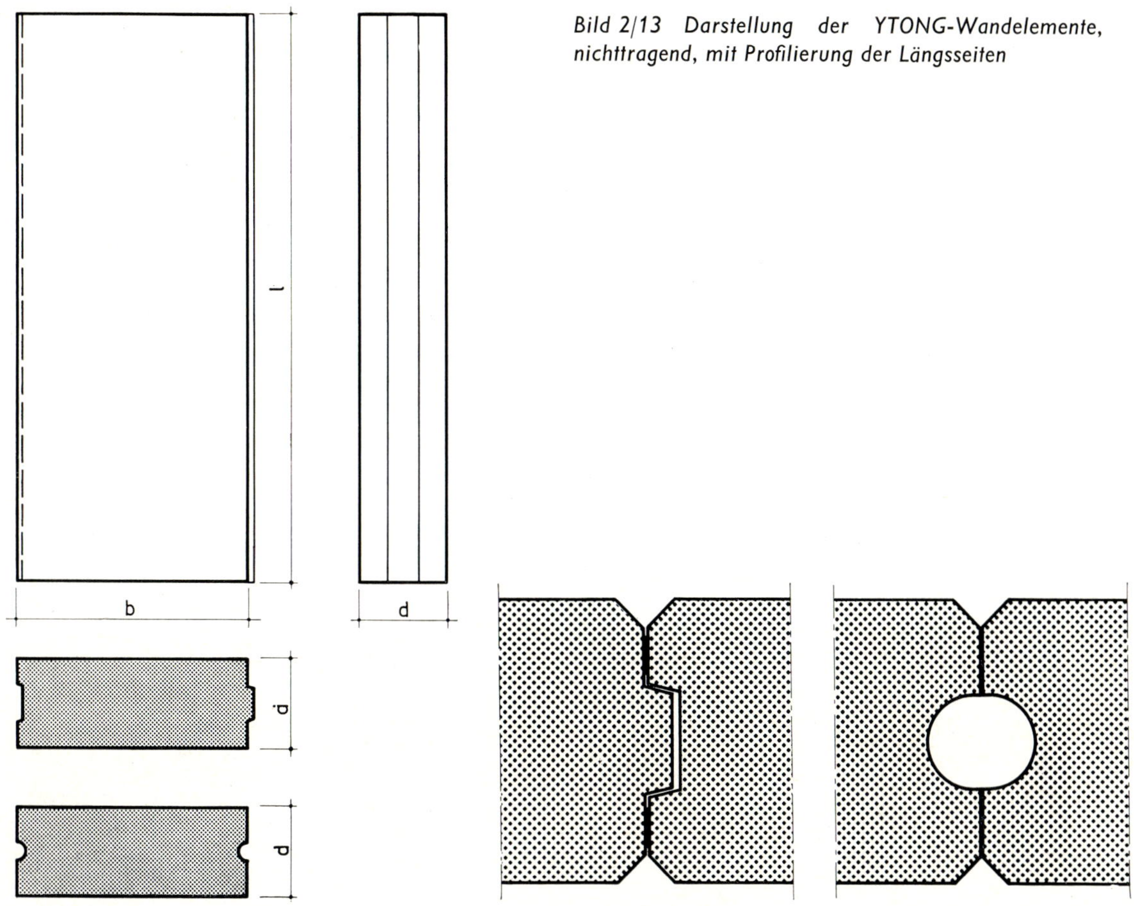

Bild 2/13 Darstellung der YTONG-Wandelemente, nichttragend, mit Profilierung der Längsseiten

Profilierungen

Mit scharfen Kanten und ebenen Längsseiten
Kanten abgefast oder scharf, mit halbkreisförmigen Nuten an den Längsseiten
Kanten abgefast, mit Nut und Feder an den Längsseiten

Abmessungen

Güteklasse	Dicke cm	max. Länge cm	Breite cm
	15	550	
	17,5	600	
GSB 35/50	20	600	60; 62,5
	22,5	600	
	24	600	

Toleranzen

Für Länge und Breite ± 3,0 mm
für Dicke ± 1,5 mm

Materialgüteklassen

GSB 35 und GSB 50

Produktnormen und baubehördliche Zulassung

DIN 4164 „Gas- und Schaumbeton, Herstellung, Verwendung und Prüfung“
DIN 4172 „Maßordnung im Hochbau“
Zulassungsbescheid ist nicht erforderlich.

Anwendungsgebiete

Nichttragende Außen- und Innenwände bis zu einer lichten Raumhöhe von 600 cm
Ausfachungen
Verkleidung von Stahl- und Stahlbetonskelettbauten
Trennwände
Innere, wärmedämmende Schale bei hinterlüfteten Fassaden
Verwendung besonders im Industrie- und Hallenbau

Bild 2/14 Stehende YTONG-Wandelemente, nichttragend, als Ausfachung bei einem Fabrikationsgebäude

2.2.7b YTONG-Zwischenwandelemente

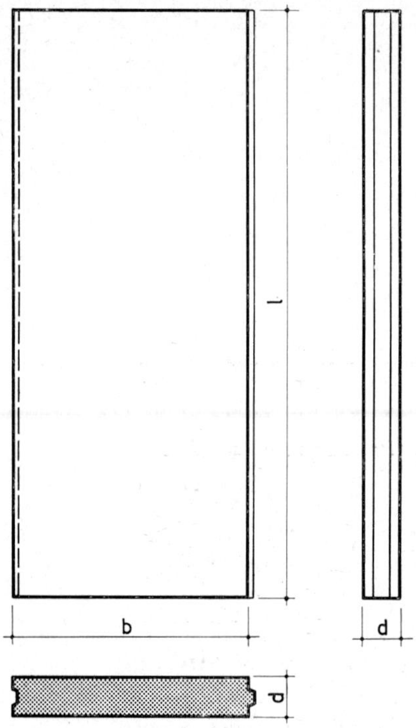

Bild 2/15 Darstellung der YTONG-Zwischenwandelemente mit Profilierung der Längsseiten

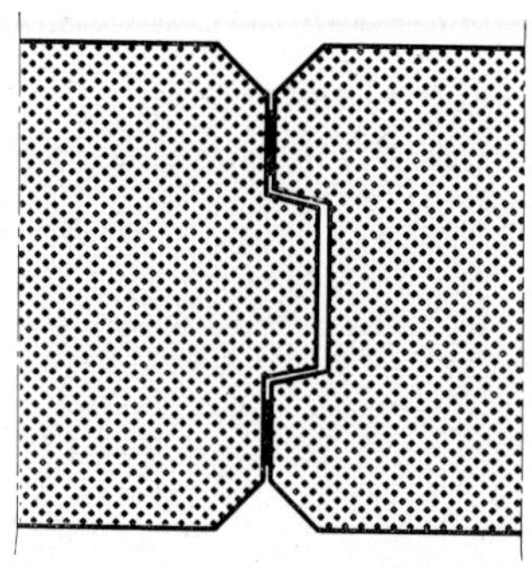

Profilierungen

Scharfe Kanten und glatte Längsseiten
Abgefaste oder scharfe Kanten sowie Nut und Feder an den Längsseiten

Abmessungen

Güteklasse	Dicke cm	max. Länge cm	Breite cm
	7,5	275	
GSB 35/50	10	400	60; 62,5
	12,5	500	

Toleranzen

Für Längen und Breiten ± 3,0 mm
für Dicke ± 1,5 mm

Materialgüteklassen

GSB 35 und GSB 50

Produktnormen und baubehördliche Zulassung

DIN 4164 „Gas- und Schaumbeton, Herstellung, Verwendung und Prüfung"
DIN 4172 „Maßordnung im Hochbau"
Zulassungsbescheid ist nicht erforderlich.

Anwendungsgebiete

Leichte, nichttragende Trennwände im Wohnungs-, Industrie- und Bürohausbau

Bild 2/16 Einbau von YTONG-Zwischenwandelementen

2.2.8 Liegende YTONG-Wandelemente

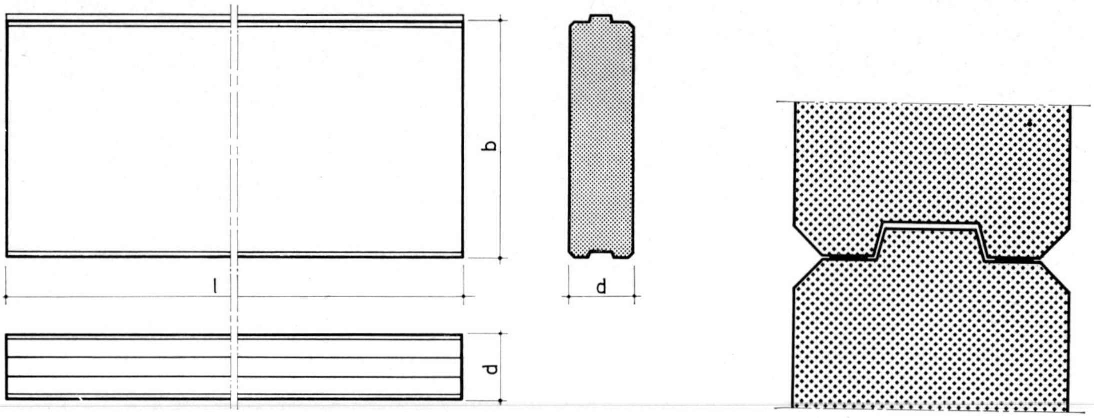

Bild 2/17 Darstellung der liegenden YTONG-Wandelemente mit Profilierung der Längsseiten

Profilierungen

Kanten abgefast
Längsseiten mit oder ohne Nut und Feder

Abmessungen

Güteklasse	Dicke cm	max. Länge cm	Breite cm
	7,5	300	
	10	400	
	12,5	500	
GSB 35/50	15	600	60; 62,5
	17,5	600	
	20	600	
	22,5	600	
	24	600	

Toleranzen

Für Länge und Breite ± 3,0 mm
für Dicke ± 1,5 mm

Materialgüteklassen

GSB 35 und GSB 50

Produktnormen und baubehördliche Zulassung

DIN 4164 „Gas- und Schaumbeton, Herstellung, Verwendung und Prüfung"
DIN 4172 „Maßordnung im Hochbau"
Zulassung nicht erforderlich.

Anwendungsgebiete

Ausfachung und Verkleidung von Stahl- und Stahlbetonskelettkonstruktionen, besonders im Industrie- und Hallenbau
Sturzwandplatten über Fensterbändern

Bild 2/18 Liegende YTONG-Wandelemente im Industriebau

2.2.9 YTONG-Fassadenelemente

YTONG-Fassadenelemente sind liegende und stehende YTONG-Elemente, die an den Außenseiten mit einer 3 cm dicken Schicht aus Waschbeton versehen sind. Diese Schicht dient als Witterungsschutz und ist vollkommen wartungsfrei. Als Zuschlagstoffe für den Waschbeton werden verschiedenfarbige Körnungen verwendet. Die Betonschicht ist im Gasbeton verankert. Neben der Waschbetonschicht können auch Vorsatzschalen aus Strukturbeton, Naturstein und keramischen Platten ausgeführt werden.

Folgende Typen werden hergestellt: Liegende Elemente, stehende Elemente, Sonderelemente.

Liegende YTONG-Fassadenelemente

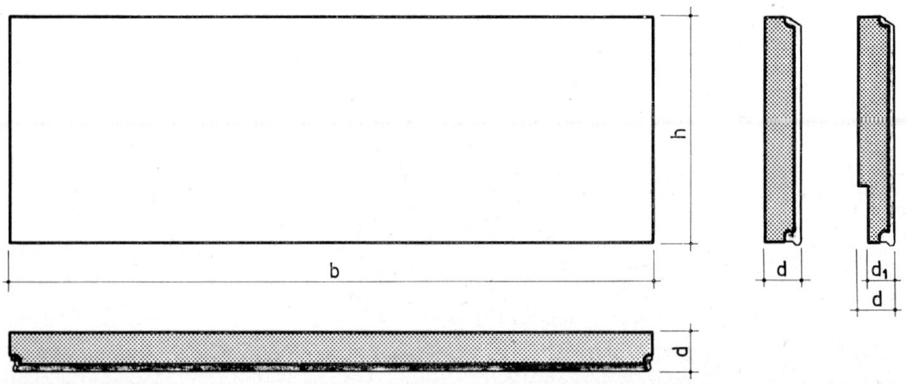

Bild 2/19

Bild 2/20 Liegende YTONG-Fassadenelemente für eine Lagerhalle

Stehende YTONG-Fassadenelemente

Bild 2/21 Stehende YTONG-Fassadenelemente im Wohnungsbau

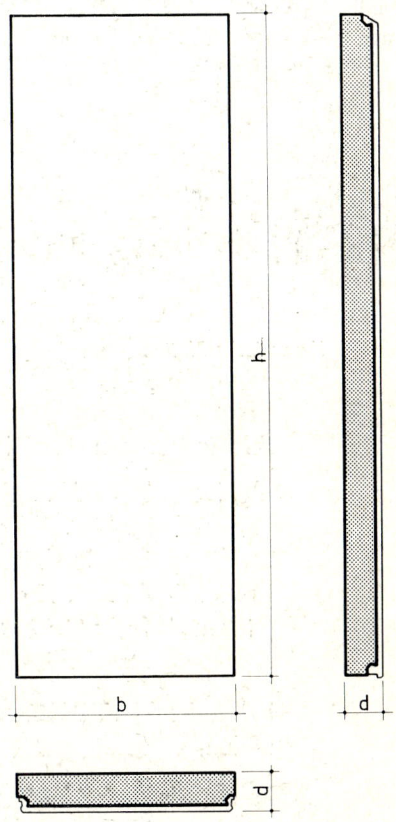

Bild 2/22

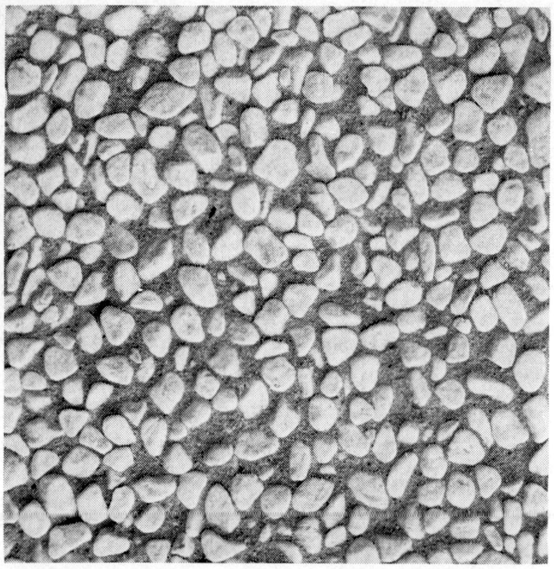

Bild 2/23 Waschbeton (Carrara weiß, Rundkorn)

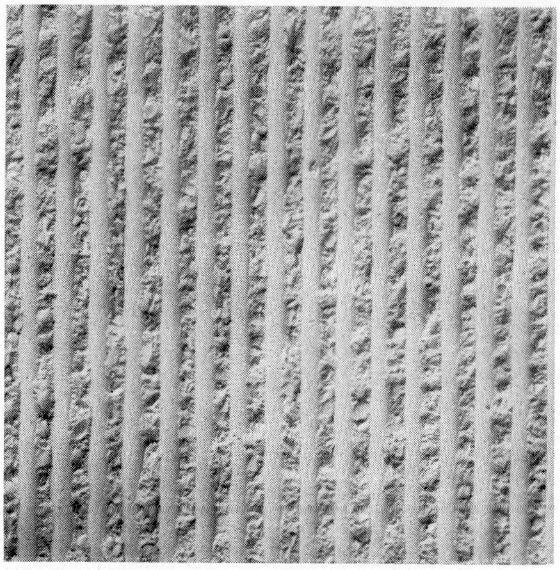

Bild 2/24 Strukturbeton (Rippen, abgeschlagen)

Bild 2/25 Keramische Platten

Bild 2/26 Naturstein

Abmessungen der Elemente

a) Liegende YTONG-Fassadenelemente

Höhen	*h*	60 bis 187,5 cm
		Standardhöhen: 60; 62,5; 120; 125; 180; 187,5 cm
Breiten	*b*	60 bis 600 cm
Dicken	*d*	20,5; 23; 25,5; 27; 33 cm
		Standarddicke: 23 cm

b) Stehende YTONG-Fassadenelemente

Höhen	*h*	60 bis 600 cm
Breiten	*b*	60 bis 187,5 cm
		Standardbreiten: 60; 62,5; 120; 125; 180; 187,5 cm
Dicken	*d*	20,5; 23; 25,5; 27; 33 cm
		Standarddicke: 23 cm

c) Sonderelemente
Als Ergänzung zu den Standardelementen werden für Gebäudeecken Sonderelemente hergestellt. Auch Aussparungen, z. B. für das Aufsetzen auf Decken und Unterzügen, können vorgesehen werden.

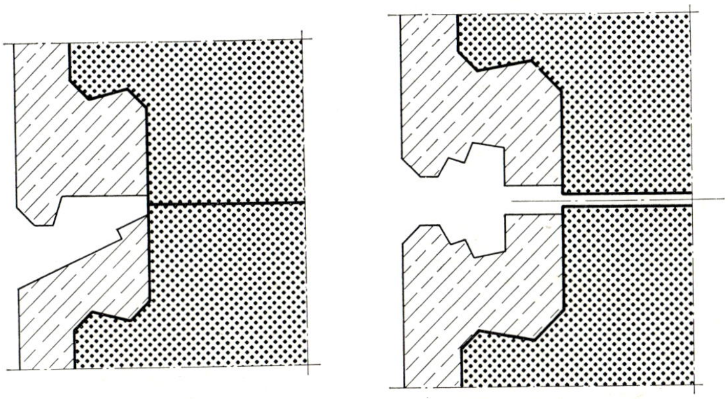

Vertikalschnitt (Horizontalfuge) Horizontalschnitt (Vertikalfuge)

Bild 2/27 Profilierung der YTONG-Fassadenelemente mit Waschbetonvorsatz

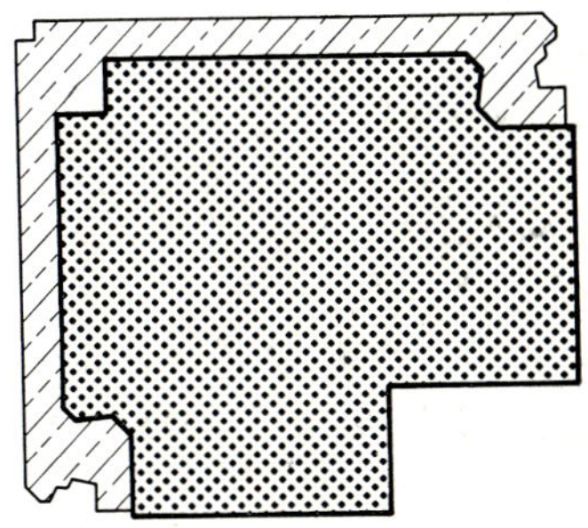

Bild 2/28 Schnitt durch ein Eckelement

Toleranzen

Für Höhen und Breiten ± 3,0 mm
Für Dicke ± 1,5 mm

Materialgüteklassen

Rohdichte der YTONG-Grundelemente 600 kg/m³
Waschbetonschicht:
Als Zuschlagstoffe für die Betonschicht werden verschiedenfarbige Körnungen verwendet; z. B.: weißer und roter Marmor, gelber, weißer und schwarz-weißgeaderter Kalkstein, schwarzer Basalt, Rheinkiesel. Die Korngröße beträgt 12 bis 15 mm.

Produktnormen und baubehördliche Zulassung

DIN 4164 „Gas- und Schaumbeton, Herstellung, Verwendung und Prüfung“ (für YTONG-Grundelemente)
DIN 4172 „Maßordnung im Hochbau“
Zulassungsbescheid ist nicht erforderlich.

Anwendungsgebiete

Liegende und stehende Elemente werden bei Gebäuden mit tragenden Konstruktionen aus Stahl oder Beton zur Verkleidung oder Ausfachung verwendet.
Verwendung im Wohnungs-, Verwaltungs-, Industrie- und Schulbau.

2.2.10 Raumgroße YTONG-Wandelemente

Bild 2/29

Die Elemente werden auf Wunsch außenseitig mit einer Beschichtung auf Kunststoffbasis versehen. Auch die Fenster können schon im Werk eingebaut werden.
Vorsatz aus Waschbeton, Strukturbeton, Kunststein und keramischen Platten können ebenfalls ausgeführt werden.

Abmessungen

Dicken: 20, 25 und 30 cm
Höhen: bis 325 cm
Längen: max. 600 cm

Toleranzen

Für Höhen und Breiten ± 3,0 mm
für Dicke ± 1,5 mm

Materialgüteklassen

GSB 35

Produktnormen und baubehördliche Zulassung

DIN 4164 „Gas- und Schaumbeton, Herstellung, Verwendung und Prüfung"
DIN 4172 „Maßordnung im Hochbau"
Zulassungsbescheid ist bei nichttragenden Elementen nicht erforderlich.

Anwendungsgebiete

Raumgroße YTONG-Wandelemente sind selbsttragende Fassadenelemente in Raumbreite und -höhe
Sie dienen zur Verkleidung und Ausfachung von tragenden Konstruktionen.
Verwendung: vorwiegend im Wohnungsbau, jedoch auch im Verwaltungs-, Industrie- und Schulbau.

Bild 2/30 Raumgroße YTONG-Wandelemente im Wohnungsbau

2.2.11 Bewehrte YTONG-Deckenplatten

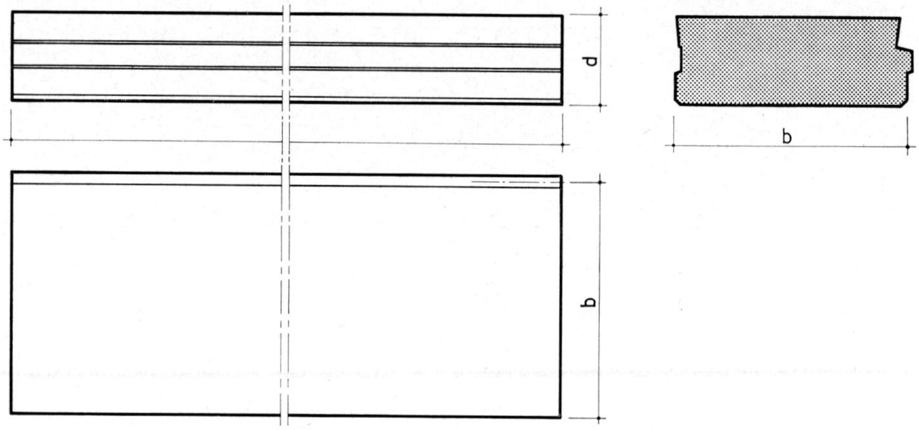

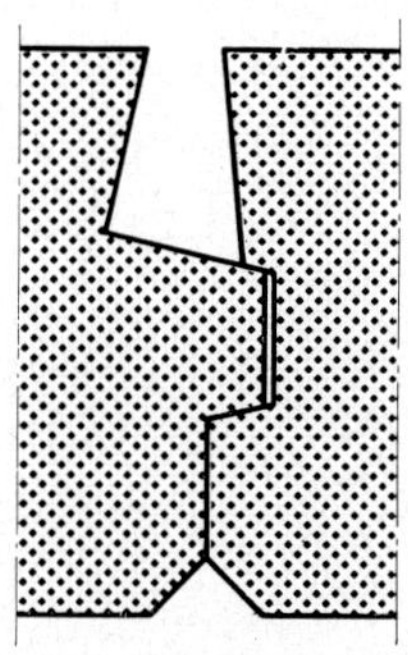

Bild 2/31 Darstellung der YTONG-Deckenplatten mir Profilierung der Längsseiten

Abmessungen

Länge: bis 600 cm
Dicke: 10; 12,5; 15; 17,5; 20; 22,5; 24 cm
Breite: 60 und 62,5 cm

Toleranzen

Für Breite und Länge ± 3,0 mm
für Dicke ± 1,5 mm

Materialgüteklasse

GSB 50

Produktnormen und baubehördliche Zulassung

DIN 4223 „Bewehrte Dach- und Deckenplatten aus dampfgehärtetem Gas- und Schaumbeton"
DIN 4225 „Fertigbauteile aus Stahlbeton, Richtlinien für Herstellung und Anwendung"
DIN 4164 „Gas- und Schaumbeton, Herstellung, Verwendung und Prüfung"
DIN 4172 „Maßordnung im Hochbau"
Zulassungsbescheid: „Bewehrte Deckenplatten aus dampfgehärtetem Gasbeton GSB 50".

Anwendungsgebiete

Keller- und Geschoßdecken mit vorwiegend ruhender Belastung
feuerbeständige Decken

Bild 2/32 Einbau von YTONG-Deckenplatten als Kellerdecke

2.2.12 Bewehrte YTONG-Dachplatten

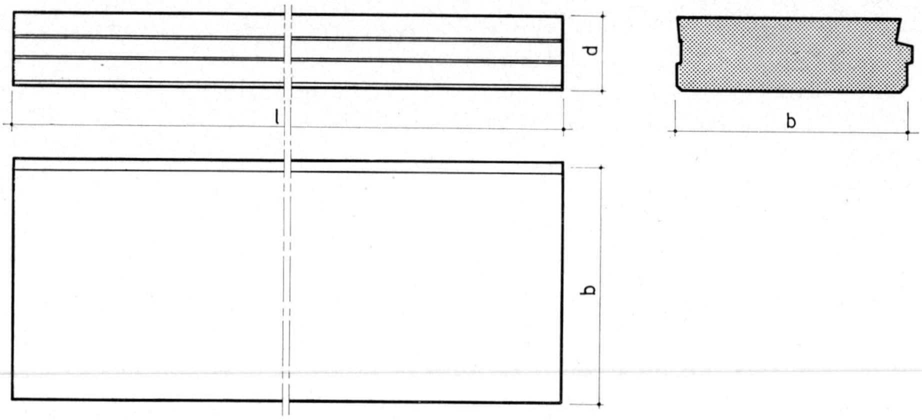

Bild 2/33 Darstellung der YTONG-Dachplatten mit Profilierung der Längsseiten

Abmessungen

Länge: bis 600 cm
Dicke: 10; 12,5; 15, 17,5; 20, 22,5; 24 cm
Breite: 60 und 62,5 cm

Toleranzen

Für Breite und Länge ± 3,0 mm
für Dicke ± 1,5 mm

Materialgüteklassen

GSB 35 und GSB 50

Produktnormen und baubehördliche Zulassung

DIN 4223 „Bewehrte Dach- und Deckenplatten aus Gas- und Schaumbeton"
DIN 4225 „Fertigbauteile aus Stahlbeton, Richtlinien für Herstellung und Anwendung"
DIN 4164 „Gas- und Schaumbeton, Herstellung, Verwendung und Prüfung"
DIN 4172 „Maßordnung im Hochbau"
Zulassungsbescheid: „Bewehrte Dachplatten aus dampfgehärtetem Gasbeton GSB 35 und GSB 50"

Anwendungsgebiete

YTONG-Dächer übernehmen die statische und wärmedämmende Funktion.
Ausbildung von aussteifenden Dachscheiben
Feuerbeständige Dächer
Verwendung vorwiegend als Flachdächer im Industrie-, Lagerhallen-, Büro- und Wohnungsbau. Ausführung als ein- oder zweischalige Konstruktionen

Bild 2/34 YTONG-Dachplatten im Industriebau

3. Anwendungsbereiche der YTONG-Produkte

Schwerpunkte der Anwendung von YTONG-Bauteilen sind

der Wohnungsbau
der gewerbliche und
der öffentliche Bau.

Auf den folgenden Seiten werden für diese Anwendungsbereiche einige ausgeführte Beispiele gezeigt.

3.1 Wohnungsbau

Im Wohnungsbau werden in erster Linie YTONG-Blöcke und -PLANBLÖCKE für tragendes und nichttragendes Mauerwerk verwendet. In Abhängigkeit von der Grundrißkonzeption ist es möglich, statisch tragende Bauteile für Gebäude bis zu acht Vollgeschossen aus YTONG-Blöcken und -PLANBLÖCKEN zu erstellen.
Bei der Ausbildung von Fassaden im Wohnungsbau bieten YTONG-Fassadenelemente mit werksseitiger Oberflächenbeschichtung durch die gebotenen Varianten gute Gestaltungsmöglichkeiten. Diese Elemente werden vor tragende Konstruktionen aus Stahl oder Stahlbeton gesetzt.
Von den YTONG-Montagebauteilen werden als tragende Elemente stehende Wandelemente verwendet, die für die Ausbildung der Innen- und Außenwände, besonders bei Beachtung der Standardraster 60 und 62,5 cm, gut geeignet sind. Ebenso können diese Elemente als Ausfachung der tragenden Konstruktionen eingesetzt werden. Das geringe Gewicht erlaubt eine wirtschaftliche Bemessung der tragenden Bauteile.
Deckenplatten kommen im Wohnungsbau in erster Linie für die Kellerdecke zum Einsatz, weil hier ohne schwimmenden Estrich die nach Norm notwendige Wärmedämmung mehr als erreicht wird. Bei der Verlegung der Deckenplatten entfällt die Schalung. Dasselbe gilt für Dachplatten. Hier ist hervorzuheben, daß auch im Wohnungsbau die Ausführung als Warmdach alle bauphysikalischen Anforderungen erfüllt. Zusätzliche Wärmedämmschichten und Dampfsperren sind nicht erforderlich.
Außenwände aus YTONG-Bauteilen bieten ohne zusätzliche Wärmedämmschichten bei geringen Wandstärken ein optimales Verhältnis zwischen Betriebs- und Anlagekosten. Das bedeutet erhebliche Einsparungen an Heizkosten. Noch mehr wird dieser Vorteil an Bedeutung gewinnen durch die heute schon viel diskutierte zukünftige Verknappung in der Energieversorgung und die erhebliche Verschmutzung der Luft durch die Verbrennungsgase. Letzteres wird zu einer immer stärkeren Verwendung von teueren Edelenergien führen.

Mehrgeschossiges Wohngebäude in Mosbach-Waldstadt.
Tragende Außen- und Innenwände aus YTONG-PLANBLÖCKEN und -PLANPLATTEN

Bungalowsiedlung in Nürnberg-Langwasser aus YTONG-PLANBLÖCKEN und -PLANPLATTEN

◀ *Wohngebäude in Nürnberg*
YTONG-Blöcke und -Platten für die tragenden Außenwände und für Zwischenwände

Wohnhaus in Baden-Baden
Tragende Wände und Zwischenwände aus YTONG-Blöcken bzw. -Platten

Wohnsiedlung in Nürnberg-Neuselsbrunn
Zwischenwände aus YTONG-Platten

Einfamilienhaus aus YTONG-PLANBLÖCKEN und -PLANPLATTEN

Außen- und Innenwände aus YTONG-PLANBLÖCKEN und -PLANPLATTEN für einen Bungalow

Wohngebäude in Würzburg
Ausfachung mit YTONG-Blöcken, leichte Trennwände aus YTONG-Zwischenwandelementen ▶

60

Komfort-Eigenheim in Gmund am Tegernsee
Tragende Wände aus YTONG-PLANBLÖCKEN sowie Zwischenwände aus YTONG-PLANPLATTEN

Liegende und stehende YTONG-Fassadenelemente für eine Wohnanlage in Bochum-Hustadt

Appartementhaus in Zisishausen
Tragende Außenwände aus stehenden YTONG-Wandelementen

Olympia-Jugenddorf in München
Flachdach aus YTONG-Dachplatten

◀ *Wohnsiedlung in Bayreuth*
Tragendes Stahlbetonskelett, ausgefacht mit liegenden und stehenden YTONG-Wandelementen

3.2 Gewerblicher Bau

Der schnellwachsende Bedarf an Gebäuden aus allen gewerblichen Bereichen und die industriellen Möglichkeiten der Standardisierung von Bauelementen haben vor allem den Hallenbau, aber auch Verwaltungs- und Hotelbauten, zu einer Domäne des vorgefertigten Bauens gemacht. Der Bauvorgang wird zerlegt in Produktion und Montage: die Produktion erfolgt in der Fabrik, die Montage oder Verlegung auf der Baustelle.

Typisierte, in Serien gefertigte YTONG-Montagebauteile für Dach, Decke und Wand lassen die Planung und Durchführung von Bauobjekten nach den gebräuchlichen Entwurfsrastern zu.

Im gewerblichen Bau wird kaum — wie im Wohnungsbau — eine größere Anzahl gleicher Gebäude benötigt. Dieser Umstand kann den wirtschaftlichen Effekt einer Serienproduktion stark beeinträchtigen, wenn nicht — ähnlich einem Baukasten- oder Katalogsystem — bei verschiedenen Gebäuden weitgehend die gleichen Elemente verwendet werden können. Dies ist mit bewehrten YTONG-Dach-, Decken- und Wandelementen möglich: es gibt verhältnismäßig wenige Grundtypen, die dem Planenden die Wahl erleichtern; ein wesentlicher Vorteil liegt aber in den variablen Abmessungen.

YTONG-Produkte passen sich allen modernen Tragwerksystemen an, ob es sich um Stahl- oder Stahlbetonskelettbauten, um Schottenbauweisen oder um kombinierte Systeme handelt. Fabrikationshallen, Lagerhallen, Verwaltungsbauten, Messehallen, Parkhäuser und Einkaufszentren werden vornehmlich in ein- oder mehrgeschossigen Skelettbausystemen hergestellt, die durch die klare Trennung von Tragkonstruktion und Wandbildung bestimmt sind.

Bei der Mischbauweise wird das Skelett durch tragende Wandscheiben ausgesteift, eine Konstruktionsart, die man häufig beim Bürohausbau, vor allem bei Großraumbüros, antrifft.

YTONG-Montagebauteile zeichnen sich durch leichtes Gewicht, hohe Wärmedämmung, Hochfeuerbeständigkeit und gute Bearbeitbarkeit aus. Eine schnelle, problemlose Montage verkürzt die Bauzeit und trägt zur Kostensenkung bei. Durch die Trockenbauweise ist die Verarbeitung von liegenden YTONG-Wandelementen, YTONG-Fassadenplatten und raumgroßen YTONG-Wandelementen von der Jahreszeit unabhängig.

Bei industriellen Zweckbauten wird der Witterungsschutz durch wasserabweisende, diffusionsfähige Kunststoffbeschichtungen erzielt, die in Struktur und Farbgebung variieren können. YTONG-Fassadenelemente und raumgroße YTONG-Wandelemente mit Vorsatzschalen aus Wasch- und Strukturbeton sowie aus Keramik- und Natursteinplatten erfüllen die erhöhten Ansprüche an repräsentative Fassadengestaltungen.

Die Ausbildung von Element- und Bewegungsfugen entspricht dem neuesten technischen Entwicklungsstand.

Weitere Vorteile der YTONG-Montagebauweise ergeben sich aus der Demontier- und Wiederverwendbarkeit von Elementen für Außen- und Innenwände.

Industriebau in Wetzendorf bei Lauf/Mfr.
Verkleidung der Stahlskelettkonstruktion mit YTONG-Wandelementen

Fabrikationsgebäude in Dietzenbach/Hessen
YTONG-Fassadenelemente mit Waschbetonvorsatz als Brüstungselemente

Einkaufszentrum Offenburg
Verkleidung der Stahlbetonkonstruktion mit liegenden YTONG-Wandelementen

Lagerhalle in Mettendorf
YTONG-Dach- und Wandplatten im Stahlbeton-Skelettbau

Fabrikationshalle in Datteln
Liegende YTONG-Fassadenelemente (mit Waschbetonvorsatzschale) als Brüstungs- und Sturzelemente

Hotelbau in Lübeck
Ausfachung des Stahlskeletts mit YTONG-Blöcken

Bankgebäude in Oberboihingen
Außenwände aus stehenden, tragenden YTONG-Wandelementen

Produktionshalle in Gendorf
Außenwandverkleidungen mit liegenden YTONG-Wandelementen

Kaufhaus in Saarlouis
Außenwandverkleidung mit stehenden, nichttragenden YTONG-Wandelementen

Möbel-Supermarkt in Augsburg
Verkleidung der Stahlbetonkonstruktion mit liegenden YTONG-Wandelementen

Hotel in München
YTONG-Fassadenelemente mit Waschbetonvorsatz

Fabrikationshalle in Wiesau/Opf.
YTONG-Dachplatten auf Stahlbetonbindern

Hotelgebäude in Bad Nauheim mit Außenwänden aus YTONG-Blöcken

3.3 Öffentlicher Bau

Mehr als die Hälfte (ca. 60%) des Bauvolumens in der Bundesrepublik entfallen jährlich auf öffentliche oder mit öffentlichen Mitteln finanzierte Bauten. Der Staat, die Länder und die Gemeinden sind die größten Kunden der Bauwirtschaft. Zu den wichtigsten Aufgaben des öffentlichen Hochbaus gehören die Schaffung von Bildungsinstitutionen wie Schulen und Universitäten, von Sozialbauten wie Kindergärten, Krankenhäuser, Studenten- und Altenheime, von Gemeinschaftseinrichtungen wie Freizeitheime, Gemeindehäuser und Bibliotheken sowie von Bauten für Sport und Erholung. Aber auch Verwaltungsgebäude und Bauten der technischen Dienste (Feuerwehr, Fuhrpark) gehören dazu.
Gerade für die öffentliche Hand spielt die Wirtschaftlichkeit im Bauwesen eine große Rolle: eine bestimmte Leistung muß mit möglichst niedrigem Kostenaufwand erzielt werden. Immer mehr wird dazu übergegangen, öffentliche Gelder für den Hochbau mit rationalisierungswirksamen Auflagen zu vergeben. YTONG trägt diesen Tendenzen Rechnung.
YTONG kommt in erhöhtem Maße beim öffentlichen Hochbau zum Einsatz, nicht zuletzt durch die Vielfalt und die gleichbleibende Qualität seiner Produkte und deren vielseitige Verwendbarkeit, durch optimale bautechnische und bauphysikalische Eigenschaften sowie durch kurze Bauzeiten.
YTONG erfüllt alle Anforderungen an fortschrittliche, rationelle Baumethoden im gesamten Hochbau und trägt somit zur Wirtschaftlichkeit des Bauens bei.

Tribünendach des Volksparkstadions in Hamburg aus YTONG-Dachplatten

Altenheim in Wedel, Ausfachungen aus YTONG-PLANBLÖCKEN

Schulgebäude in Diedorf bei Augsburg
YTONG-PLANBLÖCKE für nichttragende Wände

Turnhalle Sportzentrum / Mittelpunktschule Ehringshausen bei Wetzlar
Liegende YTONG-Wandelemente im Stahlskelettbau ▶

Sporthalle in Böblingen, Flachdach aus YTONG-Dachplatten

Kirche mit Pfarrhaus in München-Fürstenried
Außenwände aus geschoßhohen nichttragenden YTONG-Wandelementen

Volksschule in Gersthofen, Ausfachungen aus YTONG-Blöcken

Rathaus in Rotenburg a. d. Wümme
Fassadengestaltung durch YTONG-Fassadenelemente mit Waschbetonvorsatz. Dachkonstruktion und Zwischendecken aus YTONG-Dach- und -Deckenplatten

Volksschule in Stockstadt/Main, Fassaden aus YTONG-Wandelementen

4. Bauphysik

°C

4.1 Wärmeschutz

Für die Funktionsfähigkeit der Außenbauteile ist die richtige Bemessung des Wärmeschutzes ausschlaggebend. Ausreichende Wärmedämmung beeinflußt die feuchtigkeitstechnischen Vorgänge in Konstruktionen positiv und trägt daher erheblich zur Vermeidung von Bauschäden bei. Sie ist außerdem von großer wirtschaftlicher Bedeutung, da sie unmittelbar auf den Wärmebedarf und somit auf die Heizkosten einwirkt. In Wohn- und Arbeitsräumen schafft sie durch günstige Luft- und Oberflächentemperaturen ein behagliches und gesundes Raumklima.

4.1.1 Wärmetechnische Grundlagen

Wärmeeinheit (kcal)

Die Wärmemenge, die erforderlich ist, um 1 kg Wasser um 1°C (von +14,5° auf +15,5°C) zu erwärmen, wird eine Wärmeeinheit genannt. Ihr Maß ist Kilokalorie, abgekürzt kcal.

Wärmeleitzahl oder Wärmeleitfähigkeit λ (kcal/m h grd)

Die Wärmeleitzahl gibt an, wieviele Wärmeeinheiten in 1 Stunde durch eine 1 m² große und 1 m dicke Schicht eines bestimmten Stoffes fließen, wenn die Temperaturdifferenz zwischen den beiden Oberflächen 1 grd beträgt.

Wärmeleitwiderstand $\frac{d}{\lambda}$ (m² h grd/kcal)

Der Wärmeleitwiderstand ist das Produkt aus dem reziproken Wert der Wärmeleitzahl und der Stoffdicke.

Wärmedurchlaßwiderstand oder Wärmedämmzahl $\frac{1}{\Lambda} = \sum \frac{d_n}{\lambda_n}$ (m² h grd/kcal)

Der Wärmedurchlaßwiderstand ist die Summe der Wärmeleitwiderstände.

Wärmedurchlaßzahl $\Lambda = \frac{1}{\sum \frac{d_n}{\lambda_n}}$ (kcal/m² h grd)

Sie gibt die Zahl der Wärmeeinheiten an, die in 1 Stunde bei einer Temperaturdifferenz von 1 grd zwischen den beiden Oberflächen durch 1 m² einer Wand oder Dachkonstruktion gehen. Diese kann aus einer oder mehreren Schichten bestehen.

Wärmeübergangszahl α (kcal/m² h grd)

Sie ist die Anzahl der Wärmeeinheiten, die in 1 Stunde durch 1 m² der Trennfläche zwischen einem festen Körper und einem Wärmeträger (flüssiger oder gasförmiger Stoff, z. B. Luft) übergehen, wenn die Temperaturdifferenz zwischen beiden Stoffen 1 grd beträgt.

Wärmeübergangswiderstand $\frac{1}{\alpha}$ (m² h grd/kcal)

Der Wärmeübergangswiderstand ist der reziproke Wert der Wärmeübergangszahl α.

Wärmedurchgangszahl k (kcal/m² h grd)

$$k = \frac{1}{\frac{1}{\alpha_i} + \sum \frac{d_n}{\lambda_n} + \frac{1}{\alpha_a}}.$$

Sie gibt die Anzahl der Wärmeeinheiten an, die in 1 Stunde durch 1 m² einer Wand hindurchgehen, wenn die Temperaturdifferenz der an die Wand angrenzenden Luftschichten 1 grd beträgt. (Wärmefluß senkrecht zu den Oberflächen.)

Wärmedurchgangswiderstand $\frac{1}{k}$ (m² h grd/kcal)

Er ist der reziproke Wert der Wärmedurchgangszahl.

Wärmestrom durch einen ebenen Bauteil (kcal/h)

$$Q = k \cdot F \cdot (t_i - t_a).$$

Wärmestromdichte eines ebenen Bauteils (kcal/m² h)

$$q = \frac{t_i - t_a}{\frac{1}{k}}.$$

Temperaturverteilung in einem mehrschichtigen Bauteil (°C)

$$\Delta t = \frac{t_i - t_a}{\frac{1}{k}} \cdot R.$$

Es bedeuten:

t_i Temperatur der Raumluft

t_a Temperatur der Außenluft

t_1 Temperatur an der inneren Oberfläche eines Bauteils

t_2 Temperatur an der äußeren Oberfläche eines Bauteils

R Widerstand, entspricht entweder dem Wärmeleitwiderstand d/λ oder dem Wärmeübergangswiderstand $1/\alpha$

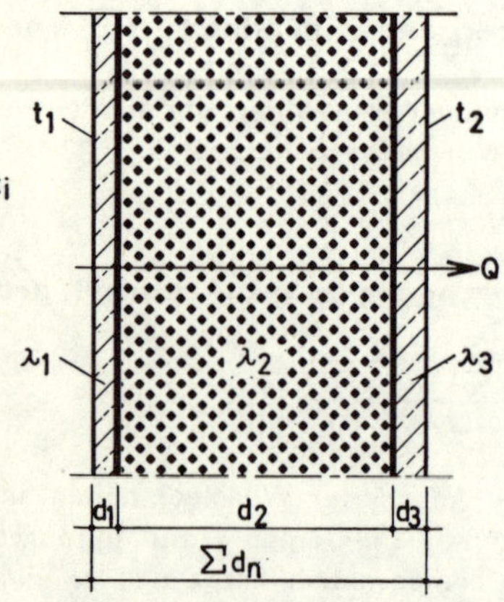

Bild 4/1 Wärmetechnische Bezeichnungen an einem Wandquerschnitt

4.1.2 Wärmetechnische Anforderungen an Bauteile

4.1.2.1 Mindestanforderungen an den Wärmeschutz bei Aufenthaltsräumen nach DIN 4108 (siehe Tabelle 4/2)

Die in Deutschland für den Wärmeschutz im Hochbau gültigen Vorschriften sind in DIN 4108 aufgeführt. Die hier gestellten Anforderungen bilden nur die unterste Grenze des wirtschaftlich und gesundheitlich vertretbaren Wärmeschutzes. Er reicht gerade aus, um ein erträgliches Raumklima zu schaffen und Schwitzwasserniederschläge an den Innenseiten von Außenbauteilen zu verhindern. Voraussetzung dafür sind jedoch ausreichende Beheizung und Belüftung der Räume. Bei Naßräumen und anderen Räumen mit erhöhter klimatischer Beanspruchung sind die Mindestforderungen der DIN unzureichend. Küchen und Baderäume in Wohnungen zählen in der Regel nicht zu den Naßräumen.

Da leichte Bauteile ein geringeres Wärmespeichervermögen besitzen, gelten für sie gegenüber DIN 4108, Tafel 3, strengere Forderungen (siehe Tabelle 4/1).

Tabelle 4/1 Mindestwerte des Wärmeschutzes für leichte Außenwände und Dächer mit Gewichten unter 300 kg/m² (DIN 4108, Tafel 4)

Gewicht der Bauteile in	Wärmedurchlaßwiderstände $1/\Lambda$ (m² h grd/kcal) in den Wärmedämmgebieten		
kg/m² [1]	I	II	III
20	1,30	1,85	2,60
50	1,00	1,40	2,00
100	0,70	0,95	1,30
150	0,55	0,65	0,90
200	0,50	0,60	0,75
300	0,45	0,55	0,65

[1] Zwischenwerte sind geradlinig einzuschalten.

Die Anforderungen an den Wärmeschutz im Hochbau nach DIN 4108 beziehen sich ausschließlich auf Bauten, die dem ständigen Aufenthalt von Menschen dienen. Im allgemeinen werden Fabrikationshallen, Lager- und Versandräume nicht zu diesen gezählt.

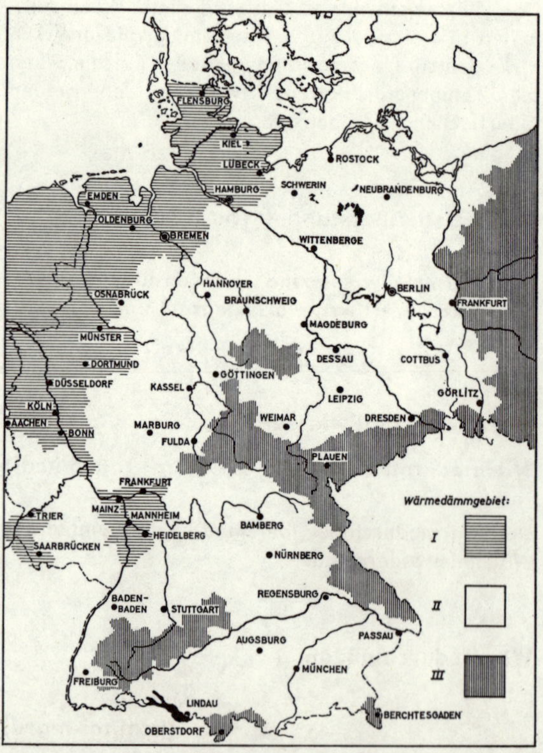

Bild 4/2 (DIN 4108, Bild 1) Karte der Wärmedämmgebiete nach DIN 4108

Tabelle 4/2 Mindestwerte des Wärmeschutzes bei Aufenthaltsräumen nach DIN 4108

Bauteile		Wärmedurchlaßwiderstand (Wärmedämmwert) $1/\Lambda$ (m^2hgrd/kcal)			
		In den Wärmedämmgebieten I	II	III	Bemerkung
Außenwände[1]		0,45	0,55	0,65	an jeder Stelle
Wohnungstrennwände und Wände zwischen fremden Arbeitsräumen	in nicht zentralbeheizten Gebäuden		0,30		an jeder Stelle
	in zentralbeheizten Gebäuden[2]		0,08		
Treppenraumwände[3]			0,30		
Wohnungstrenndecken und Decken zwischen fremden Arbeitsräumen	in nicht zentralbeheizten Gebäuden		0,40		an jeder Stelle
	in zentralbeheizten Gebäuden[2]		0,20		
Unterer Abschluß nicht unterkellerter Aufenthaltsräume (an das Erdreich grenzend)			1,00		an jeder Stelle
Decken unter nicht ausgebauten Dachgeschossen			0,75		im Mittel
			0,50		an der ungünstigsten Stelle (Wärmebrücke)
Kellerdecken			0,75		im Mittel
			0,50		an der ungünstigsten Stelle (Wärmebrücke)
Decken, die Aufenthaltsräume nach unten gegen die Außenluft abgrenzen		1,50	1,75	2,00	im Mittel
		1,10	1,30	1,50	an der ungünstigsten Stelle (Wärmebrücke)
Decken, die Aufenthaltsräume nach oben gegen die Außenluft abschließen[5]			1,25[4]		im Mittel
			0,90		an der ungünstigsten Stelle (Wärmebrücke)

[1] Für leichte Außenwände unter 300 kg/m² siehe Tafel 4 der Norm DIN 4108 (hier Tabelle 4/1).

[2] Als zentralbeheizt im Sinne dieser Norm gelten Gebäude, deren Räume an eine gemeinsame Heizzentrale angeschlossen sind, von der ihnen die Wärme durch Wasser, Dampf oder Luft unmittelbar zugeführt wird.

[3] Wenn in zentralbeheizten Gebäuden die Temperatur der Treppenräume auf mindestens +10°C gehalten wird und die Heizkörper des Treppenraumes nicht abstellbar sind, kann für den Mindestwärmedämmwert der Treppenraumwände der Wert 0,08 zugrunde gelegt werden.

[4] Bei massiven Dachplatten ist die Wärmedämmschicht auf der Platte anzuordnen und der Wärmedämmwert der letzten Zeile dieser Tabelle (1,25 und 0,90) in Abhängigkeit von der Länge der Dachplatte bzw. dem Fugenabstand gegebenenfalls noch zu erhöhen, um die Längenänderung der Platten infolge von Temperaturschwankungen zu vermindern.

[5] Zum Beispiel Flachdächer, Decken unter Terrassen, schräge Dachteile von ausgebauten Dachgeschossen. Für leichte Dächer unter 100 kg/m² siehe DIN 4108, Tafel 4, Zeile 1 und 2 (hier Tabelle 4/1).

4.1.2.2 Anforderungen zur Erreichung des wirtschaftlichen Wärmeschutzes (YTONG-Vollwärmeschutz)

Im Abschnitt 4.1.3.2 sind Wärmedurchlaßwiderstände und Wärmedurchgangszahlen von YTONG-Bauteilen zusammengestellt. Sie zeigen, daß sich durch die niedrigen Wärmeleitzahlen bei üblichen Wanddicken (24, 30 cm) wärmetechnische Werte ergeben, die weit über den Mindestanforderungen der DIN 4108 liegen. Der verbesserte Wärmeschutz wird ohne Erhöhung der Herstellungskosten der Außenwände erreicht; er bewirkt aber andererseits eine erhebliche Senkung eines wichtigen Bestandteiles der Betriebskosten: der Heizkosten. Die Summe aus Herstellungs- und Betriebskosten wird reduziert; das erhöht die Wirtschaftlichkeit der Gebäude. Untersuchungen von Sautter und Triebel zeigen, welchen Einfluß die Verbesserung des Wärmeschutzes hat. Nach Sautter soll der „wirtschaftliche Wärmeschutz" oder „Voll-Wärmeschutz" etwa das Doppelte bis Vierfache des Mindestwärmeschutzes nach DIN 4108 betragen. Auch von behördlicher Seite (z.B. Bayer. Staatsministerium des Innern, Ministerialerlaß Nordrhein-Westfalen) werden in Anlehnung an diese Erkenntnisse erhöhte Wärmedämmwerte empfohlen.

Da YTONG-Bauteile sowohl die wärmetechnischen als auch die statischen Funktionen erfüllen, ist die Anordnung mehrerer Schalen mit verschiedenen Aufgaben, die bauphysikalisch problematisch ist, nicht erforderlich.

4.1.3 Wärmetechnische Werte von YTONG-Bauteilen

4.1.3.1 Wärmeleitzahlen

Zur Berechnung der Wärmedämmung von Bauteilen dürfen grundsätzlich nur die Rechenwerte der Wärmeleitfähigkeit (Wärmeleitzahlen) nach DIN 4108 oder DIN 52612, Blatt 2, „Rechenwert der Wärmeleitfähigkeit für die Anwendung im Bauwesen" in Ansatz gebracht werden. Man kann jedoch wesentlich günstigere Wärmeleitzahlen empfehlen, die sich aus eingehenden praktischen Untersuchungen anerkannter Forschungsinstitute ergeben haben.

Die Wärmeleitzahlen für YTONG nach DIN 4108 ergeben sich aus den Wärmeleitzahlen des trockenen Materials und einem Zuschlag nach DIN 52612, Blatt 2, von 60%. Hierbei wird von einem praktischen Feuchtigkeitsgehalt von 5 Vol.-% ausgegangen; das bedeutet einen Aufschlag von 12% je Vol.-% Feuchtigkeit.

Selbst namhafte Wissenschaftler betrachten diese Annahme als zu ungünstig. Das Forschungsinstitut für Wärmeschutz in München hat Feuchtigkeitsmessungen an Außenwänden bewohnter Häuser durchgeführt. Diese Wände wiesen einen Feuchtigkeitsgehalt von ca. 2 Vol.-% auf.

Das Institut für Bauphysik, Stuttgart, ermittelte an 28 Wohngebäuden einen praktischen Feuchtigkeitsgehalt, der in 90% aller Fälle nicht überschritten wurde, von 3,5 Vol.-%. Der häufigste Feuchtigkeitsgehalt lag bei nur 2,5 Vol.-%.

Das gleiche Institut führte ebenfalls Messungen an Dächern aus Gasbeton durch; hierbei betrugen der praktische Feuchtigkeitsgehalt 3,2 Vol.-% und der häufigste 2,0 Vol.-% (siehe Kapitel 4.2).

Diese Ergebnisse zeigen, daß auch der in DIN 52612 angegebene praktische Feuchtigkeitsgehalt von 5 Vol.-% zu hoch angesetzt ist. Ein Aufschlag von nur 30% auf die Wärmeleitfähigkeit von YTONG im trockenen Zustand ist also berechtigt; der Aufschlag von 60% nach DIN 52612 ist sicher zu ungünstig. Die praktische Wärmeleitzahl λ_p beträgt:

$$\lambda_p = 1{,}3 \cdot \lambda_{tr}.$$

Daraus ergeben sich für YTONG ohne Berücksichtigung der Fugen je nach Rohdichte folgende praktische Wärmeleitzahlen:

Tabelle 4/3 Praktische Wärmeleitzahlen in Abhängigkeit von der Rohdichte

Rohdichte kg/m³	λ_{tr} kcal/m h grd	λ_p kcal/m h grd
470	0,096	0,12
550	0,11	0,14
640	0,13	0,17
780	0,16	0,21

In Tabelle 4/4 sind die Wärmeleitzahlen nach DIN und die praktischen Wärmeleitzahlen der verschiedenen YTONG-Bauteile aufgeführt.

Tabelle 4/4 Wärmeleitzahlen von YTONG-Bauteilen

Bauteil aus	Güteklasse	λ_{DIN} kcal/m h grd	λ_p kcal/m h grd
Mauerwerk aus YTONG-Blöcken und -Platten (einschließlich Mörtelfuge)	GS 25 GS 50 GS 75	0,28 0,33 0,35	0,16 0,20 0,24
Wände aus YTONG-PLANBLÖCKEN und -PLANPLATTEN; Planelemente	GS 25 P GS 50 P GS 75 P	0,13[1] 0,18[1] 0,23[1]	0,16[2] 0,23[2] 0,25[2]
YTONG-Dach- und Deckenplatten; YTONG-Wandelemente	GSB 35 GSB 50	0,20 0,23	0,15 0,17
YTONG-Stürze	GSB 50	0,23	0,17
YTONG-Fassadenelemente	GSB 35	0,20	0,15

[1] Wärmeleitzahl ermittelt nach DIN 52611

[2] Wärmeleitzahl gemäß Zulassung

4.1.3.2 Wärmedurchlaßwiderstände $1/\Lambda$ und Wärmedurchgangszahlen *k* der YTONG-Bauteile

Tabellen 4/5 bis 4/16

Tabelle 4/5 Mauerwerk aus YTONG GS 25 mit Mörtelfugen

Wanddicke ohne Putz cm	Wärmedurchlaßwiderstand $1/\Lambda$ m² h grd/kcal für		Wärmedurchgangszahl *k* kcal/m² h grd für	
	$\lambda_p = 0{,}16$	$\lambda = 0{,}28$	$\lambda_p = 0{,}16$	$\lambda = 0{,}28$
5	0,31	0,18	2,00	2,70
7,5	0,47	0,27	1,52	2,18
10	0,62	0,36	1,23	1,82
12	0,75	0,43	1,06	1,61
15	0,94	0,53	0,88	1,39
17,5	1,09	0,62	0,78	1,24
20	1,25	0,71	0,69	1,11
24	1,50	0,86	0,59	0,95
30	1,88	1,07	0,48	0,79

Tabelle 4/6 Mauerwerk aus YTONG GS 50 mit Mörtelfugen

Wanddicke ohne Putz cm	Wärmedurchlaßwiderstand $1/\Lambda$ m² h grd/kcal für		Wärmedurchgangszahl *k* kcal/m² h grd für	
	$\lambda_p = 0{,}20$	$\lambda = 0{,}33$	$\lambda_p = 0{,}20$	$\lambda = 0{,}33$
5	0,25	0,15	2,27	2,94
7,5	0,38	0,23	1,75	2,38
10	0,50	0,30	1,45	2,04
12	0,60	0,36	1,27	1,82
15	0,75	0,45	1,06	1,56
17,5	0,88	0,53	0,93	1,39
20	1,00	0,61	0,84	1,25
24	1,20	0,73	0,72	1,09
30	1,50	0,91	0,59	0,91

Tabelle 4/7 Mauerwerk aus YTONG GS 75 mit Mörtelfugen

Wanddicke ohne Putz cm	Wärmedurchlaßwiderstand $1/\Lambda$ m² h grd/kcal für		Wärmedurchgangszahl *k* kcal/m² h grd für	
	$\lambda_p = 0{,}24$	$\lambda = 0{,}35$	$\lambda_p = 0{,}24$	$\lambda = 0{,}35$
12	0,50	0,34	1,45	1,89
17,5	0,73	0,50	1,09	1,45
24	1,00	0,69	0,84	1,14
30	1,25	0,86	0,70	0,95

Tabelle 4/8 Wände aus YTONG-PLANBLÖCKEN und -PLANPLATTEN sowie YTONG-Planelementen GS 25 P

Wanddicke ohne Putz cm	Wärmedurchlaßwiderstand $1/\Lambda$ m² h grd/kcal für		Wärmedurchgangszahl *k* kcal/m² h grd für	
	$\lambda_p = 0{,}13$ [1]	$\lambda = 0{,}16$ [2]	$\lambda_p = 0{,}13$ [1]	$\lambda = 0{,}16$ [2]
10	0,77	0,63	1,04	1,22
12,5	0,96	0,78	0,87	1,03
15	1,15	0,94	0,75	0,88
17,5	1,35	1,09	0,65	0,78
20	1,54	1,25	0,58	0,69
25	1,92	1,56	0,47	0,57
30	2,31	1,88	0,40	0,48

Tabelle 4/9 Wände aus YTONG-PLANBLÖCKEN und -PLANPLATTEN sowie YTONG-Planelementen GS 50 P

Wanddicke ohne Putz cm	Wärmedurchlaßwiderstand $1/\Lambda$ m² h grd/kcal für		Wärmedurchgangszahl *k* kcal/m² h grd für	
	$\lambda_p = 0{,}18$ [1]	$\lambda = 0{,}23$ [2]	$\lambda_p = 0{,}18$ [1]	$\lambda = 0{,}23$ [2]
10	0,56	0,44	1,33	1,59
12,5	0,69	0,54	1,14	1,37
15	0,83	0,65	0,98	1,19
17,5	0,97	0,76	0,86	1,05
20	1,11	0,87	0,77	0,94
25	1,39	1,09	0,63	0,78
30	1,67	1,30	0,54	0,67

Tabelle 4/10 Wände aus YTONG-PLANBLÖCKEN und -PLANPLATTEN GS 75 P

Wanddicke ohne Putz cm	Wärmedurchlaßwiderstand $1/\Lambda$ m² h grd/kcal für		Wärmedurchgangszahl *k* kcal/m² h grd für	
	$\lambda_p = 0{,}23$ [1]	$\lambda = 0{,}25$ [2]	$\lambda_p = 0{,}23$ [1]	$\lambda = 0{,}25$ [2]
12,5	0,54	0,50	1,37	1,45
17,5	0,76	0,70	1,05	1,12
25	1,09	1,00	0,78	0,84
30	1,31	1,20	0,67	0,72

[1] Wärmeleitzahl ermittelt nach DIN 52611
[2] Wärmeleitzahl gemäß Zulassung

Tabelle 4/11 YTONG-Wandelemente GSB 35

Dicke ohne Putz	Wärmedurchlaßwiderstand $1/\Lambda$ m² h grd/kcal für		Wärmedurchgangszahl k kcal/m² h grd für	
cm	$\lambda_p = 0{,}15$	$\lambda = 0{,}20$	$\lambda_p = 0{,}15$	$\lambda = 0{,}20$
7,5	0,50	0,38	1,45	1,75
10	0,67	0,50	1,16	1,45
12,5	0,83	0,63	0,98	1,22
15	1,00	0,75	0,84	1,06
17,5	1,17	0,88	0,74	0,94
20	1,34	1,00	0,65	0,84
22,5	1,50	1,13	0,59	0,76
24	1,60	1,20	0,56	0,72

Tabelle 4/12 YTONG-Wandelemente GSB 50

Dicke ohne Putz	Wärmedurchlaßwiderstand $1/\Lambda$ m² h grd/kcal für		Wärmedurchgangszahl k kcal/m² h grd für	
cm	$\lambda_p = 0{,}17$	$\lambda = 0{,}23$	$\lambda_p = 0{,}17$	$\lambda = 0{,}23$
7,5	0,44	0,33	1,59	1,92
10	0,59	0,44	1,28	1,60
12,5	0,74	0,54	1,08	1,37
15	0,88	0,65	0,93	1,19
17,5	1,03	0,76	0,82	1,05
20	1,18	0,87	0,73	0,94
22,5	1,32	0,98	0,66	0,85
24	1,41	1,04	0,63	0,81

Tabelle 4/13 YTONG-Dachplatten GSB 35

Dicke ohne Putz	Wärmedurchlaßwiderstand $1/\Lambda$ m² h grd/kcal für		Wärmedurchgangszahl k kcal/m² h grd für	
cm	$\lambda_p = 0{,}15$	$\lambda = 0{,}20$	$\lambda_p = 0{,}15$	$\lambda = 0{,}20$
10	0,67	0,50	1,16	1,45
12,5	0,84	0,63	0,97	1,22
15	1,00	0,75	0,84	1,06
17,5	1,17	0,88	0,74	0,94
20	1,34	1,00	0,65	0,84
22,5	1,50	1,13	0,59	0,76
24	1,60	1,20	0,56	0,72

Tabelle 4/14 YTONG-Dachplatten GSB 50

Dicke ohne Putz	Wärmedurchlaßwiderstand $1/\Lambda$ m² h grd/kcal für		Wärmedurchgangszahl k kcal/m² h grd für	
cm	$\lambda_p = 0{,}17$	$\lambda = 0{,}23$	$\lambda_p = 0{,}17$	$\lambda = 0{,}23$
10	0,59	0,44	1,28	1,60
12,5	0,74	0,54	1,08	1,37
15	0,88	0,65	0,93	1,19
17,5	1,03	0,76	0,82	1,05
20	1,18	0,87	0,73	0,94
22,5	1,32	0,98	0,66	0,85
24	1,41	1,04	0,63	0,81

Tabelle 4/15 YTONG-Deckenplatten GSB 50

Dicke ohne Putz	Wärmedurchlaßwiderstand $1/\Lambda$ m² h grd/kcal für		Wärmedurchgangszahl k kcal/m² h grd für	
cm	$\lambda_p = 0{,}17$	$\lambda = 0{,}23$	$\lambda_p = 0{,}17$	$\lambda = 0{,}23$
10	0,59	0,44	1,01	1,20
12,5	0,74	0,54	0,88	1,06
15	0,88	0,65	0,78	0,95
17,5	1,03	0,76	0,70	0,86
20	1,18	0,87	0,63	0,79
22,5	1,32	0,98	0,58	0,72
24	1,41	1,04	0,55	0,69

Die Tabellenwerte gelten für Kellerdecken. Als Wärmeübergangszahlen wurden $\alpha_i = \alpha_a = 5$ kcal/m² h grd zugrunde gelegt.

Tabelle 4/16 YTONG-Fassadenelemente. Rohdichte des YTONG 600 kg/m³

Elementdicke	Wärmedurchlaßwiderstand[1] $1/\Lambda$ m² h grd/kcal bei		Wärmedurchgangszahl[1] k kcal/m² h grd bei	
cm	$\lambda_p = 0{,}15$	$\lambda = 0{,}20$	$\lambda_p = 0{,}15$	$\lambda = 0{,}20$
23[2]	1,36	1,02	0,64	0,83
25,5	1,52	1,15	0,58	0,75
27	1,62	1,22	0,55	0,71
33	2,02	1,52	0,45	0,58

[1] Die Wärmeleitzahl für die Betonschicht wurde mit $\lambda = 1{,}75$ kcal/m h grd angenommen.

[2] Standarddicke.

4.1.4 Wärmespeicherung

Bei der Erwärmung nimmt ein Bauteil Wärmemengen auf und speichert sie. Die Wärmespeicherung hängt von der spezifischen Wärme c, dem Gewicht ϱ und dem Temperaturunterschied zwischen Bauteil und der ihn umgebenden Luft ab. Für die Wärmespeicherfähigkeit W gilt folgende Beziehung:

$W = c \cdot \varrho \cdot d$ in kcal/m² grd.

Ausreichende Wärmespeicherung verhindert im Winter eine zu schnelle Abkühlung der Räume beim Nachlassen der Heizung, im Sommer eine zu rasche Erwärmung durch Sonneneinstrahlung. Die Wärme wird in erster Linie von den Innenwänden, Decken und Einrichtungsgegenständen gespeichert; eine hohe Wärmedämmung der Außenbauteile verhindert ihr Abfließen nach außen.
Die Bedeutung der Wärmespeicherung wird unterschiedlich bewertet. Nach Schüle sind ihre Auswirkungen nicht so schwerwiegend, wie es oft angenommen wird. Die Wärmespeicherfähigkeit spielt bei Räumen, die im Winter ständig beheizt werden, praktisch keine Rolle, da die Temperaturen auf den Innenseiten der Außenbauteile vor allem von deren Wärmedämmung und der Außentemperatur abhängen.
Auch für die warme Jahreszeit ist die Forderung nach stark wärmespeichernden Bauteilen nicht unbedingt gerechtfertigt. Die geringe Wärmespeicherfähigkeit der Bauteile kann durch zusätzliche bauliche Maßnahmen, z. B. durch Erhöhung der Wärmedämmung, weitgehend ausgeglichen werden.

4.1.4.1 Aufheizung

Beim Aufheizen von Räumen erwärmen sich die Bauteile. Die sich einstellende Oberflächentemperatur hängt von der Wärmeeindringzahl

$b = \sqrt{c \cdot \lambda \cdot \varrho}$ (kcal/m² $h^{1/2}$ grd)

des verwendeten Baustoffes ab.

In der Formel bedeuten

c = spezifische Wärme des Materials in kcal/kg grd
λ = Wärmeleitzahl in kcal/m h grd
ϱ = Rohdichte in kg/m³

Auch Heizungsart, Anheizzeit und Heizleistung beeinflussen diesen Vorgang. In Tabelle 4/17 sind die Wärmeeindringzahlen von einigen Baustoffen angegeben.

Tabelle 4/17 Wärmeeindringzahlen b

Material	Wärmeeindringzahl b kcal/m² $h^{1/2}$ grd
YTONG GS 25 P	4
YTONG GS 50 P	5
YTONG GS 75 P	7
Kork	1–2
Holz	4–8
Leichtbeton	8–16
gebrannte Steine	9–16
Beton	20–30

YTONG besitzt bei hoher Wärmedämmung eine niedrige Wärmeeindringzahl. Das bedeutet: Bei raumabschließenden YTONG-Bauteilen ist die Aufheizzeit der Räume kürzer als bei Bauteilen mit hohem Gewicht und hoher Wärmespeicherfähigkeit.
Beim Aufheizen eines ausgekühlten Raumes erwärmt sich die Raumluft zunächst nur wenig, da sie Wärme an die raumbegrenzenden Bauteile und die Einrichtungsgegenstände abgibt. Die diesen Bauteilen zugeführten Wärmemengen bewirken eine Erhöhung der Oberflächentemperatur. Die Geschwindigkeit der Erwärmung hängt von der Wärmeeindringzahl ab. Je kleiner diese ist, desto schneller steigen Oberflächen- und somit auch die Raumlufttemperaturen.
In den Bildern 4/3 und 4/4 sind Wärmeeindringzahl b und die raumseitigen Oberflächentemperaturen der Bauteile sowie die Heizleistung bei einer Anheizzeit von 1 Stunde in Beziehung gebracht. Das Diagramm zeigt, daß die Wärmeeindringzahl b die Temperatur, die sich auf der Innenseite der Außenbauteile einstellt, entscheidend bestimmt.
Eine Wand mit $b = 16$ weist zum Beispiel bei einer Heizleistung von $Q = 3000$ kcal/h nach 1 Stunde eine Oberflächentemperatur von 7°C auf; bei einer YTONG-Wand mit $b = 4$ dagegen ergeben sich unter gleichen Voraussetzungen 14°C. In beiden Fällen ist die Ausgangstemperatur 5°C.
Bei Wärmeeinwirkung von außen, z. B. durch starke Sonneneinstrahlung, bedeutet eine kleine Wärmeeindringzahl ebenfalls ein langsames Aufheizen. Dadurch wird im Sommer ein angenehm kühles Wohnklima erreicht.
Im Institut für Technische Physik Stuttgart (jetzt Institut für Bauphysik) wurden wärmetechnische Untersuchungen an Gasbetondächern durchgeführt.
In Bild 4/5 sind die Außen- und Innenlufttemperaturen sowie die Temperaturen an verschiedenen Stellen eines 15 cm dicken Daches (Warmdach) während eines strahlungsreichen Sommer- und Wintertages gegenübergestellt.

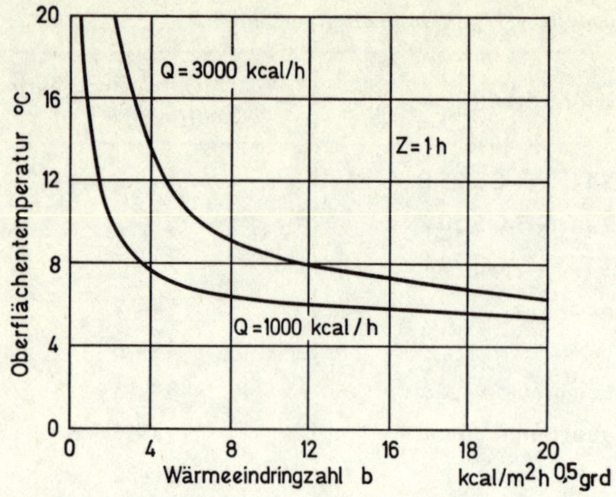

Bild 4/3 Oberflächentemperaturen in Abhängigkeit von der Wärmeeindringzahl bei vorgegebenen Heizleistungen und 1 Stunde Anheizzeit

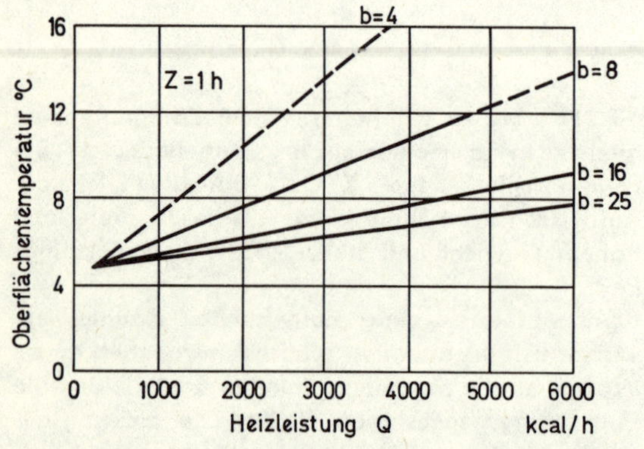

Bild 4/4 Oberflächentemperaturen in Abhängigkeit von der Heizleistung bei verschiedenen Wärmeeindringzahlen mit 1 Stunde Anheizzeit

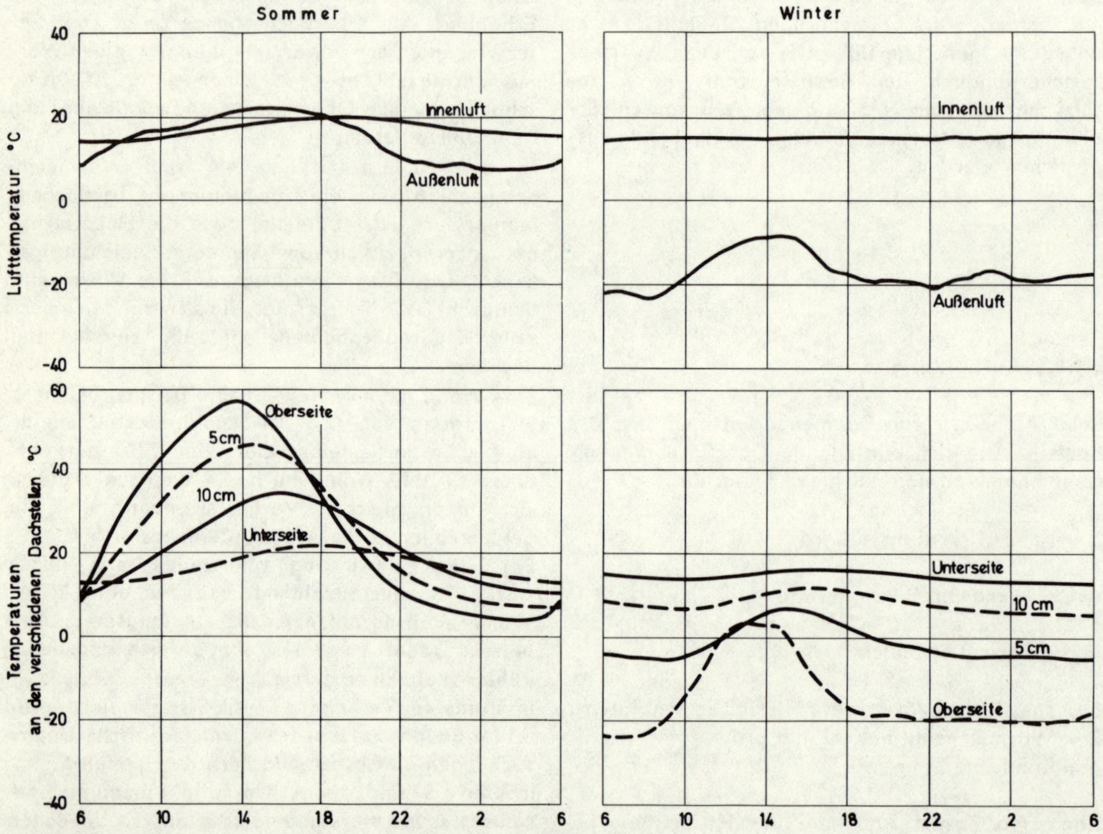

Bild 4/5 Zeitliche Verläufe der Temperaturen an verschiedenen Stellen des 15 cm dicken Gasbetondaches während eines strahlungsreichen Sommer- und Wintertages mit Angabe der Lufttemperatur

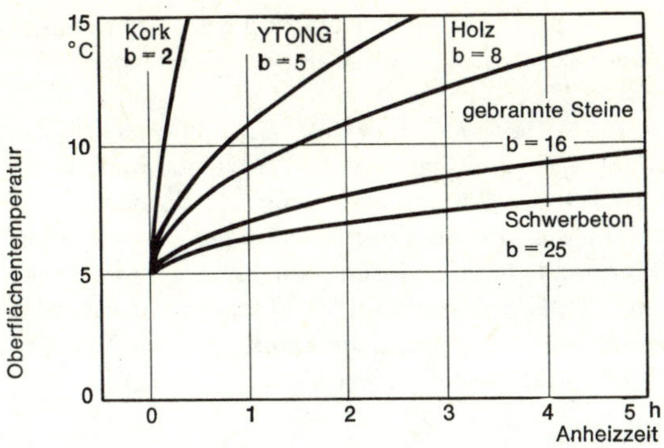

Bild 4/6 Oberflächentemperaturen in Abhängigkeit von der Anheizzeit bei Wandbaustoffen mit verschiedener Wärmeeindringzahl

Wichtig ist die Feststellung, daß Temperaturschwankungen an der Dachoberfläche sich an der Dachunterseite durch die hohe Wärmedämmfähigkeit der YTONG-Dachplatten praktisch nicht auswirken.
Bei sich langsam erwärmenden Oberflächen entsteht während der Aufheizzeit oft Schwitzwasser. Dies wird durch rasches Aufheizen der Bauteile vermieden.

4.1.4.2 Auskühlung

Das Auskühlen eines Bauteiles hängt von dem Verhältnis seiner Wärmespeicherfähigkeit W zur Wärmedurchlaßzahl Λ ab.
Auskühlfaktor

$$A = \frac{W}{\Lambda} = \frac{c \cdot \varrho \cdot d}{\frac{\lambda}{d}} \text{ in } \frac{\text{kcal/m}^2\text{ grd}}{\text{kcal/m}^2\text{ h grd}} \mathrel{\hat{=}} h.$$

Je größer der Auskühlfaktor ist, desto langsamer kühlt ein Bauteil aus und desto weniger machen sich äußere Temperaturschwankungen im Innenraum bemerkbar.

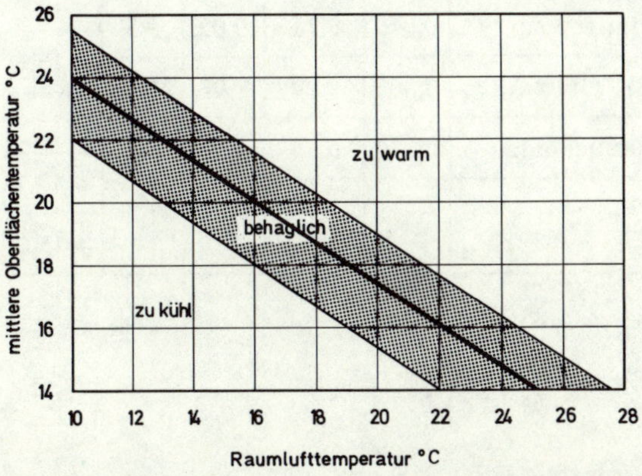

Bild 4/7 Darstellung des Behaglichkeitsbereiches unter Berücksichtigung der mittleren Oberflächentemperatur und der Raumlufttemperatur

Tabelle 4/18 zeigt das Auskühlverhalten verschiedener Baustoffe. Die Werte sind für eine Materialdicke von 30 cm ermittelt.

Tabelle 4/18 Auskühlverhalten verschiedener Baustoffe

Baustoff	W (kcal/m² grd)	Λ (kcal/m² h grd)	$A = \frac{W}{\Lambda}$ (h)
Eisen, Stahl	271	160	2
Kunstharz-schaumstoff	1,6	0,09	18
Beton	145	5,8	25
Leichtbeton-Vollsteine	92	1,8	51
Gebrannte Steine	79	1,5	53
YTONG GSB 35	44	0,50	88
YTONG GSB 50	50	0,57	88
YTONG GS 75 P	59	0,77	82
YTONG GS 50 P	48	0,60	83
YTONG GS 25 P	38	0,43	88

4.1.4.3 Temperaturverhältnisse in Räumen

Ein angenehmes und gesundes Raumklima hängt wesentlich von den Temperaturen der Raumluft und der Oberflächen der raumabschließenden Bauteile ab, zwischen denen ein ausgewogenes Verhältnis bestehen muß. Dies zeigt Bild 4/7. Selbst bei ausreichend hoher Raumlufttemperatur entziehen kalte Wände dem Menschen zu viel Wärme. Am günstigsten sind Raumtemperaturen von 20° C und Oberflächentemperaturen von etwa 16° C.

°C

Wie wichtig der erhöhte Wärmeschutz für Außenwände und Dächer ist, zeigt eine Nachrechnung der sich aufgrund des Mindestwärmeschutzes nach DIN bei einer Außentemperatur von —15°C und einer Raumlufttemperatur von 20°C ergebenden Oberflächentemperatur. Diese beträgt im Wärmedämmgebiet II 13,4° C. Nach Bild 4/7 sind dies nicht ausreichende Wohnverhältnisse.

Dagegen erreichen 25 bzw. 30 cm dicke Wände aus YTONG-PLANBLÖCKEN unter gleichen Temperaturannahmen (innen: + 20°C; außen: —15°C) Oberflächentemperaturen von 17,7 bzw. 18,1°C. Die entsprechenden Werte für 25 bzw. 30 cm dickes Mauerwerk aus YTONG-Blöcken betragen 15,6 und 16,3°C.

Diese Werte fallen in den Bereich „behaglich" des Bildes 4/7. Eine zusätzliche Wärmedämmung ist bei YTONG-Wänden also nicht erforderlich.

Die in diesem Abschnitt erwähnten raumseitigen Oberflächentemperaturen sind für die verschiedenen YTONG-Wandkonstruktionen sowie für eine Wand mit Mindestwärmeschutz in den Tabellen 4/19 bis 4/23 berechnet worden.

Tabelle 4/19 Wände aus YTONG-PLANBLÖCKEN
d = 25 cm

Wandaufbau	d	α, λ	$\frac{1}{\alpha}, \frac{d}{\lambda}$	Δt	t
					+20,0
α_i	—	7	0,14	2,3	
					+17,7
Innenputz	0,015	0,75	0,02	0,3	
					+17,4
YTONG GS 25 P	0,250	0,13	1,92	31,1	
					—13,7
Außenputz	0,020	0,75	0,03	0,5	
					—14,2
α_a	—	20	0,05	0,8	
					—15,0

$\frac{1}{k} = 2{,}16\ m^2\ h\ grd/kcal$

$\Delta t = \frac{35}{2{,}16} \cdot R = 16{,}2\ R$

Tabelle 4/20 Wände aus YTONG-PLANBLÖCKEN
d = 30 cm

Wandaufbau	d	α, λ	$\frac{1}{\alpha}, \frac{d}{\lambda}$	Δt	t
					+20,0
α_i	—	7	0,14	1,9	
					+18,1
Innenputz	0,015	0,75	0,02	0,3	
					+17,8
YTONG GS 25 P	0,300	0,13	2,31	31,7	
					—13,9
Außenputz	0,020	0,75	0,03	0,4	
					—14,3
α_a	—	20	0,05	0,7	
					—15,0

$\frac{1}{k} = 2{,}55\ m^2\ h\ grd/kcal$

$\Delta t = \frac{35}{2{,}55} \cdot R = 13{,}7\ R$

Tabelle 4/21 Mauerwerk aus YTONG-Blöcken
d = 24 cm

Wandaufbau	d	α, λ	$\frac{1}{\alpha}, \frac{d}{\lambda}$	Δt	t
					+20,0
α_i	—	7	0,14	4,4	
					+15,6
Innenputz	0,015	0,75	0,02	0,6	
					+15,0
YTONG GS 25	0,240	0,28	0,86	27,4	
					—12,4
Außenputz	0,020	0,75	0,03	1,0	
					—13,4
α_a	—	20	0,05	1,6	
					—15,0

$\frac{1}{k} = 1{,}11\ m^2\ h\ grd/kcal$

$\Delta t = \frac{35}{1{,}10} \cdot R = 31{,}8\ R$

Tabelle 4/22 Mauerwerk aus YTONG-Blöcken
d = 30 cm

Wandaufbau	d	α, λ	$\frac{1}{\alpha}, \frac{d}{\lambda}$	Δt	t
					+20,0
α_i	—	7	0,14	3,7	
					+16,3
Innenputz	0,015	0,75	0,02	0,5	
					+15,8
YTONG GS 25	0,300	0,28	1,07	28,7	
					—12,9
Außenputz	0,020	0,75	0,03	0,8	
					—13,7
α_a	—	20	0,05	1,3	
					—15,0

$\frac{1}{k} = 1{,}33\ m^2\ h\ grd/kcal$

$\Delta t = \frac{35}{1{,}31} \cdot R = 26{,}8\ R$

Die in den Tabellen enthaltenen Bezeichnungen haben folgende Dimensionen:
d in m; λ in kcal/m h grd; α in kcal/m² h grd; $\frac{1}{\alpha}$ und $\frac{d}{\lambda}$ in m² h grd/kcal; Δt in grd; t in °C.
R bedeutet Wärmeleit- oder Wärmeübergangswiderstand.

Tabelle 4/23 Mindestwärmeschutz

Wärmedämmgebiet II $\frac{1}{\Lambda_{erf}} = 0{,}55$ m² h grd/kcal

Wandaufbau	$\frac{1}{\alpha}, \frac{d}{\lambda}$	Δt	t
			+20,0
α_i	0,14	6,6	
			+13,4
Wandkonstruktion	0,55	26,0	
			−12,6
α_a	0,05	2,4	
			−15,0

$\frac{1}{k} = 0{,}74$ m² h grd/kcal

$\Delta t = \frac{35}{0{,}74} \cdot R = 47{,}3\ R$

Der in Tabelle 4/20 berechnete Temperaturverlauf für eine Wand aus 30 cm dicken YTONG-PLANBLÖCKEN beidseitig verputzt, ist in Bild 4/8 dargestellt.

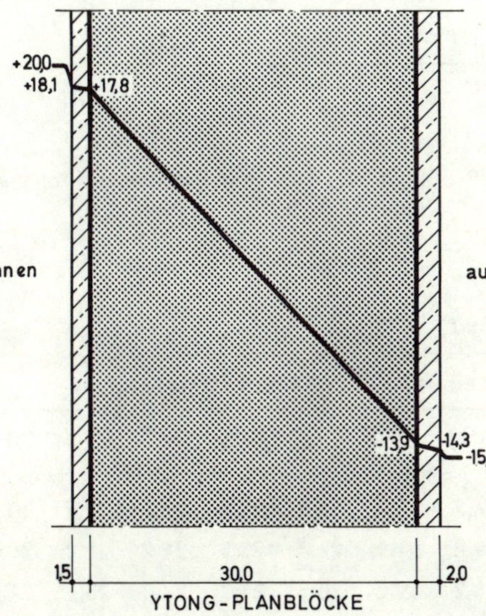

Bild 4/8 Temperaturverlauf in einer beidseitig verputzten YTONG-PLANBLOCK-Wand (s. Tabelle 4/20)

4.2 Feuchtigkeitsschutz

Im Hochbau müssen die Bauteile gegen Feuchtigkeitsbeanspruchungen von außen und innen geschützt werden.

Einflüsse von außen:
Aufsteigende Feuchtigkeit aus dem Baugrund, Regen und Schnee.

Einflüsse innen:
Tauwasserbildung auf der warmen Oberfläche von Wänden und Decken,
Kondenswasserbildung innerhalb einer Wand- oder Dachkonstruktion infolge Dampfdiffusion.

Ziel des praktischen Feuchtigkeitsschutzes im Hochbau ist die Verhütung von Feuchtigkeitsschäden. Durchfeuchtungen von Wänden können z.B. Schimmelbildung, Ausblühungen, Putzschäden usw. verursachen und setzen die Wärmedämmung herab. Feuchte Wände und Decken können für den Bewohner gesundheitsschädigend sein.
Gegen Feuchtigkeitseinflüsse von außen müssen Bauwerke durch geeignete Sperrmaßnahmen, wie z.B. durch Anbringen von wasserabweisenden Anstrichen, Putzen, Folien, Bitumenpappen usw., geschützt werden.
Durch Diffusion kann in der kalten Jahreszeit Wasserdampf in Wände und Dächer eindringen und dort kondensieren. Das hat keine nachteiligen Folgen, wenn gewährleistet ist, daß die Feuchtigkeit in der warmen Jahreszeit wieder ausdiffundieren kann. Praktische Untersuchungen haben das günstige Verhalten von YTONG-Konstruktionen (siehe Abschnitt 4.2.5) bestätigt. Nur bei extremen Beanspruchungen infolge hoher relativer Luftfeuchtigkeit und hoher Raumtemperatur (z. B. Naßräume in der Industrie) müssen Dampfsperren bzw. Dampfbremsen an der Innenseite der Bauteile angeordnet werden. Nach Möglichkeit sollen sie aber vermieden werden, da sonst die „Atmungsfähigkeit" aufgehoben oder eingeschränkt wird. Auch das Austrocknen der Bauteile wird verlangsamt.

4.2.1 Arten der Feuchtigkeitsbewegung in Bauteilen

4.2.1.1 Kapillarer Feuchtigkeitstransport

Durch die Porenstruktur von YTONG, dem Verhältnis zwischen Makro- und Mikroporen, ist die kapillare Saugkraft verhältnismäßig gering. Bei Untersuchungen über die Feuchtigkeitsverhältnisse in Wänden mit dichter Außenverkleidung und Dächern wurde festgestellt, daß die Kapillarleitfähigkeit trotzdem wesentlich zur Austrocknung beiträgt. Dieser Vorgang läßt sich rechnerisch jedoch noch nicht exakt erfassen.

4.2.1.2 Wasserdampfdiffusion

Wasserdampfdiffusion ist ein Strömungsvorgang, der durch den Unterschied der Temperatur und des Dampfdruckes zwischen Innen- und Außenseite eines Bauteiles entsteht, d.h., Feuchtigkeit durchströmt ihn in Dampfform.
In unseren Klimazonen erfolgt die Wasserdampfwanderung in der Regel — entsprechend dem Temperaturgefälle — von innen nach außen, d.h.

von der warmen zur kalten Seite. Umgekehrte Druckverhältnisse treten bei hohen sommerlichen Temperaturen auf.

4.2.2 Rechnerischer Nachweis der feuchtigkeitstechnischen Vorgänge in YTONG-Bauteilen

Es ist zu prüfen, ob es an der raumseitigen Oberfläche der Bauteile zu Schwitzwasserbildung kommt und ob durch Wasserdampfdiffusion in der Konstruktion Durchfeuchtungen entstehen.

4.2.2.1 Kondensation an den Innenflächen raumabschließender Bauteile (Schwitzwasser)

Grundlagen:

t_s Taupunkttemperatur in °C
Sie ist die Temperatur, bei der die Luft mit Dampf gesättigt ist.

φ Relative Luftfeuchtigkeit in %

$$\varphi = \frac{d}{d_s} \cdot 100 = \frac{p}{p_s} \cdot 100.$$

Sie drückt das Verhältnis zwischen dem tatsächlichen Feuchtigkeitsgehalt der Luft und dem Sättigungsgehalt bzw. zwischen dem tatsächlichen Dampfdruck und dem Sättigungsdruck aus.

d Vorhandene Feuchtigkeitsmenge der Luft in g/m³

d_s Sättigungsmenge der Luft in g/m³

p Vorhandener Dampfdruck der Luft in kp/m²

p_s Sättigungsdampfdruck der Luft in kp/m²

Die Luft enthält Feuchtigkeit in Dampfform; die Menge hängt von der Temperatur ab. Je höher sie ist, desto mehr Feuchtigkeit kann die Luft aufnehmen.

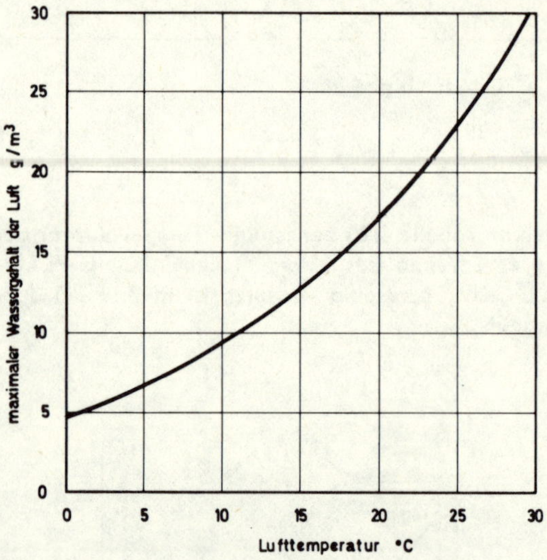

Bild 4/9 Maximaler Wassergehalt der Luft, abhängig von der Temperatur (Luftdruck 755 mm QS)

Tabelle 4/24 Taupunkttemperaturen in °C und Wasserdampfgehalt g/m³

Wärmestand der Luft °C	Höchster Feuchtigkeitsgehalt g/m³	Taupunkt in °C bei einer relativen Luftfeuchtigkeit von										
		50%	55%	60%	65%	70%	75%	80%	85%	90%	95%	100%
+30	30,4	18,5	19,9	21,2	22,8	24,2	25,3	26,4	27,5	28,5	29,2	30,0
+26	24,4	14,9	16,2	17,6	18,9	19,8	21,1	22,3	23,5	24,2	25,2	26,0
+24	21,8	13,0	14,4	15,8	17,0	18,2	19,3	20,3	21,2	22,2	23,1	24,0
+22	19,4	11,1	12,5	13,9	15,2	16,3	17,4	18,4	19,4	20,3	21,2	22,0
+20	17,29	9,3	10,7	12,0	13,2	14,3	15,4	16,5	17,4	18,3	19,2	20,0
+18	15,36	7,4	8,8	10,1	11,3	12,4	13,5	14,5	15,4	16,3	17,2	18,0
+16	13,63	5,6	7,0	8,2	9,4	10,5	11,5	12,5	13,4	14,3	15,2	16,0
+14	12,06	3,8	5,1	6,4	7,5	8,6	9,6	10,6	11,5	12,4	13,2	14,0
+12	10,66	1,9	3,2	4,3	5,5	6,6	7,6	8,5	9,5	10,3	11,2	12,0
+10	9,40	0,1	1,4	2,6	3,7	4,8	5,8	6,7	7,6	8,4	9,2	10,0
+ 8	8,27	–1,6	–0,4	0,7	1,8	2,9	3,9	4,8	5,6	6,4	7,2	8,0
+ 6	7,26	–3,2	–2,1	–1,0	–0,1	0,9	1,9	2,8	3,6	4,4	5,2	6,0
+ 4	6,36	–4,8	–3,7	–2,7	–1,8	–0,9	–0,1	0,8	1,6	2,4	3,2	4,0
+ 2	5,56	–6,5	–5,3	–4,3	–3,4	–2,5	–1,6	–0,8	–0,1	0,6	1,3	2,0
± 0	4,48	–8,1	–6,6	–5,6	–4,7	–3,8	–3,1	–2,3	–1,6	–0,9	–0,3	0

Mit Wasserdampf gesättigte Luft besitzt eine relative Luftfeuchtigkeit von $\varphi = 100\%$. Die relative Luftfeuchtigkeit in Wohnräumen ist wesentlich geringer, sie liegt zwischen 30 und 60%.
In Tabelle 4/24 sind die Taupunkttemperaturen in Abhängigkeit von der Temperatur der Luft und der relativen Luftfeuchtigkeit sowie der temperaturabhängige maximale Wasserdampfgehalt in g/m³ angegeben. Bei einer Lufttemperatur von $t_i = +20°C$ und einer relativen Luftfeuchtigkeit $\varphi_i = 55\%$ ergibt sich ein tatsächlicher Feuchtigkeitsgehalt von

$$g = \frac{17{,}3}{100} \cdot 55 = 9{,}5 \text{ g/m}^3.$$

Schwitzwasser auf den Innenflächen raumabschließender Bauteile tritt auf, wenn deren Oberflächentemperatur die Taupunkttemperatur der Luft unterschreitet; vermieden wird es durch ausreichende Wärmedämmung.
Erforderliche Wärmedurchgangszahl (k_{erf}):

$$k_{erf} = \alpha_i \cdot \frac{t_i - t_s}{t_i - t_a} \quad \text{in kcal/m}^2 \text{ h grd}$$

Es bedeuten:

t_i Temperatur der Raumluft in °C
t_a Temperatur der Außenluft in °C
t_s Taupunkttemperatur in °C
α_i Wärmeübergangszahl an der Innenseite in kcal/m² h grd

Tabelle 4/25 Erforderliche Wärmedurchgangszahl k_{erf} zur Vermeidung von Schwitzwasser

Relative Raumluftfeuchtigkeit %	Außentemperatur °C	Erforderliche Wärmedurchgangszahl k_{erf} in kcal/m² h grd bei Raumlufttemperaturen t_i von					
		+15°C	+18°C	+20°C	+22°C	+25°C	+28°C
55	–10	2,51	2,30	2,21	2,08	1,94	1,83
	–15	2,09	1,95	1,90	1,80	1,70	1,62
	–20	1,79	1,69	1,66	1,59	1,51	1,45
	–25	1,57	1,50	1,48	1,42	1,36	1,31
60	–10	2,16	1,98	1,86	1,77	1,66	1,58
	–15	1,79	1,67	1,60	1,53	1,45	1,40
	–20	1,54	1,45	1,40	1,35	1,29	1,26
	–25	1,35	1,29	1,24	1,21	1,16	1,14
65	–10	1,83	1,68	1,58	1,49	1,41	1,32
	–15	1,53	1,42	1,36	1,29	1,23	1,17
	–20	1,31	1,23	1,19	1,14	1,10	1,04
	–25	1,15	1,09	1,06	1,01	0,99	0,94
70	–10	1,53	1,40	1,33	1,25	1,20	1,10
	–15	1,27	1,19	1,14	1,08	1,05	0,98
	–20	1,09	1,03	1,00	0,95	0,93	0,88
	–25	0,95	0,91	0,89	0,85	0,84	0,79
75	–10	1,25	1,13	1,07	1,01	0,96	0,88
	–15	1,04	0,95	0,92	0,87	0,84	0,78
	–20	0,89	0,83	0,81	0,77	0,75	0,70
	–25	0,78	0,73	0,72	0,69	0,67	0,63
80	–10	0,97	0,88	0,82	0,79	0,74	0,67
	–15	0,80	0,74	0,70	0,68	0,65	0,59
	–20	0,69	0,64	0,61	0,60	0,58	0,53
	–25	0,60	0,57	0,54	0,53	0,52	0,48
85	–10	0,71	0,65	0,61	0,57	0,53	0,46
	–15	0,59	0,55	0,52	0,49	0,46	0,41
	–20	0,51	0,48	0,46	0,43	0,41	0,37
	–25	0,45	0,42	0,40	0,39	0,37	0,33
90	–10	0,46	0,43	0,40	0,37	0,36	0,30
	–15	0,38	0,36	0,34	0,32	0,31	0,27
	–20	0,33	0,31	0,30	0,28	0,28	0,24
	–25	0,29	0,28	0,26	0,25	0,25	0,22

Die Tabelle ist mit $\alpha_i = 7$ kcal/m² h grd berechnet worden

Schwitzwasser entsteht nicht, wenn die vorhandene Wärmedurchgangszahl k_{vorh} günstiger, d.h. kleiner als k_{erf} ist:

$k_{vorh} < k_{zul}$.

Mit dem aus Tabelle 4/25 entnommenen Wert k läßt sich der entsprechende Mindestwärmedurchlaßwiderstand der Konstruktion ermitteln:

$$\frac{1}{\Lambda_{erf}} \geqq \frac{1}{k_{erf}} - \left(\frac{1}{\alpha_i} + \frac{1}{\alpha_a}\right) \geqq \frac{1}{k_{erf}} - 0{,}19.$$

Der Berechnung werden für die einzelnen Wärmedämmgebiete folgende Außenlufttemperaturen zugrunde gelegt:

Wärmedämmgebiet I $t_a = -10°C$
Wärmedämmgebiet II $t_a = -15°C$
Wärmedämmgebiet III $t_a = -20°C$

Beispiel:

Mauerwerk aus YTONG-Blöcken, $d = 24$ cm, Wärmedämmgebiet II
2,0 cm Außenputz
24,0 cm YTONG-Blöcke GS 50
1,5 cm Innenputz

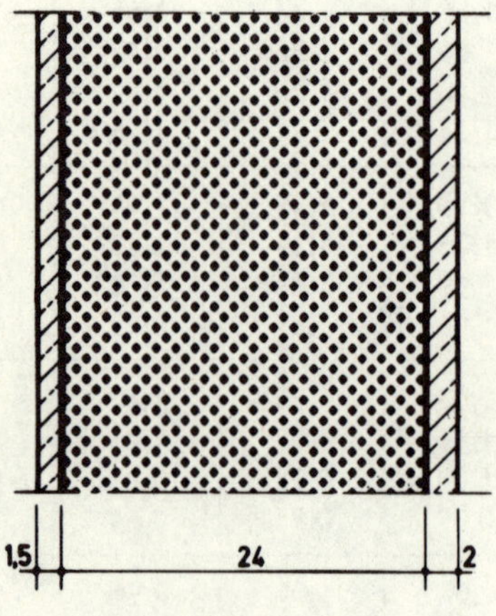

Bild 4/10 Wandquerschnitt

$t_a = -15°C$; $t_i = +22°C$; $\varphi_i = 65\%$

$\alpha_i = 7$ kcal/m² h grd; $\alpha_a = 20$ kcal/m² h grd

$$\frac{1}{k_{vorh}} = \frac{1}{7} + \frac{0{,}02}{0{,}75} + \frac{0{,}24}{0{,}33} + \frac{0{,}015}{0{,}75} + \frac{1}{20}$$
$$= 0{,}98 \text{ m}^2 \text{ h grd/kcal}$$

$k_{vorh} = 1{,}02$ kcal/m² h grd $< 1{,}29 = k_{erf}$

Schwitzwasser tritt nicht auf.

4.2.2.2 Dampfdiffusionsberechnung nach Glaser

Durch die Berechnung wird festgestellt, ob, in welcher Menge und in welchem Bereich sich innerhalb einer Wand- oder Dachkonstruktion Feuchtigkeit niederschlägt. Außerdem wird ermittelt, inwieweit die Feuchtigkeit wieder austritt. Auf eine Ableitung der Diffusionsgleichungen wird verzichtet; alle für die Durchführung erforderlichen Angaben werden jedoch aufgeführt.

Grundlagen der Diffusionsberechnung:

Diffusionswiderstandsfaktor μ (ohne Dimension)

Dieser Materialwert gibt an, um wieviel größer der Dampfdiffusionswiderstand eines Baustoffes im Vergleich zu einer gleichdicken Luftschicht ist.

Tabelle 4/26 Diffusionswiderstandsfaktor μ von YTONG

YTONG-Güteklasse	μ
GS 25	3
GSB 35	4
GS/GSB 50	5
GS 75	6

Spezifischer Diffusionswiderstand $\mu \cdot d$ in m

Schichtdicke multipliziert mit dem Diffusionswiderstandsfaktor

Sättigungsdruck des Wasserdampfes p_s in kp/m²

Wasserdampfteildrücke der Luft in kp/m²
P_1, P_2; $P_{1'}$, $P_{2'}$

Dampfteildrücke der Luft innerhalb eines Bauteils in kp/m²

P_A, P_B; $P_{A'}$, $P_{B'}$

(siehe Beispiele)

Eindiffundierende Dampfmenge im Winter g_A in g/m² h

$$g_A = \frac{P_1 - P_A}{160\,(\Sigma\,\mu \cdot d)_A}$$

Ausdiffundierende Dampfmenge im Winter g_B in g/m² h

$$g_B = \frac{P_B - P_2}{160\,(\Sigma\,\mu \cdot d)_B}$$

Kondensierte Feuchtigkeitsmenge im Winter g_1 in g/m² h

$$g_1 = g_A - g_B$$

Ausdiffundierende Dampfmenge im Sommer g_i (nach innen) in g/m² h

$$g_i = \frac{P_{A'} - P_{1'}}{160\,(\Sigma\,\mu \cdot d)_{A'}}$$

Ausdiffundierende Dampfmenge im Sommer g_a (nach außen) in g/m² h

$$g_a = \frac{p_{B'} - p_{2'}}{160\,(\Sigma\mu \cdot d)_{B'}}$$

Mögliche Austrocknung im Sommer in g/m² h

$$g_2 = g_i + g_a$$

Es wird angenommen, daß die Feuchtigkeit in 2 Wintermonaten in den Bauteil ein-, in 3 Sommermonaten aus dem Bauteil ausdiffundiert.
Wenn folgende Beziehung erfüllt ist, kommt es zu keiner Feuchtigkeitsanreicherung:

$$1440\, g_1 \leqq 2160\, g_2 \quad \text{in g/m}^2.$$

Klimatische Annahmen: Sie gelten in Deutschland bei normalen Wohnverhältnissen, unabhängig von den Wärmedämmgebieten:

a) für Wandkonstruktionen:

im Winter
$t_i = +20°C$ $\varphi_i = 50\%$
$t_a = -10°C$ $\varphi_a = 80\%$

im Sommer
$t_i = +12°C$ $\varphi_i = 70\%$
$t_a = +12°C$ $\varphi_a = 70\%$

b) für Dachkonstruktionen:

im Winter
$t_i = +20°C$ $\varphi_i = 50\%$
$t_a = -10°C$ $\varphi_a = 80\%$

im Sommer
$t_i = +12°C$ $\varphi_i = 70\%$
$t_0 = +20°C$ $\varphi_a = 70\%$,

wobei t_0 die Dachoberflächentemperatur ist, d.h., α_a geht nicht in die Rechnung ein.

Der Feuchtigkeitsanfall in einem Bauteil wird im allgemeinen nach dem graphischen Verfahren von Glaser abgeschätzt. Es sind zunächst folgende wärme- und feuchtigkeitstechnische Werte der zu untersuchenden Konstruktion zu berechnen (vergleiche Beispiele):

Tabelle 4/27 Dampfdruck über Eis in Abhängigkeit von der Temperatur (in kp/m²)

	—0,0	—0,1	—0,2	—0,3	—0,4	—0,5	—0,6	—0,7	—0,8	—0,9
0	62,3	61,7	61,2	60,7	60,3	59,8	59,3	58,8	58,3	57,8
— 1	57,3	56,8	56,3	55,8	55,4	54,9	54,5	54,1	53,7	53,2
— 2	52,7	52,4	51,9	51,5	51,1	50,6	50,2	49,8	49,3	48,9
— 3	48,5	48,1	47,7	47,3	46,9	46,5	46,1	45,7	45,3	44,9
— 4	44,5	44,1	43,8	43,4	43,1	42,7	42,3	42,0	41,6	41,3
— 5	40,9	40,6	40,3	39,9	39,6	39,2	38,9	38,7	38,2	37,9
— 6	37,5	37,2	36,9	36,6	36,3	36,0	35,7	35,4	35,0	34,7
— 7	34,4	34,2	33,9	33,6	33,3	33,0	32,7	32,4	32,1	31,8
— 8	31,6	31,2	31,0	30,7	30,4	30,2	30,0	29,7	29,4	29,2
— 9	28,9	28,6	28,4	28,1	27,9	27,7	27,4	27,2	26,9	26,7
—10	26,5	26,3	26,0	25,8	25,6	25,4	25,1	24,9	24,7	24,4
—11	24,2	24,0	23,8	23,6	23,4	23,2	23,0	22,8	22,5	22,3
—12	22,1	21,9	21,7	21,5	21,3	21,2	21,0	20,8	20,6	20,4
—13	20,2	20,1	19,9	19,7	19,5	19,4	19,2	19,0	18,8	18,6
—14	18,4	18,3	18,1	18,0	17,8	17,6	17,5	17,3	17,2	17,0
—15	16,8	16,7	16,5	16,4	16,2	16,1	16,0	15,8	15,6	15,5
—16	15,3	15,2	15,1	14,9	14,8	14,7	14,5	14,4	14,2	14,1
—17	14,0	13,9	13,8	13,6	13,5	13,4	13,2	13,1	13,0	12,8
—18	12,7	12,6	12,5	12,4	12,3	12,2	12,0	11,9	11,8	11,7
—19	11,6	11,5	11,4	11,3	11,2	11,1	10,9	10,8	10,7	10,6
—20	10,5	10,4	10,3	10,2	10,1	10,0	9,9	9,8	9,7	9,6
—21	9,5	9,5	9,4	9,3	9,2	9,1	9,0	8,9	8,8	8,7
—22	8,7	8,6	8,5	8,4	8,3	8,2	8,2	8,1	8,0	7,9
—23	7,8	7,7	7,6	7,5	7,5	7,4	7,4	7,3	7,2	7,1
—24	7,1	7,0	7,0	6,9	6,8	6,8	6,7	6,6	6,5	6,5
—25	6,4	6,3	6,3	6,2	6,2	6,1	6,0	6,0	5,9	5,8
—26	5,8	5,8	5,7	5,6	5,6	5,5	5,5	5,4	5,3	5,3
—27	5,2	5,1	5,1	5,0	5,0	4,9	4,9	4,8	4,8	4,7
—28	4,7	4,7	4,6	4,6	4,5	4,5	4,4	4,4	4,3	4,3
—29	4,2	4,2	4,1	4,1	4,1	4,0	4,0	3,9	3,9	3,9
—30	3,8	3,8	3,8	3,7	3,7	3,6	3,6	3,6	3,5	3,5

Tabelle 4/28 Dampfdruck über Wasser in Abhängigkeit von der Temperatur (in kp/m²)

°C	0,0	0,1	0,2	0,3	0,4	0,5	0,6	0,7	0,8	0,9
0	62,3	62,8	63,3	63,8	64,2	64,7	65,2	65,7	66,1	66,6
1	67,0	67,5	68,0	68,5	69,0	69,5	70,0	70,4	70,9	71,4
2	71,9	72,4	73,0	73,5	74,1	74,6	75,1	75,7	76,2	76,8
3	77,4	78,0	78,5	79,1	79,6	80,2	80,8	81,3	81,9	82,4
4	82,9	83,5	84,1	84,7	85,3	85,9	86,5	87,1	87,8	88,3
5	88,9	89,5	90,1	90,7	91,3	91,9	92,5	93,1	93,7	94,3
6	95,3	96,0	96,7	97,3	98,0	98,7	99,4	100,1	100,7	101,4
7	102,1	102,8	103,6	104,3	105,0	105,8	106,5	107,2	108,0	108,7
8	109,4	110,2	110,9	111,7	112,4	113,2	113,9	114,7	115,5	116,2
9	117,0	117,8	118,6	119,4	120,2	121,0	121,8	122,6	123,4	124,2
10	125,2	126,1	126,9	127,8	128,6	129,5	130,4	131,2	132,1	132,9
11	133,8	134,7	135,6	136,6	137,5	138,4	139,3	140,2	141,2	142,1
12	143,0	144,0	145,0	145,9	146,9	147,9	148,8	149,8	150,8	151,7
13	152,7	153,7	154,7	155,8	156,8	157,8	158,9	159,9	160,9	161,9
14	163,0	164,1	165,2	166,3	167,4	168,5	169,5	170,6	171,7	172,8
15	173,9	175,0	176,2	177,3	178,4	179,6	180,7	181,9	183,0	184,1
16	185,3	186,5	187,7	189,0	190,2	191,4	192,6	193,8	195,1	196,3
17	197,5	198,8	200,1	201,4	202,7	204,0	205,3	206,6	207,9	209,2
18	210,5	211,9	213,2	214,6	216,0	217,3	218,7	220,0	221,4	222,7
19	224,0	225,5	227,0	228,4	229,8	231,2	232,7	234,1	235,5	236,9
20	238,5	240,0	241,5	243,0	244,5	246,0	247,5	249,0	250,5	252,1
21	253,5	255,2	256,7	258,4	260,0	261,6	263,2	264,8	266,4	267,9
22	269,6	271,3	273,0	274,7	276,4	278,0	279,7	281,4	283,1	284,8
23	286,4	288,2	290,0	291,8	293,6	295,3	297,1	298,9	300,7	302,5
24	304,3	306,1	308,0	309,9	311,8	313,7	315,5	317,4	319,3	321,2
25	323,0	325,0	327,0	328,9	330,9	332,9	334,8	336,8	338,8	340,8
26	342,7	344,8	346,9	348,9	351,0	353,0	355,0	357,2	359,3	361,3
27	363,5	365,7	367,9	370,1	372,3	374,5	376,7	378,9	381,1	383,2
28	385,4	387,7	390,0	392,3	394,6	396,9	399,2	401,5	403,8	406,1
29	408,4	410,8	413,2	415,6	418,0	420,4	422,8	425,3	427,7	430,1
30	432,6	435,2	437,7	440,3	442,8	445,4	447,9	450,5	453,1	455,6

Wärmedurchgangswiderstand $\frac{1}{k}$

Temperaturgefälle Δt

Temperatur an den Grenzflächen der einzelnen Schichten t

dazugehörige Sättigungsdrücke P_s

spez. Diffusionswiderstände $\mu \cdot d$

Auf der Abszisse des Glaser-Diagramms wird die Summe der spez. Diffusionswiderstände $\Sigma\mu \cdot d$, auf der Ordinate sowohl die Temperaturskala t als auch die Dampfdruckskala P aufgetragen. Dann werden die Kurven für das Temperaturgefälle und für den Sättigungsdruck eingezeichnet. Die zur Zeichnung der Sättigungsdruckkurve erforderlichen temperaturabhängigen Dampfdruckwerte in kp/m² sind den Tabellen 4/27 und 4/28 zu entnehmen.

Berührt oder schneidet die geradlinige Verbindung der beiden Punkte P_1 und P_2 die Sättigungskurve nicht, entsteht im Bauteil kein Feuchtigkeitsniederschlag. Wird jedoch die Sättigungskurve berührt oder geschnitten, fällt im Querschnitt Feuchtigkeit aus. In diesem Falle werden von P_1 und P_2 aus Tangenten an die Sättigungsdruckkurve gelegt. Es ergeben sich ein oder zwei Berührungspunkte P_A und P_B. Im Berührungspunkt oder im Bereich zwischen zwei Berührungspunkten befindet sich die Kondensationszone.

Ein wesentliches Kriterium für den Feuchtigkeitsgehalt eines Bauteils ist die jährliche Feuchtigkeitsbilanz. Die sich im Winter in einem Bauteil ansammelnde Feuchtigkeitsmenge muß gleich groß oder geringer sein als die Feuchtigkeitsmenge, die im Sommer austrocknen kann.

Im Sommer herrscht in der Kondensationszone Sättigungsdruck, der normalerweise ein Druckgefälle nach innen und außen erzeugt. Bei Vorhandensein einer dampfbremsenden oder -sperrenden Schicht erfolgt die Austrocknung nur nach der diffusionsoffenen Seite hin.

Die im Sommer ausdiffundierenden Feuchtigkeitsmengen g_i und g_a werden graphisch ermittelt, indem der spez. Diffusionswiderstand des Kondensationsbereichs in vier gleiche Abschnitte unterteilt wird. Dabei ergeben die Ordinatenschnittpunkte des Endpunktes des ersten Viertels bzw. des Anfangspunktes des letzten Viertels mit der Sättigungsdruckkurve die Punkte $P_{A'}$ bzw. $P_{B'}$ (siehe Beispiele). Bei Austrocknung nach einer Seite wird die Kondensationszone nur in zwei gleiche Teile geteilt. Der Schnittpunkt der Mittenlinie mit der Sättigungsdruckkurve ergibt den Punkt $P_{A'}$. Aus dem Glaser-Diagramm werden dann die zur Berechnung der Feuchtigkeitsmengen benötigten spezifischen Diffusionswiderstände entnommen.

In folgenden Beispielen wird eine YTONG-Wand und ein YTONG-Dach nach dem Glaser-Verfahren untersucht.

°C

Beispiel 1

Wand aus YTONG-PLANBLÖCKEN GS 25 P

Wandaufbau

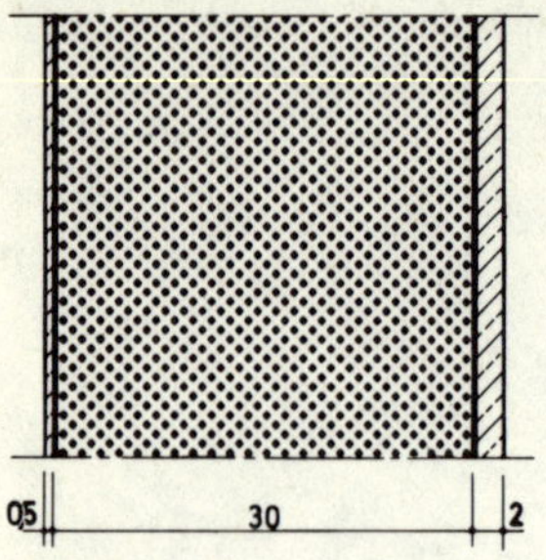

Bild 4/11 Wandquerschnitt

0,5 cm Innenputz
30,0 cm YTONG GS 25 P
2,0 cm Außenputz

Klimatische Annahmen
(normale Wohnverhältnisse)

Winter:

$t_i = +20°C; \quad p_s = 238{,}5\ kp/m^2;$
$t_a = -10°C; \quad p_s = 26{,}5\ kp/m^2$
$\varphi_i = 50\%; \quad p_D = 119{,}3\ kp/m^2;$
$\varphi_a = 80\%; \quad p_D = 21{,}2\ kp/m^2$

Sommer:

$t_i = +12°C; \quad p_s = 143{,}0\ kp/m^2;$
$t_a = +12°C; \quad p_s = 143{,}0\ kp/m^2$
$\varphi_i = 70\%; \quad p_D = 100{,}1\ kp/m^2;$
$\varphi_a = 70\%; \quad p_D = 100{,}1\ kp/m^2$

Wärme- und feuchtigkeitstechnische Angaben

Wandaufbau	d	$\alpha; \lambda$	$\frac{d}{\lambda}; \frac{1}{\alpha}$	Δt	t	p_s	μ	$\mu \cdot d$	$\Sigma \mu \cdot d$
					+20,0	238,5			
α_i	—	7	0,14	1,7			—	—	—
					+18,3	214,6			
Innenputz	0,005	0,75	0,01	0,1			10	0,05	0,05
					+18,2	213,2			
YTONG GS 25 P	0,300	0,13	2,31	27,2			4	1,20	1,25
					− 9,0	28,9			
Außenputz	0,020	0,75	0,03	0,4			10	0,20	1,45
					− 9,4	27,9			
α_a	—	20	0,05	0,6			—	—	—
					−10,0	26,5			

$\frac{1}{\Lambda} = 2{,}35\ m^2\ h\ grd/kcal \qquad \frac{1}{k} = 2{,}54\ m^2\ h\ grd/kcal \qquad \Delta t = \frac{30\ R}{2{,}54} = 11{,}8\ R$

Feuchtigkeitsberechnung

Winter:

Eindiffundierende Feuchtigkeitsmenge:

$g_A = \frac{119{,}3 - 40{,}0}{160 \cdot 1{,}07} = 0{,}462\ g/m^2\ h$

Ausdiffundierende Feuchtigkeitsmenge:

$g_B = \frac{28{,}9 - 21{,}2}{160 \cdot 0{,}20} = 0{,}240\ g/m^2\ h$

Feuchtigkeitsniederschlag $g_1 = 0{,}222\ g/m^2\ h$

In 2 Wintermonaten: $0{,}222 \cdot 1\,440 = 320\ g/m^2$

Sommer:

Ausdiffundierende Feuchtigkeitsmenge:

nach innen

$g_i = \frac{143{,}0 - 100{,}1}{160 \cdot 1{,}11} = 0{,}242\ g/m^2\ h$

nach außen

$g_a = \frac{143{,}0 - 100{,}1}{160 \cdot 0{,}25} = 1{,}072\ g/m^2\ h$

Mögliche Austrocknung
$g_2 = 1{,}314\ g/m^2\ h$

In 3 Sommermonaten: $1{,}314 \cdot 2160 = 2840\ g/m^2$

Reserve: $2840 - 320 = 2520\ g/m^2$

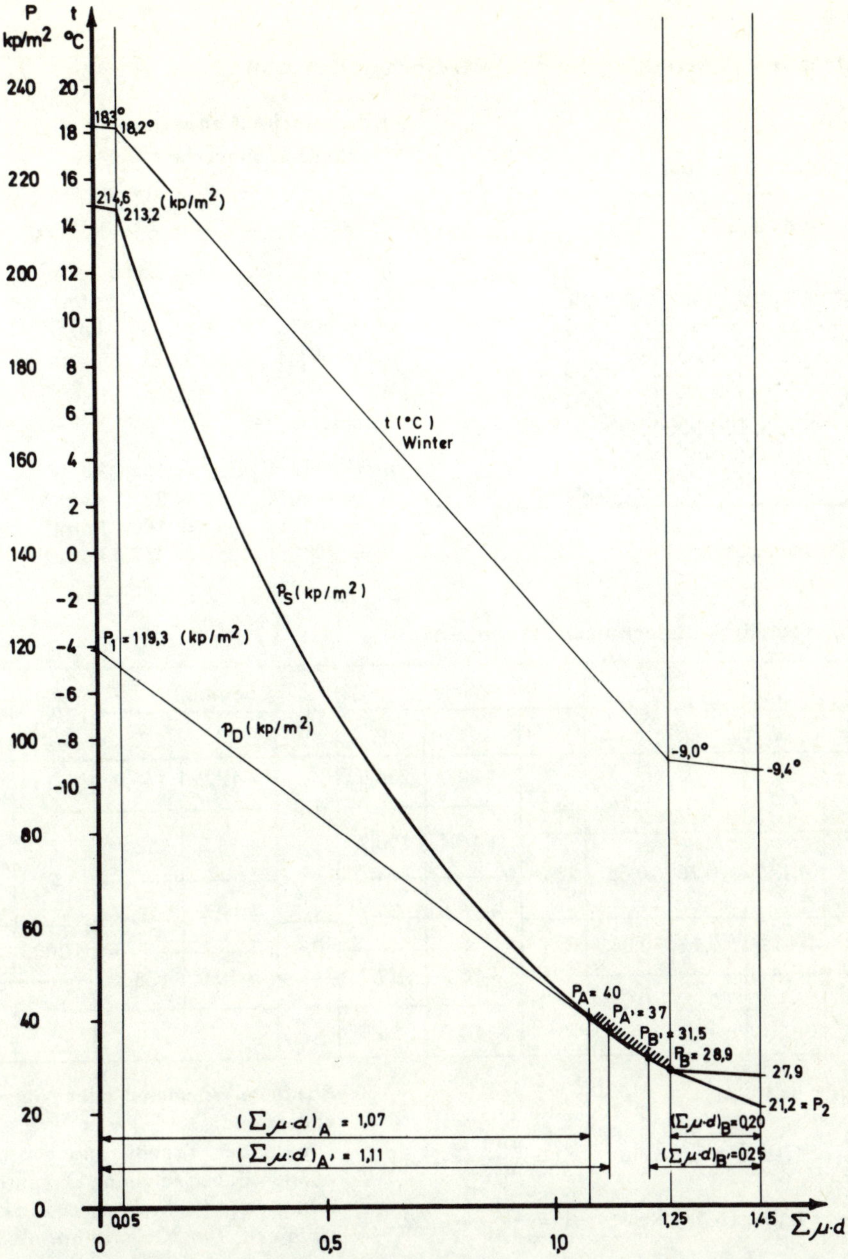

Bild 4/12 Diagramm zur Diffusionsberechnung

Ergebnis: Der Feuchtigkeitsniederschlag in der Konstruktion während des Winters ist unbedeutend. Die mögliche Austrocknung von 2840 g/m² zeigt eindeutig, daß auch bei wesentlich ungünstigeren klimatischen Verhältnissen im Innenraum die Funktionsfähigkeit dieser Wandkonstruktion gewährleistet ist. Inwieweit die Beanspruchung erhöht werden kann, muß im Einzelfall nach dem beschriebenen Verfahren nachgewiesen werden.

Beispiel 2

Dachkonstruktion (Warmdach) zu YTONG-Dachplatten GSB 35

Dachaufbau

3 Lagen 500er Dachpappe
1 Lage Glasvlies-Lochpappe
17,5 cm YTONG GSB 35

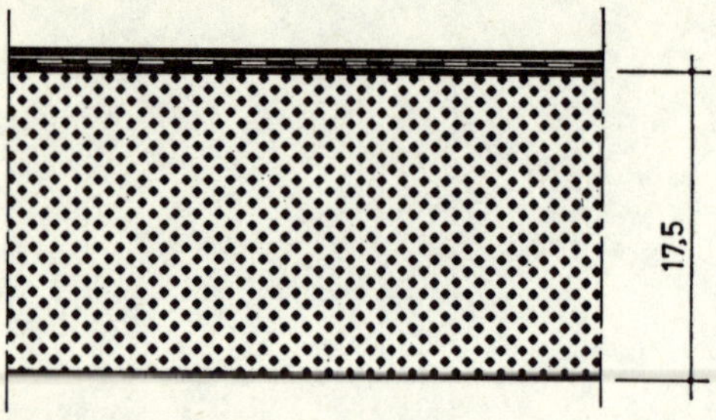

Bild 4/13 Dachquerschnitt

Klimatische Annahmen
(normale Wohnverhältnisse)

Winter:

$t_i = +20°C$; $p_s = 238{,}5\ kp/m^2$
$t_a = -10°C$; $p_s = 26{,}5\ kp/m^2$
$\varphi_i = 50\%$; $p_D = 119{,}3\ kp/m^2$
$\varphi_a = 80\%$; $p_D = 21{,}2\ kp/m^2$

Sommer:

$t_i = +12°C$; $p_s = 143{,}0\ kp/m^2$
$t_0 = +20°C$; $p_s = 238{,}5\ kp/m^2$
$\varphi_i = 70\%$; $p_D = 100{,}1\ kp/m^2$
$\varphi_a = 70\%$; $p_D = 167{,}0\ kp/m^2$

Wärme- und feuchtigkeitstechnische Angaben

Dachaufbau	d	$\alpha; \lambda$	$\frac{d}{\lambda}; \frac{1}{\alpha}$	Winter			Sommer			μ	$\mu \cdot d$	$\Sigma\mu \cdot d$
				Δt	t	p_s	Δt	t	p_s			
					+20,0	238,5		+12,0	143,0			
α_i	—	7	0,14	3,6			1,0			—	—	—
					+16,4	190,2		+13,0	152,7			
YTONG GSB 35	0,175	0,20	0,88	23,0			6,4			4	0,70	0,70
					− 6,6	35,7		+19,4	229,8			
Dachhaut	0,012	0,16	0,08	2,1			0,6			10000	120	120,70
					− 8,7	29,7		+20,0	238,5			
α_a	—	20	0,05	1,3			—			—	—	—
					−10,0	26,5		—	—			

$\frac{1}{\Lambda} = 0{,}96\ m^2\ h\ grd/kcal$

Winter: $\frac{1}{k} = 1{,}15\ m^2\ h\ grd/kcal$; $\Delta t = \frac{30\ R}{1{,}15} = 26{,}1\ R$

Sommer: $\frac{1}{k} = 1{,}10\ m^2\ h\ grd/kcal$; $\Delta t = \frac{8\ R}{1{,}10} = 7{,}27\ R$

R bedeutet Wärmeleit- oder Wärmeübergangswiderstand.
Die in der Tabelle angegebenen Bezeichnungen haben folgende Dimensionen:
d in m; α in kcal/m² h grd; λ in kcal/m h grd; Δt in grd; t in °C; p_s in kp/m²

Feuchtigkeitsberechnung

Winter:

Eindiffundierende Feuchtigkeitsmenge:

$g_A = \frac{119{,}3 - 44{,}0}{160 \cdot 0{,}62} = 0{,}750\ g/m^2\ h$

Ausdiffundierende Feuchtigkeitsmenge:

g_B = vernachlässigbar klein —

Feuchtigkeitsniederschlag $g_1 = 0{,}750\ g/m^2\ h$

In 2 Wintermonaten: $0{,}750 \cdot 1440 = 1080\ g/m^2$

Sommer:

Ausdiffundierende Feuchtigkeitsmenge:

nach innen

$g_i = \frac{224{,}0 - 100{,}1}{160 \cdot 0{,}66} = 1{,}174\ g/m^2\ h$

nach außen

g_a = vernachlässigbar klein —

Mögliche Austrocknung $g_2 = 1{,}174\ g/m^2\ h$

In 3 Sommermonaten: $1{,}174 \cdot 2160 = 2540\ g/m^2$

Reserve: $2540 - 1080 = 1460\ g/m^2$

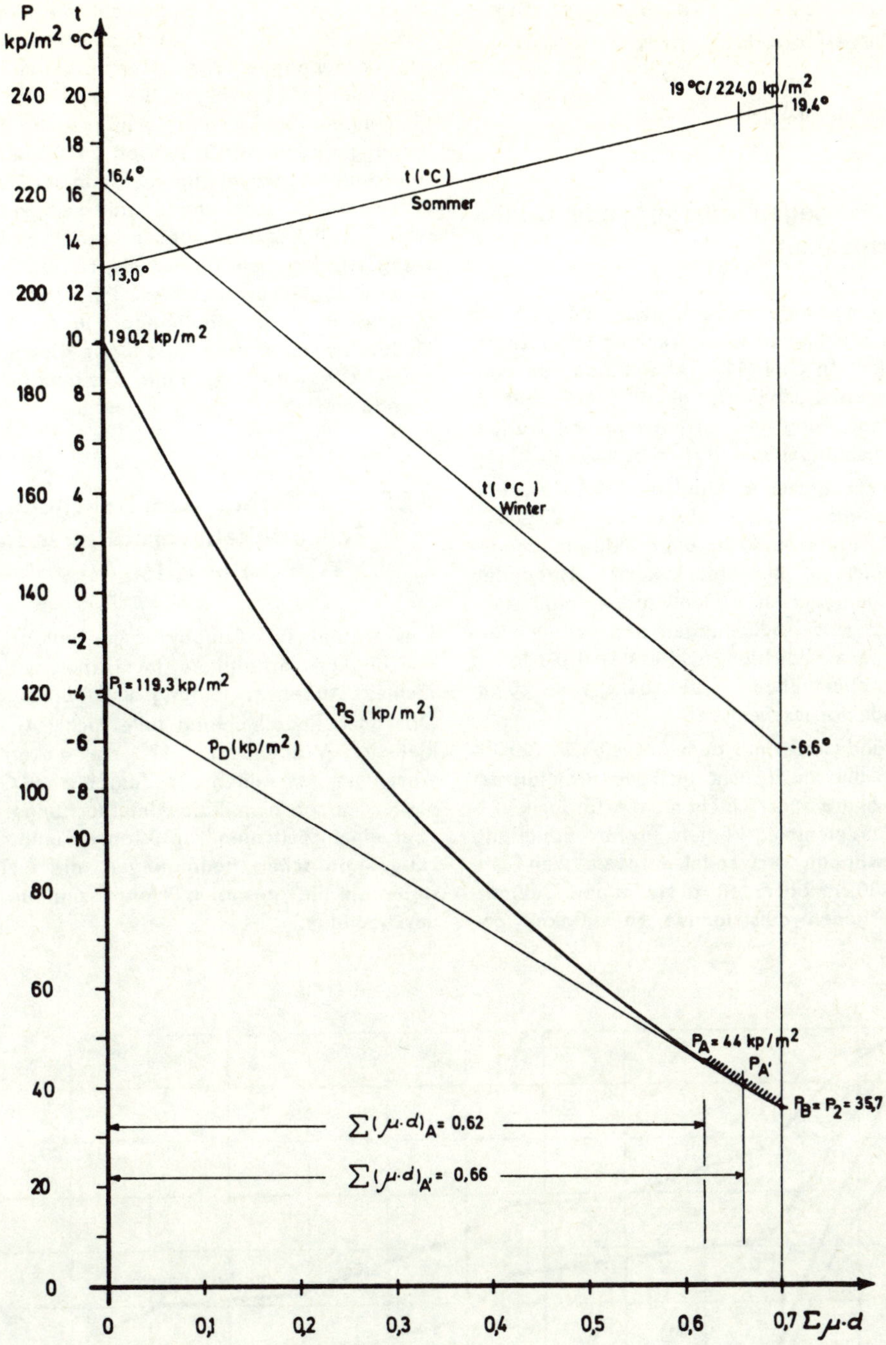

Bild 4/14 Diagramm zur Diffusionsberechnung

Ergebnis: Unter den getroffenen sehr ungünstigen Annahmen ist eine Anreicherung von Feuchtigkeit durch Wasserdampfdiffusion ausgeschlossen. Die Berechnung berücksichtigt nicht, daß sich aufgrund der Sonneneinstrahlung an der Dachoberfläche Temperaturen bis 80°C ergeben können, die den Austrocknungsvorgang wesentlich beschleunigen. Außerdem ist der kapillare Feuchtigkeitstransport zur Dachunterseite, wo die Feuchtigkeit verdunstet, vernachlässigt. Das noch günstigere praktische Verhalten zeigen die Untersuchungsergebnisse (siehe 4.2.5).

4.2.3 Schutz gegen Witterungseinflüsse und seitliche Bodenfeuchtigkeit

— siehe Abschnitt 6.3 und 6.1.2.4.

4.2.4 Schutz gegen aufsteigende Bodenfeuchtigkeit

Das Aufsteigen von Bodenfeuchtigkeit in die Wände wird durch den Einbau waagerechter Sperrschichten verhindert. In DIN 4117 „Abdichtung von Bauwerken gegen Bodenfeuchtigkeit", Abschnitt 3, wird die Anordnung und Ausführung von waagerechten Abdichtungen ausführlich beschrieben.

Bei nichtunterkellerten Gebäuden sind Außen- und Innenwände aus YTONG-Blöcken oder YTONG-PLANBLÖCKEN etwa 30 cm über Gelände waagerecht abzudichten. Bei unterkellerten Gebäuden müssen in gemauerten Außenwänden mindestens zwei waagerechte Abdichtungen angeordnet werden. Die untere Abdichtung soll etwa 10 bis 15 cm über dem Kellerfußboden, die obere etwa 30 cm über Gelände vorgesehen werden.

Da Innenwände nicht mit dem Erdreich in Berührung stehen und auch nicht spritzwassergefährdet sind, ist die obere Sperrschicht nicht erforderlich.

YTONG-Wandelemente können für die Erstellung von Außenwänden verwendet werden, wenn sie mindestens 30 cm über dem anstoßenden Gelände liegen und gegen aufsteigende Feuchtigkeit geschützt sind. Die waagerechte Abdichtung in YTONG-Wänden soll mit einer Lage 500er Teer-Sonderdachpappe oder Teer-Bitumendachpappe nach DIN 52140 erfolgen. Besser ist jedoch, um das Eindringen von Kapillarfeuchtigkeit an den Überlappungsstößen mit Sicherheit zu verhindern, die Anordnung von zwei Lagen besandeter Dachpappe. Diese müssen ausreichend rauh sein, damit eventuelle seitliche Bewegungen der Wände infolge waagerechter Belastungen durch eine möglichst große Reibung verhindert werden; sie dürfen weder aufgeklebt noch miteinander verklebt werden. Dadurch wird vermieden, daß die Klebemasse ausgequetscht wird und eine Gleitmöglichkeit der Wände entsteht.

4.2.5 Praktische Untersuchungen der Feuchtigkeitsverhältnisse in YTONG-Bauteilen

Das Institut für Bauphysik in Stuttgart hat die Feuchtigkeitsverhältnisse in Gasbetonwänden mit dichter Außenverkleidung und diffusionsfähiger Oberflächenbeschichtung untersucht. An den verkleideten Wänden aus 17,5 cm dicken Blöcken waren an der Außenseite dampfdichte Glaswandplatten angebracht. Die Untersuchungen wurden über einen Zeitraum von 3 Jahren unter erhöhten raumklimatischen Bedingungen, die weit ungünstiger als die normalen Wohnverhältnisse waren, durchgeführt.

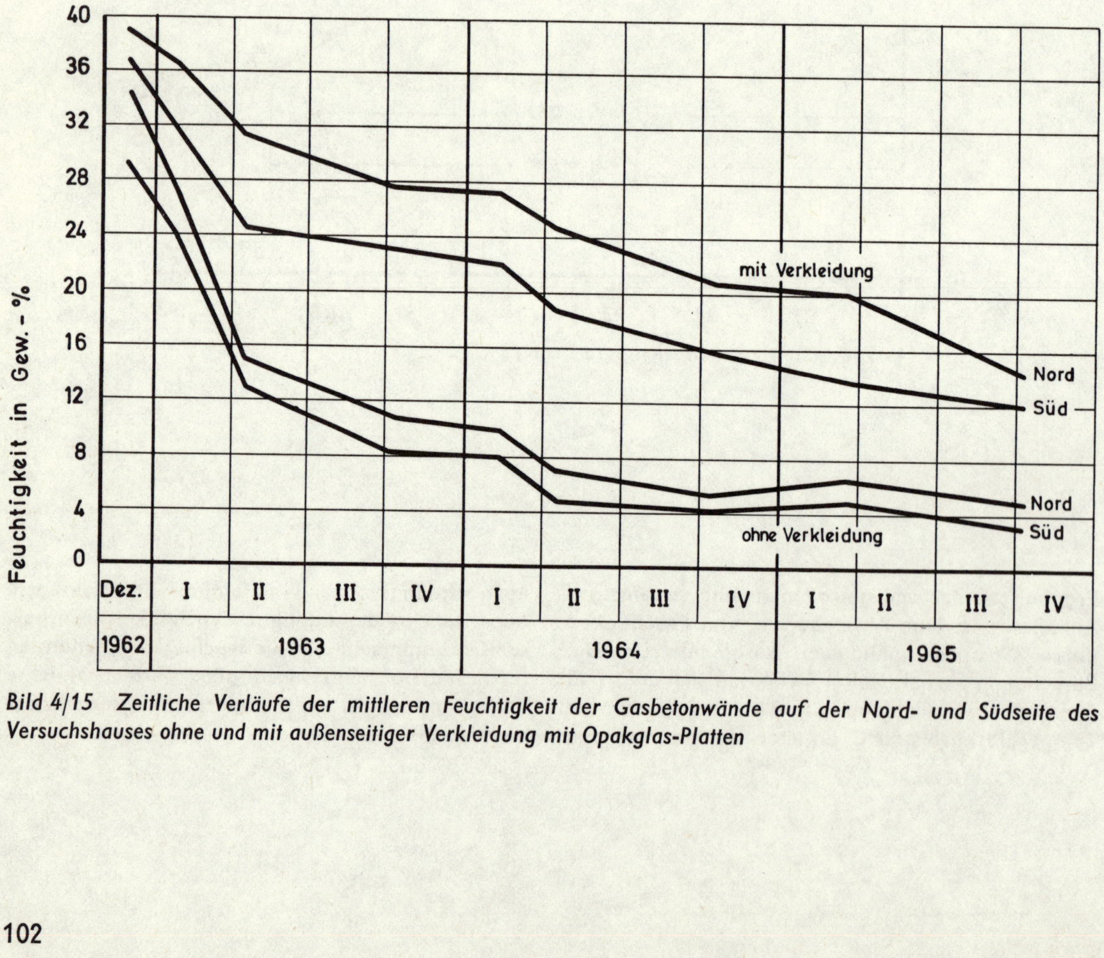

Bild 4/15 Zeitliche Verläufe der mittleren Feuchtigkeit der Gasbetonwände auf der Nord- und Südseite des Versuchshauses ohne und mit außenseitiger Verkleidung mit Opakglas-Platten

Bild 4/15 zeigt den zeitlichen Verlauf des mittleren Feuchtigkeitsgehaltes der Wände mit und ohne Verkleidung. Wände ohne Glasplatten-Verkleidung trockneten stetig aus und erreichten einen mittleren Feuchtigkeitsgehalt von 3 bis 5 Gew.-% (~2 bis 3 Vol.-%); Wände mit außenseitiger, dichter Verkleidung trockneten ebenfalls, jedoch etwas langsamer, da die Feuchtigkeit nur nach innen abgegeben werden konnte.

Durch diese Feststellung ist erwiesen, daß selbst verschärfte klimatische Bedingungen im Innenraum zu keiner Durchfeuchtung infolge Dampfdiffusion führen. Die Wände trocknen aus: es stellt sich nach einer gewissen Zeit eine niedrige Ausgleichsfeuchte ein.

Eine Messung, durchgeführt vom Institut für Wärmeschutz München, ergab bei einer 30 cm dicken, beidseitig verputzten Außenwand eines Einfamilienhauses einen Feuchtigkeitsgehalt von 3,3 Gew.-% (1,9 Vol.-%). Dies bedeutet, daß die Wand praktisch trocken ist (siehe auch 4.1.3.1).

Bei einer weiteren Untersuchung des Institutes für Bauphysik Stuttgart wurden die Feuchtigkeitsverhältnisse an 17 unbelüfteten und belüfteten Gasbeton-Flachdächern ohne unterseitige Dampfsperre beobachtet.

Die Meßergebnisse erbrachten einen Feuchtigkeitsgehalt, der in 90% aller Fälle nicht überschritten wurde, von 3,2 Vol.-% und einen häufigsten Feuchtigkeitsgehalt von nur 2,0 Vol.-% (siehe Bild 4/16a u. b).

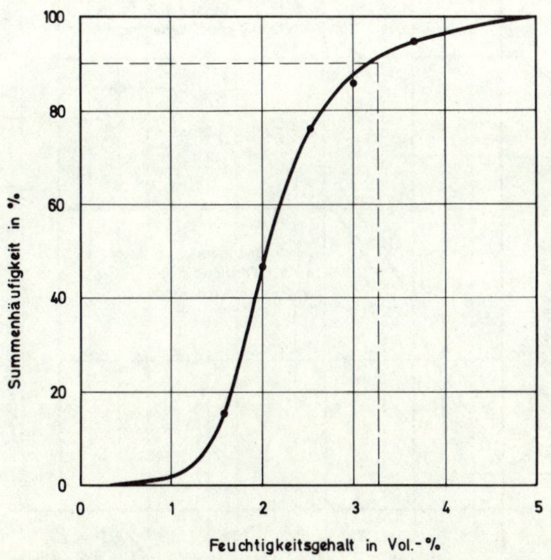

Bild 4/16a Verlauf der Summenhäufigkeit des mittleren Feuchtigkeitsgehaltes der Gasbetondächer

In den Dächern stellt sich also bei normalen klimatischen Verhältnissen auf die Dauer ein Feuchtigkeitszustand ein, der dem hygroskopischen Gleichgewichtszustand bei der im Innenraum vorhandenen mittleren Luftfeuchte entspricht. Auch eigene Untersuchungen an vollklimatisierten Versuchshäusern auf der YTONG-Freilandversuchsstelle Schrobenhausen bestätigen das günstige Austrocknungsverhalten. Siehe dazu auch Kapitel 12.

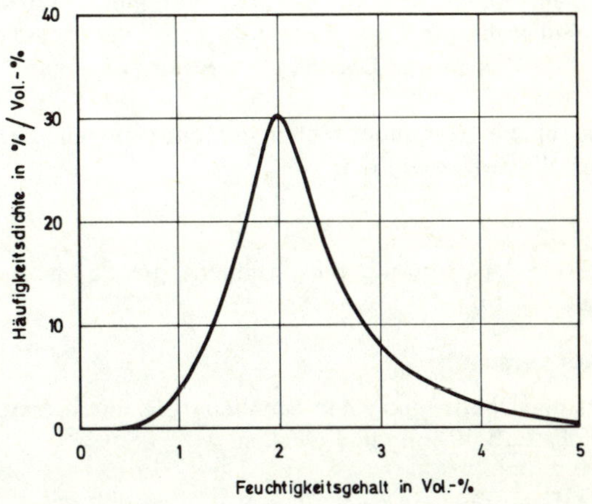

Bild 4/16b Verlauf der Häufigkeitsdichte des mittleren Feuchtigkeitsgehaltes der Gasbetondächer

4.2.6 Zusammenfassende praktische Empfehlungen

Den in Abschnitt 4.2.5 wiedergegebenen Meßergebnissen und aus den Erkenntnissen eigener Untersuchungen kann entnommen werden, daß YTONG-Außenwände und YTONG-Dächer bei normalen (20° C, 50%) und auch bei verschärften raumklimatischen Verhältnissen und den in Deutschland herrschenden Klimabedingungen bis zu einem Gleichgewichtszustand austrocknen.

Unter diesen Bedingungen brauchen in der Regel keine besonderen feuchtigkeitstechnischen Nachweise, z.B. Diffusionsberechnungen, geführt zu werden (siehe Ergebnisse der Beispiele in Abschnitt 4.2.2). Dies empfiehlt sich jedoch bei ständig höheren Belastungen, d. h. bei Innentemperaturen über 20°C und relativen Luftfeuchtigkeiten über ca. 65 bis 70%.

Die Ausbildung des Daches oder der Wand muß dann durch geeignete konstruktive Maßnahmen, z.B. durch Belüftung oder durch Anordnung von raumseitigen Dampfsperren bzw. Dampfbremsen, auf die extremen Beanspruchungen abgestimmt werden.

4.3 Schallschutz

4.3.1 Grundlagen der Bauakustik

Durch den Schallschutz soll erreicht werden, daß die Schallübertragung von einer Schallquelle zum Hörer vermindert wird. Begriffe, Anforderungen und Richtlinien für die Ausführung sind in DIN 4109, Schallschutz im Hochbau, beschrieben. Unter Schallschutz versteht man Maßnahmen, durch welche die Übertragung von Geräuschen von einem Raum in den anderen verringert wird. Schallschluckung ist die Absorption des Schalls durch Wände und Decken eines Raumes.

In einem Gebäude treten folgende Arten der Schallübertragung auf:

Luftschall

ist die Übertragung der Schallenergie durch die Luft.

Körperschall

ist die Übertragung der Schallenergie durch feste Stoffe, z. B. Wände und Decken.

Trittschall

entsteht durch Körperschallanregungen an Decken, von denen er teilweise als Luftschall wieder abgestrahlt wird.

In der Bauakustik liegt der Frequenzbereich der Geräusche hauptsächlich zwischen 100 und 3200 Hertz.
Der Wechseldruck (Druckschwankung), der sich dem atmosphärischen Druck der Luft überlagert, und ein Maß für die Schallstärke ist, wird als Schalldruck *p* bezeichnet. Er wird durch ein logarithmisches Maß, den Schallpegel *L*, ausgedrückt. $L = 20 \lg \frac{p}{p_0}$ ist der bei 1000 Hz gerade noch mit dem menschlichen Ohr wahrnehmbare Bezugsschalldruck von $2 \cdot 10^{-4}\ \mu$bar. Schallpegel und Schallpegeldifferenz — z. B. zwischen Sende- und Empfangsraum beiderseits einer Wand — werden in Dezibel (dB) angegeben.

4.3.2 Luftschallschutz

Das Schalldämm-Maß *R* (dB) kennzeichnet die Luftschalldämmung eines Bauteils. Es ergibt sich aus der Schallpegeldifferenz zwischen Sende- und Empfangsraum und einem Korrekturglied, das die Nachhallzeit, das Volumen des Empfangsraumes und die Flächengröße des gemessenen Bauteils berücksichtigt. Bei der Ermittlung von *R* wird davon ausgegangen, daß der Schall ausschließlich über den Bauteil übertragen wird, der die Meßräume voneinander trennt, während das Bau-Schalldämm-Maß *R'* auch die üblichen Baubedingungen einschließlich etwaiger Übertragungen auf Nebenwegen erfaßt.
Die Schalldämm-Maße hängen von der Frequenz ab. Um die Schalldämmung eines Bauteils beurteilen zu können, werden die in dem Bereich 100 bis 3200 Hz gemessenen *R*- bzw. *R'*-Werte gemittelt. Daraus ergibt sich das mittlere Schalldämm-Maß R_m. Bauteile mit unterschiedlichem Aufbau, aber mit dem gleichen mittleren Schalldämm-Maß können jedoch bei denselben Nebenbedingungen in ihrer Schalldämmung voneinander abweichen. Dies ist darauf zurückzuführen, daß trotz gleicher Mittelwerte der Verlauf der einzelnen Meßkurven sehr unterschiedlich sein kann. Durch das Luftschallschutzmaß *LSM* (dB), das durch Vergleich der Meßkurve mit der Sollkurve bestimmt wird, ist dies berücksichtigt.
Das Luftschallschutzmaß wird ermittelt, indem die Sollkurve nach oben oder nach unten um ganze dB verschoben wird, bis die mittlere Unterschreitung der Sollkurve durch die Meßkurve höchstens 2 dB beträgt. Die Überschreitungen der so verschobenen Sollkurve in einzelnen Frequenzbereichen bleibt jedoch unberücksichtigt, kann also nicht zum Ausgleich der Unterschreitungen herangezogen werden.
Das Maß der Verschiebung der Sollkurve nach oben oder unten ergibt das Luftschallschutzmaß *LSM* in dB. Die Verschiebung nach oben bedeutet einen positiven, nach unten einen negativen Wert.

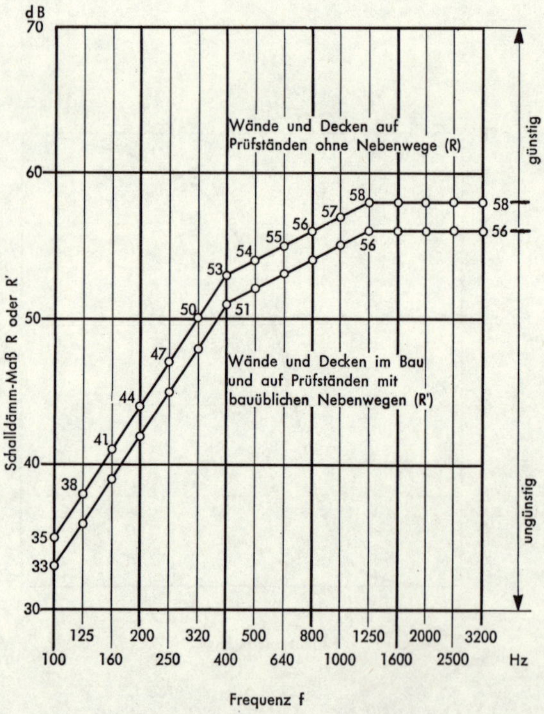

Bild 4/17 Sollkurve für das Schalldämm-Maß bei Luftschall nach DIN 4109, Blatt 2, Abbildung 1

Ein *LSM* von 0 dB entspricht bei günstigem Verlauf der Meßkurve einem mittleren Schalldämm-Maß R_m von 48 dB. Daraus ist zwischen *LSM* und R_m annähernd folgender Zusammenhang zu erkennen:

bei Messungen am Gebäude:

$LSM = R_m - 50$ dB,

bei Messungen im Labor (auf Prüfständen ohne Nebenwege):

$LSM = R_m - 52$ dB.

Minuswerte von *LSM* erfüllen im allgemeinen nicht die Mindestanforderungen des Schallschutzes im Hochbau.

4.3.3 Trittschallschutz

Bei der Kennzeichnung und Bewertung der Trittschalldämmung von Deckenkonstruktionen geht man in ähnlicher Weise wie bei der Luftschalldämmung vor. Die zu prüfende Decke wird mit einem Norm-Trittschallhammerwerk angeregt; im Raum unter der Decke wird gleichzeitig der Schallpegel über einen Frequenzbereich von 100 bis 3200 Hz gemessen.

Analog zum Luftschallschutz wird ein Korrekturglied aus der Nachhallzeit und dem Raumvolumen bestimmt. Der Norm-Trittschallpegel L_n (dB) setzt sich also aus dem Trittschallpegel und dem Korrekturglied zusammen. Werden auch die üblichen Baubedingungen berücksichtigt, so ergibt sich der Norm-Trittschallpegel L'_n (dB).

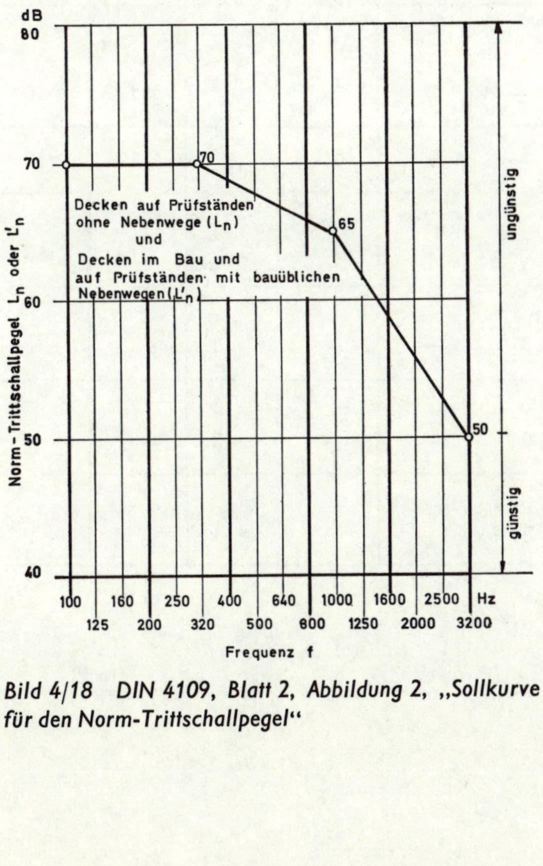

Bild 4/18 DIN 4109, Blatt 2, Abbildung 2, „Sollkurve für den Norm-Trittschallpegel"

Das zur Beurteilung der Trittschalldämmung erforderliche Trittschallschutzmaß *TSM* in dB erhält man durch Vergleich der Meßkurve mit der Sollkurve (Bild 4/18).

Da im Gegensatz zur Luftschalldämmung der günstige Bereich unter der Sollkurve liegt, darf z. B. bei einer Wohnungstrenndecke die Meßkurve des Norm-Trittschallpegels die in Bild 4/18 dargestellte Sollkurve um nicht mehr als 2 dB **überschreiten**.

4.3.4 Anforderungen an den Schallschutz

Tabelle 4/29 enthält die Mindestanforderungen und Vorschläge für einen erhöhten Schallschutz im Hochbau.

Es wird unterschieden zwischen

Geschoßhäusern mit Aufenthaltsräumen (Wohnungen und Arbeitsräume),

Einfamilienhäusern,

gewerblichen Räumen (Gaststätten, Kinos usw), die an Wohnungen oder fremde Arbeitsräume grenzen,

Hotels, Gasthäusern und Krankenhäusern,

Schulen.

Innerhalb von Einfamilienhäusern und Wohnungen bestehen keine Forderungen an den Schallschutz. Das gleiche gilt für Außenwände. Wohnungstrennwände und -decken müssen ein Luftschallschutzmaß *LSM* von 0 dB, Decken außerdem ein Trittschallschutzmaß *TSM* von +3 dB besitzen.

Die höchsten Anforderungen werden an Wände und Decken von Gaststätten, Kinos und anderen Gewerbebetrieben, die an Wohnungen und Arbeitsräume grenzen, gestellt: *LSM* muß mindestens +10 dB, *TSM* +20 dB betragen.

4.3.5 Nachweis des geforderten Schallschutzes

Es muß der Nachweis erbracht werden, daß die Bauteile die Anforderungen der DIN 4109 erfüllen. Dies kann dadurch geschehen, daß

a) Decken- und Wandkonstruktionen verwendet werden, die in DIN 4109, Blatt 3, als schalltechnisch ausreichend dargestellt sind,

b) bei Decken- und Wandkonstruktionen die schalltechnische Verwendbarkeit durch Eignungsprüfungen nachgewiesen wird,

c) beliebige Decken- und Wandkonstruktionen verwendet werden, deren schalltechnische Eignung durch Messungen im Bau festgestellt werden muß.

Tabelle 4/29 DIN 4109, Blatt 2, Tabelle 1. „Luft- und Trittschallschutz von Decken, Luftschallschutz von Wänden, Mindestanforderungen und Vorschläge für einen erhöhten Schallschutz bei Aufenthaltsräumen"

Zeile		Bauteile	Mindestanforderungen: Luftschallschutzmaß *LSM* in dB	Mindestanforderungen: Trittschallschutzmaß *TSM* in dB, unmittelbar nach Fertigstellung des Baues	Mindestanforderungen: Trittschallschutzmaß *TSM* in dB, ≧2 Jahre nach Fertigstellung des Baues	Vorschläge für einen erhöhten Schallschutz: Luftschallschutzmaß *LSM* in dB	Vorschläge für einen erhöhten Schallschutz: Trittschallschutzmaß *TSM* in dB, unmittelbar nach Fertigstellung des Baues	Vorschläge für einen erhöhten Schallschutz: Trittschallschutzmaß *TSM* in dB, ≧2 Jahre nach Fertigstellung des Baues
1.1 Geschoßhäuser mit Aufenthaltsräumen (Wohnungen und Arbeitsräume)								
1	Decken	Decken unter nicht nutzbaren Dachräumen	—	—	—	—	—	—
2	Decken	Decken unter nutzbaren Dachräumen, z. B. unter Trockenböden, Waschküchen, Bodenkammern und ihren Zugängen	0	3	0	≧ 3	≧13	≧10
3	Decken	Wohnungstrenndecken und Decken zwischen fremden Arbeitsräumen	0	3	0	≧ 3	≧13	≧10
4	Decken	Decken über Kellern, Hausfluren, Treppenräumen unter Aufenthaltsräumen	0	3	0	≧ 3	≧13	≧10
5	Decken	Decken über Durchfahrten, Einfahrten von Sammelgaragen u. ä. unter Aufenthaltsräumen	3	3	0	≧ 3	≧13	≧10
6	Decken	Decken unter Terrassen, Loggien und Laubengängen über Aufenthaltsräumen	—	3	0	—	≧13	≧10
7	Decken	Decken unter Laubengängen	—	3	0	—	≧13	≧10
8	Decken	Decken zweigeschossiger Wohneinheiten	—	3	0	0	≧13	≧10
9	Wände	Wohnungstrennwände und Wände zwischen fremden Arbeitsräumen	0	—	—	≧ 3	—	—
10	Wände	Treppenraumwände und Wände neben Hausfluren	0	—	—	≧ 3	—	—
11	Wände	Wände neben Durchfahrten, Einfahrten von Sammelgaragen u. ä.	3	—	—	≧ 3	—	—

Tabelle 4/29 (Fortsetzung)

Zeile	Bauteile	Mindestanforderungen: Luftschallschutzmaß *LSM* in dB	Mindestanforderungen: Trittschallschutzmaß *TSM* in dB, unmittelbar nach Fertigstellung des Baues	Mindestanforderungen: Trittschallschutzmaß *TSM* in dB, ≧2 Jahre nach Fertigstellung des Baues	Vorschläge für einen erhöhten Schallschutz: Luftschallschutzmaß *LSM* in dB	Vorschläge für einen erhöhten Schallschutz: Trittschallschutzmaß *TSM* in dB, unmittelbar nach Fertigstellung des Baues	Vorschläge für einen erhöhten Schallschutz: Trittschallschutzmaß *TSM* in dB, ≧2 Jahre nach Fertigstellung des Baues
1.2 Einfamilienhäuser							
12	Decken in Einfamilien-Reihen- und Einfamilien-Doppelhäusern	—	3	0	≧ 0	≧13	≧10
13	Decken in frei stehenden Einfamilienhäusern	—	—	—	≧ 0	≧ 3	≧ 0
14	Haustrennwände (Wohnungstrennwände) zwischen Einfamilien-Reihen- und Einfamilien-Doppelhäusern	3	—	—	≧ 3	—	—
1.3 Gaststätten, Lichtspieltheater, Gewerbebetriebe und dergleichen, die an Wohnungen oder fremde Arbeitsräume grenzen							
15	Decken	10	20	20	>10	>20	>20
16	Wände	10	—	—	>10	—	—
1.4 Hotels, Gasthäuser, Krankenhäuser							
17	Decken zwischen „ruhigen Räumen" (Übernachtungs- und Krankenräume) und „lauten Räumen" (Gasträume, Küchen und dergleichen)	10	20	20	>10	>20	>20
18	Wände entsprechend Zeile 17	10	—	—	>10	—	—
19	Decken zwischen „ruhigen Räumen" (Übernachtungs- und Krankenräume einschließlich der zugehörigen Flure)	0	3	0	≧ 3	≧13	≧10
20	Wände entsprechend Zeile 19	−3	—	—	≧ 0	—	—
1.5 Schulen							
21	Decken zwischen Unterrichtsräumen und dergleichen einschließlich der Flure	3	13	10	—	—	—
22	Wände zwischen Unterrichtsräumen und dergleichen	3	—	—	—	—	—
23	Wände zwischen Unterrichtsräumen und Fluren bzw. Treppenräumen	0	—	—	—	—	—

4.3.5.1 Schalltechnisch ausreichende Wandkonstruktionen gemäß DIN 4109, Blatt 3

In DIN 4109, Blatt 3, Bild 7, sind zweischalige Wände mit einer schweren Schale und einer biegeweichen Vorsatzschale dargestellt. Diese Wände besitzen das Luftschallschutzmaß *LSM* ≧ 0 dB und erfüllen die Anforderungen für folgende Bauteile:

a) Wohnungstrennwände und Wände zwischen fremden Arbeitsräumen,

b) Treppenraumwände und Wände neben Hausfluren,

c) Wände in Krankenhäusern, Hotels und Gaststätten zwischen „ruhigen Räumen" (Übernachtungs- und Krankenräume einschl. der dazugehörigen Flure),

d) Wände in Schulen zwischen Unterrichtsräumen und Fluren bzw. Treppenräumen.

Bild 4/19 stellt eine zweischalige Wand nach DIN 4109, Blatt 3, Bild 7.3, dar.

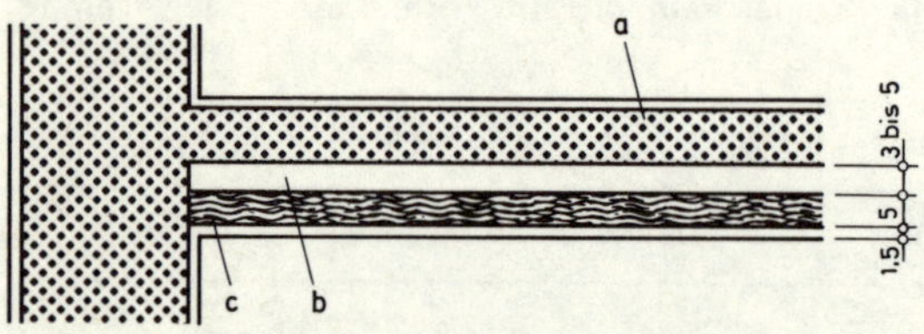

Bild 4/19 Zweischalige Wand mit schwerer Schale und biegeweicher Vorsatzschale

a) Schwere Schale, Dicke nicht begrenzt, Gewicht einschließlich Putz ≧ 60 kg/m².
b) Lufthohlraum 3 bis 5 cm. Bei Ausfüllung mit Faserdämm-Platten oder -Matten nach DIN 18165 bzw. mit 2 Lagen versetzt angeordneter bituminierter Well-, Rippen- oder Noppenpappen 10 mm.
c) Holzwolle-Leichtbauplatten nach DIN 1101 und Putz.

Die schwere Schale kann wie folgt mit YTONG ausgeführt werden:

10 cm	YTONG-Mauerwerk GS 50	= 64 kg/m²
	oder	
10 cm	YTONG-Mauerwerk GS 25	= 47 kg/m²
1,5 cm	Putz	= 27 kg/m²
	Gesamtgewicht	74 kg/m²
	oder	
10 cm	YTONG-Mauerwerk GS 50	= 64 kg/m²
1,5 cm	Putz	= 27 kg/m²
	Gesamtgewicht	91 kg/m²
	oder	
10 cm	YTONG-Wandelemente GSB 50	= 64 kg/m²
	oder	
12,5 cm	YTONG-Wandelemente GSB 35	= 69 kg/m²

Bild 4/20 entspricht Bild 7.1 der DIN 4109, Blatt 3.

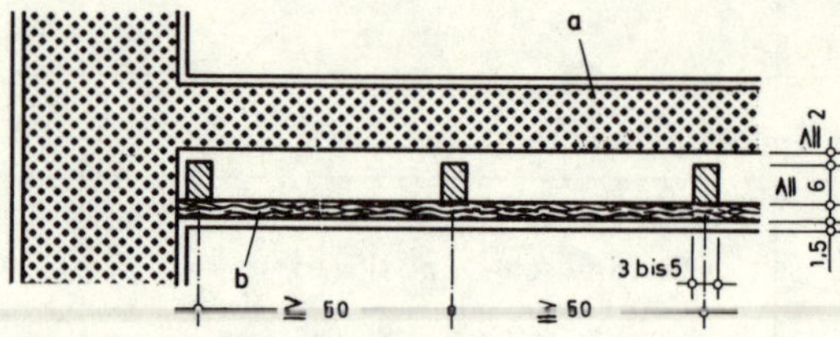

Bild 4/20 Zweischalige Wand mit schwerer Schale und biegeweicher Vorsatzschale

a) Schwere Schale, Dicke nicht begrenzt, Gewicht einschließlich Putz ≧ 100 kg/m².

b) Holzwolle-Leichtbauplatten nach DIN 1101 und Putz.

Die schwere Schale kann mit YTONG wie folgt ausgeführt werden:

12 cm	YTONG-Mauerwerk GS 50	= 77 kg/m²
1,5 cm	Putz	= 27 kg/m²
	Gesamtgewicht	104 kg/m²
	oder	
12 cm	YTONG GS 75	= 94 kg/m²
1,5 cm	Putz	= 27 kg/m²
	Gesamtgewicht	= 121 kg/m²
	oder	
15 cm	YTONG-Wandelemente GSB 50	= 96 kg/m²
	Beschichtung	= 4 kg/m²
	Gesamtgewicht	100 kg/m²
	oder	
17,5 cm	YTONG-Wandelemente GSB 50	= 112 kg/m²
	oder	
17,5 cm	YTONG-Wandelemente GSB 35	= 96 kg/m²
	Beschichtung	= 4 kg/m²
	Gesamtgewicht	100 kg/m²

Bei der Ermittlung der Wandgewichte sind folgende Trockenrohdichten von YTONG zugrunde gelegt worden:

GS 25 470 kg/m³	GSB 35 550 kg/m³
GS 50 640 kg/m³	GSB 50 640 kg/m³
GS 75 780 kg/m³	

4.3.5.2 Eignungsgeprüfte bzw. nachgewiesene YTONG-Wandkonstruktionen

Einschalige Wände:

Sie bestehen in schalltechnischem Sinn aus einer oder mehreren, starr miteinanderverbundenen Schichten. Diese können aus verschiedenen Baustoffen hergestellt werden.

Die Luftschalldämmung einer einschaligen Wand ist in erster Linie von ihrem Flächengewicht abhängig (Bergersches Gesetz).

Aus den Bildern 4/21 u. 4/22 lassen sich bei errechnetem Flächengewicht unmittelbar die Werte R_m und *LSM* bestimmen.

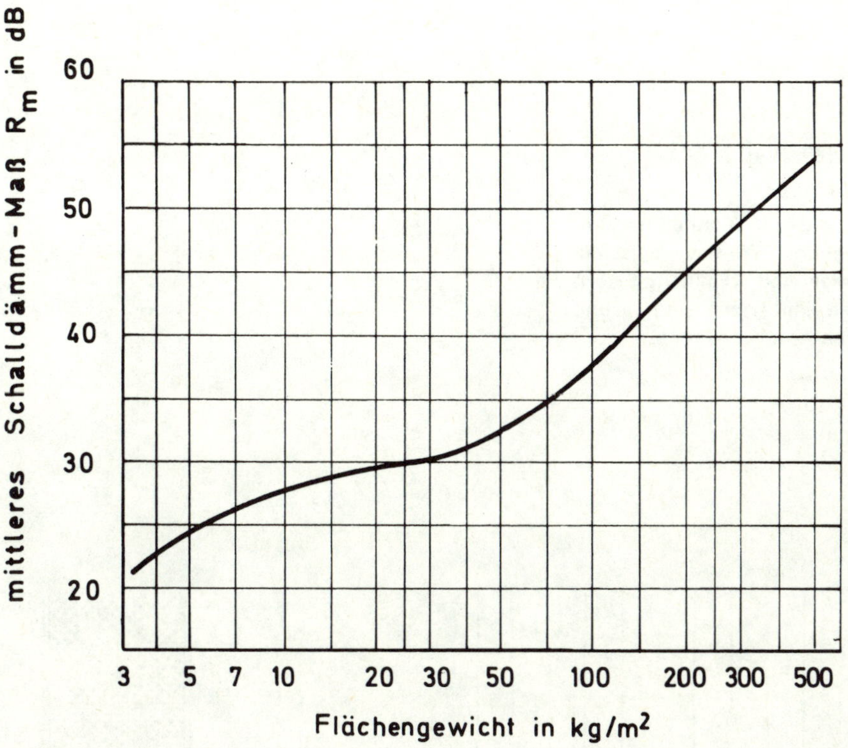

Bild 4/21 Abhängigkeit des mittleren Schalldämm-Maßes R_m einschaliger, homogener Wände und Decken von ihrem Flächengewicht

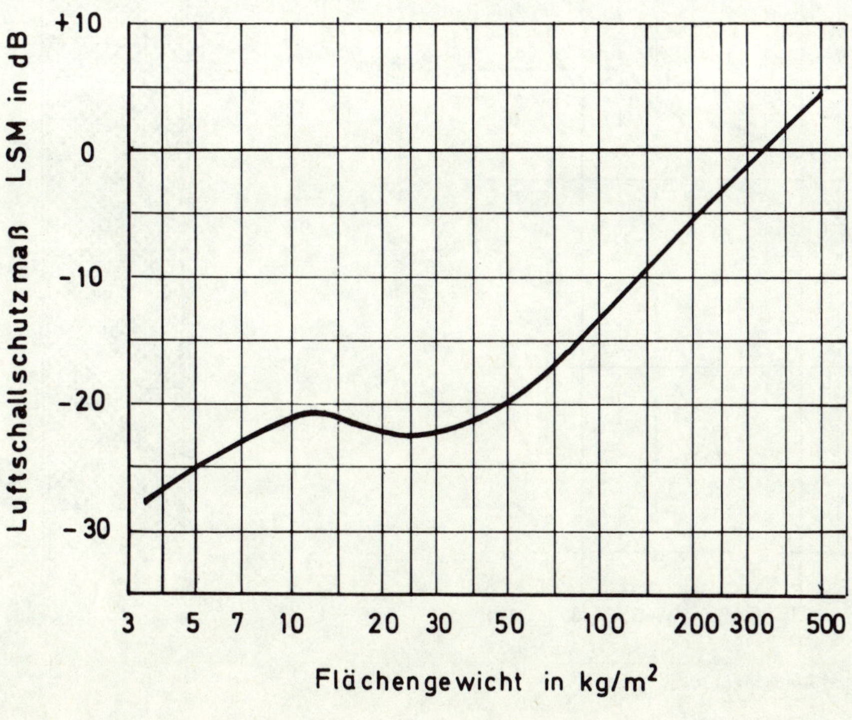

Bild 4/22 Abhängigkeit des Luftschallschutzmaßes einschaliger homogener Wände und Decken von ihrem Flächengewicht

Wohnungstrennwand aus 30 cm YTONG-Blöcken GS 75

(Prüfungszeugnis-Nr. 68 1352 des Instituts für Baustoffkunde und Stahlbetonbau der TH Braunschweig)

Wandaufbau
1,5 cm Kalkzementputz
30 cm YTONG-Blöcke GS 75
1,5 cm Kalkzementputz

Gesamtdicke: 33 cm
Flächengewicht: 372 kg/m²

Beurteilung gemäß DIN 4109, Blatt 2:
Luftschallschutzmaß *LSM* +1 dB.
Damit erfüllt die Wand die an Wohnungstrennwände, Treppenraumwände, Wände zwischen „ruhigen Räumen" in Hotels und Krankenhäusern sowie an Wände zwischen Unterrichtsräumen und Fluren in Schulen gestellten Anforderungen.

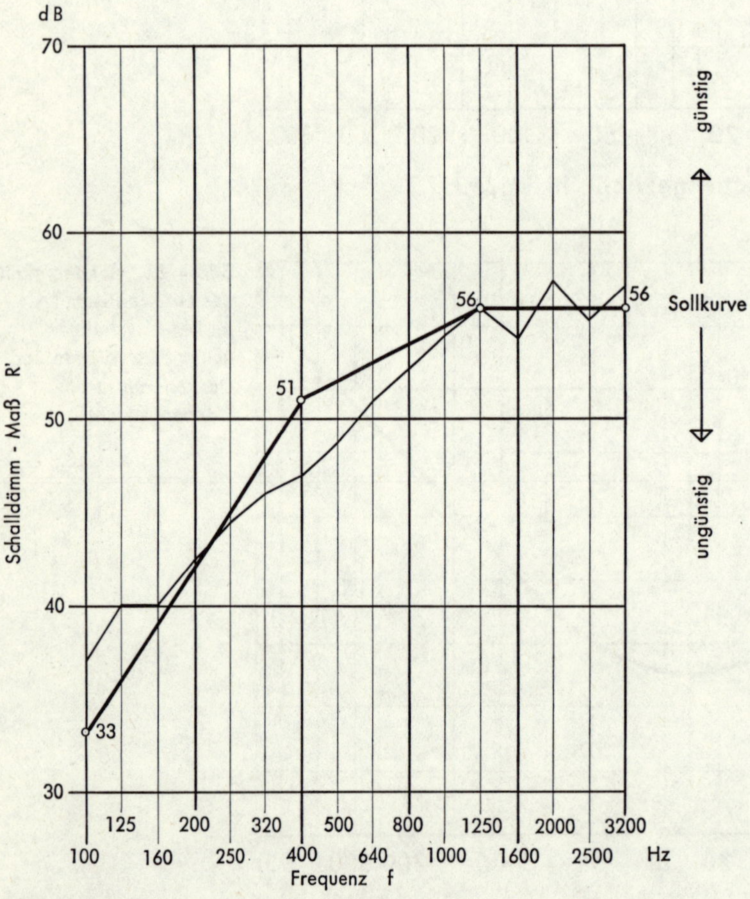

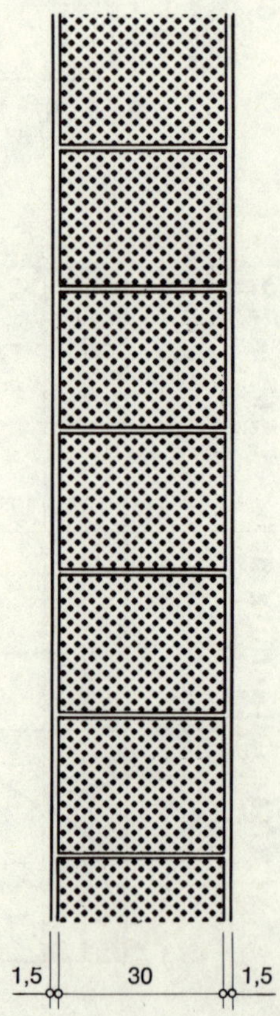

Bild 4/23 Wandaufbau und Meßergebnis

Zwei- oder mehrschalige Wände:

Sie bestehen in schalltechnischem Sinn aus zwei oder mehreren Wandschichten, die untereinander nicht starr verbunden sind. Im allgemeinen sind sie durch Luftschichten voneinander getrennt, die jedoch auch durch weichfedernde Dämmschichten (z. B. aus Mineralfasern) ersetzt werden können.

Nach neueren Erkenntnissen wird eine gute Schalldämmung von doppelschaligen Wänden aus biegesteifen Schalen durch eine Dämpfung mittels Sandschicht erreicht (siehe Bild 4/26).

Der Vorteil zweischaliger Wände gegenüber Einfachwänden besteht in der wesentlich höheren Schalldämmung bei gleichem oder geringerem Flächengewicht.

Es folgen einige Beispiele zweischaliger Wandkonstruktionen aus YTONG.

a) Trennwand aus YTONG-Platten GS 50

(Prüfungszeugnis-Nr. GS 24/65 vom Institut für Technische Physik Stuttgart, jetzt Institut für Bauphysik Stuttgart).

Wandaufbau

1,5 cm Kalkzementputz
15 cm YTONG-Platten GS 50
0,2 cm Gipsputz
3 cm Sillan-Platten SPA 100
1,25 cm Gipskartonplatten

Gesamtdicke: ca. 21 cm
Flächengewicht: ca. 202 kg/m²

Beurteilung nach DIN 4109, Blatt 2 (Bild 4/24):

Luftschallschutzmaß: *LSM* 0 dB

Somit erfüllt die Wand die an Wohnungstrennwände und Treppenraumwände, an Wände zwischen „ruhigen Räumen" in Hotels und Krankenhäusern sowie an Wände zwischen Unterrichtsräumen und Fluren in Schulen gestellten Anforderungen.

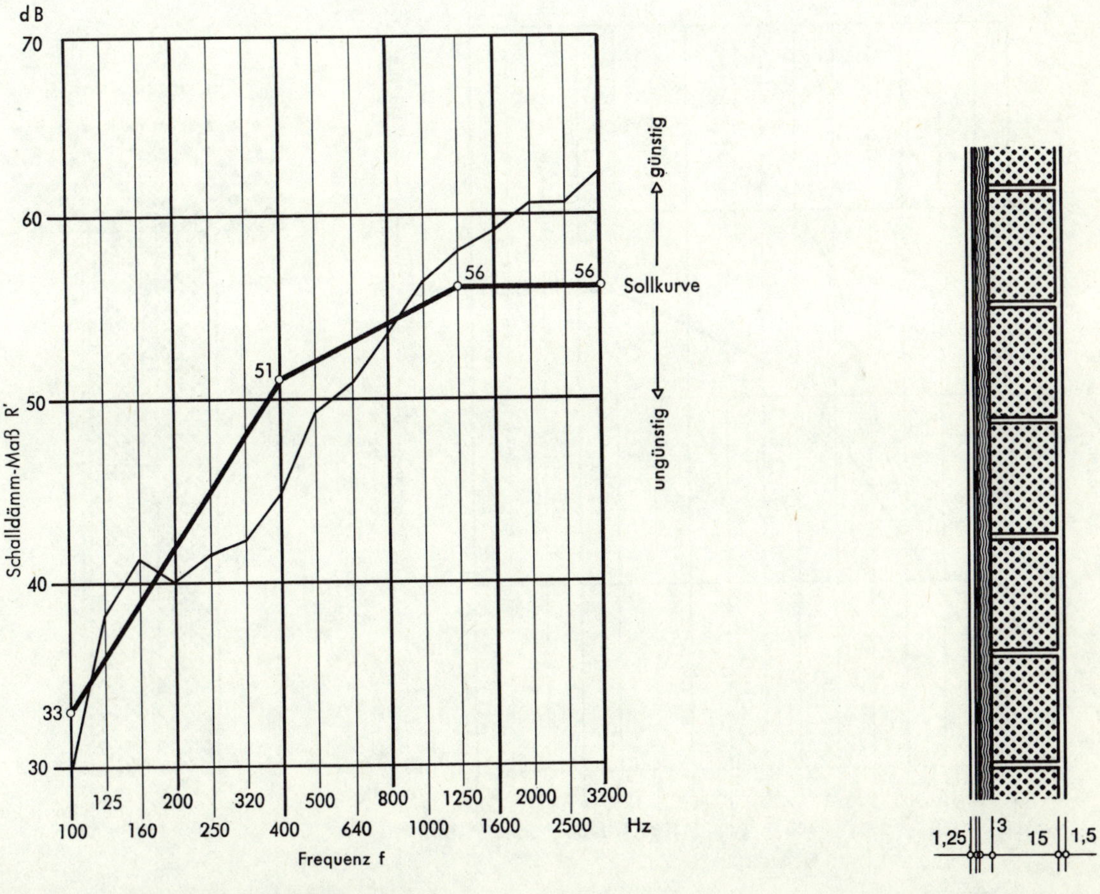

Bild 4/24 Wandaufbau und Meßergebnis

b) Trennwand aus YTONG-Platten GS 75 mit erhöhtem Schallschutz

(Prüfungszeugnis-Nr. 68 1481 des Instituts für Baustoffkunde und Stahlbetonbau der TH Braunschweig)

Wandaufbau

1,5	cm	Kalkzementputz
12	cm	YTONG-Platten GS 75
3	cm	Trennfuge, ausgefüllt mit 3 cm dickem und ca. 1,4 kg/m² schwerem Sillan-Filz „SF 48-30"
12	cm	YTONG-Platten GS 75
1,5	cm	Kalkzementputz

Gesamtdicke: 30 cm
Flächengewicht: ca. 285 kg/m²

Beurteilung nach DIN 4109, Blatt 2 (Bild 4/25):

Luftschallschutzmaß: *LSM* + 10 dB

Diese Wandkonstruktion erfüllt Anforderungen, die an Wände von Gaststätten, Lichtspielhäusern und Gewerbebetrieben gestellt werden, wenn diese an Wohnungen oder fremde Arbeitsräume grenzen. Außerdem kann sie zwischen „ruhigen Räumen" (Übernachtungs- und Krankenräume) und „lauten Räumen" (Gasträume, Küchen usw.) in Hotels, Gasthäusern und Krankenhäusern und als Haustrennwände zwischen Einfamilienreihen- und Einfamilien-Doppelhäusern verwendet werden.

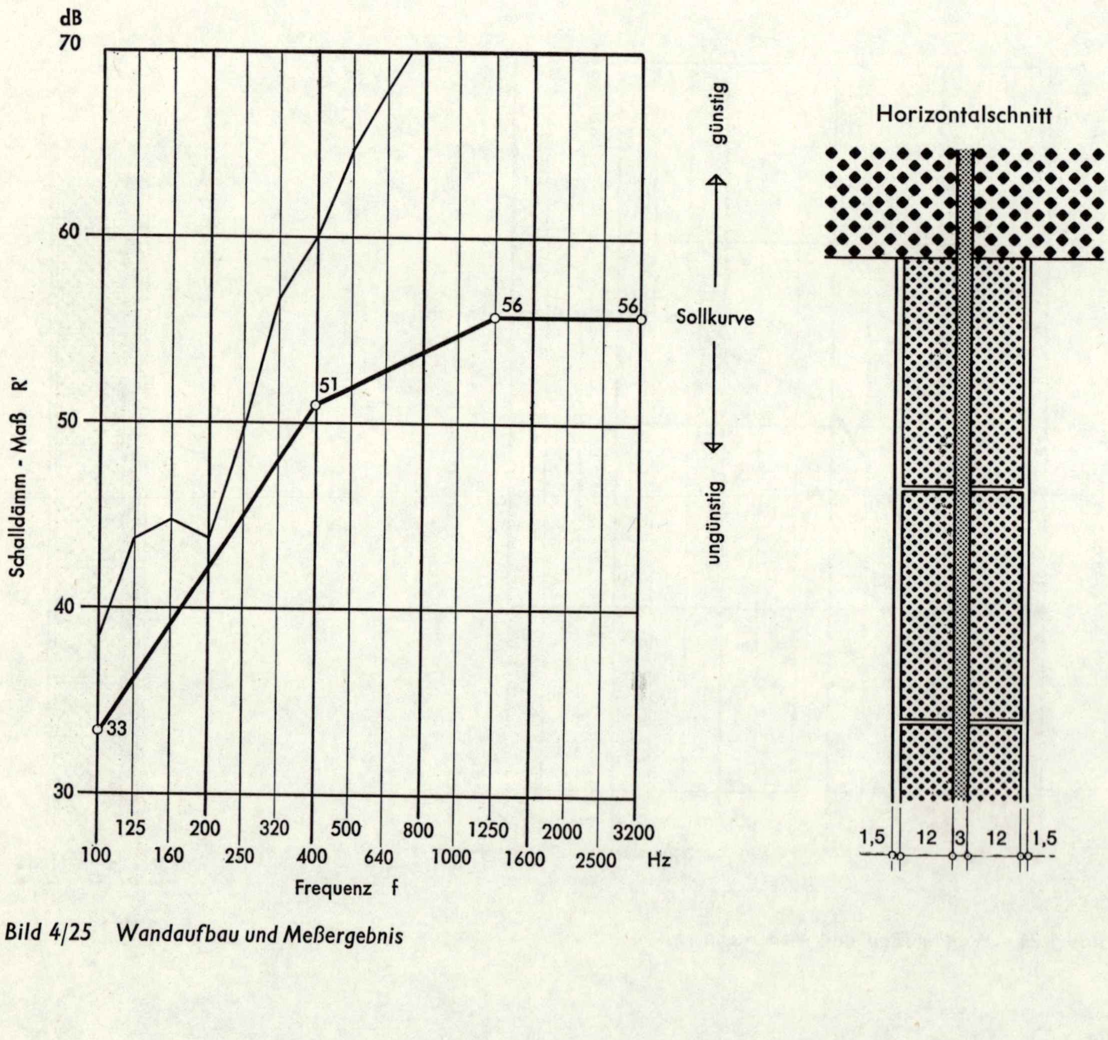

Bild 4/25 Wandaufbau und Meßergebnis

c) Trennwand aus stehenden YTONG-Wandelementen GSB 35/50

Diese zweischalige Trennwand ist vom Institut für Bauphysik Stuttgart entwickelt und schalltechnisch geprüft worden.
Die Zwischenschicht dieser neuartigen Konstruktion besteht aus einem mäanderförmigen Band aus Styropor (Wellstegplatten), das mit beiden Wandschalen verklebt ist. Die bei eingebauter Wand horizontal verlaufenden Hohlräume zwischen Styroporband und Wandschalen werden mit Sand gefüllt.
Die Schallübertragung auf Nebenwegen wird durch elastische Wand- und Deckenanschlüsse ausgeschaltet.

Wandaufbau

7,5 cm stehende YTONG-Wandelemente GSB 35/50
5 cm Wellstyroporschicht mit Sandfüllung
7,5 cm stehende YTONG-Wandelemente GSB 35/50

Gesamtdicke	20 cm
Flächengewicht	ca. 130 kp/m²
Sandgewicht	ca. 40 kp/m²
Luftschallschutzmaß *LSM*	+ 3 dB

Diese Wand bietet einen erhöhten Schallschutz. Neben den unter a) aufgeführten Bauteilen kann sie als Wand neben Durchfahrten und zwischen Unterrichtsräumen eingesetzt werden.
Das für stehende YTONG-Wandelemente geschilderte Prinzip ist ebenfalls für eine Doppelwand aus YTONG-Platten mit ähnlichem Erfolg anwendbar.

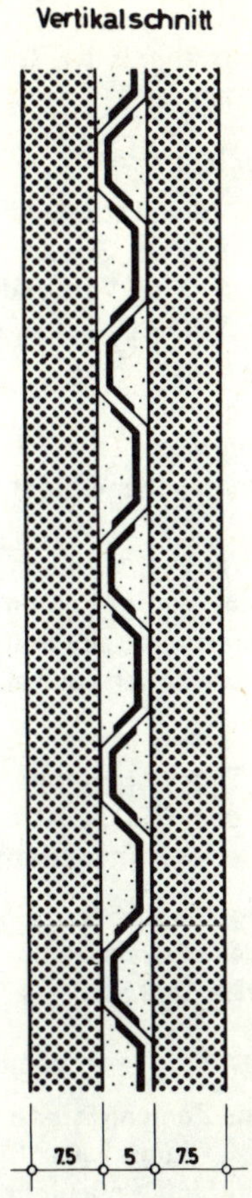

Bild 4/26 Wandaufbau

d) Trennwand aus YTONG-Blöcken GS 25

(Prüfungszeugnis-Nr. GS 375/71 vom Institut für Technische Physik Stuttgart, jetzt Institut für Bauphysik Stuttgart)

Wandaufbau

5,25 cm Vorsatzschale bestehend aus
- 1,25 cm Gipskartonplatten, befestigt an
- 4 cm Verbundstreifen (speziell entwickelter Federstreifen aus zahnartig profiliertem Polystyrol-Hartschaum und einem Streifen aus 0,95 cm dicken Gipskartonplatten; Breite 10 cm). Hohlräume mit 3 cm Mineralfaser-Filz ausgefüllt.

24 cm YTONG-Blöcke GS 25
1,5 cm Putz

Gesamtdicke	ca. 30 cm
Flächengewicht	ca. 210 kg/m²
Luftschallschutzmaß *LSM*	0 dB

Bei fehlendem Putz ergibt sich ebenfalls ein *LSM* 0 dB.
Diese Wand erfüllt die unter a) genannten Anforderungen.

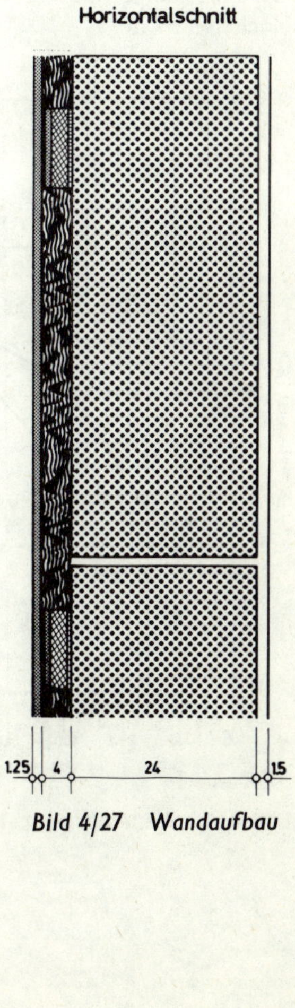

Bild 4/27 Wandaufbau

e) Trennwand aus YTONG-Platten GS 25 (Prüfungszeugnis Nr. GS 4/72 vom Institut für Bauphysik Stuttgart)

Wandaufbau

5,25 cm Vorsatzschale bestehend aus
1,25 cm Gipskartonplatten, befestigt an
4 cm Verbundstreifen (wie d)
10 cm YTONG-Platten GS 25
0,3 cm Spachtelung

Gesamtdicke	ca. 15 cm
Flächengewicht	ca. 85 kg/m²
Luftschallschutzmaß *LSM*	— 3 dB

Die Wandkonstruktion kann als Trennwand zwischen „ruhigen Räumen" (Übernachtungs- und Krankenräume einschließlich der dazugehörigen Flure) verwendet werden.

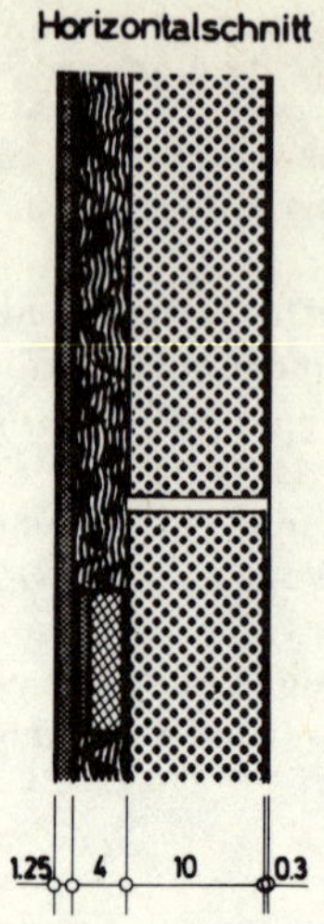

Bild 4/28 Wandaufbau

4.3.5.3 Eignungsgeprüfte Wohnungstrenndecke aus YTONG-Deckenplatten GSB 50 mit schwimmendem Estrich

(Prüfungszeugnis-Nr. GS 201/65 vom Institut für Technische Physik Stuttgart, jetzt Institut für Bauphysik Stuttgart)

Deckenaufbau (von oben nach unten)

3,5 cm Zement-Estrich
1 Lage 250er Bitumenpappe, unbesandet
2,25 cm Steinwolleplatten SPT/N 27/22,5 mm (2,34 kg/m²)
20 cm YTONG-Deckenplatten GSB 50

Gesamtdicke der Decke:	25,8 cm
Flächengewicht:	ca. 230 kg/m²

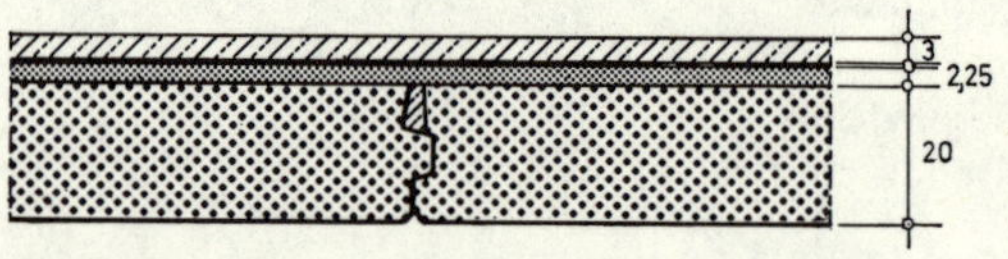

Bild 4/29 Deckenaufbau

Beurteilung nach DIN 4109, Blatt 2 (Bild 4/30 u. 4/31)

Luftschallschutzmaß:	*LSM*	0 dB
Trittschallschutzmaß:	*TSM*	+ 6 dB

Die Deckenkonstruktion genügt den Anforderungen an Wohnungstrenndecken.

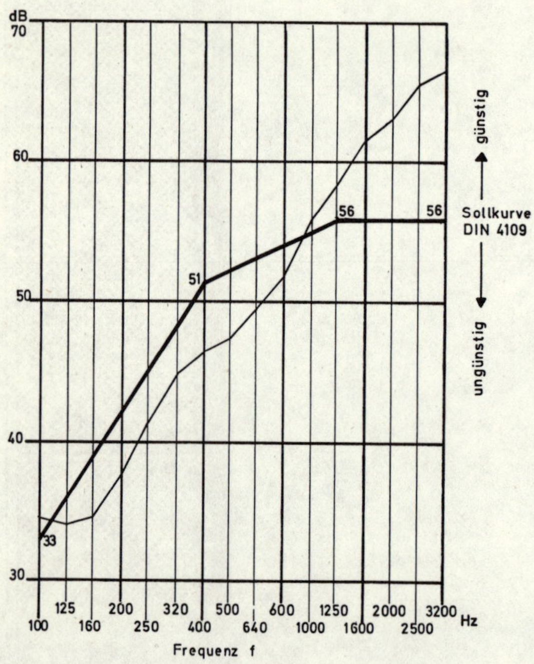

Bild 4/30 Meßergebnis: Luftschall

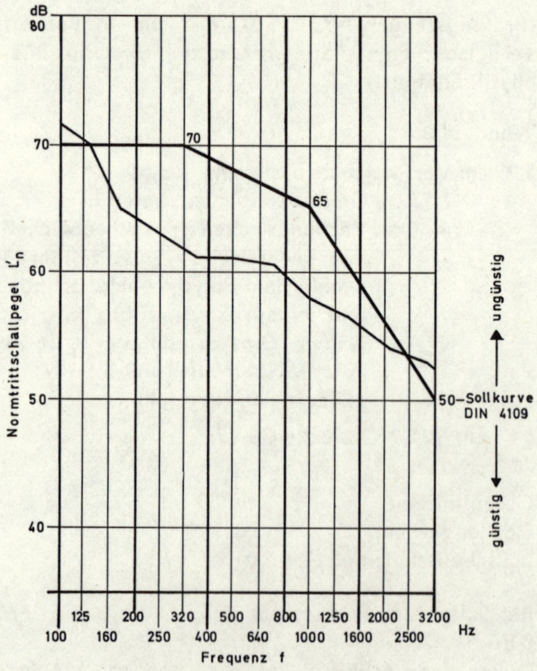

Bild 4/31 Meßergebnis: Trittschall

4.4 Brandschutz

Im Jahre 1970 wurde die Norm DIN 4102, Blätter 2, 3 und 4 — Brandverhalten von Baustoffen und Bauteilen — in den einzelnen Bundesländern eingeführt. Sie gelten nach den Bestimmungen der Länderbauordnungen als anerkannte Regeln der Baukunst.
Die Angaben dieser Norm sind gesicherte Werte, die ohne weiteren Nachweis verwendet werden können. Es werden Mindestanforderungen gestellt, z. B. Mindestdicken bei den Feuerwiderstandsklassen oder bei Brandwänden, wobei eine Differenzierung bei der Vielfalt der sich auf dem Markt befindlichen Baustoffe und Bauteile nicht möglich ist. In Abschnitt 4.4.2 werden die für YTONG-Bauteile maßgebenden DIN-Vorschriften dargelegt.
Das Normblatt DIN 4102 wird momentan überarbeitet, da die neuesten Forschungsergebnisse in der Ausgabe 1970 noch nicht berücksichtigt worden sind. In der Zwischenzeit können Prüfzeugnisse amtlicher Institute über das Brandverhalten von Baustoffen bzw. Bauteilen für die Praxis herangezogen werden. Diese Prüfungen und die Klassifizierung müssen nach DIN 4102 erfolgen.
In Abschnitt 4.4.3 wird auf YTONG-Bauteile eingegangen, für die Einzelprüfungen vorgenommen worden sind und gültige Prüfzeugnisse vorliegen.
Darüber hinaus sind in den letzten Jahren an Prüfinstituten im Rahmen amtlicher Materialprüfungen und von Forschungsaufträgen mehr als 60 verschiedene Einzelprüfungen an tragenden und nichttragenden Wänden, Decken und Stürzen aus Gasbeton durchgeführt worden, deren Ergebnisse in Prüfungszeugnissen und Untersuchungsberichten niedergelegt wurden.
Eine ausführliche Zusammenfassung darüber enthält das Gutachten Nr. I 70 3322 vom 29. 7. 1970 des Instituts für Baustoffkunde und Stahlbetonbau der Technischen Universität Braunschweig, das auch in ungekürzter Form als Bericht 4 des Fachverbandes Gasbetonindustrie vorliegt (siehe Abschnitt 4.4.4).
Bei Baubehörden bestehen keine Bedenken, dieses Gutachten als Nachweis für das Brandverhalten von Wänden, Decken und Stürzen aus Gasbeton zu werten.

4.4.1 Klassifizierung nach DIN 4102

In DIN 4102, Blatt 4, werden Baustoffe nach ihrem Brandverhalten wie folgt eingeteilt:
in nichtbrennbare Baustoffe (Klasse A) und
in brennbare Baustoffe (Klasse B).
Bei brennbaren Baustoffen wird nochmals unterschieden zwischen

schwerentflammbaren Baustoffen (Klasse B 1)
normalentflammbaren Baustoffen (Klasse B 2)
leichtentflammbaren Baustoffen (Klasse B 3)

Das Brandverhalten von Bauteilen wird durch die Feuerwiderstandsdauer gekennzeichnet, d. h. die Mindestdauer in Minuten, in denen ein Bauteil bei Prüfung nach DIN 4102, Blatt 2, Abschnitt 5 die darin gestellten Anforderungen erfüllt. Bauteile im Sinne dieser Norm sind Wände, Decken, Stürze usw.

Hierfür werden folgende Feuerwiderstandsklassen unterschieden:

Tabelle 4/30 Feuerwiderstandsklassen nach DIN 4102, Blatt 2

Feuerwiderstandsklasse	Feuerwiderstandsdauer Minuten	Bauaufsichtliche Benennung
F 30	$\geqq$ 30	feuerhemmend
F 60	$\geqq$ 60	feuerhemmend
F 90	$\geqq$ 90	feuerbeständig
F 120	$\geqq$ 120	feuerbeständig
F 180	$\geqq$ 180	hochfeuerbeständig

Zu den Sonderbauteilen, die in DIN 4102, Blatt 3, abgehandelt werden, zählen Brandwände sowie gegen Feuer widerstandsfähige, nichttragende und nicht aussteifende Außenwandelemente, Brüstungen u. ä., die den Überschlag des Feuers von Geschoß zu Geschoß vergrößern.
Brandwände müssen eine Prüfdauer von 90 Minuten überstehen und zusätzliche Anforderungen eines anschließenden Festigkeitsversuches erfüllen.
Gegen Feuer widerstandsfähige, nichttragende und nicht aussteifende Außenwandelemente werden in Widerstandsklassen unterteilt:

Tabelle 4/31 Widerstandsklassen nach DIN 4102, Blatt 3, Tabelle 1

Widerstandsklasse	Feuerwiderstandsdauer in Minuten
W 30	$\geqq$ 30
W 60	$\geqq$ 60
W 90	$\geqq$ 90

Wände der Feuerwiderstandsklassen F 30 und F 90 sind ohne Nachweis auch in die Widerstandsklassen W 30 und W 90 einzureihen.

4.4.2 Einstufung der YTONG-Bauteile nach DIN 4102

YTONG gehört zu den nichtbrennbaren Baustoffen und ist somit in die Klasse A eingestuft.
YTONG-Bauteile sind in Feuerwiderstandsklassen eingereiht. Ein besonderer Nachweis des Brand-

C

schutzes für diese Bauteile ist somit bei Anwendung der Norm nicht mehr erforderlich. Nachfolgend wird aufgeführt, in welchen Dicken YTONG-Bauteile die Anforderungen der DIN 4102 erfüllen:

4.4.2.1 Wände

Feuerwiderstandsklasse F 30 „feuerhemmend“:

Alle YTONG-Bauteile mit einer Mindestdicke von 5 cm. Ein beidseitiger Putz ist nicht erforderlich.

Feuerwiderstandsklasse F 90 „feuerbeständig“:

Mindestens 12 cm dicke Wände aus YTONG-Platten in allen Güteklassen. Die Wände sollen vollfugig mit Mörtel nach DIN 1053 gemauert sein. Ein beidseitiger Putz ist nicht erforderlich.
Mindestens 10 cm dicke, unverputzte Bauteile aus YTONG mit einer Mindestdruckfestigkeit von 35 kp/cm².

Brandwände:

Als Brandwände ohne besonderen Nachweis gelten 30 cm dicke Wände aus YTONG-Blöcken und 17,5 cm dicke Wände aus geschoßhohen YTONG-Wandelementen der Güteklasse GSB 35 und 50, wenn die in DIN 4102, Blatt 4, Abschnitt 7.1.3 gestellten Anforderungen hinsichtlich Bewehrung, Betondeckung, Fugenprofilierung und -verguß erfüllt sind.

4.4.2.2 Dächer und Decken

Feuerwiderstandsklasse F 30 „feuerhemmend“:

Mindestens 7,5 cm dicke Dachplatten nach DIN 4223. Die Unterseite der Dachplatten braucht nicht verputzt zu werden.

Feuerwiderstandsklasse F 90 „feuerbeständig“:

An der Unterseite nichtverputzte YTONG-Dach- und -Deckenplatten nach DIN 4223 in einer Mindestdicke von 10 cm. Die Überdeckung der Stahleinlagen muß auf 3 cm erhöht werden. Werden die Platten jedoch mit einem mindestens 1,5 cm dicken Putz aus Mörtel der Mörtelgruppe II oder IV nach DIN 18550 versehen, so kann auf die Erhöhung der Überdeckung der Stahleinlagen verzichtet werden.

4.4.3 Nach DIN 4102 geprüfte YTONG-Bauteile

Das Brandverhalten verschiedener YTONG-Wände wurde nach DIN 4102 vom Institut für Baustoffkunde und Stahlbetonbau der Technischen Universität Braunschweig geprüft.

Die Ergebnisse zeigen ein wesentlich günstigeres Verhalten der YTONG-Wände, als es in der Norm angenommen wird.
Für folgende YTONG-Wände liegen gültige Prüfzeugnisse vor:

Feuerwiderstandsklasse F 120:

7,5 cm dicke Wände aus geschoßhohen nichttragenden YTONG-Wandelementen GSB 35

Feuerwiderstandsklasse F 180:

15 cm dicke Wände aus YTONG-Blöcken GS 50
15 cm dicke Wände aus YTONG-PLANBLÖCKEN GS 25
15 cm dicke Wände aus geschoßhohen YTONG-Wandelementen GSB 35

Brandwände:

20 cm dicke Wände aus geschoßhohen, tragenden YTONG-Wandelementen GSB 35 und 50
25 cm dicke Wände aus YTONG-PLANBLÖCKEN GS 25 und 50

Die Prüfzeugnisse geben Auskunft über alle bei der Herstellung der Wände zu beachtenden Punkte.
Die Bilder 4/32 bis 4/34 zeigen den Versuchsaufbau, die Temperaturen im Brandraum und die Temperaturen am Prüfkörper auf der dem Feuer abgewandten Seite für eine 15 cm dicke Wand aus geschoßhohen YTONG-Wandelementen GSB 35 (Prüfungszeugnis des Instituts für Baustoffkunde und Stahlbetonbau der Technischen Universität Braunschweig Nr. 682630).
Aus diesen Bildern geht hervor, daß während der Feuereinwirkung, bei der die Temperatur auf der Feuerseite auf über 1100° C gesteigert wurde, die Temperaturerhöhung auf der dem Feuer abgewandten Seite nach einer Stunde 4 bis 8° C, nach zwei Stunden 20 bis 48° C und nach drei Stunden 55° C betrug.

4.4.4 Gutachten über das Brandverhalten von Bauteilen aus dampfgehärtetem Gasbeton

In diesem Gutachten der Technischen Universität Braunschweig vom 29.7.1970 sind, wie eingangs schon erwähnt, die neuesten wissenschaftlichen Ergebnisse von Brandprüfungen von Gasbetonbauteilen zusammengefaßt. Diese Erkenntnisse sollen in die zukünftige Fassung der DIN 4102, Blatt 4, eingearbeitet werden.
Hier soll auf eine detaillierte Darstellung der im Gutachten enthaltenen Ergebnisse verzichtet werden. Nur Tafel 13 des Gutachtens, in denen allgemein gültige Angaben über Mindestwanddicken von Gasbetonbrandwänden nach DIN 4107, Blatt 3, gemacht werden, soll an dieser Stelle übernommen werden:

Tabelle 4/32 Mindestwanddicken d_o (ohne Putz und Verkleidungen) von Gasbetonbrandwänden nach DIN 4102 Blatt 3, Ausgabe Februar 1970 [3]

Zeile	Wandart Wandspannungen max. $\sigma_{Rand} \leqq 10$ kp/cm², vgl. Tafel 11[4]; Vorschriften über Schlankheit, aussteifende Querwände usw. sind zu beachten, siehe z. B. DIN 1953	erforderliche Mindestwanddicke d_o (mm) (Brandwanddicke)
1	Mauerwerk nach DIN 1053 aus 1. Blocksteinen nach DIN 4165 $\geqq$ GS 25, gemauert in Mörtel der Gruppe II oder III	300[1]
2	2. Planblocksteinen gemäß Zulassungsbescheid $\geqq$ GS 25, gemauert in plastifiziertem Zementmörtel	250
3	Wände aus liegend angeordneten Wandplatten $\leqq$ 4 m lang[2], Bewehrung nach Bild 12—13[4], seitliche Anschlüsse nach Bild 13[4] bzw. Bild 13 bzw. Bild 5/Detail 8[4], Betonrohdichte 0,60 kg/dm³	200
4	Wände aus geschoßhohen Wandtafeln $\geqq$ GSB 35 mit beidseitiger Bewehrung auf je 6 ⌀ 8 je m, Querbewehrung beidseitig je 2 ⌀ 6 je m, Betondeckung mindestens 2,5 und höchstens 3,0 cm, Betonrohdichte mindestens 0,60 kg/dm³, Fugen einschließlich Fugenvergußkern $\geqq$ ⌀ 5 cm mit Mörtel der Gruppe III nach DIN 1053 oder mit plastifiziertem Zementmörtel dicht vergossen (vgl. mit Tafel 12 und Bild 12)[4]	175[1]

[1] Siehe auch DIN 4102 Blatt 4, Ausgabe Februar 1970, Abschn. 7.1.2 und 7.1.3.

[2] Bei 6 m Wandlänge ist der Stahlquerschnitt $F_{e\ längs}$ entsprechend der Stützweitenvergrößerung zu vergrößern.

[3] Gemäß Einführungserlaß zu DIN 4102 können für aneinander gereihte Wohngebäude bis zu zwei Vollgeschossen (in der Regel Einfamilien-Reihenhäuser oder Einfamilien-Doppelhäuser) an Stelle von Brandwänden — abweichend von DIN 1053, Abschn. 3.4.1 — auch zweischalige Wände mit je 11,5 cm oder 17,5 cm dicken Mauerwerkschalen gestattet werden, wenn Massivdecken angeordnet werden. Die 11,5 cm oder 17,5 cm dicken Einzelschalen solcher zweischaliger Haustrennwände können — abweichend von DIN 1053, Abschnitt 2.1.1 und Tabelle 1 — als Endauflager von Massivdecken verwendet werden, wenn diese kreuzweise bewehrt sind, und zwar auch dann, wenn ihre Stützweiten größer als 4,50 m sind. Bezüglich Stemmarbeiten und Aussparungen wird auf DIN 1053, Abschn. 2.5, verwiesen. Die durch das ganze Gebäude durchgehende Haustrennfuge ist nach DIN 4109 — Schallschutz im Hochbau — auszubilden.

[4] Die in Tabelle 4/32 enthaltenen Tafel- und Bildangaben beziehen sich auf das Gutachten über das Brandverhalten von Bauteilen aus dampfgehärtetem Gasbeton des Instituts für Baustoffkunde und Stahlbetonbau der TU Braunschweig.

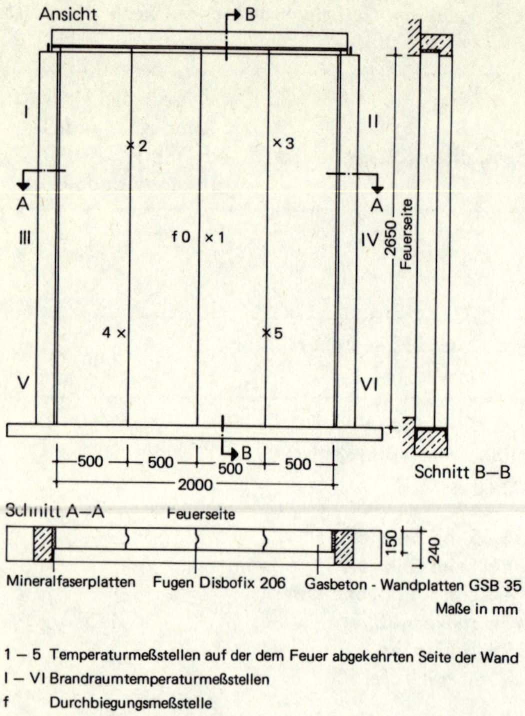

Bild 4/32 Konstruktiver Aufbau der Versuchswand aus geschoßhohen Wandelementen (Auszug aus Prüfungszeugnis)

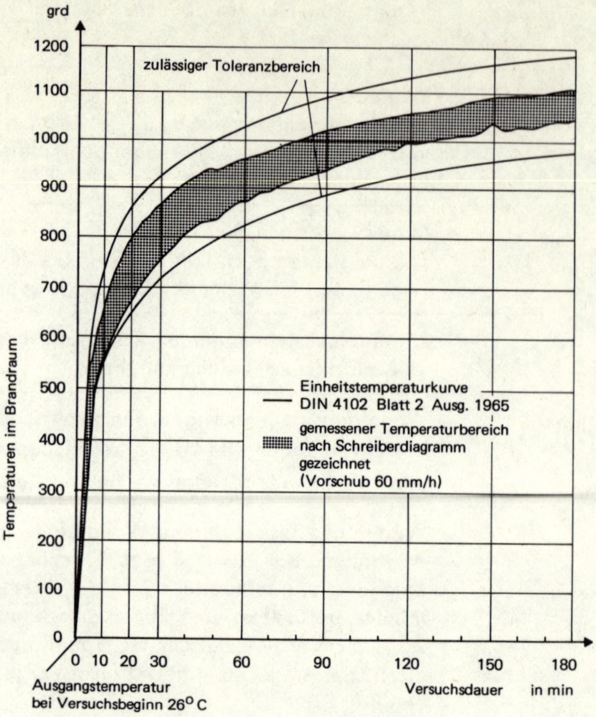

Bild 4/33 Temperaturen im Brandraum

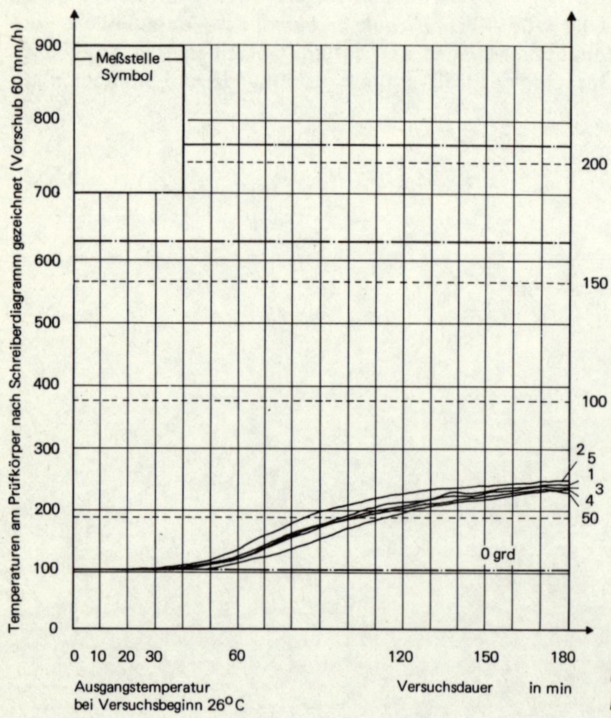

Bild 4/34 Temperaturen am Prüfkörper auf der dem Feuer abgewandten Seite

5. Grundlagen für statische Berechnung, Bemessung und Standfestigkeit

5.1. Lastannahmen

5.1.1 Berechnungsgewichte (Eigengewichte)

YTONG-Mauerwerk:

Tabelle 5/1 Berechnungsgewicht von YTONG-Mauerwerk

Mauerwerk (einschließl. Mörtelfugen) aus	Berechnungsgewichte in kp/m³		
	GS 25	GS 50	GS 75
YTONG-Blöcken	700	900	1000
YTONG-PLANBLÖCKEN	600	800	900
YTONG-Planelementen	600	800	—

YTONG-Montagebauteile:

Tabelle 5/2 Berechnungsgewichte von YTONG-Montagebauteilen

Montagebauteile (einschl. Fugenverguß)	Berechnungsgewichte in kp/m³	
	GSB 35	GSB 50
YTONG-Wandelemente	700	800
YTONG-Dachplatten	720	840
YTONG-Deckenplatten	—	840
YTONG-Stürze	—	840

YTONG-Fassadenelemente:

Sie bestehen aus einer YTONG-Schicht in verschiedenen Dicken und einer 3 cm dicken äußeren Schwerbetonschale. Für die Elemente wird YTONG mit der Rohdichte 600 kg/m³ verwendet. Das entsprechende Berechnungsgewicht beträgt 700 kp/m³. Die Betonschale hat ein Berechnungsgewicht von 2500 kp/m³.

Tabelle 5/3 Berechnungsgewichte von YTONG-Fassadenelementen

Dicke in cm	23	25,5	27	33
YTONG-Rohdichte in kg/m³	Berechnungsgewichte in kp/m²			
600	215	235	245	285

Mauer- und Putzmörtel:

Tabelle 5/4 Berechnungsgewicht für Mauer- und Putzmörtel (DIN 1055, Blatt 1, Abschnitt 3.4.2)

Mörtelsorte	Berechnungsgewicht in kp/m³
Gipsmörtel ohne Sand	1200
Kalkmörtel (Mauer- und Putzmörtel), Kalkgipsmörtel, Gipssandmörtel (Putzmörtel), Anhydritmörtel	1800
Kalkzementmörtel und Kalktraßmörtel	2000
Lehmmörtel	2000
Zementmörtel und Zementtraßmörtel	2100

5.1.2 Verkehrslasten

5.1.2.1 Lotrechte Lasten (DIN 1055, Blatt 3)

YTONG-Deckenplatten:

Die maximale Belastung beträgt im allgemeinen 350 kp/m² einschließlich etwaiger Zuschläge zur Berücksichtigung des Gewichts unbelasteter leichter Trennwände nach DIN 1055 Blatt 3, Abschn. 4, Ausgabe Juni 1971 (siehe 5.1.2.2). Bei Aufbringen einer 4 cm dicken Überbetonschicht (mind. Bn 150) auf die YTONG-Deckenplatten kann eine maximale Verkehrslast von 500 kp/m² berücksichtigt werden. Bei Decken unter Wohnräumen ist mit einer Verkehrslast von 200 kp/m² zu rechnen.

Für den Einbauzustand muß eine Einzellast von 100 kp in Plattenmitte angenommen werden, wenn nicht die Verkehrslast maßgebend ist.

YTONG-Dachplatten:

Bei waagerechter Dachfläche ist eine Schneelast von mindestens 75 kp/m² anzusetzen. Örtliche Verhältnisse (z. B. Gebirge) sowie die mögliche Bildung von Schneesäcken sind in der Belastung zu berücksichtigen. Sind die Dachflächen geneigt, so können die Schneelasten gemäß Tabelle 5/5 abgemindert oder vollkommen vernachlässigt werden.

Tabelle 5/5 Reduzierung der Schneelast in Abhängigkeit von der Dachneigung (DIN 1055, Blatt 5)

Dachneigung α	20°	25°	30°	35°	40°	45°	50°	55°	60°	über 60°
Schneelast S in kp/m²	75	70	65	60	55	50	45	40	35	0

Bei leichten Dachkonstruktionen (Eigengewicht $\leq$ 50 kp/m²) sind die ergänzenden Bestimmungen zu DIN 1055 Blatt 5 zu beachten. Für YTONG-Dächer kommen diese Bestimmungen jedoch nicht zur Anwendung.

Unter Außerachtlassung der Schnee- und Windlasten ist eine Einzellast von 100 kp in ungünstigster Stellung anzunehmen. Die Last kann auf 2 Plattenbreiten, jedoch maximal auf 1 m, verteilt werden.

Die Dachplatten dürfen beim Verlegen nur auf Bohlen betreten werden.

5.1.2.2 Berücksichtigung unbelasteter, leichter Trennwände (DIN 1055, Blatt 3, Absatz 4)

Das Gewicht unbelasteter, leichter Trennwände kann durch einen Zuschlag zur Verkehrslast berücksichtigt werden. Ein genauer Nachweis ist in diesem Falle nicht nötig, es sei denn, die Wände besitzen ein Gewicht über 100 kp/m² Wandfläche und stehen parallel zur Spannweite der YTONG-Deckenplatten.

Der Zuschlag beträgt bei Wänden, die einschließlich Putz höchstens 100 kp/m² Wandfläche wiegen, mindestens 75 kp/m², bei Wänden, die mehr als 100 und höchstens 150 kp/m² wiegen, mindestens 125 kp/m². Bei Verkehrslasten von 500 kp/m² und mehr ist ein gleichmäßig verteilter Zuschlag zur Verkehrslast nicht nötig.

5.1.2.3 Windlasten (DIN 1055, Blatt 4)

Sie sind von der Form des Gebäudes abhängig. Die Windlast w ist ein Vielfaches des Staudruckes q.

$w = c \cdot q$ (kp/m²)

c = Beiwert für die Form des Gebäudes.

Tabelle 5/6 Staudruck q in Abhängigkeit von der Gebäudehöhe (DIN 1055, Blatt 4, Abs. 4.3)

Höhe über Gelände m	Windgeschwindigkeit m/s	Staudruck q kg/m²
von 0 bis 8	28,3	50
über 8 bis 20	35,8	80
über 20 bis 100	42,0	110
über 100	45,6	130

Für geschlossene Baukörper, die von ebenen Flächen begrenzt werden, ist der Beiwert c im allgemeinen 1,2.

Die Windlast w beträgt also bei einer Höhe über Gelände von 0 bis 8 m 60 kp/m²; über 8 bis 20 m 96 kp/m²; über 20 bis 100 m 132 kp/m² und über 100 m 156 kp/m².

Die Trennung der Windlast in Druck und Sog ist für die Haupttragwerke von Bauwerken, z. B. Binder, freigestellt. Bei geschlossenen Bauten mit rechteckigem Grundriß und Sattel- oder Pultdach darf z. B. die Windlast $c \cdot q$ entsprechend den Bildern 5/1 bis 5/3 verteilt werden.

Für die einzelnen Tragglieder, z. B. Sparren, Pfetten, Wandstiele usw., sind die Werte für Druck um ¼ zu erhöhen.

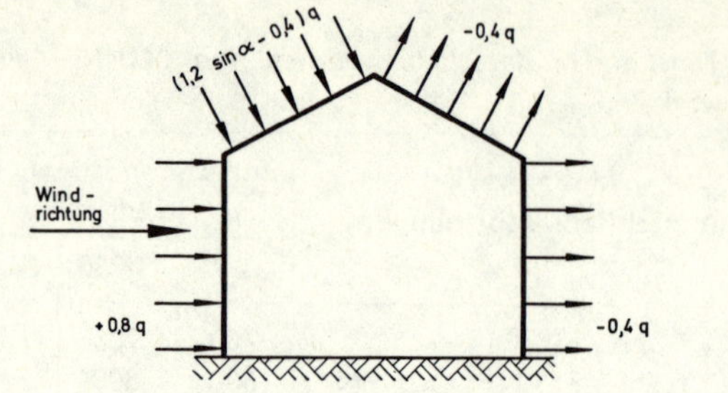

Bild 5/1 Verteilung der Windlast bei Satteldachern

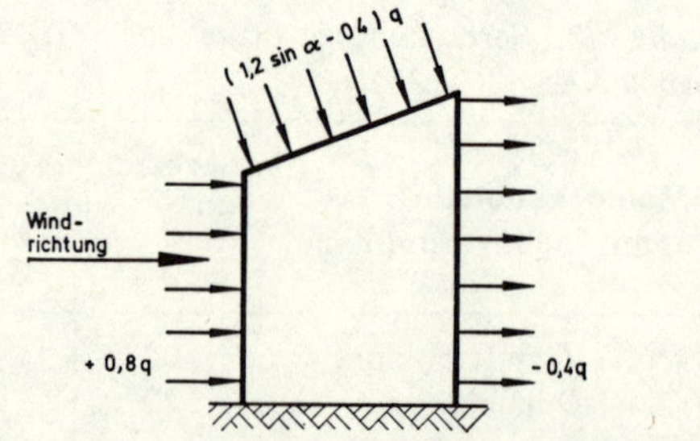

Bild 5/2 Verteilung der Windlast bei Pultdächern

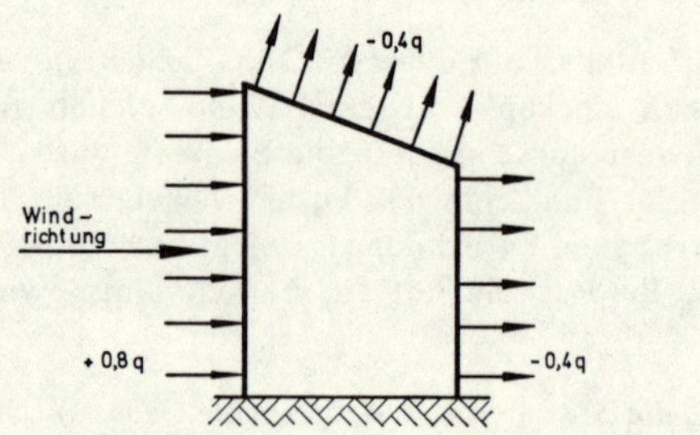

Bild 5/3 Verteilung der Windlast bei Pultdächern

5.1.2.4 Erhöhte Windlasten

(Ergänzende Bestimmungen zu DIN 1055, Blatt 4)

Diese seit 1969 als Richtlinie für die Bauaufsichtsbehörden eingeführten Bestimmungen beziehen sich vor allem auf den Einfluß der Sogkräfte in Wand- und Eckbereichen von Wänden und Dächern.

Darin heißt es, daß zusätzlich zu den nach den Abschnitten 4.5 und 4.6 DIN 1055, Blatt 4 anzusetzenden Soglasten an den Schnittkanten zweier Wandflächen oder von Wand- und Dachflächen im *Wandbereich* höhere Soglasten mit dem Beiwert $c = 2{,}0$ im Bereich von 1 m beiderseits der Kanten in Rechnung zu stellen sind.

Im *Dachbereich* sind bei flachen Dächern mit Neigungen $\alpha < 35°$ ebenfalls zusätzlich zu den Soglasten nach den Abschnitten 4.5 und 4.6 DIN 1055, Blatt 4 höhere Soglasten entlang aller Dachränder im Bereich von

$$\frac{b}{8} \begin{cases} \geqq 1\,\text{m} \\ \leqq 2\,\text{m} \end{cases}$$

als abhebend wirkende Lasten nach Tabelle 5/7 anzusetzen.

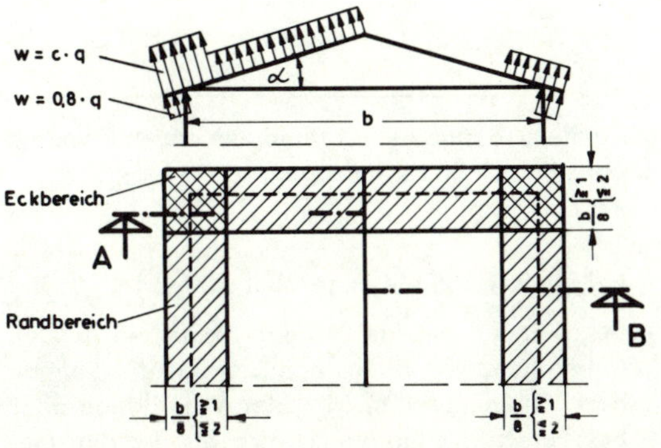

Bild 5/4 Zusätzliche Soglasten in Rand- und Eckbereichen von flach geneigten Dächern

Tabelle 5/7 Zusätzlich zu DIN 1055, Blatt 4 anzusetzende Soglasten für flache Dächer

Dachneigungswinkel α	Beiwert c gemäß Bild 5/4	
	im Eckbereich	im Randbereich
0–25°	2,8	1,4
30°	1,4	0,7
≧35°	0	0

Beiwerte c für $25° < \alpha < 35°$ sind geradlinig einzuschalten

Bei Dachüberständen muß zusätzlich ein von unten wirkender Winddruck mit einem Druckbeiwert $c = 0{,}8$ berücksichtigt werden (siehe Bild 5/4).
Sämtliche in der Konstruktion durch Windbeanspruchung entstehenden Kräfte sind vom Entstehungsort, z. B. der Dachhaut, über alle Zwischenteile sicher in die Verankerungsbauteile zu leiten.
Soweit zur Aufnahme abhebender Windkräfte auch das Gewicht des Daches herangezogen wird, darf dieses nur mit zwei Drittel des Eigengewichts in Rechnung gestellt werden. Lasten, die mit dem Dach nicht fest verbunden sind, wie z. B. lose Kiesschüttungen, dürfen dabei nicht berücksichtigt werden.
Verbindungsmittel sind unter Einhaltung der zulässigen Beanspruchungen zu bemessen.
Die Sicherheit gegen Abheben muß mindestens 1,5 betragen.

5.2. Berechnungsgrundlagen für Mauerwerk aus YTONG-Blöcken und YTONG-PLANBLÖCKEN

DIN 1053 „Mauerwerk, Berechnungen und Ausführung" zusammen mit DIN 1053, Beiblatt „Erläuterungen" enthält die Forderungen über die Stabilität der Bauwerke und Bauteile sowie Berechnungsgrundlagen und zulässige Beanspruchungen. Sie bezieht sich auf YTONG-Blöcke und in Verbindung mit der baubehördlichen Zulassung auch auf YTONG-PLANBLÖCKE.

5.2.1 Wanddicken

Die Mindestdicke von Umfassungswänden beträgt 24 cm. Aus Gründen der Standsicherheit, des Wärme-, Brand- und Schallschutzes können größere Abmessungen erforderlich sein. Bei Ausfachungen von Skelett- und Schottenbauten kann die Dicke verringert werden. Voraussetzung ist, daß die Ausfachung nicht größer als die Geschoßhöhe und ≦ 3,50 m ist. Abweichungen sind auch bei eingeschossigen Bauten, die nicht zum dauernden Aufenthalt von Menschen dienen, möglich.
Belastete Innenwände dürfen dünner als 24 cm ausgeführt werden, wenn die Bedingungen der DIN 1053, Tabelle 1, erfüllt sind:

Tabelle 5/8 Belastete Innenwände mit Dicken < 24 cm (DIN 1053, Tabelle 1)

Bedingungen für die Anwendung		
Zulässige Geschoßhöhe in m	3,25	
Zulässige Verkehrslast in kp/m² einschließlich Zuschlag für leichte Trennwände	275	
Wanddicke in cm	17,5	11,5
Zulässige Anzahl der Vollgeschosse von oben	3[1]	2

Nur zulässig als Zwischenauflager durchlaufender Decken mit Stützweiten ≦ 4,50 m. Zwischen den aussteifenden Querwänden ist nur je eine Öffnung mit einer Breite ≦ 1,25 m zulässig.

[1] Einschließlich etwaiger Geschosse mit 11,5 cm dicken Wänden.

Die Bauaufsichtsbehörde kann in Einzelfällen von diesen Forderungen abgehen, wenn durch den Unternehmer eine sorgfältige Ausführung ge-

Tabelle 5/9 Aussteifende Querwände (DIN 1053, Tabelle 2)

Wanddicken und Mittenabstände				
Dicke der auszusteifenden belasteten Wand in cm	Geschoßhöhe in m	Aussteifende Querwand		
		im 1. bis 4. Vollgeschoß von oben Dicke in cm	im 5. und 6. Vollgeschoß von oben Dicke in cm	Mittenabstand in m
≧11,5<17,5	≦3,25	≧11,5	≧17,5	≦4,50
≧17,5<24				≦6,00
≧24 <30	≦3,50			≦8,00
≧30	≦5,00			

Sind die aussteifenden Querwände durch Öffnungen unterbrochen, so muß der Abstand der ersten Öffnung von der ausgesteiften Wand ≧ $^1/_5$ der Geschoßhöhe, mindestens jedoch 50 cm betragen.

währleistet ist oder zusätzliche konstruktive Maßnahmen getroffen werden. So kann z. B. durch Anordnung von kreuzweise bewehrten Decken die Aussteifung des Gebäudes verbessert werden.

5.2.2 Aussteifung belasteter Wände

Belastete Wände müssen durch Querwände ausreichend ausgesteift sein. Die Stabilität nicht ausgesteifter Wände ist besonders nachzuweisen, da sich die zulässige Beanspruchung mit der Schlankheit der Wände ändert (siehe Abschnitt 5.2.6 und 5.2.10).
Dicken und Mindestabstände der aussteifenden Querwände müssen DIN 1053, Tabelle 2, entsprechen (siehe Tabelle 5/9).

5.2.3 Verbindung der Decken mit den Wänden

Auf eine besondere Verankerung kann bei der Verwendung von Stahlbeton-Massivdecken verzichtet werden. YTONG-Deckenplatten müssen mit den Umfassungswänden durch Anker zugfest verbunden werden. Verlaufen die Wände parallel zur Deckenstützweite, so müssen die Anker mindestens einen 1 m breiten Deckenstreifen bzw. 2 Plattenbreiten erfassen. Der Abstand soll im allgemeinen nicht größer als 2 m sein. In Einzelfällen kann er auf 4 m erhöht werden.

5.2.4 Ringanker

In Außenwänden und durchgehenden Querwänden sind durchlaufende Ringanker anzubringen:

- bei mehr als zwei Vollgeschossen und einer Außenwanddicke von 24 cm,
- bei einer Gebäudelänge über 18 m,
- bei Wänden mit vielen oder besonders großen Öffnungen, vor allem dann, wenn die Summe der Öffnungsbreiten 60% der Wandlänge oder bei Fensterbreiten von mehr als $^2/_3$ der Geschoßhöhe 40% der Wandlänge übersteigt,
- bei ungünstigen Baugrundverhältnissen.

Ringanker werden in Höhe der Decken oder unmittelbar darunter angeordnet. Sie sollen etwa 15 cm hoch sein und sind mit zwei Rundstählen, ⌀ 12 mm, die in zwei sich im Querschnitt schräg gegenüberliegenden Ecken eingelegt werden, zu bewehren. Um Kältebrücken zu vermeiden, ist an der Außenseite von Ringanker und Decke eine Dämmplatte vorzublenden. Hierfür eignen sich 5 bis 10 cm dicke YTONG-Platten der Güteklasse GS 25.

5.2.5 Aussparungen

Aussparungen können in YTONG-Wänden leicht ausgeführt werden. Es ist jedoch darauf zu achten, daß die Standfestigkeit des Mauerwerks nicht beeinträchtigt wird. In Wänden mit Dicken ≦17,5 cm sowie in Pfeilern und nichtausgesteiften Wänden mit Schlankheiten >10 sind Aussparungen nicht erlaubt.

5.2.6 Mauerpfeiler und nichtausgesteifte Wände

Das Verhältnis Höhe: Dicke ($h:d$) von Pfeilern und Wänden wird als Schlankheit bezeichnet. Abhängig von der Schlankheit müssen die Druckspannungen entsprechend DIN 1053, Tabelle 6 (siehe 5.2.10) abgemindert werden.
Bei Tür- und Fensterpfeilern darf als Höhe h die lichte Tür- bzw. Fensterhöhe angenommen werden.

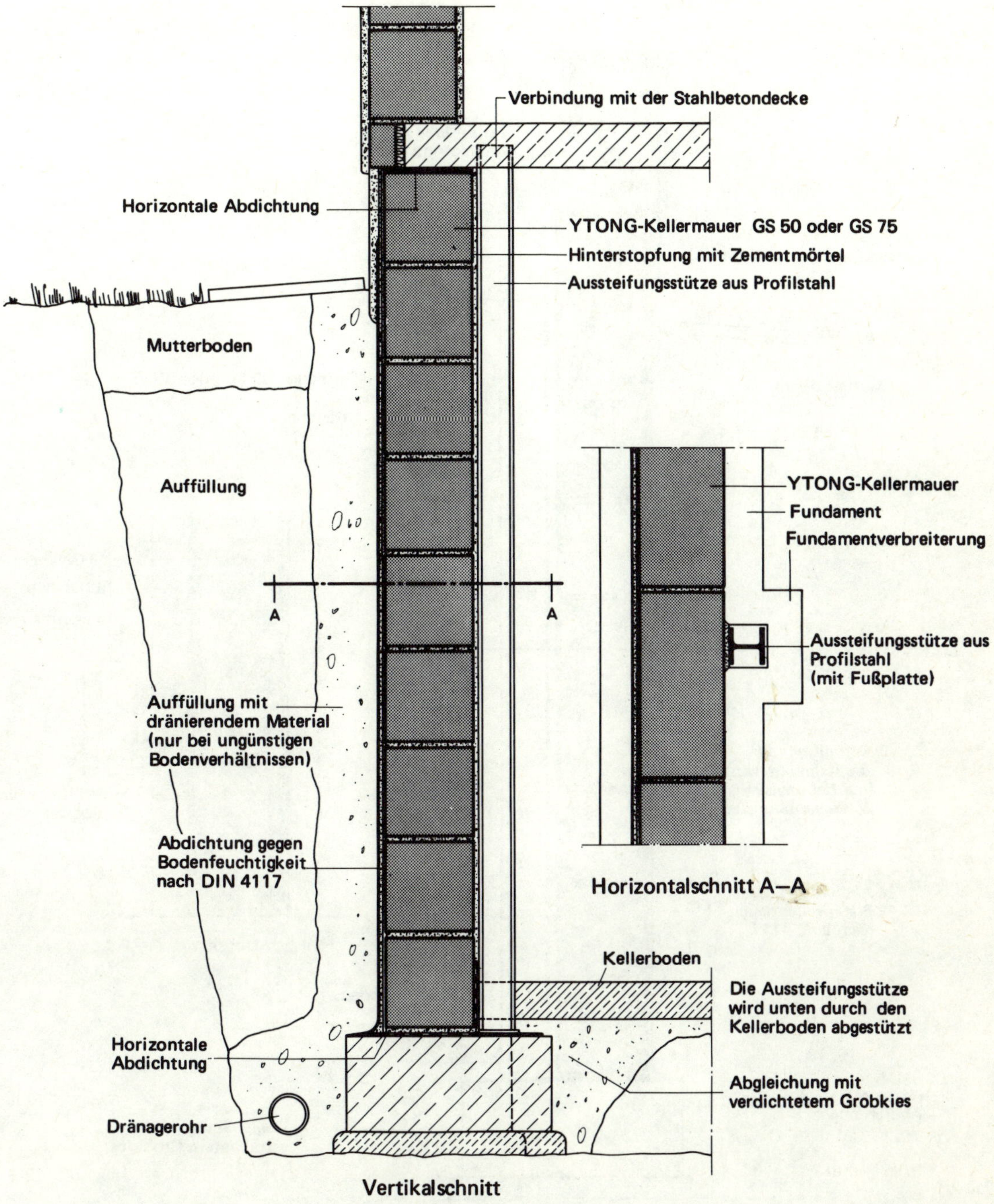

Bild 5/5 Aussteifung von Kellerwänden mit Stahlstützen

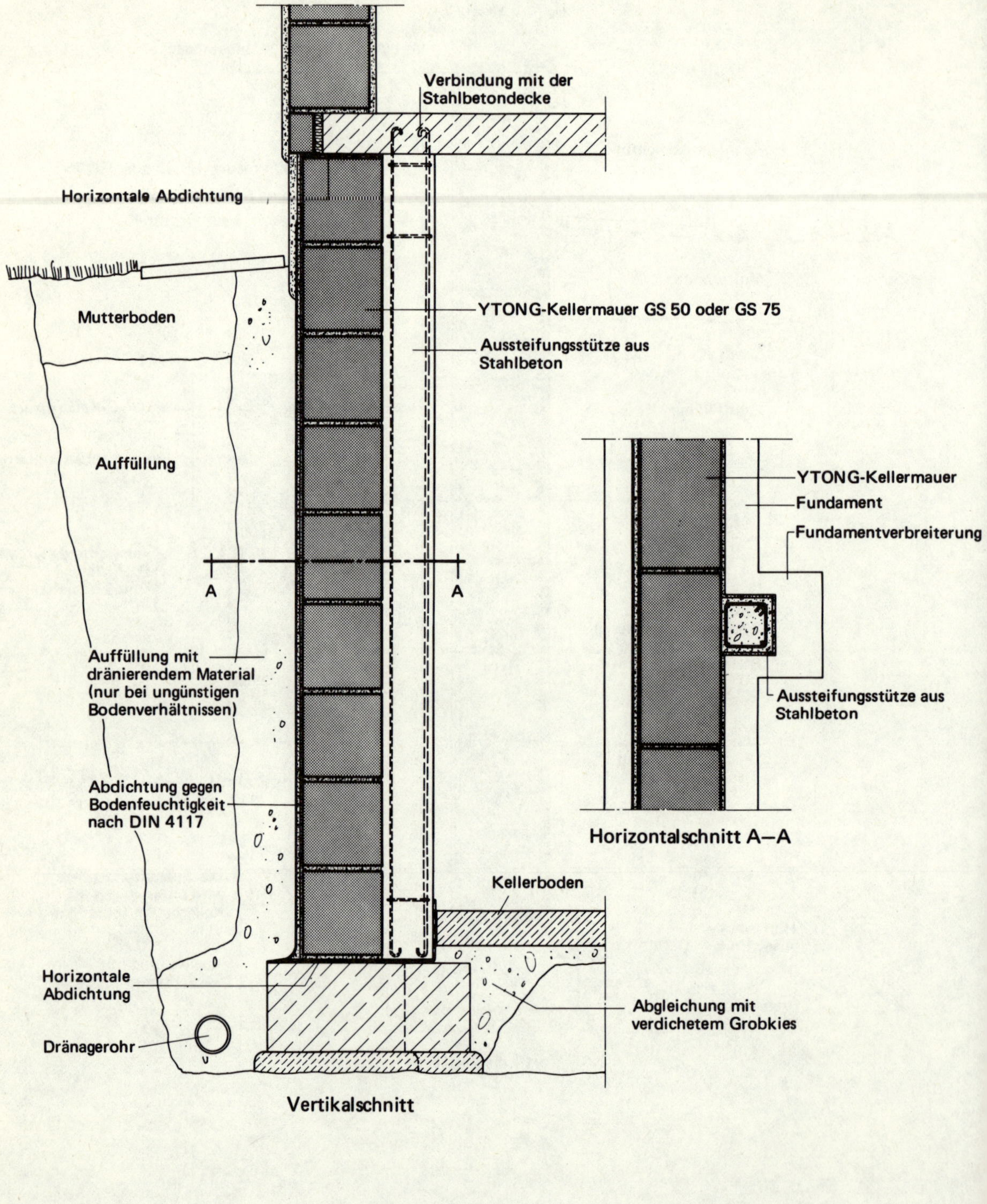

Bild 5/6 Aussteifung von Kellerwänden mit Stahlbetonstützen

Brüstungs- und Sturzmauerwerk müssen aber in voller Wanddicke durchgeführt werden, die Tür- oder Fensterwand selbst muß ausgesteift sein. Die Mindestbreite von Tür- und Fensterpfeilern beträgt bei Verwendung von großformatigen YTONG-Blöcken bzw. YTONG-PLANBLÖCKEN 50 cm. Die Pfeiler sind ohne Stoßfugen zu mauern.

5.2.7 Kellerwände

Kelleraußenwände können aus YTONG-Blöcken oder YTONG-PLANBLÖCKEN der Güteklasse GS 50 und GS 75 errichtet werden. Sie brauchen für die Belastung aus dem Erddruck nicht nachgewiesen zu werden, wenn die in DIN 1053 vorgeschriebenen aussteifenden Wände vorhanden sind (siehe 5.2.2). Außerdem dürfen nach DIN 4106, Abschnitt 3.9, folgende Höhen des Geländes über dem Kellerfußboden nicht überschritten werden:

1,75 m bei einer Kellerwanddicke von $d = 30$ cm
1,25 m bei einer Kellerwanddicke von $d = 24$ cm.

Sind diese Voraussetzungen nicht gegeben, so ist der Nachweis des Erddruckes auf die Kellerwände erforderlich. Er ist besonders wichtig, wenn die Hinterfüllung der Kellerwände durch Verkehr oder Lagergüter belastet wird. Überschreiten die Werte die geforderten Abstände der aussteifenden Wände, kann durch die Anordnung von Stahlbetonpfeilern oder Stahlstützen die Aussteifung erreicht werden (siehe Bild 5/5 und 5/6).
Ist die Höhe des Geländes über dem Kellerfußboden größer als nach DIN 4106, Abschnitt 3.9 erlaubt, bewirkt eine entsprechende engere Aussteifung die Stabilität der Wand. Für die Bemessung und für die Bestimmung des Abstandes der aussteifenden Querwände darf nur die Innenschale angesetzt werden.
Die bei dünnen, belasteten Mittelwänden geforderte Herabsetzung der zulässigen Druckspannungen ist jedoch nicht nötig, auch wenn die Innenschale dünner als 24 cm ist. Für den statischen Nachweis von Kelleraußenwänden ist zu berücksichtigen, daß Zugkräfte vom Mauerwerk nicht aufgenommen werden dürfen.

5.2.8 Verblendmauerwerk (zweischaliges Mauerwerk ohne Luftschicht)

Nach DIN 1053, Abschnitt 2.1.1, darf die Dicke der Hintermauerung aus YTONG-Blöcken und YTONG-PLANBLÖCKEN auf 17,5 cm verringert werden, wenn die Verblendung mindestens 11,5 cm dick ist. Bei der Verwendung großformatiger YTONG-Blöcke und -PLANBLÖCKE wird das Verblendmauerwerk nicht zugleich im Verband mit der Hintermauerung ausgeführt. Die beiden Schalen werden daher mit nichtrostenden, 3 mm dicken Drahtankern verbunden. Je Quadratmeter sind mindestens 5 Stück anzuordnen. Ihr lotrechter Abstand soll 30 cm, ihr waagerechter Abstand 75 cm nicht überschreiten.
Für die Hintermauerung gelten — auch wenn sie dünner als 24 cm ist — die vollen Druckspannungen der DIN 1053, Tabelle 5 (siehe 5.2.10). Als tragender Querschnitt wird nur die Hintermauerung in Ansatz gebracht; bei der Ermittlung des Schlankheitsgrades wird jedoch die gesamte Wanddicke berücksichtigt.

5.2.9 Wände mit durchgehenden Luftschichten

Die äußere Wandschale muß mindestens 11,5 cm dick sein, die Luftschicht höchstens 7 cm. Die Mindestdicke der Hintermauerung beträgt unter folgenden Bedingungen 12 cm:

in eingeschossigen Gebäuden mit ausgebautem Dachgeschoß,

in Gebäuden mit 2 Vollgeschossen und ausgebautem Dachgeschoß,

wenn die Decken nur die Querwände belasten oder wenn Massivdecken nach DIN 1055, Blatt 3, Abschnitt 6.1.22, auf der Außenwand aufliegen.
Sind diese Voraussetzungen nicht gegeben, muß die innere Schale mindestens 17,5 cm dick sein.
Beide Schalen sind mit mindestens 5 nichtrostenden Drahtankern je Quadratmeter untereinander zu verbinden. Diese sind nach außen geneigt einzusetzen oder in der Mitte U-förmig auszubilden.

5.2.10 Zulässige Druckspannungen

Die zulässigen Druckspannungen für belastete Wände aus YTONG-Mauerwerk sind DIN 1053, Tabelle 5 und 6, zu entnehmen. Werden die Wände exzentrisch belastet, so geben die Werte die zulässige Kantenpressung an.
Die folgende Zusammenstellung der zulässigen Druckspannungen ist gültig

a) für YTONG-Wände mit Dicken $\geqq 24$ cm, die durch Querwände ausgesteift sind,

b) für Pfeiler und durch Querwände nichtausgesteifte, belastete Wände mit Dicken $\geqq 24$ cm und Schlankheiten $\leqq 10$,

c) für zweischaliges Mauerwerk mit und ohne Luftschicht gemäß 5.2.8 und 5.2.9, das durch Querwände ausgesteift ist.

Tabellen 5/10 Zulässige Druckspannungen bei YTONG-Mauerwerk

Mauerwerk aus YTONG-Blöcken

Güteklasse	zulässige Druckspannung in kp/cm² Mörtelgruppe	
	II	III
YTONG GS 25	5	6
YTONG GS 50	7	10
YTONG GS 75	9	12

Wände aus YTONG-PLANBLÖCKEN
(entsprechend baubehördlicher Zulassung)

Güteklasse	zulässige Druckspannung in kp/cm²
YTONG GS 25 P	6
YTONG GS 50 P	10
YTONG GS 75 P	12

Für Wände <24 cm, die durch Querwände ausgesteift sind, kann mit folgenden zulässigen Druckspannungen gerechnet werden:

Mauerwerk aus YTONG-Blöcken

Güteklasse	zulässige Druckspannung in kp/cm² Mörtelgruppe	
	II	III
YTONG GS 25	3	4
YTONG GS 50	5	7
YTONG GS 75	6	8

Wände aus YTONG-PLANBLÖCKEN

Güteklasse	zulässige Druckspannung in kp/cm²
YTONG GS 25 P	4
YTONG GS 50 P	7
YTONG GS 75 P	8

Nach DIN 1053, Abschnitt 8.1.1.7, dürfen Randspannungen im Mauerwerk unter Stützen, Unterlagsplatten und Pfeilern das 1½fache der sonst zulässigen Druckspannungen betragen, wenn die ausmittige Resultierende in der Mittelebene des durchgehenden Mauerwerks liegt und die zulässige Druckspannung im Schwerpunkt der gedrückten Fläche nicht überschritten wird.

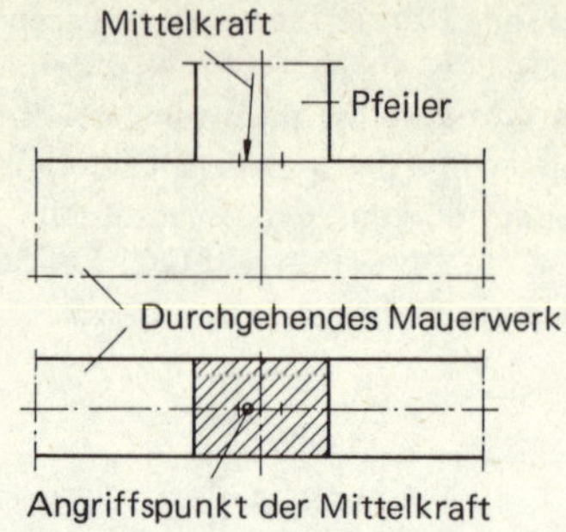

Bild 5/7 Randspannungen im Mauerwerk unter Stützen, Unterlagsplatten und Pfeilern

Bei Auflagern unter rechtwinklig zur Wand gespannten Balken (DIN 1053, Abschnitt 8.1.1.8) können die Spannungen im Mauerwerk auf das 1½fache der sonst zulässigen Druckspannung steigen, wenn die Breite des so beanspruchten Streifens höchstens gleich der halben Wanddicke ist.
Die Abminderung der zulässigen Druckspannungen für Pfeiler und nichtausgesteifte Wände in Abhängigkeit von Schlankheit hat entsprechend Tabelle 5/11 zu erfolgen.

5.2.11 Biegezugspannungen

Bei Wänden aus YTONG-Mauerwerk dürfen Biegezugspannungen nicht in Rechnung gestellt werden.

5.3 Stehende YTONG-Wandelemente, tragend

5.3.1 Wanddicken

Im Wärmedämmgebiet II müssen die Außenwände mindestens 17,5 cm, im Wärmedämmgebiet III mindestens 20 cm dick sein, wobei die Bauaufsichtsbehörden an den vom Wetter abgekehrten Seiten eine Ermäßigung der vorgenannten Dicken auf 15 cm im Wärmedämmgebiet II und 17,5 cm im Wärmedämmgebiet III erlauben können. Die Elemente dürfen für Gebäude bis zu 3 Vollgeschossen über dem Kellergeschoß verwendet werden.
Bei Gebäuden bis zu 2 Vollgeschossen über dem Kellergeschoß müssen die Wandelemente mindestens 15 cm dick sein, das Dach darf nicht mehr als 55° geneigt sein. 15 cm dicke Elemente sind für tragende Außenwände im Wärmedämmgebiet II nur bei Erteilung einer Ausnahmegenehmigung erlaubt.
Bei Gebäuden mit 3 Vollgeschossen über dem Kellergeschoß muß im Erd-, 1. und 2. Obergeschoß die Plattendicke mindestens 15 cm betragen. Das

Tabelle 5/11 DIN 1053, Tabelle 6

Abgeminderte zulässige Druckspannungen in kp/cm² (bei ausmittiger Belastung größte zulässige Kantenspannung) für

Pfeiler und nichtausgesteifte Wände aus künstlichen Steinen

Schlankheit $\frac{h}{d} > 10$

		Zulässige Druckspannungen in kp/cm²									
		5	6	7	8	9	10	12	16	22	30
Schlankheit $\frac{h}{d}$		Abgeminderte zulässige Druckspannungen in kp/cm²									
10		5	6	7	8	9	10	12	16	22	30
12		3	4	5	6	6	7	8	11	15	20
14			3	3	4	4	5	6	8	10	14
16	Nur zulässig bei mittiger Belastung				3	3	3	4	6	7	10
18								3	4	5	7
20										3	5

Zwischenwerte dürfen gradlinig eingeschaltet werden; die zulässigen Druckspannungen sind dann nach unten auf volle kp/cm² abzurunden.

Dach darf dabei keine größere Neigung als 30° haben. Es ist eine Dachneigung bis 48° zulässig, wenn mindestens im Erd- und 1. Obergeschoß 20 cm dicke Elemente für die tragenden Wände verwendet werden. Die Raumhöhe darf 3 m nicht übersteigen.

Mindestens 12,5 cm dick müssen die Elemente für Garagen und andere eingeschossige Gebäude sein, die nicht zum Aufenthalt gedacht sind. Dabei sind eine Dachneigung bis zu 30° und eine Raumhöhe bis zu 2,50 m gestattet.

5.3.2 Aussteifung belasteter Wände

Sie muß durch Querwände gewährleistet sein, an deren Stelle auch genügend starke Pfeiler oder unverschiebbare Rahmenkonstruktionen treten können. In eingeschossigen Bauten mit einer Raumhöhe ≦2,50 m kann die Aussteifung auch durch starre Deckenscheiben erreicht werden.

Aussteifende Querwände müssen mindestens 10 cm, im Erdgeschoß von Gebäuden mit 3 Vollgeschossen mindestens 15 cm dick sein. Die Abstände sind Tabelle 5/12 zu entnehmen.

Die Querwände sind in der auszusteifenden Wand einzubinden. Sie dürfen von dieser bei 10 cm Dicke auf mindestens 1,00 m, bei 12,5 cm Dicke auf mindestens 0,75 m und bei 15 cm und mehr Dicke auf mindestens 0,50 m Entfernung keine Öffnung haben.

Tabelle 5/12 Abstände aussteifender Querwände

Dicke der auszusteifenden Wand in cm	Mittenabstand der aussteifenden Querwände in m
15	4,50
17,5	6,00
20	6,00
24	8,00

5.3.3 Ringanker

Über jedem Geschoß aus stehenden, tragenden Wandelementen ist auf den Außenwänden, den tragenden Innenwänden und den aussteifenden Querwänden ein durchlaufender Ringanker aus Stahlbeton B 160 vorzusehen. Seine Breite muß mindestens ²/₃ der Dicke der unter ihm liegenden Wand, bei Wanddicken bis zu 15 cm aber mindestens 10 cm, bei 17,5 cm Wanddicke mindestens 12,5 und bei 20 cm Wanddicke mindestens 15 cm betragen.

Bei Massivdecken muß der Ringanker so hoch wie die Decke sein. Es ist mit einem Rundstahl Ø 12 mm oben und unten zu bewehren. Der Anker muß die waagerechten Nuten der unter ihm liegenden Wandelemente satt ausfüllen. Bei eingeschossigen Gebäuden mit einer Dachneigung bis 30° genügt es, anstelle eines Ringankers die obere waagerechte Plattennut zu vertiefen, mit einem Rundstab Ø 12 mm zu bewehren und mit Beton B 160 aus-

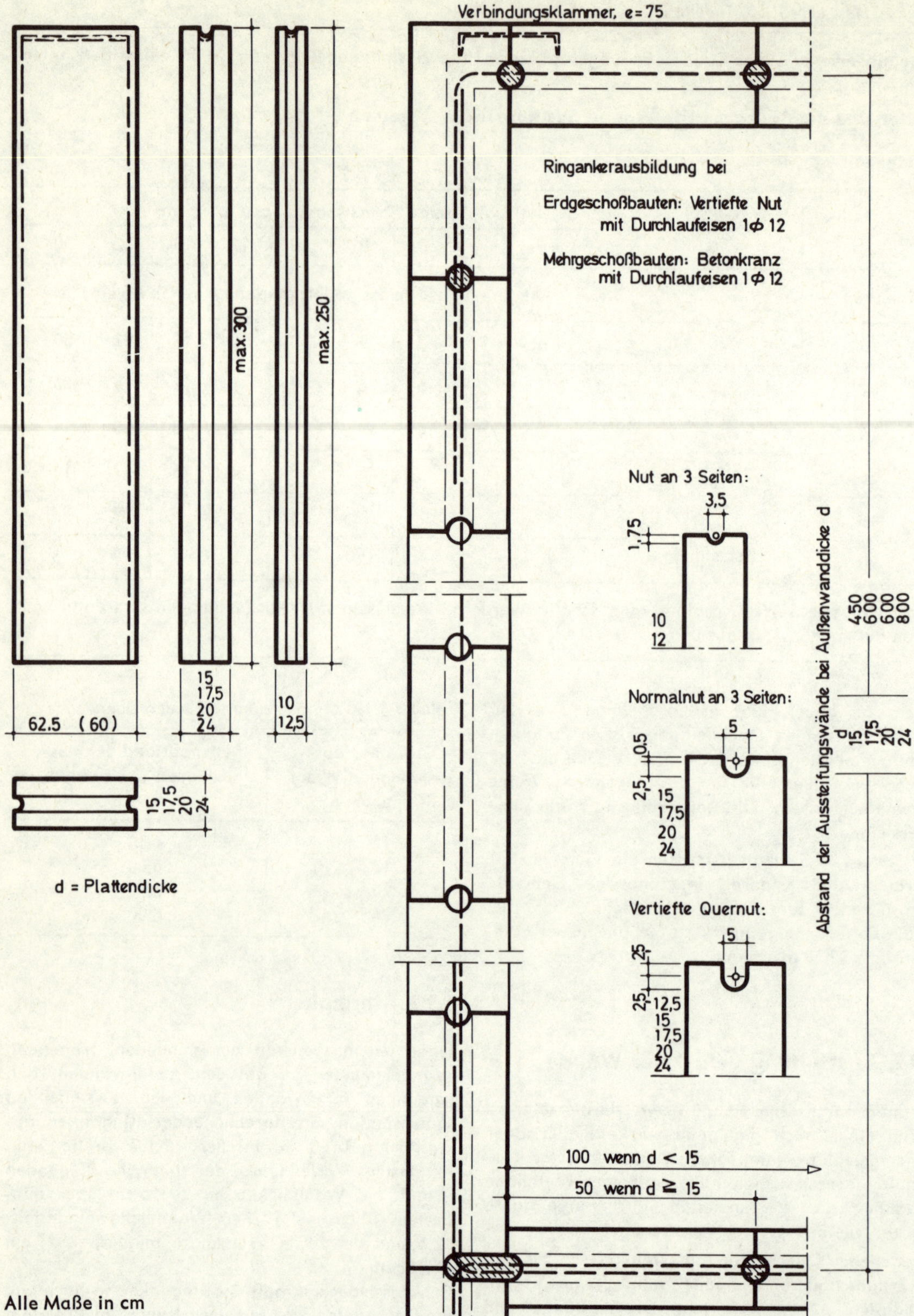

Bild 5/8 Aussteifung und Ringankerausbildung bei Wänden aus geschoßhohen stehenden, tragenden YTONG-Wandelementen mit Vergußnut

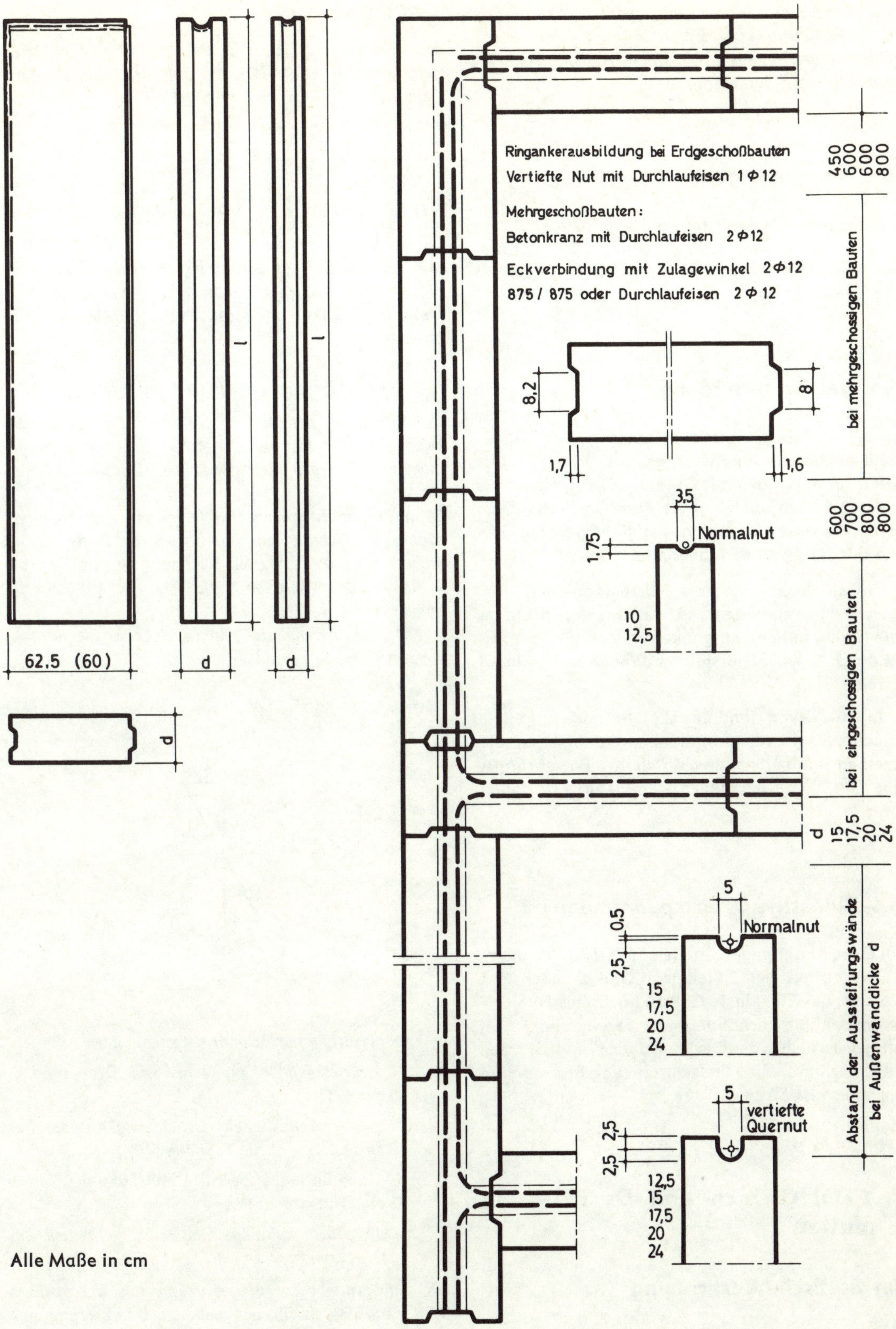

Alle Maße in cm

Bild 5/9 Aussteifung und Ringankerausbildung bei Wänden aus geschoßhohen, stehenden, tragenden YTONG-Wandelementen mit Nut und Feder

zugießen; dabei muß die Dach- bzw. Deckenplatte, z. B. mit Stahlankern, die in jeder zweiten senkrechten Wandnut etwa 60 cm tief heruntergeführt werden, verbunden sein.

5.3.4 Aussparungen

In Wandelementen mit tragender Funktion dürfen keine waagerechten Schlitze angebracht werden, senkrechte Schlitze nur dann, wenn die Stabilität nicht gefährdet ist.

5.3.5 Deckenausbildung

Auf Wänden aus stehenden, tragenden YTONG-Wandelementen von weniger als 20 cm Dicke dürfen nur durchlaufende Decken mit Stützweiten bis maximal 4,50 m aufgelegt werden. Geschoßdecken müssen als starre Scheibe ausgebildet werden. Dies wird durch folgende Maßnahmen erreicht:

Bei Massivdecken müssen Ortbetonplatten aus Schwerbeton mindestens 4 cm dick sein, in einem Arbeitsgang mit den Ringankern hergestellt werden und durch Bewehrungsstäbe mit ihnen ausreichend verankert sein.

Bei Massivdecken ohne Druckplatte oder mit einer Druckplatte, die dünner als 4 cm ist, müssen die einzelnen Stahlbetonrippen durch ihre Bewehrungsstäbe mit den Ringankern genügend verbunden sein.

5.3.6 Zulässige Druckspannungen

Die Druckspannungen in den YTONG-Wandelementen dürfen bei Güteklasse GSB 35 höchstens 5 kp/cm²; bei Güteklasse GSB 50 höchstens 7 kp/cm² betragen. Eine Erhöhung der Spannungen im Auflagerbereich von Deckenträgern und Stürzen ist nicht erlaubt. Die Mindestbreite von Fenster- und Türpfeilern ist 50 cm.

5.4 YTONG-Dach- und -Deckenplatten

5.4.1 Statische Berechnung

Der Nachweis der Tragfähigkeit ist in jedem Einzelfall zu führen. Hierbei kann auf Bemessungstafeln Bezug genommen werden, die von einer amtlichen Prüfstelle auf ihre Richtigkeit und Übereinstimmung mit der Norm und Zulassung geprüft sind.

5.4.1.1 Bemessung

Die Bemessung der Dach- und Deckenplatten erfolgt nach DIN 4223, in der das Bemessungsverfahren ausführlich beschrieben ist.

DIN 4223, Abschnitt 9.1 bis 9.5.

9.1 Erforderliche Nachweise

Bei der Bemessung sind die Plattendicke (Abschnitt 9.2) und die erforderliche Bewehrung (Abschnitt 9.3) zu ermitteln. Ferner sind die Schubspannungen (Abschnitt 9.4) und die Verankerung der Bewehrung (Abschnitt 9.5) nachzuweisen.

9.2 Ermittlung der Plattendicke

Zur Ermittlung der Plattendicke dient der Bruchsicherheitsnachweis, der für das 1,75fache größte Biegemoment M_{g+p} *aus ständiger Last und Verkehrslast zu führen ist.*
Beim Bruchsicherheitsnachweis ist von der Annahme ebener Querschnitte auszugehen und die Dehnung des Stahles stets mit 2‰ in Rechnung zu stellen; die Stauchung des Betons am Druckrand darf bis zu 2‰ angenommen werden.
Die Druckkraft D_b*, die eine rechteckige Biegedruckzone aufnehmen kann, ist dann:*

$$D_b = 0{,}60 \cdot b \cdot x \cdot \frac{2}{3} \cdot W \cdot \frac{\varepsilon_b}{\varepsilon_{b\,max}} \qquad (1)$$

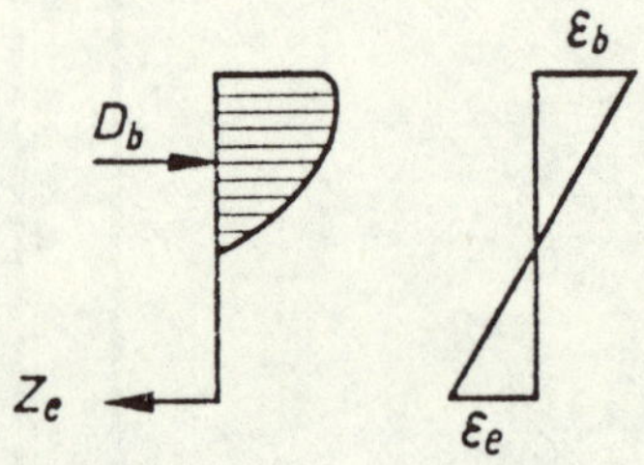

Bild 2

Dabei ist

b	*die Breite der Betondruckzone in cm*
x	*der Abstand der Nullachse vom Druckrand in cm*
W	*die Würfelfestigkeit (Druckfestigkeit) des Betons (siehe Tabelle 1, Spalte 3)*
ε_b	*die in Rechnung gestellte Stauchung des Betons am Druckrand in ‰*
$\varepsilon_{b\,max}$	*die größte zulässige Stauchung des Betons am Druckrand (= 2‰)*

Der Schwerpunkt der Biegedruckzone ist im Abstand 0,36 x vom Druckrand anzunehmen. Damit ergibt sich der Hebelarm der inneren Kräfte zu $z = h - 0{,}36\,x$.
Auf Grund dieser Annahmen sind in Tabelle 2 unter Zugrundelegung einer 1,75fachen Sicherheit beim Stahl und einer um 50% höheren Sicherheit im Beton die Beiwerte k_h *und die dazugehörigen Beiwerte* k_z *in Abhängigkeit von der Betonstauchung zusammen-*

gestellt, mit deren Hilfe die Platte nach den Gleichungen (2) und (3) bemessen werden kann.

$$h = k_h \sqrt{\frac{M_{g+p}}{b}} \qquad (2)$$

$$z = k_z \cdot h \qquad (3)$$

Dabei ist

h die statische Nutzhöhe der Platte in cm

M_{g+p} das größte Biegemoment (in kg m) aus ständiger Last und Verkehrslast

b die Breite (in m) der Betondruckzone (einschließlich der vermörtelten Fugen)

z der Hebelarm der inneren Kräfte in cm

Um die Durchbiegung der Platten auf etwa $^1/_{300}$ der Stützweite l zu beschränken, darf die Stützweite der Platten höchstens betragen:

bei Güteklasse GSB 35: $l \leqq 160 \cdot d \sqrt[3]{\frac{c}{q}}$

bei Güteklasse GSB 50: $l \leqq 175 \cdot d \sqrt[3]{\frac{c}{q}}$

aber nicht mehr als das 35fache der Nutzhöhe h bei Deckenplatten, bzw. das 40fache der Nutzhöhe h bei Dachplatten.

Dabei ist

l die Stützweite in cm

d die Plattendicke in cm

c ein Beiwert als Funktion der Bewehrung und Plattendicke (gemäß Tabelle 3) und

q die volle rechnungsmäßige Last in kg/m² (q = Verkehrslast p + ständige Last g)

Tabelle 2. Beiwerte k_h und k_z für die Bemessung der Platten

1	2	3	4	5
$\frac{x}{h}$	k_h		k_z	ε_b ‰
	GSB 50	GSB 35		
0,200	1,373	1,643	0,928	0,5
0,231	1,777	1,403	0,917	0,6
0,259	1,032	1,235	0,907	0,7
0,286	0,921	1,104	0,897	0,8
0,311	0,840	1,008	0,888	0,9
0,333	0,772	0,923	0,880	1,0
0,355	0,715	0,855	0,872	1,1
0,375	0,672	0,803	0,865	1,2
0,394	0,634	0,758	0,858	1,3
0,412	0,597	0,715	0,852	1,4
0,429	0,564	0,675	0,846	1,5
0,444	0,542	0,648	0,840	1,6
0,459	0,517	0,618	0,835	1,7
0,473	0,496	0,594	0,830	1,8
0,488	0,476	0,570	0,825	1,9
0,500	0,461	0,551	0,820	2,0

Tabelle 3. Beiwerte c für den Nachweis der Durchbiegung

1	2	3	4	5	6	7
d in cm	Bewehrungsprozente μ_d [1]					
	0,10	0,20	0,30	0,40	0,50	0,60
5,00	1,06	1,12	1,19	1,25	1,31	1,37
6,25	1,09	1,19	1,29	1,39	1,48	1,58
7,50	1,12	1,25	1,37	1,50	1,62	1,74
10,00	1,16	1,33	1,49	1,65	1,81	1,98
12,50	1,19	1,38	1,57	1,76	1,95	2,13
15,00	1,21	1,41	1,62	1,83	2,04	2,25
17,50	1,22	1,44	1,66	1,88	2,10	2,32
20,00	1,23	1,46	1,70	1,93	2,16	2,39

[1] μ_d in % $= 100 \cdot (F_e + F_e') : (b \cdot d)$, wobei

F_e = erforderlicher Querschnitt der Zugbewehrung der Platte gemäß Abschnitt 9.3 und

F_e' = vorhandener Querschnitt der Druckbewehrung der Platte

9.3 Ermittlung der Bewehrung und zulässige Stahlspannungen

Der erforderliche Querschnitt der Zugbewehrung F_e der Platte ergibt sich zu

$$F_e = \frac{M_{g+p}}{z \cdot \sigma_{e\,zul}} \qquad (4)$$

Dabei ist

M_{g+p} das größte Biegemoment aus ständiger Last und Verkehrslast

z der Hebelarm der inneren Kräfte nach Gleichung (3)

$\sigma_{e\,zul}$ die zulässige Stahlspannung nach Tabelle 4

Tabelle 4

Plattendicke in cm	$d \leqq 7$	$d > 7$
Betonstahl	Zulässige Stahlspannungen $\sigma_{e\,zul}$ in kg/cm²	
I	1200	1400
IV	1600	1800

9.4 Nachweis der Schubspannungen

Die Schubspannung τ_0 in der Platte ist:

$$\tau_0 = \frac{Q}{b \cdot z} \tag{5}$$

Q *die größte, unter ständiger Last und Verkehrslast auftretende Querkraft in kg*

b *die Plattenbreite in cm und*

z *der Hebelarm der inneren Kräfte nach Abschnitt 9.2 in cm*

Die Schubspannung nach Gleichung (5) darf höchstens sein:

bei Güteklasse GSB 35 0,8 kp/cm²

bei Güteklasse GSB 50 1,2 kp/cm²

Werden diese Werte überschritten, so ist die Nutzhöhe h zu vergrößern.

9.5 Nachweis der Verankerung

9.51 *Die aus dem Querschnitt F_e der Zugbewehrung und der rechnerischen Stahlspannung σ_e ermittelte Zugkraft $Z = \sigma_e \cdot F_e$ jedes einzelnen Stabes der Hauptbewehrung ist auf den Beton zu übertragen.*
Die dazu erforderliche Anzahl n der Schweißpunkte bzw. der Querstäbe beträgt

$$n \geqq \frac{Z^2}{2500\, d_1 \cdot W} \tag{6}$$

Dabei ist:

d_1 *der Durchmesser der Querstäbe in cm*

W *die Druckfestigkeit (Würfelfestigkeit) des Betons in kp/cm².*

Die von einem Schweißpunkt zu übertragende Kraft $\frac{Z}{n}$ darf außerdem nicht größer angenommen werden als mit einem Drittel der nach Abschnitt 3.22 vorgeschriebenen Kraft P.

9.52 *Abstände und Durchmesser der Querstäbe sind so zu wählen, daß mindestens die Hälfte der zu verankernden Zugkraft Z auf einer Strecke auf den Beton übertragen wird, die vom Plattenende an gerechnet höchstens gleich der 4fachen Plattendicke ist. Der erste Querstab darf vom Plattenende keinen größeren Abstand als 4 cm haben, die Längsstäbe müssen bis auf 1,5 cm an das Plattenende heranreichen.*
Die zur Übertragung der restlichen Zugkraft nötigen Querstäbe sollen etwa entsprechend dem Verlauf der Querkraft verteilt werden. Dabei soll der letzte für die Verankerung bestimmte Querstab nicht mehr als 50 cm von der Plattenmitte entfernt sein.
Der Abstand der Querstäbe untereinander darf an keiner Stelle der Platte mehr als 50 cm betragen.

5.4.1.2 Anordnung der Bewehrung

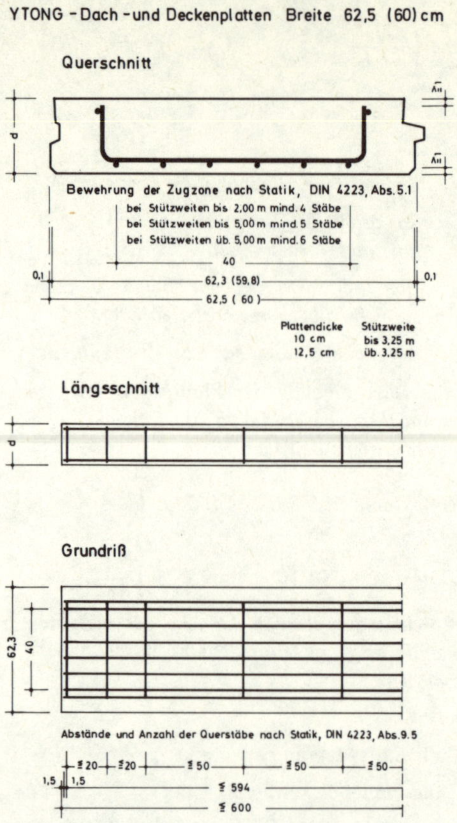

Bild 5/10 Bewehrungsanordnung

5.4.1.3 Berechnung einer YTONG-Dachplatte GSB 35

Abmessungen

Plattendicke	$d = 20$ cm
Plattenbreite	$b = 62{,}5$ cm
Plattenlänge	$l = 600$ cm
Stützweite	$s = 595$ cm

Belastung

Eigengewicht $0{,}2 \cdot 720$	$= 144$ kp/m²
Zusatzlast	$= 90$ kp/m²

Moment

aus gleichmäßig verteilter Last q

$$M_q = \frac{234 \cdot 5{,}95^2}{8} \cdot 0{,}625 = 647{,}1 \text{ kpm}$$

Bemessung und Spannungsnachweis der Längsbewehrung

$h = 20-(1{,}5+0{,}4) = 18{,}1$ cm

$$k_h = \frac{18{,}1}{\sqrt{\frac{647{,}1}{0{,}625}}} = 0{,}562$$

$k_z = 0{,}823$ nach Tafel 2 DIN 4223
$z \ = 0{,}823 \cdot 18{,}1 = 14{,}90$ cm
$\varepsilon_b = 1{,}94$

$$F_{e\,erf} = \frac{647{,}10}{14{,}90 \cdot 1800} = 2{,}42 \text{ cm}^2$$

gewählt unten 6 Ø 8,0 mm $F_{e\,vorh} = 3{,}02 \text{ cm}^2$
oben 2 Ø 8,0 mm $F_{e\,vorh} = 1{,}01 \text{ cm}^2$

Stahlspannung:

$$\sigma_{e\,vorh} = \frac{64710}{14{,}90 \cdot 3{,}02} = 1440 \text{ kp/cm}^2$$

Nachweis der Durchbiegung
nach Tabelle 3 DIN 4223

$$\mu_d = \frac{100\,(2{,}42+1{,}01)}{62{,}5 \cdot 20} = 0{,}274\%$$

$c = 1{,}64$

$$l' = 160 \cdot 20 \sqrt[3]{\frac{1{,}64}{2{,}34}} = 3200 \cdot 0{,}191$$
$$= 611 \text{ cm} > 600 \text{ cm}$$

Nachweis der Schubspannungen

$Q = 6{,}00 \cdot 0{,}625 \cdot 234 \cdot 0{,}5 = 439$ kp

$$\tau = \frac{439}{62{,}5 \cdot 14{,}90} = 0{,}47 \text{ kp/cm}^2 < 0{,}8 \text{ kp/cm}^2 = \tau_{zul}$$

Nachweis der Verankerung

Zugkraft eines Einzelstabes der Hauptbewehrung (Ø 8,0 mm)

$Z = 1440 \cdot 0{,}50 = 720$ kp

Erforderliche Anzahl der Querstäbe (Ø 5,6 mm)

$$n = \frac{720^2}{2500 \cdot 0{,}56 \cdot 35} = 10{,}5 \triangleq 11 \text{ auf jeder Hälfte}$$

gewählt: Querstäbe $2 \cdot 12 = 24$ Ø 5,6 mm

Die von einem Schweißpunkt zu übertragende Kraft $\frac{Z}{n}$ darf bei Verwendung von Baustahl IV b nicht größer sein als $\frac{1}{3} \cdot 0{,}35 \cdot F_{e1} \cdot \sigma_s$, wobei F_{e1} der Querschnitt des Längsstabes und σ_s die Mindeststreckgrenze nach DIN 1045 ist:

$$\frac{Z}{n} = \frac{720}{12} = 60 \text{ kp} < \frac{0{,}35 \cdot 0{,}50 \cdot 5000}{3} = 292 \text{ kp}$$

Auf eine Plattenlänge von höchstens $4 \cdot 20 = 80$ cm vom Plattenrand ist die Hälfte der zu verankernden Zugkraft zu übertragen:

$$\frac{Z}{2} = \frac{720}{2} = 360 \text{ kp}$$

Auf einer Strecke von 80 cm vom Plattenrand entfernt befinden sich in der berechneten Platte 6 Quereisen. Sie können folgende Kraft auf den Betonquerschnitt übertragen:

$$Z = 50\sqrt{n \cdot d \cdot W}$$

$$Z = 50\sqrt{6 \cdot 0{,}56 \cdot 35} = 544 \text{ kp} > 360 \text{ kp}$$

5.4.1.4 Maximale Stützweiten in Abhängigkeit von der Belastung

Siehe Bild 5/11 und 5/12.

5.4.2 YTONG-Dachplatten als aussteifende Dachscheibe

YTONG-Dachplatten auf Unterkonstruktionen aus Stahl oder Stahlbeton können als aussteifende Dachscheibe für senkrecht zur Spannrichtung der Einzelplatten in Scheibenebene wirkende Kräfte ausgebildet und damit als Ersatz für Knick- und Windverbände in Rechnung gestellt werden. Die Dachscheiben dürfen jedoch nicht zur Übertragung von Kranseitenkräften, Kranbremskräften sowie Stoß- und Schwinglasten von Maschinen herangezogen werden.
Die Dachplatten müssen durch besondere Maßnahmen, die in der behördlichen Zulassung für YTONG-Dachplatten dargelegt sind, druck-, zug- und schubfest untereinander und ausreichend mit der Unterkonstruktion verbunden sein.
Es dürfen Dachscheiben von Stützweiten bis zu 30 m ausgeführt werden.
Die maximal zulässige Belastung der Scheiben beträgt:

für Stützweiten $20 \text{ m} \leqq L \leqq 30 \text{ m}$: 250 kp/m

für Stützweiten $L < 20$ m : $\frac{250 \cdot 20}{L}$ kp/m

Belastungen > 300 kp/m sind jedoch nur zulässig, wenn die Kräfte zu mehr als 75% aus dem Lastfall Wind herrühren.

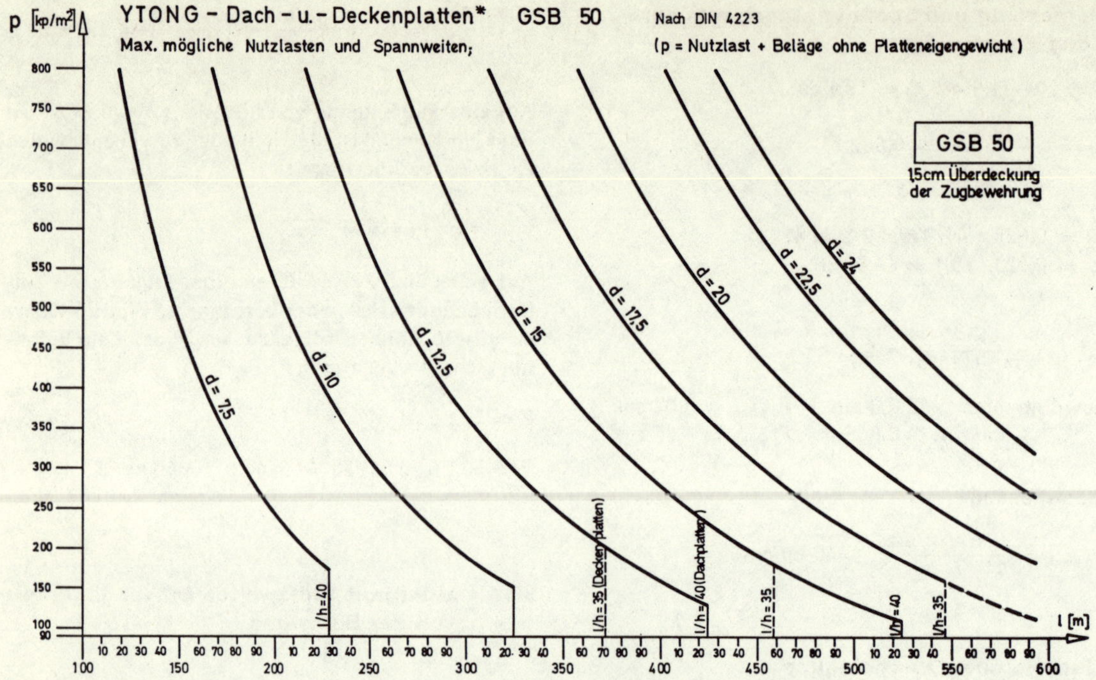

* Die max. Stützweite beträgt für Deckenplatten gem. Zulassung: Plattendicke 7,5 l_{St} = 1,50 m
Plattendicke bis 12,5 l_{St} = 2,00 m

Bild 5/11 Maximale Stützweite von YTONG-Dach- und -Deckenplatten GSB 50

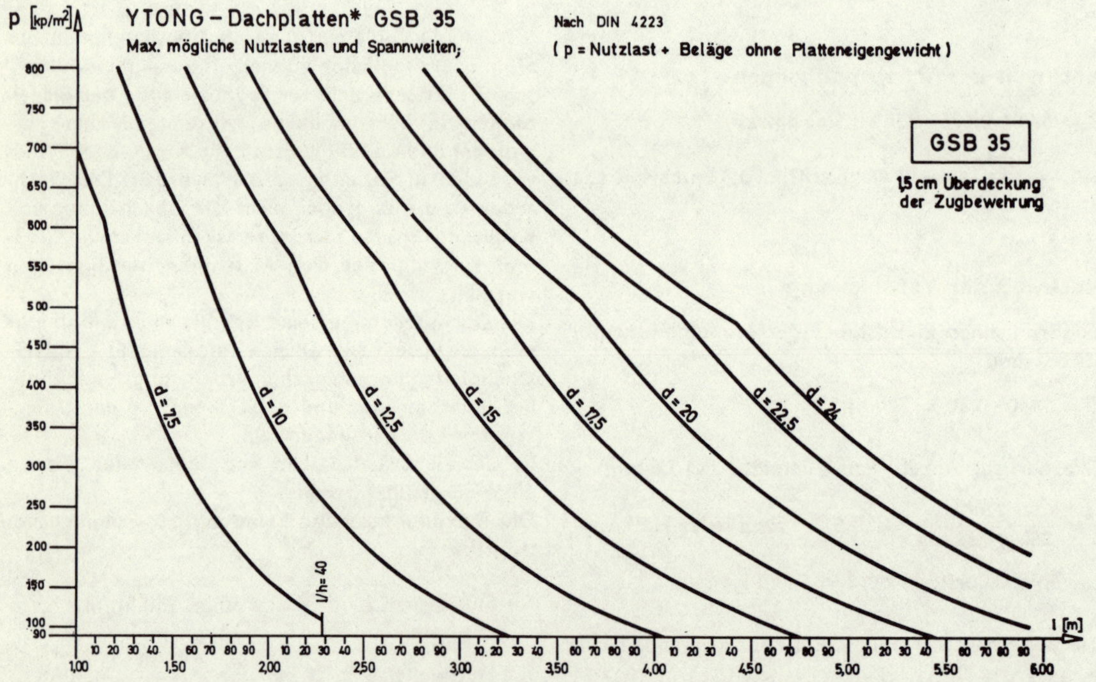

* Deckenplatten werden nur in GSB 50 ausgeführt

Bild 5/12 Maximale Stützweiten von YTONG-Dachplatten GSB 35

6. Die Wand

6.1 Mauerwerk

YTONG-Blöcke und -Platten
YTONG-PLANBLÖCKE und -PLANPLATTEN
YTONG-Stürze

Aus YTONG-Blöcken und -Platten sowie YTONG-PLANBLÖCKEN und -PLANPLATTEN werden tragende und nichttragende Außen- und Innenwände, Ausfachungen und Zwischenwände erstellt. Bei YTONG-Blöcken und -Platten sind die Mörtelfugen 10 mm dick. YTONG-PLANBLÖCKE und -PLANPLATTEN sind besonders maßgenau, die Mörtelfugen werden daher auf ca. 1—2 mm reduziert. Daraus ergeben sich glatte, praktisch fugenlose Wandflächen und eine bedeutend höhere Wärmedämmung der Wände.
Die Produkte und ihre Anwendungsmöglichkeiten sind in Kapitel 2 beschrieben.

6.1.1 Planungsgrundlagen

Die für die Planung benötigten technischen Daten sind in den entsprechenden Abschnitten aufgeführt. Die Angaben, wo sie im einzelnen zu finden sind, werden in der folgenden Aufstellung der Planungsgrundlagen gemacht.

6.1.2 Konstruktionen

6.1.2.1 Dachanschlüsse

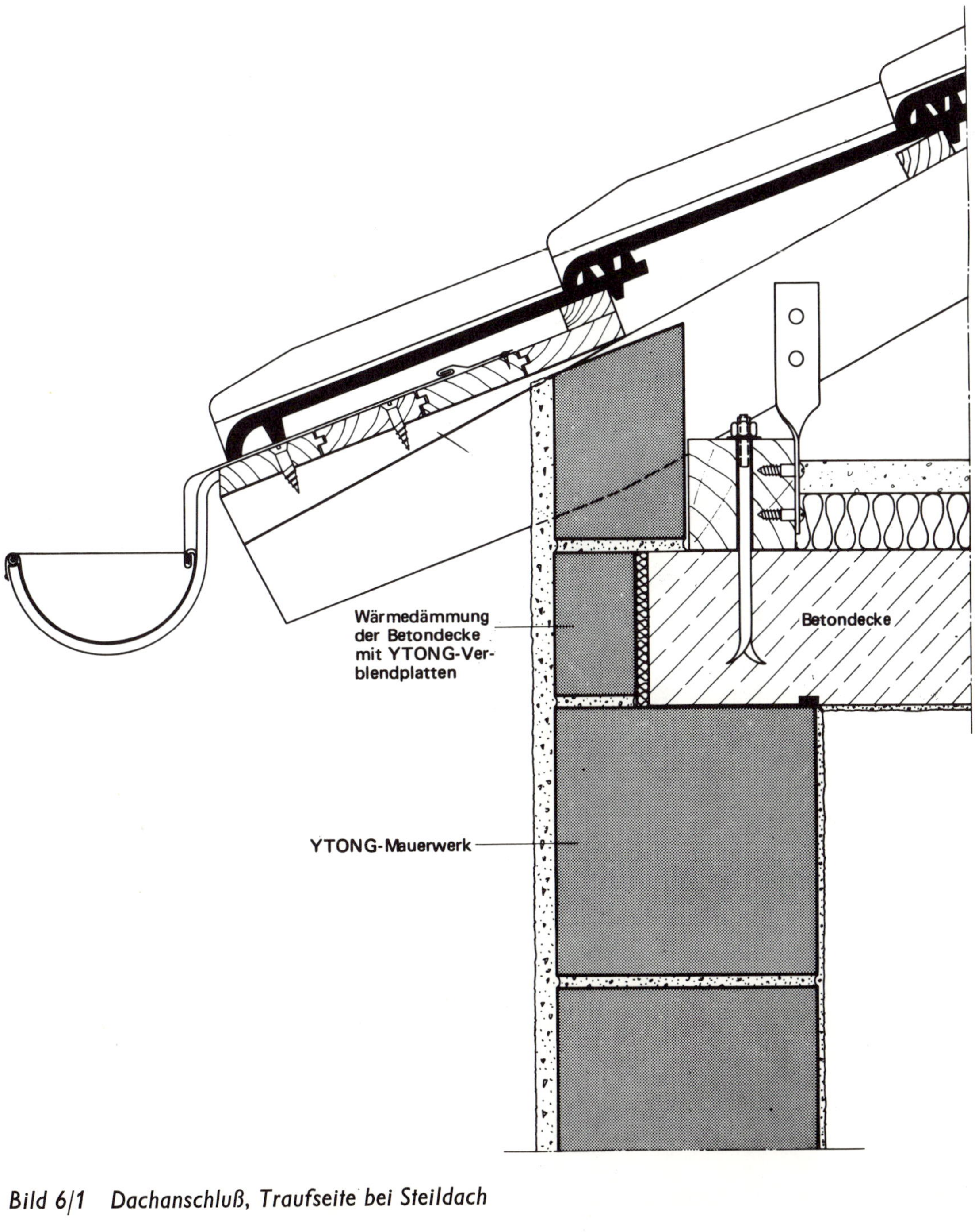

Bild 6/1 Dachanschluß, Traufseite bei Steildach

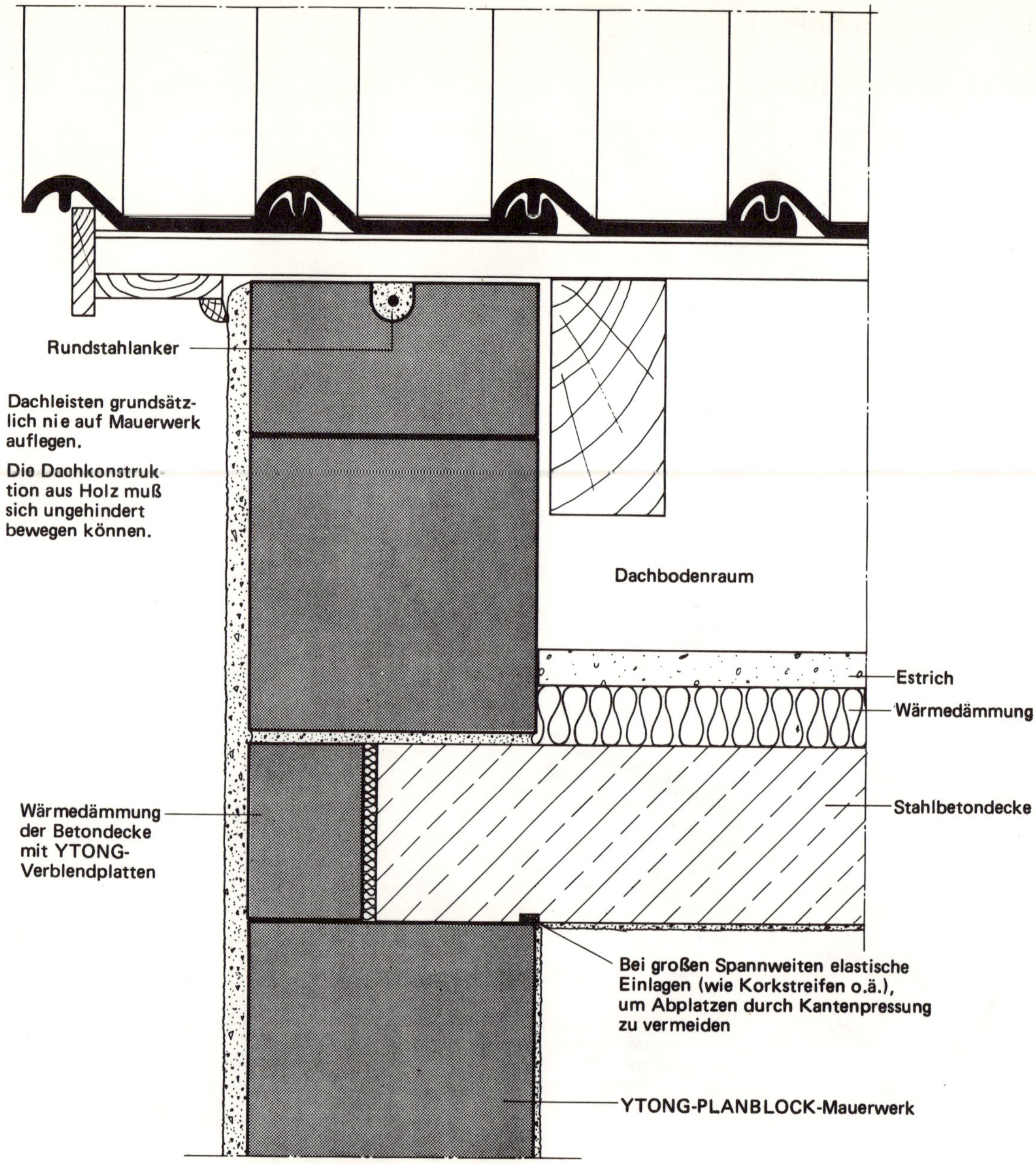

Bild 6/2 Dachanschluß, Giebelseite bei Steildach

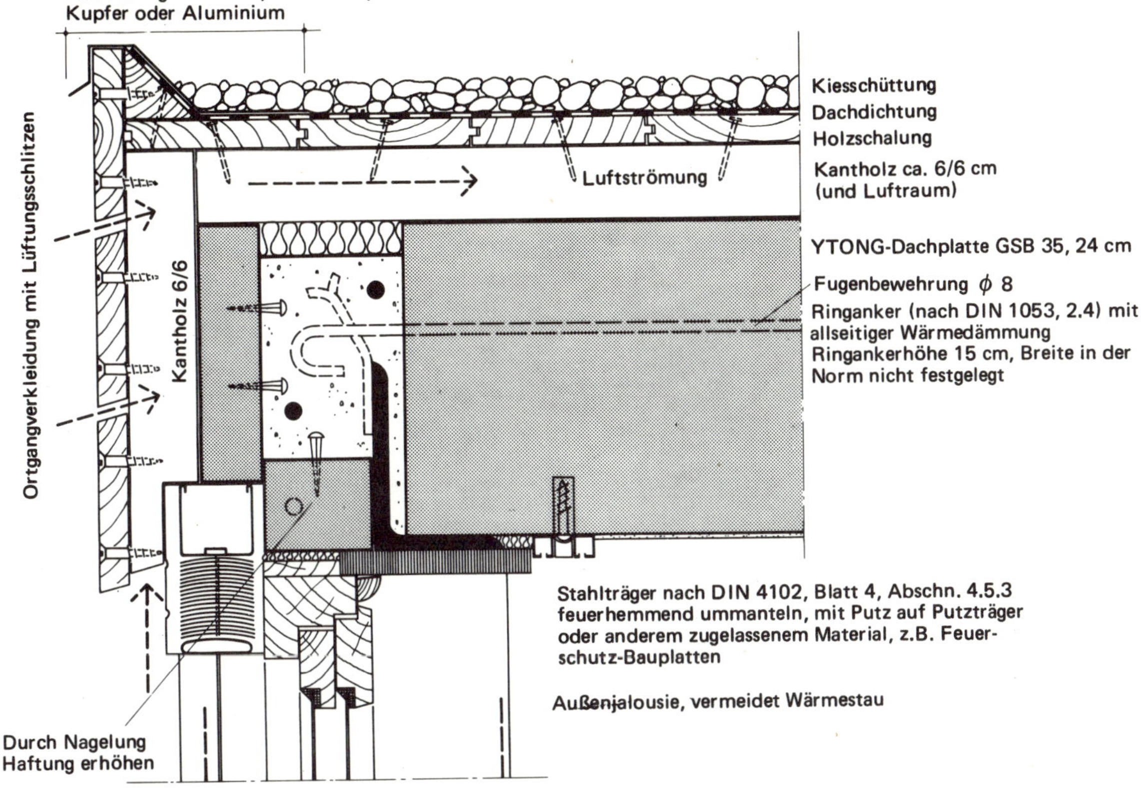

Schnitt im Fensterbereich

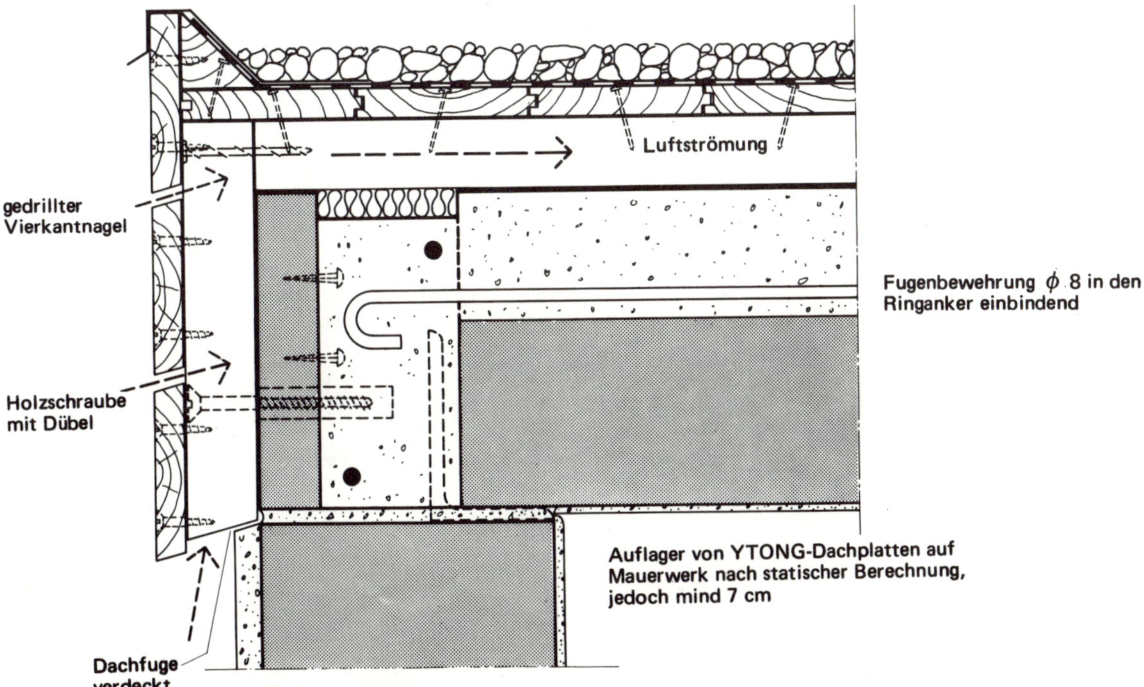

Schnitt im Wandbereich

Bild 6/3 Rand eines Kaltdaches ohne Dachüberstand, Ringanker in Dachplattenhöhe, Dachplatten senkrecht zur Außenwand

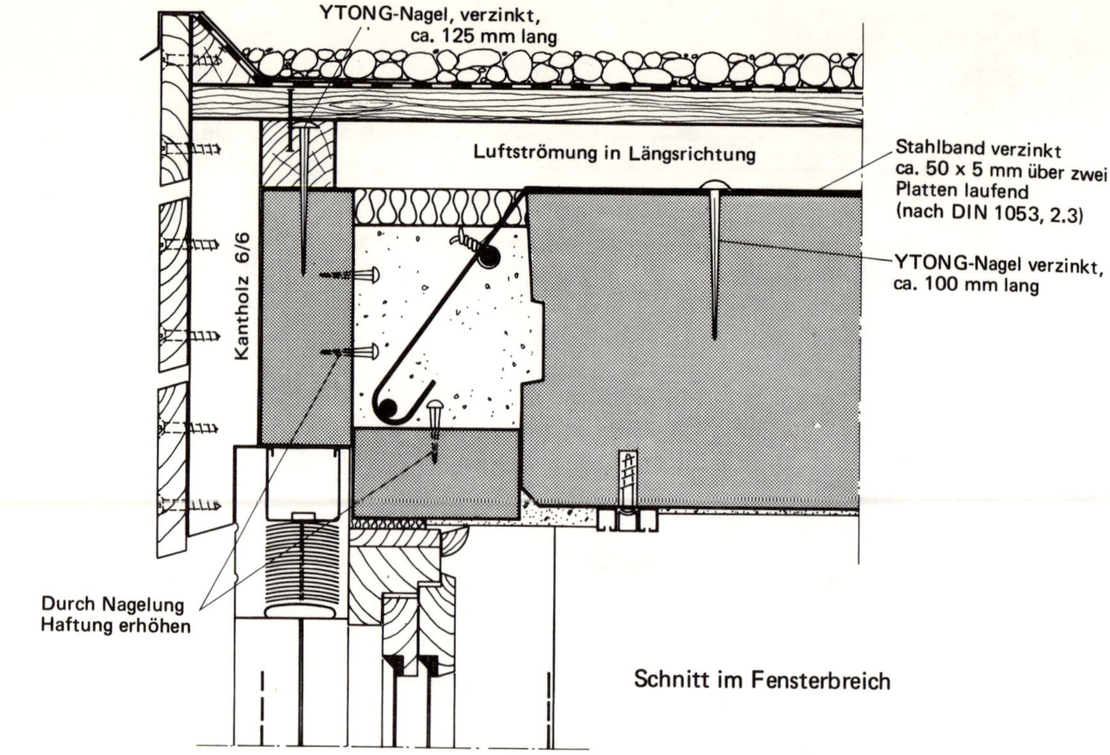

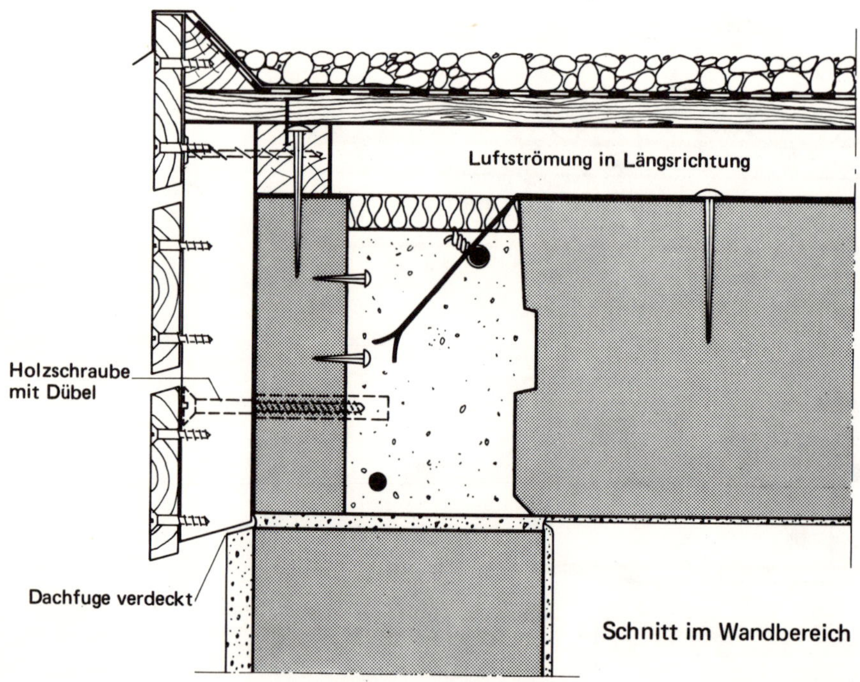

Bild 6/4 Rand eines Kaltdaches ohne Dachüberstand, Ringanker in Dachplattenhöhe, Dachplatten parallel zur Außenwand

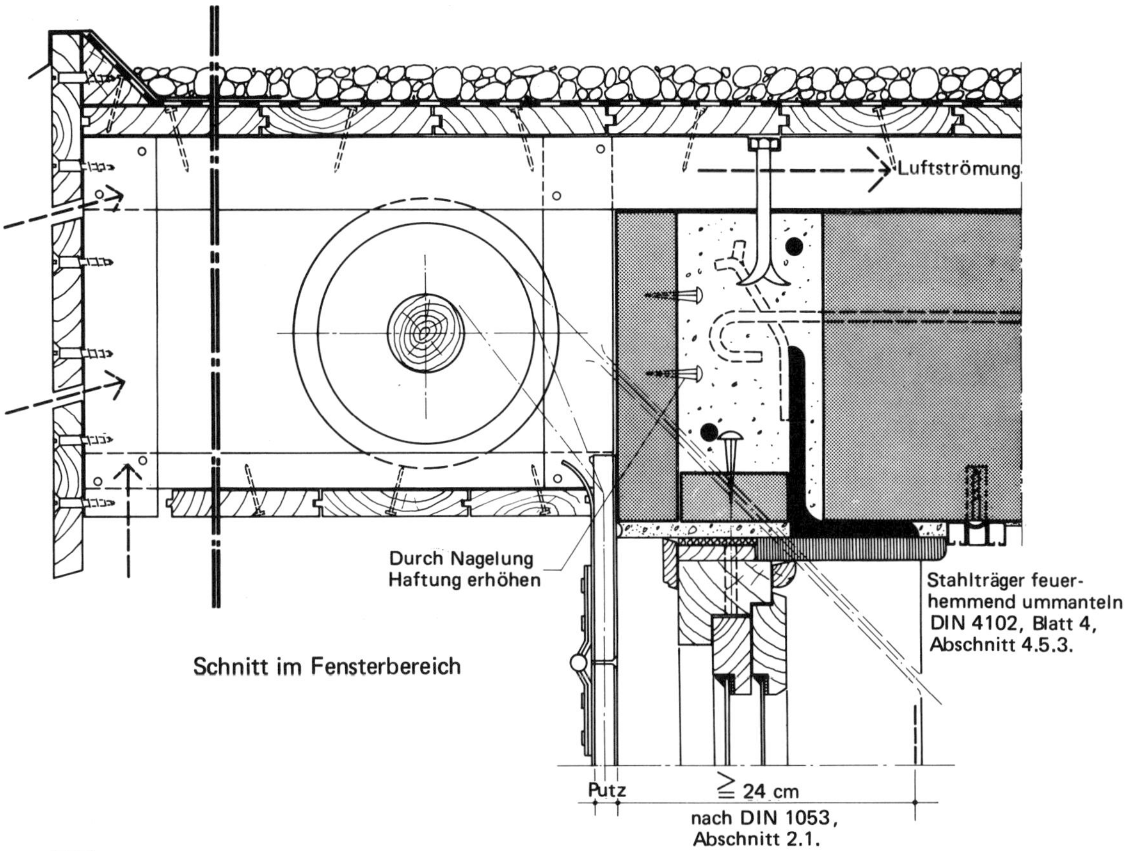

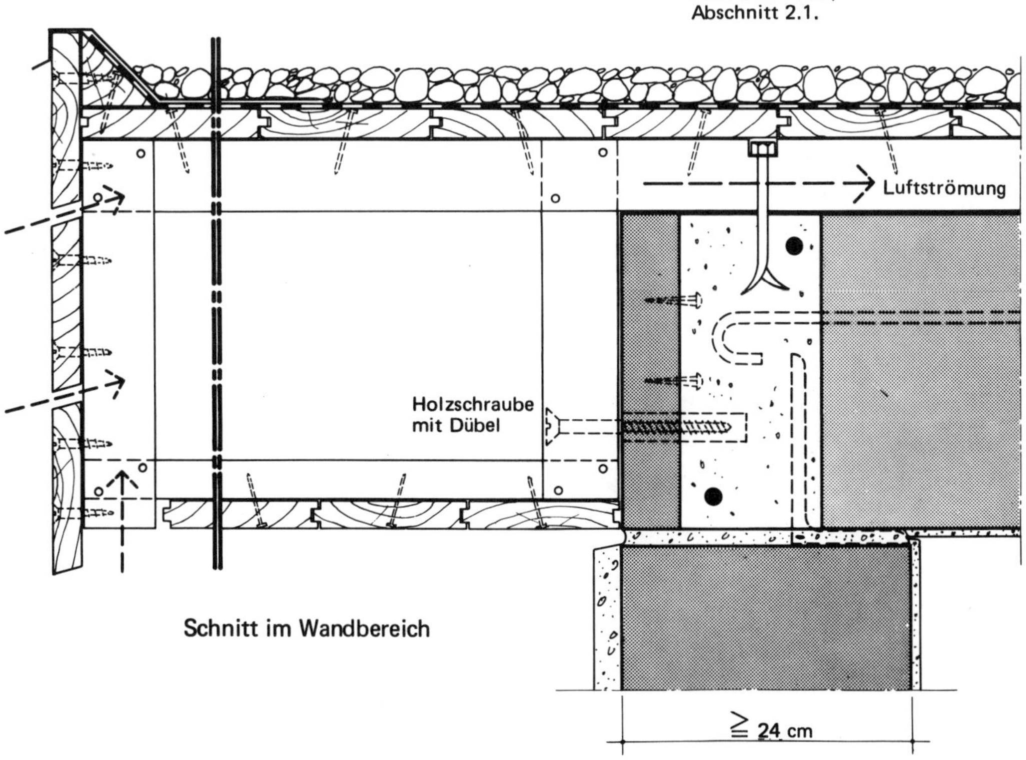

Bild 6/5 Rand eines Kaltdaches mit Dachüberstand, Ringanker in Dachplattenhöhe, Dachplatten senkrecht zur Außenwand

6.1.2.2 Deckenanschlüsse

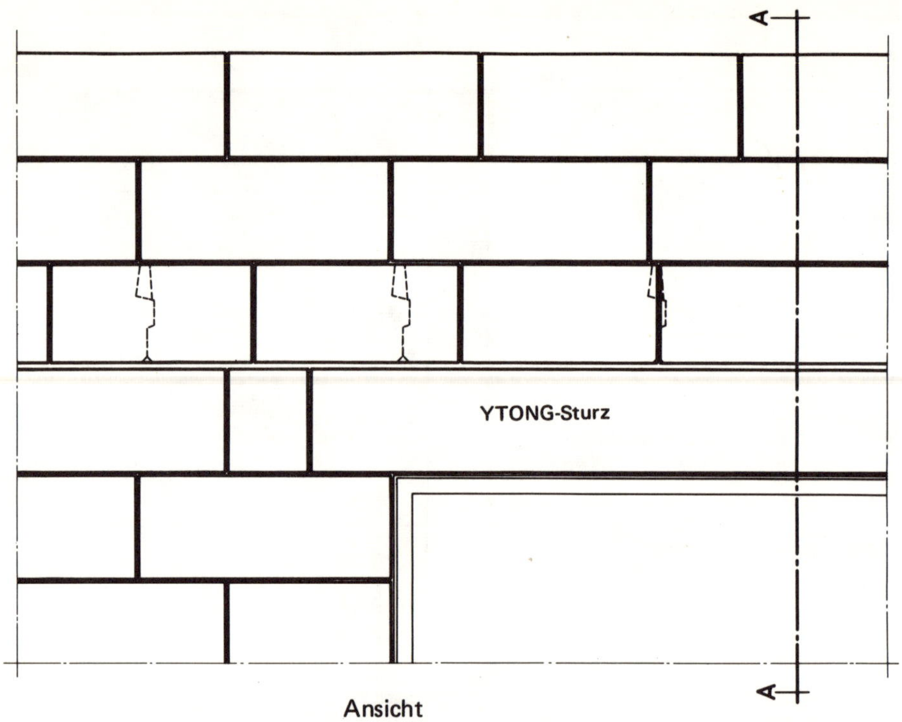

Ansicht

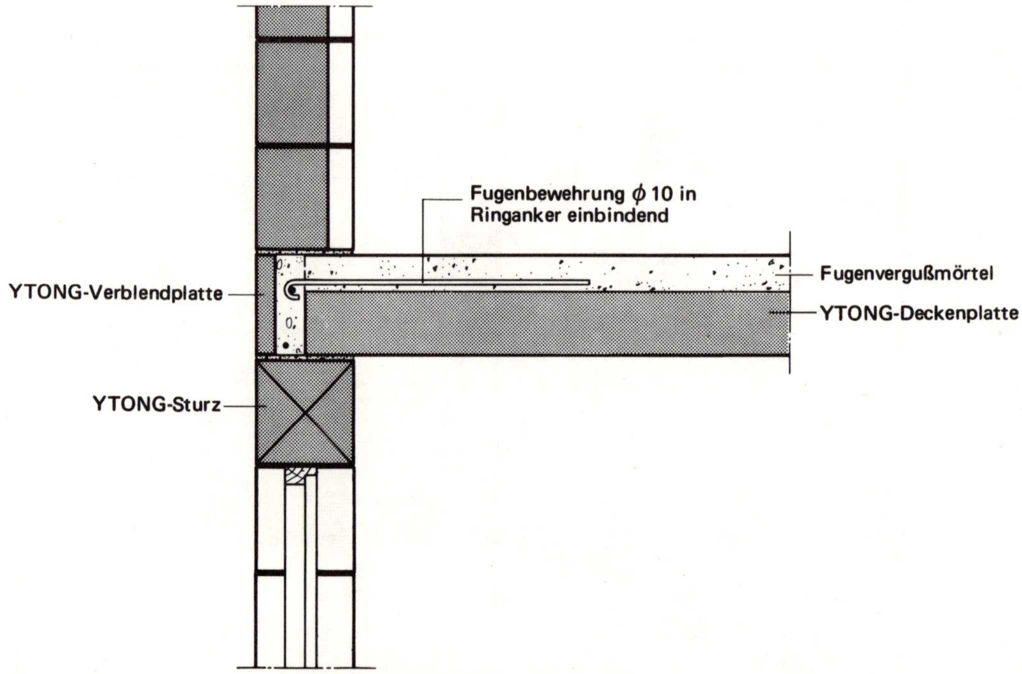

Vertikalschnitt A–A

Bild 6/6 YTONG-Sturz mit Deckenanschluß (YTONG-Deckenplatten)

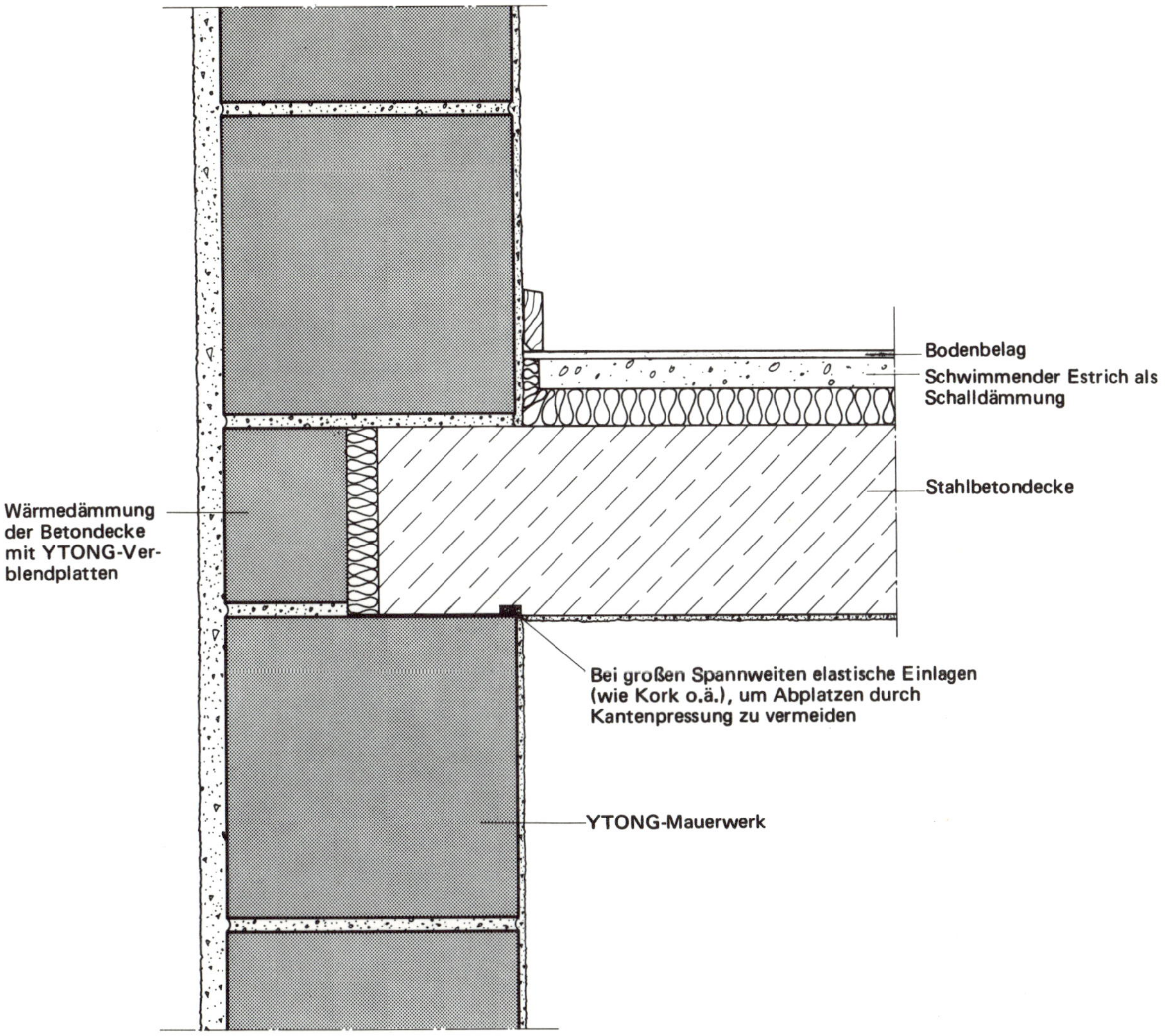

Bild 6/7 Deckenanschluß (Stahlbetondecke)

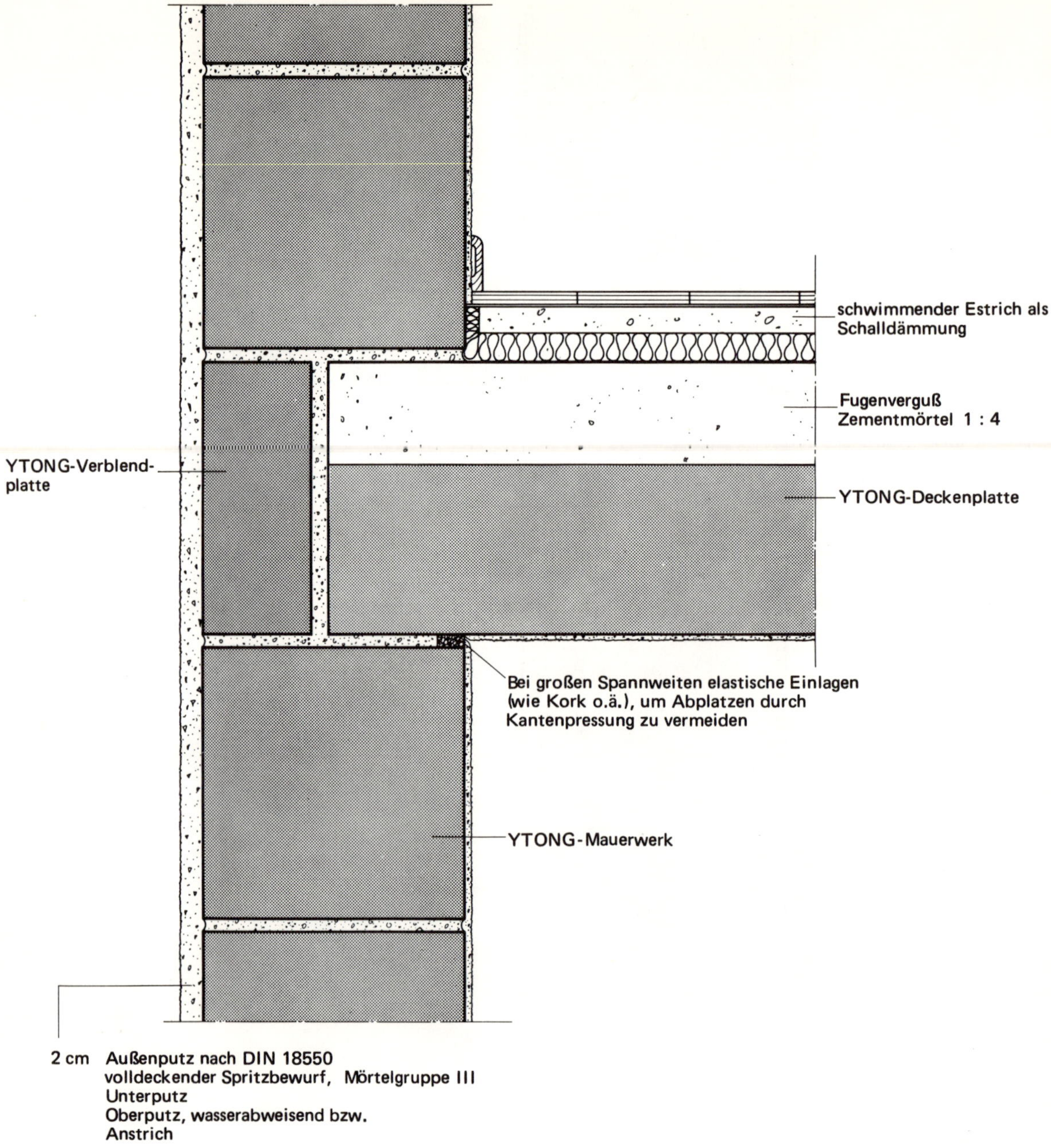

Bild 6/8 Deckenanschluß bei YTONG-Deckenplatten ohne Ringanker

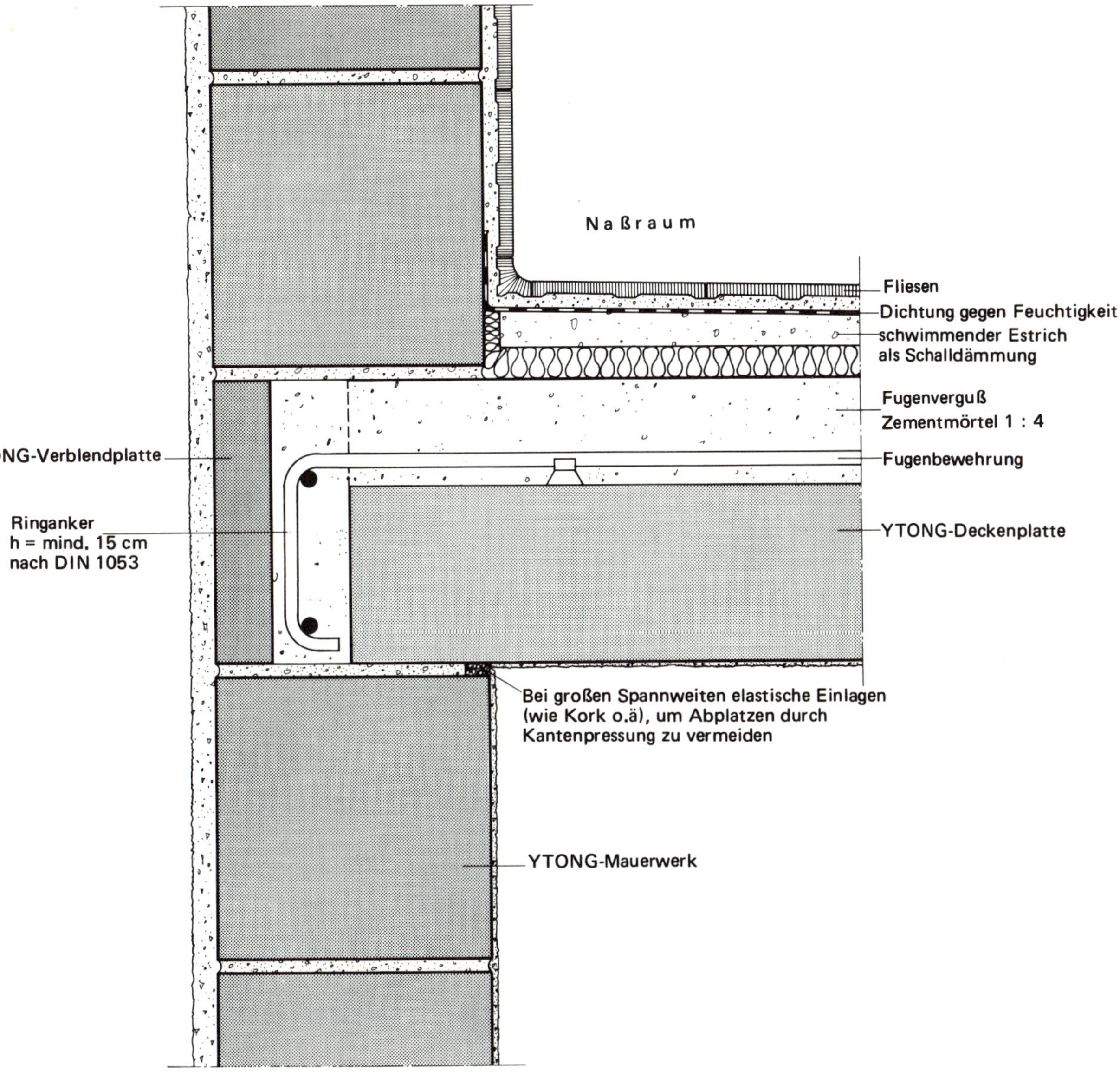

Bild 6/9 Deckenanschluß bei YTONG-Deckenplatten mit Ringanker

6.1.2.3 Mauerwerksverband

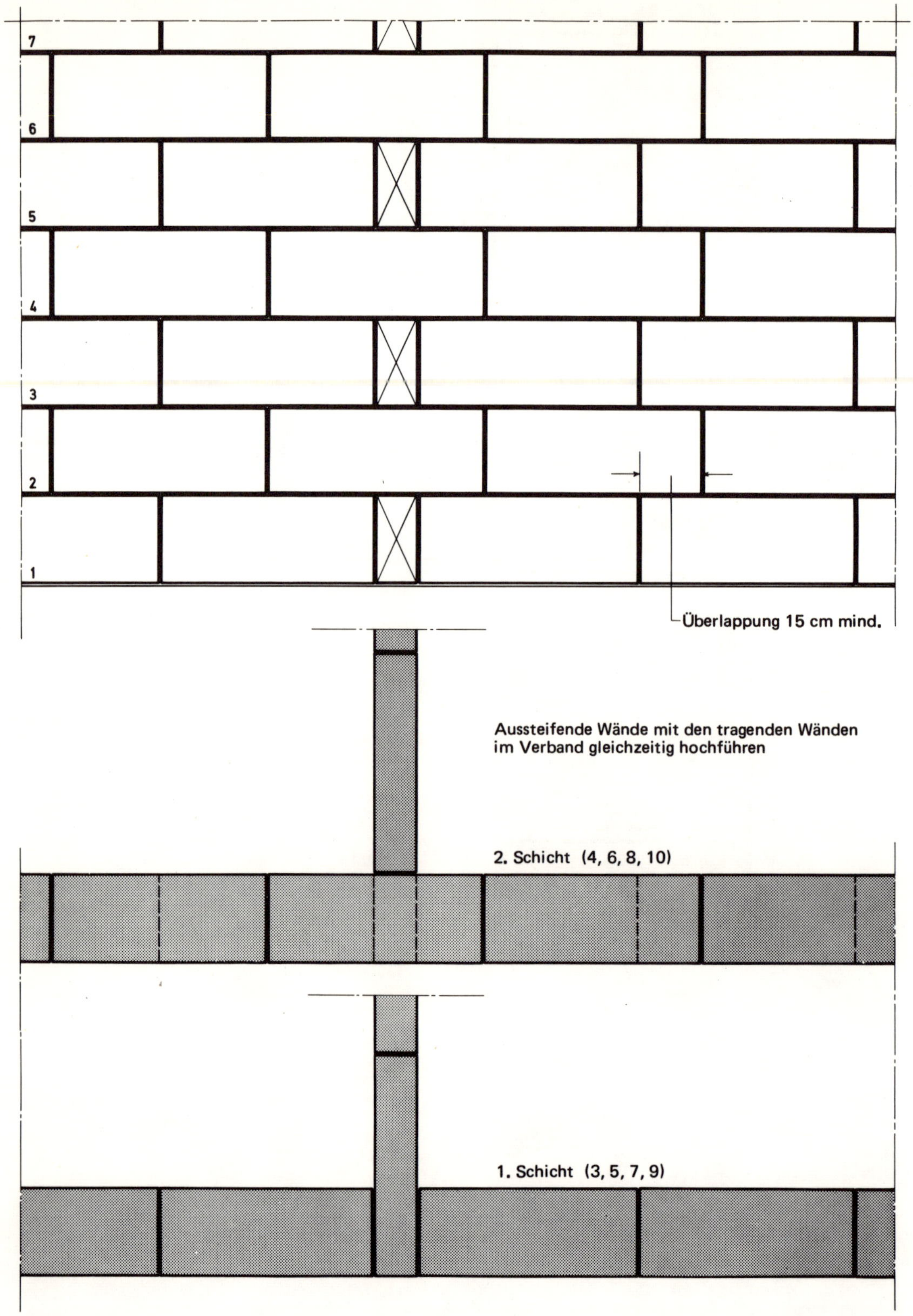

Bild 6/10 Mauerwerksverband mit einbindender, aussteifender Querwand

6.1.2.4 Kellermauerwerk

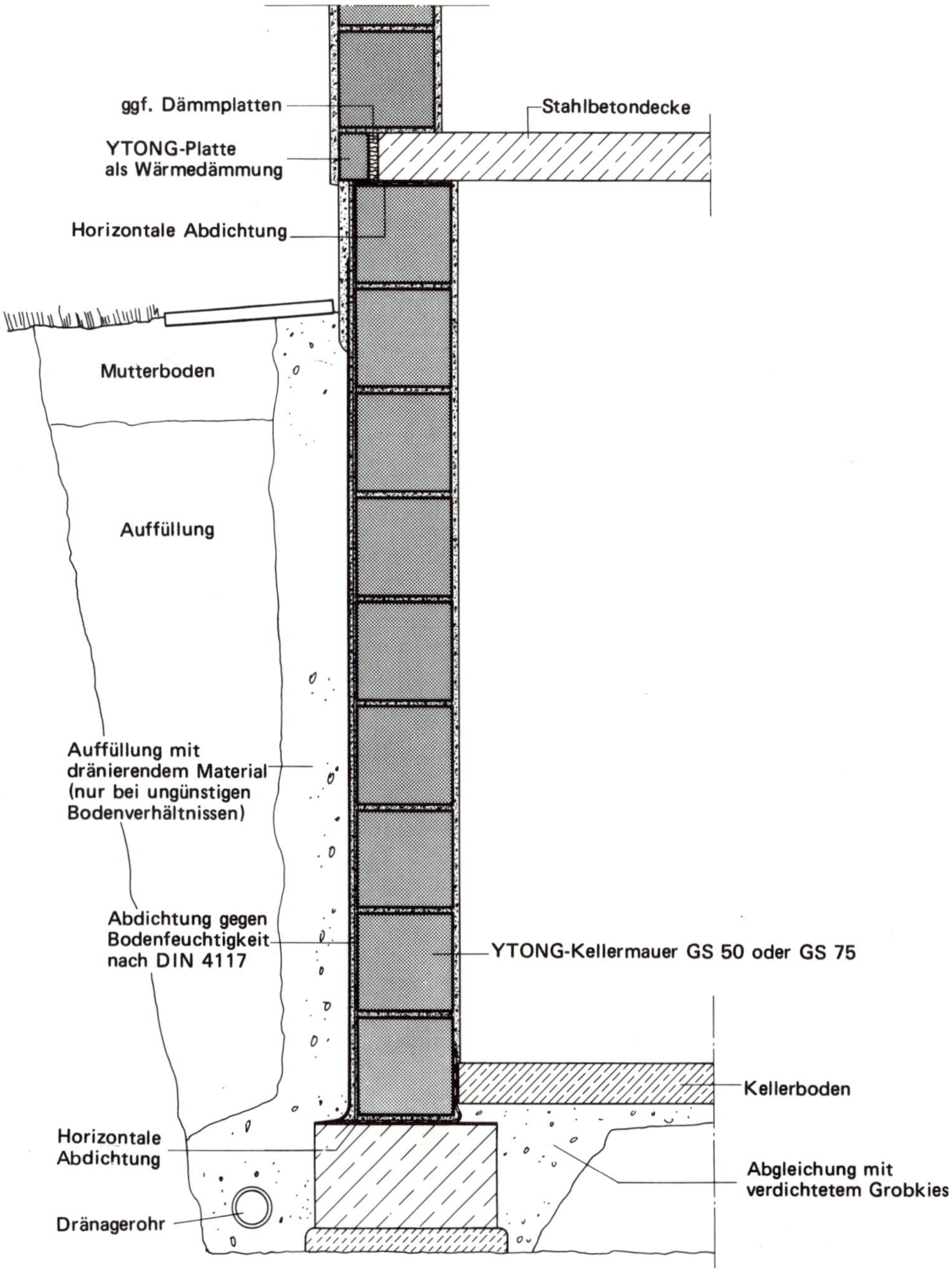

Bild 6/11 Schnitt durch Kelleraußenwand

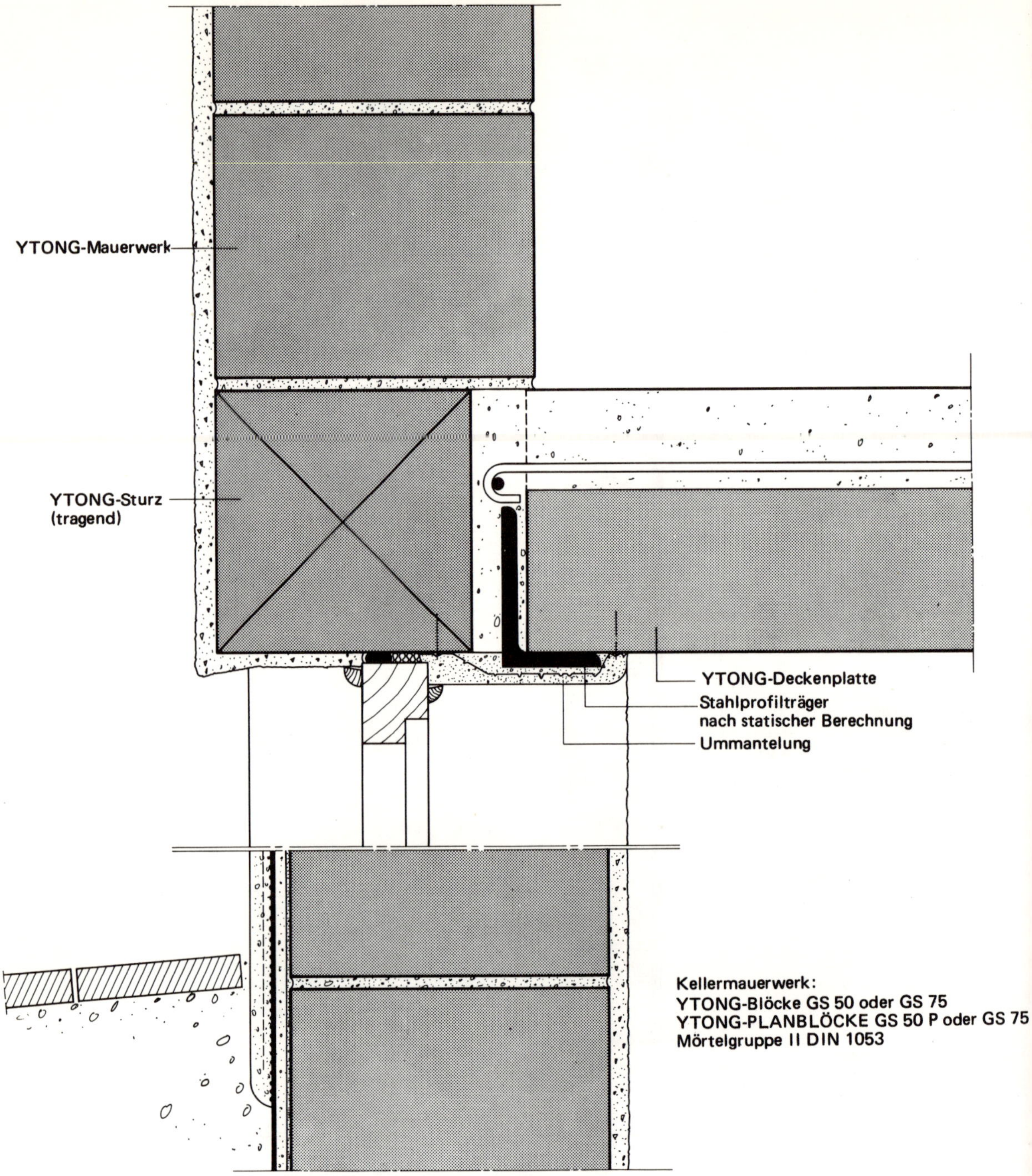

Bild 6/12 Ausbildung eines Deckenanschlusses (YTONG-Deckenplatten)

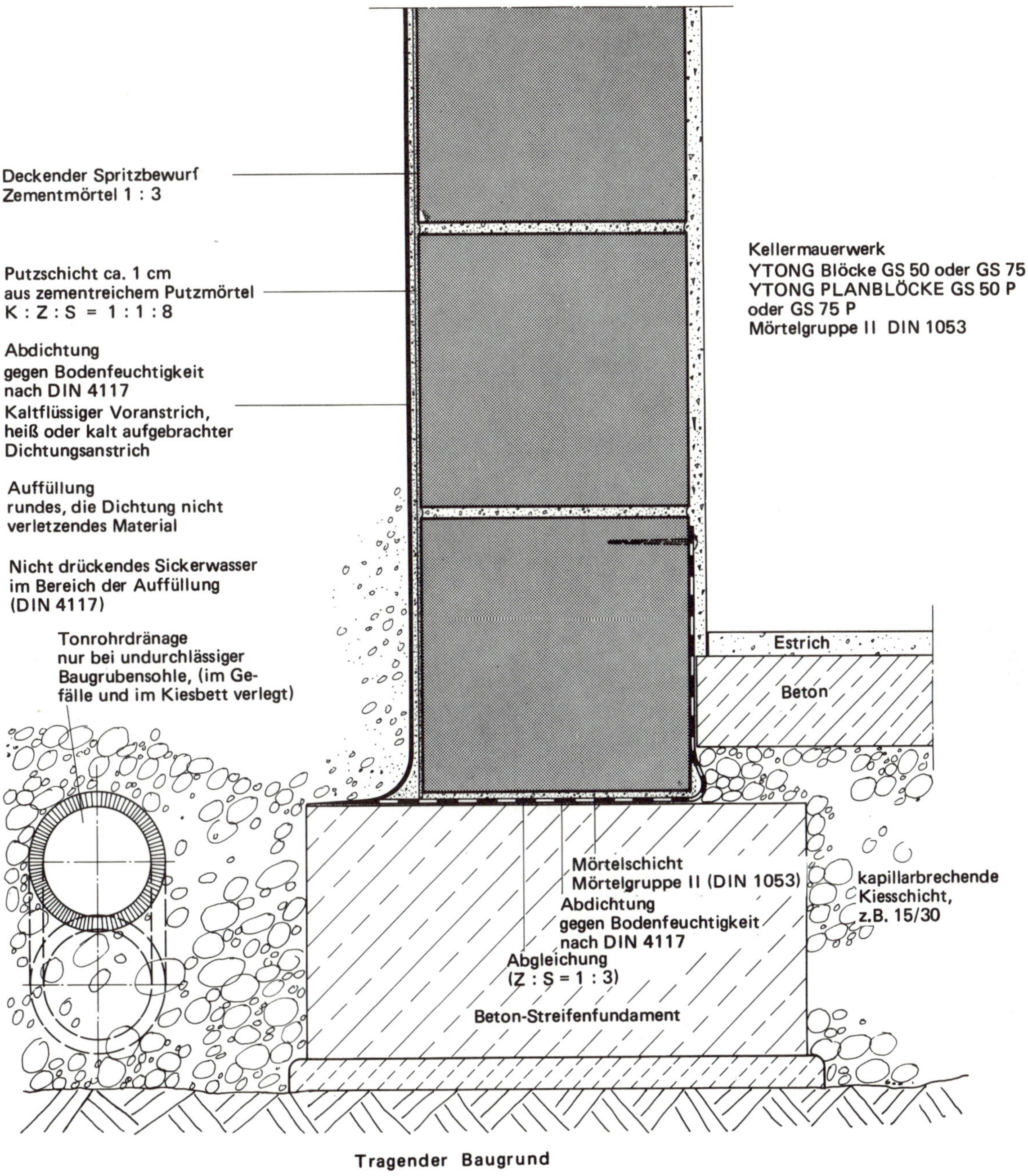

Bild 6/13 Abdichtung von Kelleraußenwänden gegen Bodenfeuchtigkeit (nichtdrückendes Wasser)

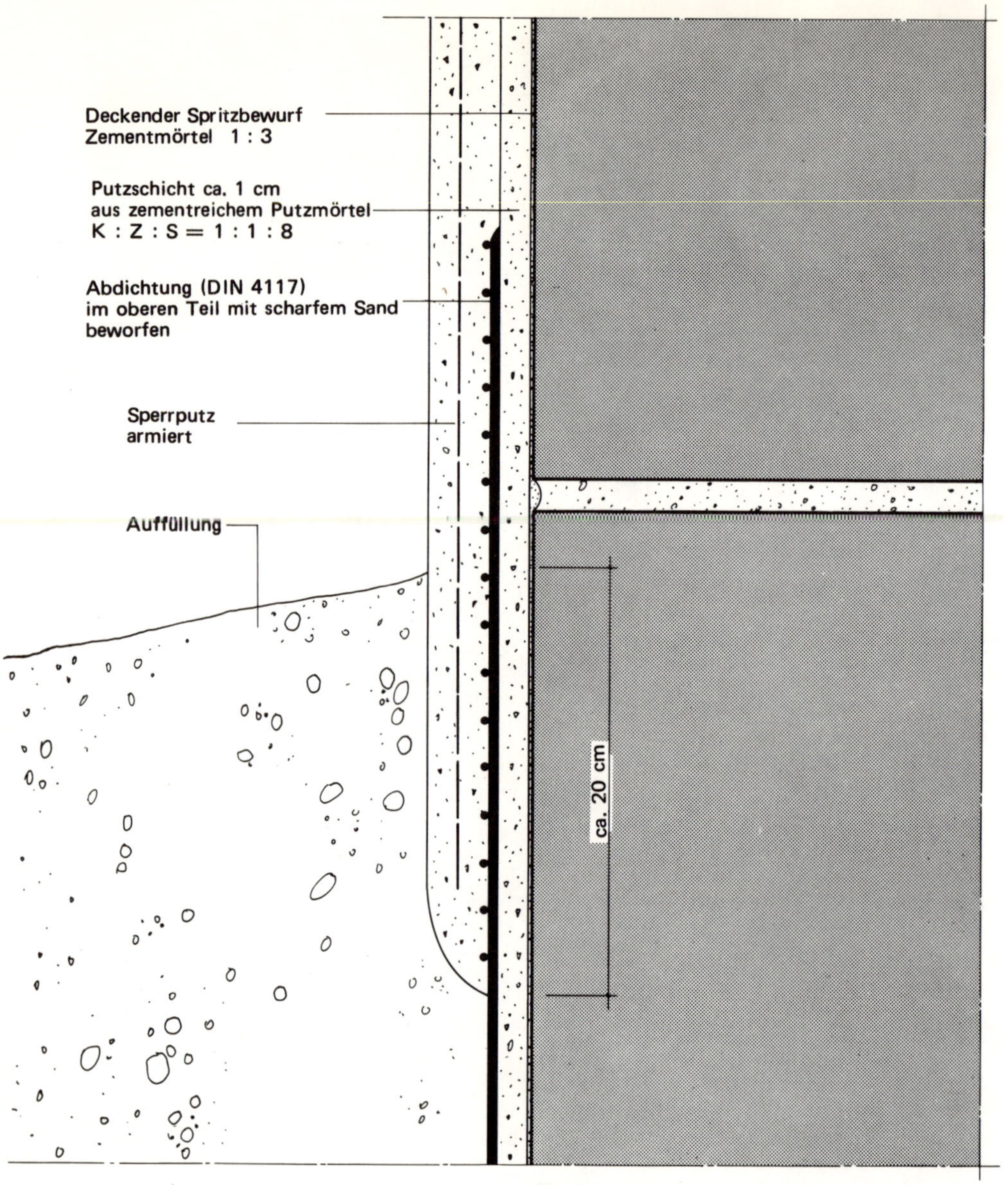

Bild 6/14 Dichtung im Bereich der Spritzwasserzone

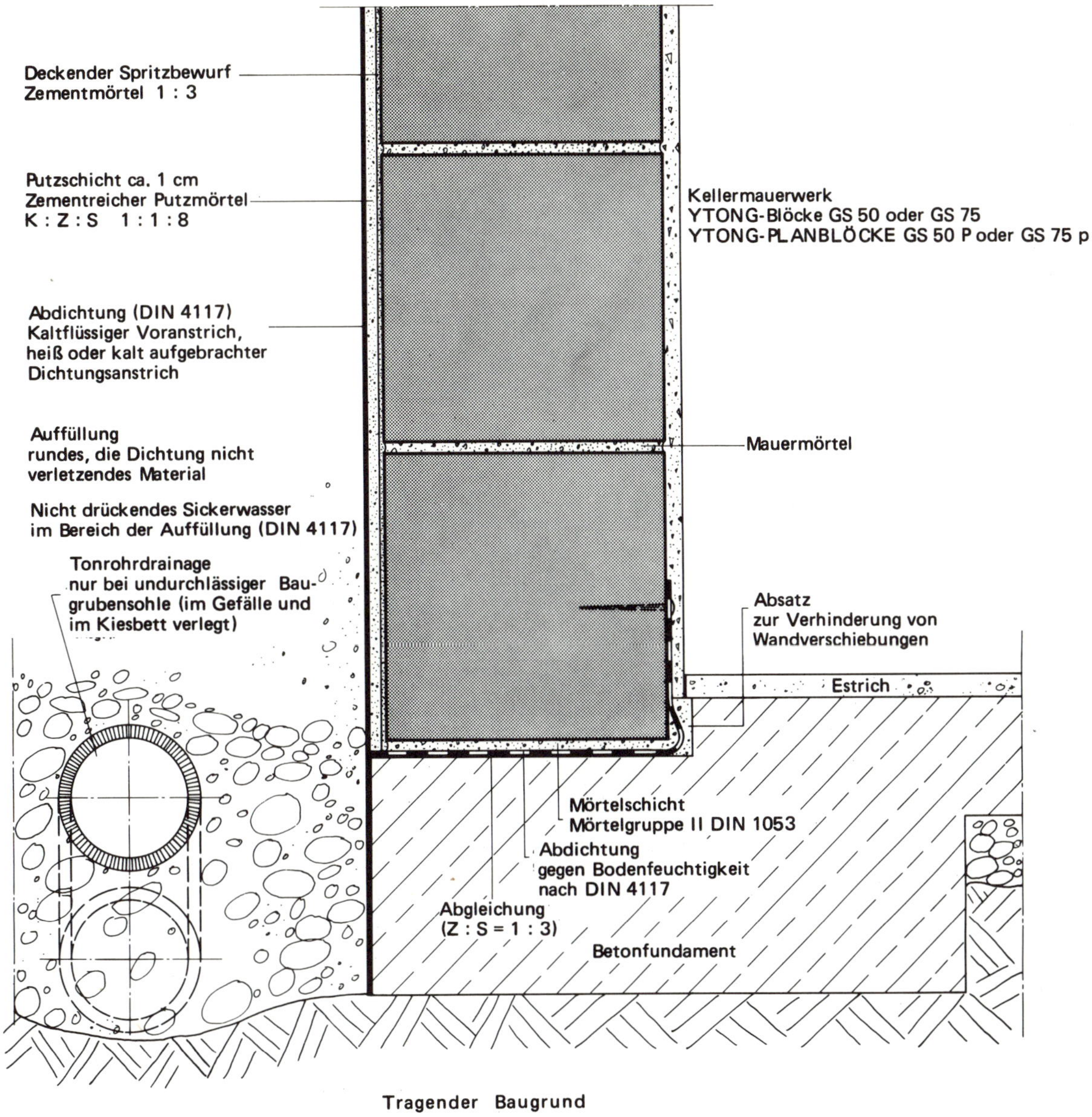

Bild 6/15 Abdichtung von Kelleraußenwänden gegen Bodenfeuchtigkeit (nichtdrückendes Wasser) und Ausbildung des Wandfußes

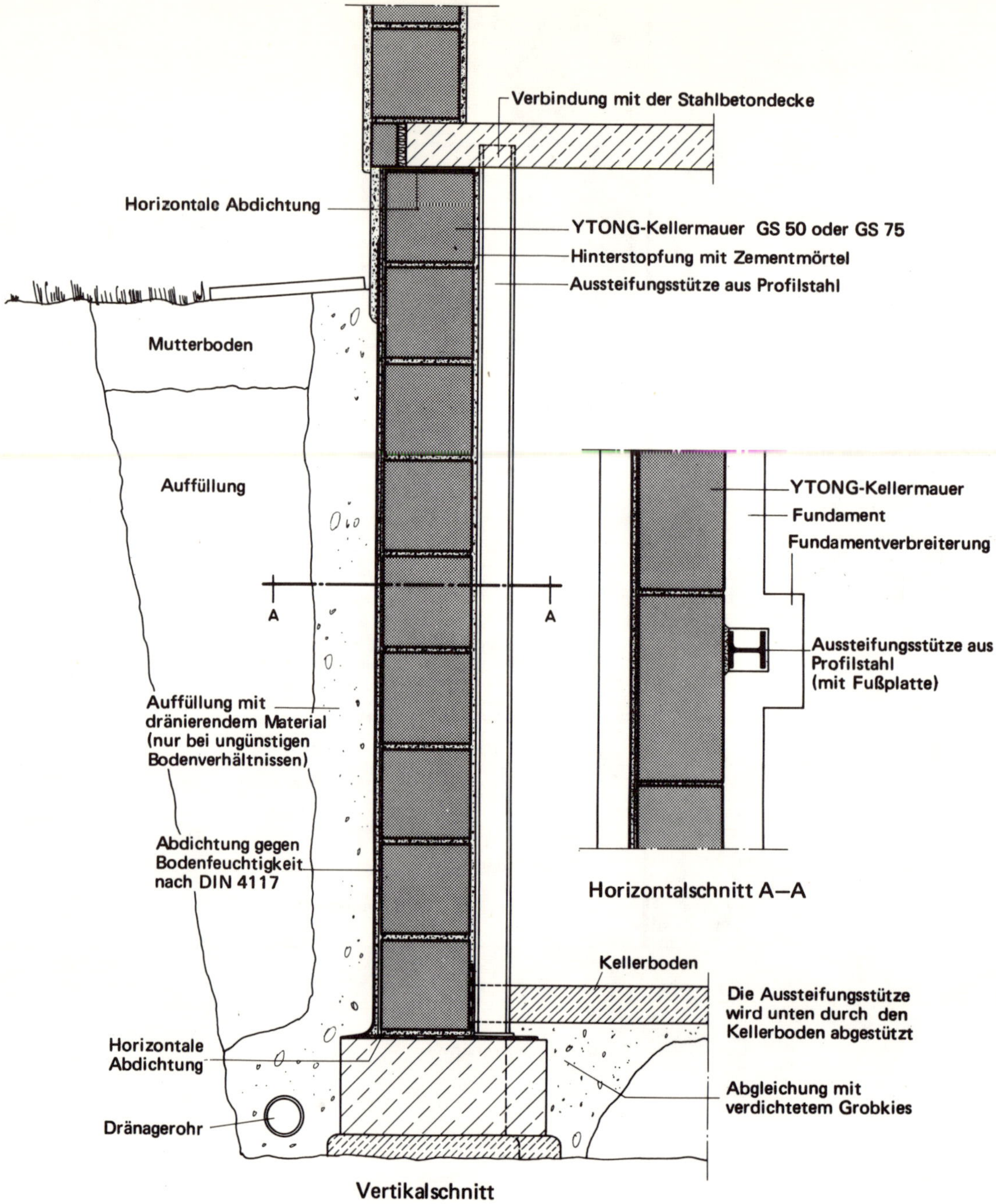

Bild 6/16 Aussteifung von Kelleraußenwänden mittels Stahlstützen (nur bei Kellerwänden, die nicht nach DIN 1053 ausgesteift sind)

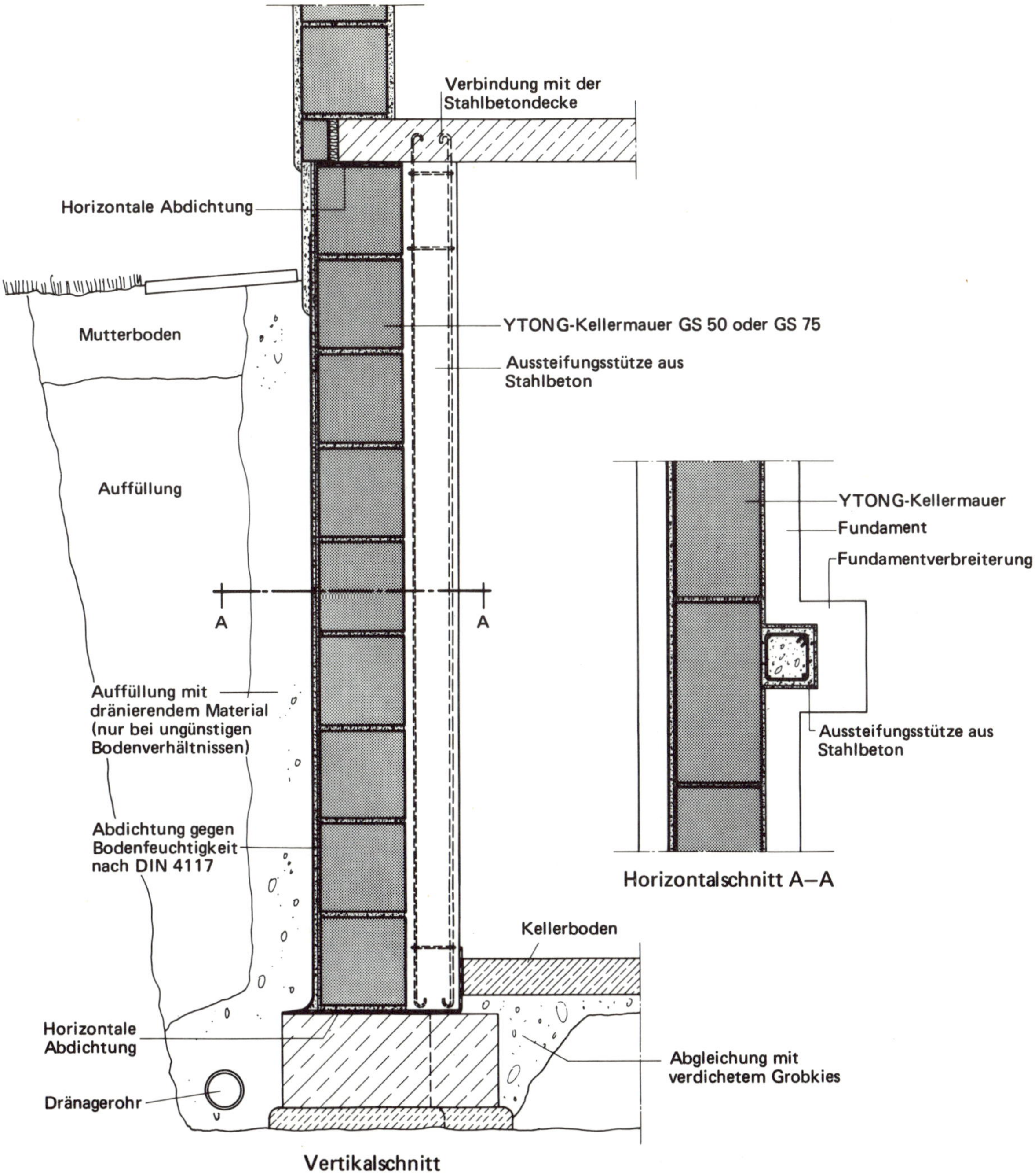

Bild 6/17 Aussteifung von Kelleraußenwänden mittels Stahlbetonstützen (nur bei Kellerwänden, die nicht nach DIN 1053 ausgesteift sind)

6.1.2.5 Verblendmauerwerk

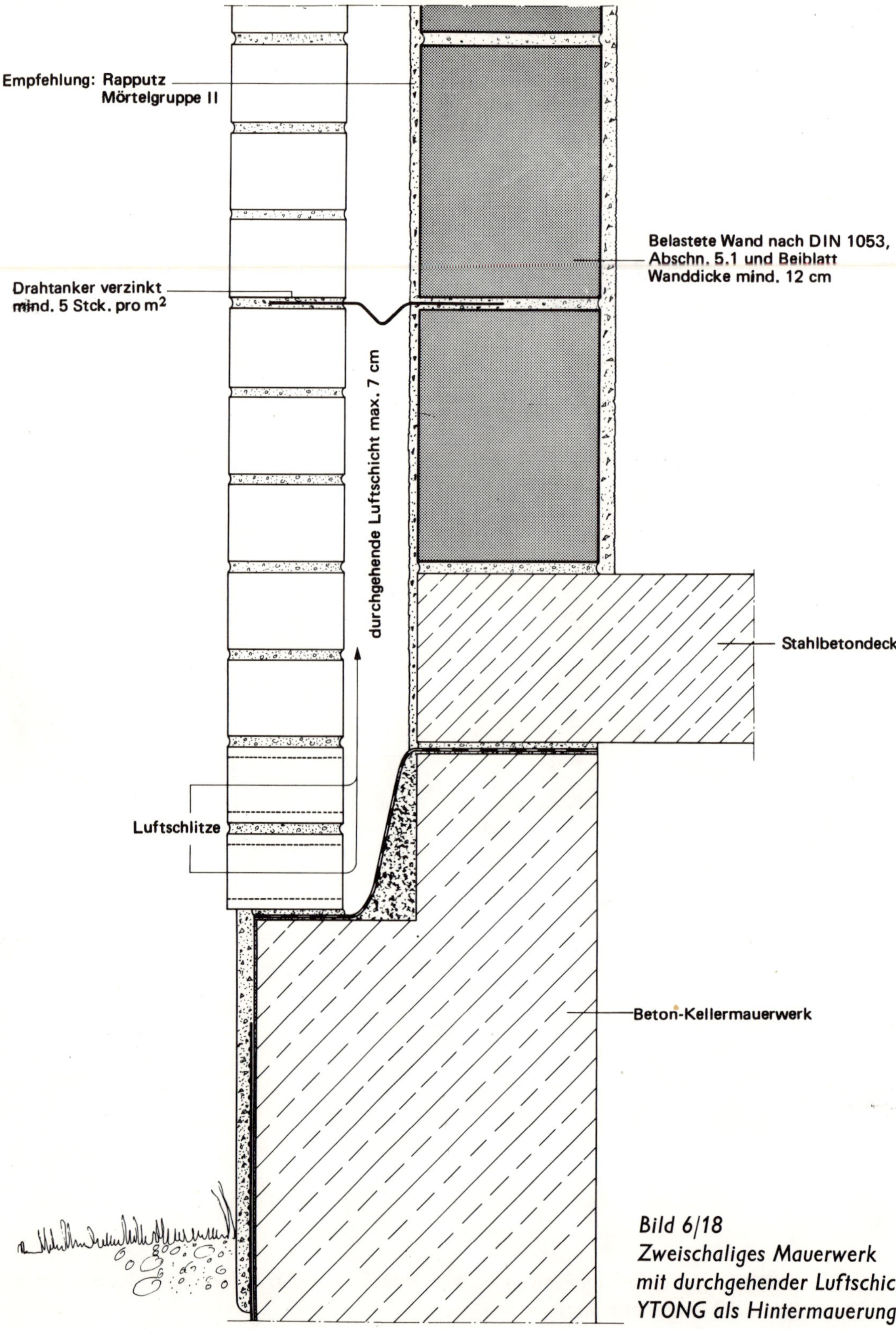

Bild 6/18
Zweischaliges Mauerwerk mit durchgehender Luftschicht, YTONG als Hintermauerung

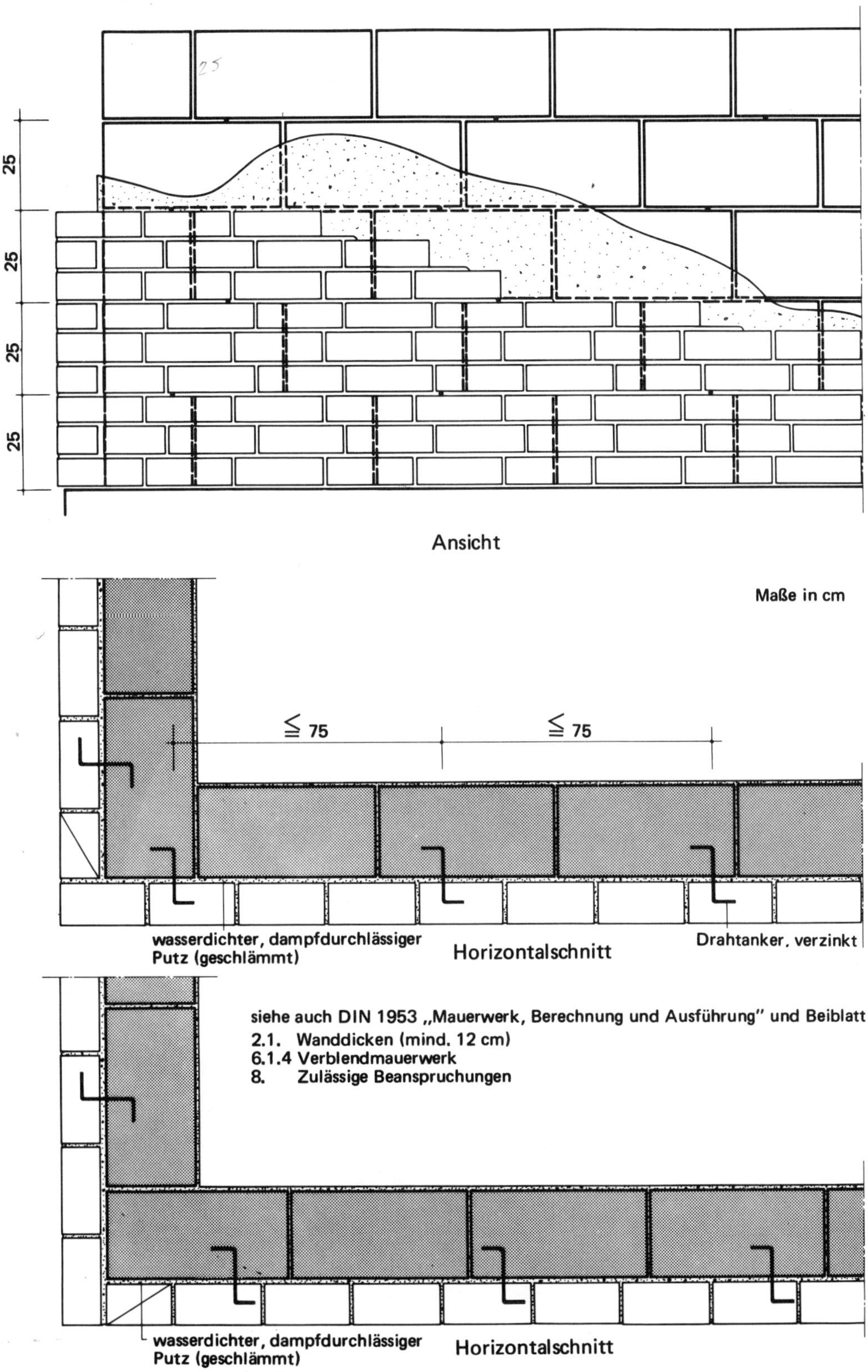

Bild 6/19 Verblendmauerwerk, ohne Luftschicht, YTONG als Hintermauerung

6.1.2.6 Anordnung von Rolladenkästen

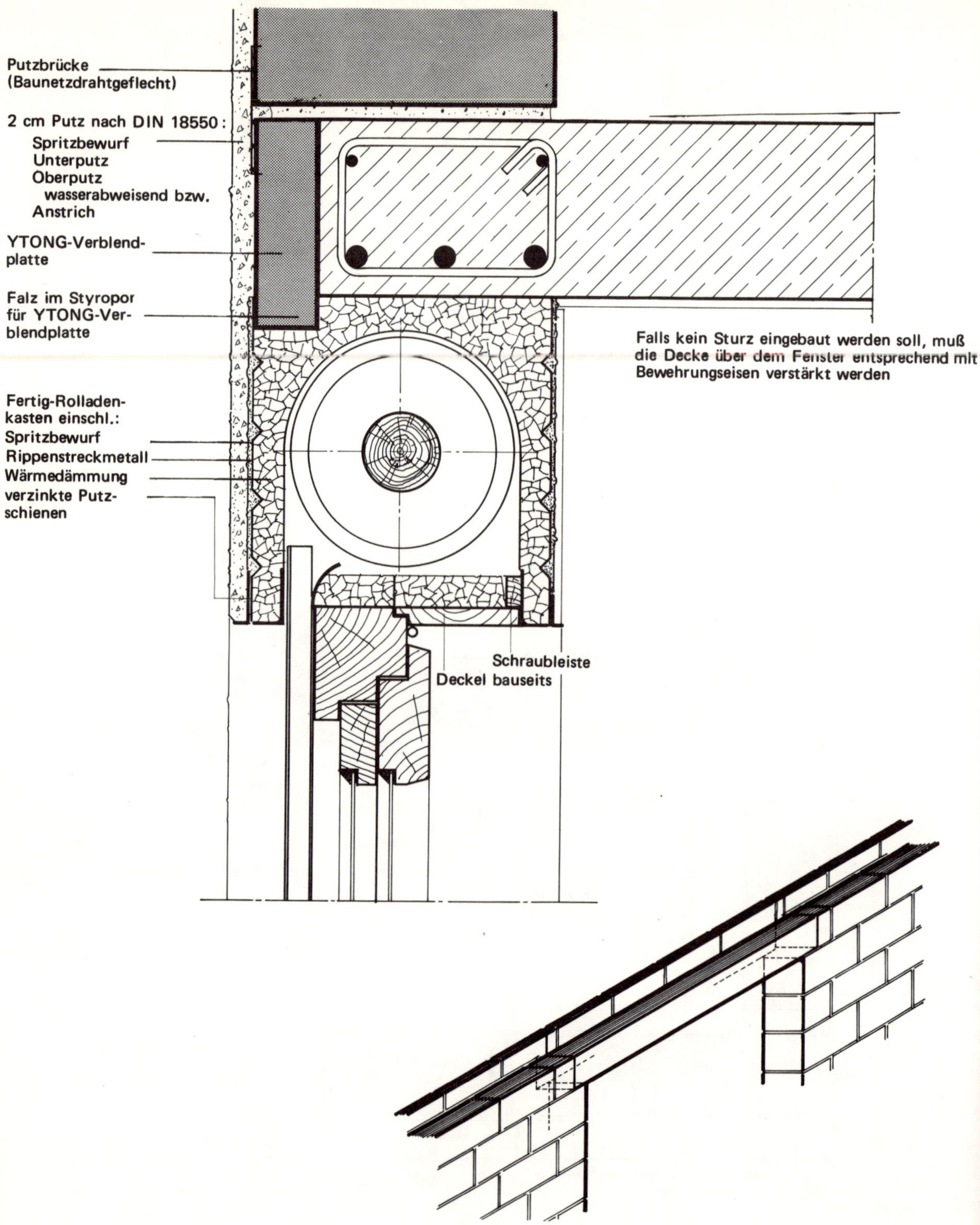

Bild 6/20 Fertigrolladenkasten ohne Sturz in Mauerwerk aus YTONG-Blöcken

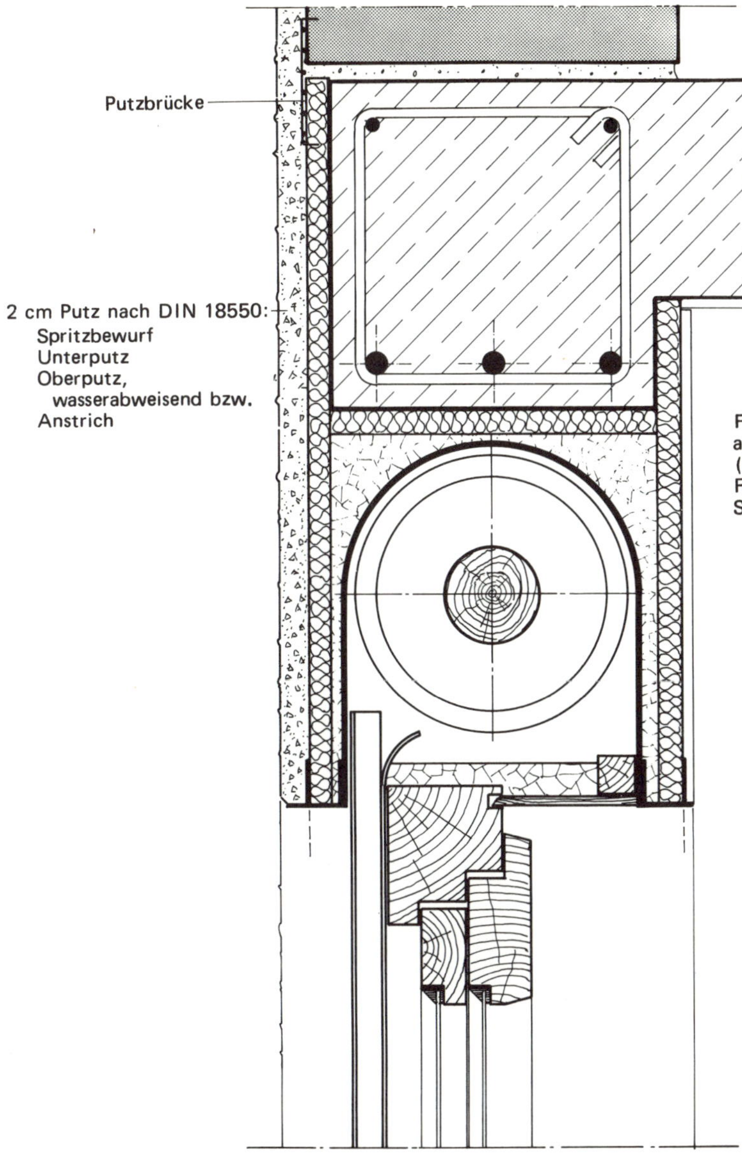

Falls die Decke die Belastung über dem Fenster nicht aufnehmen kann, muß ein Sturz angeordnet werden (über breiten Fenstern). Die Schenkel des Fertig-Rolladenkastens sind ablängbar, dienen als verlorene Schalung und als Wärmedämmung auch der Decke.

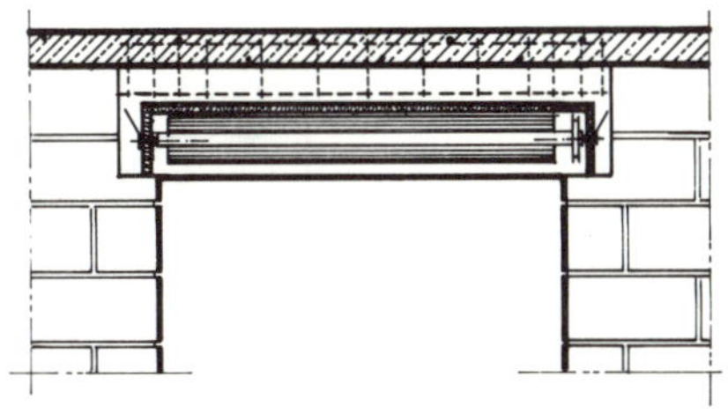

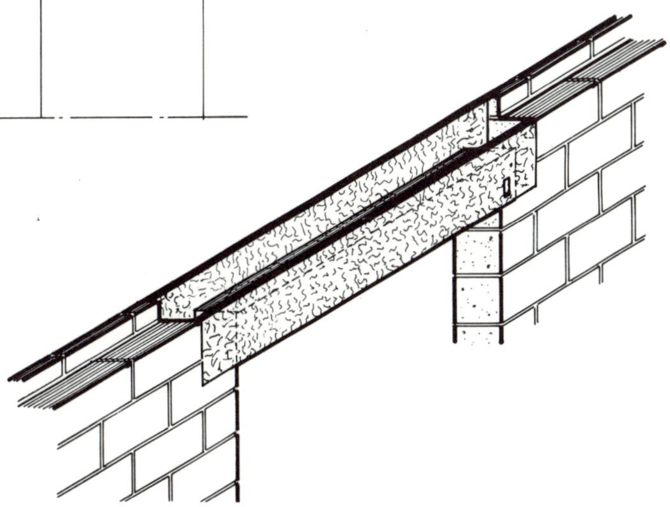

Bild 6/21 Fertigrolladenkasten mit Sturz in Mauerwerk aus YTONG-Blöcken

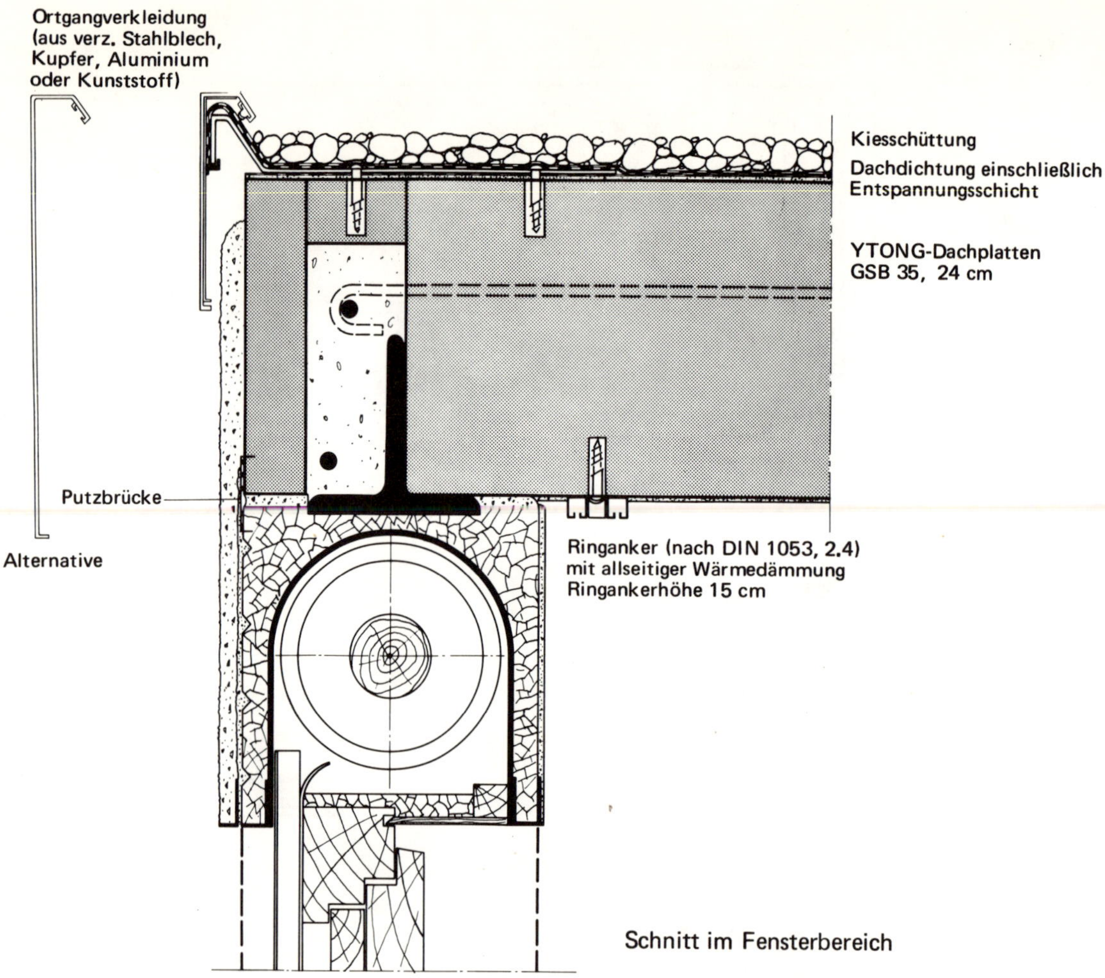

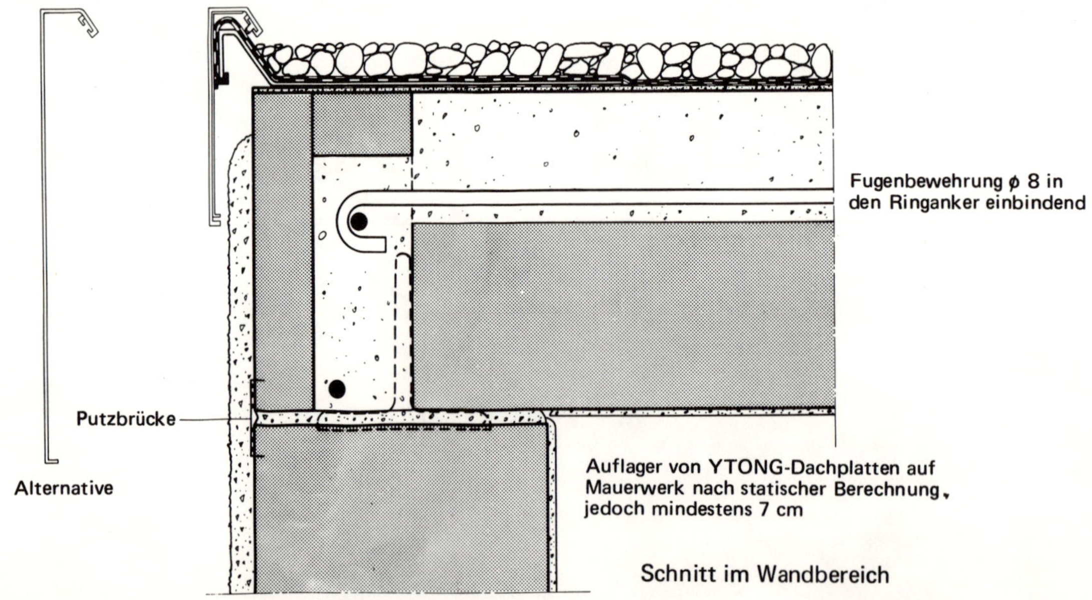

Bild 6/22 Rand eines Warmdaches ohne Dachüberstand, Ringanker in Dachplattenhöhe, Anordnung eines Fertigrolladenkastens

6.1.2.7 Anordnung von Heizkörpern

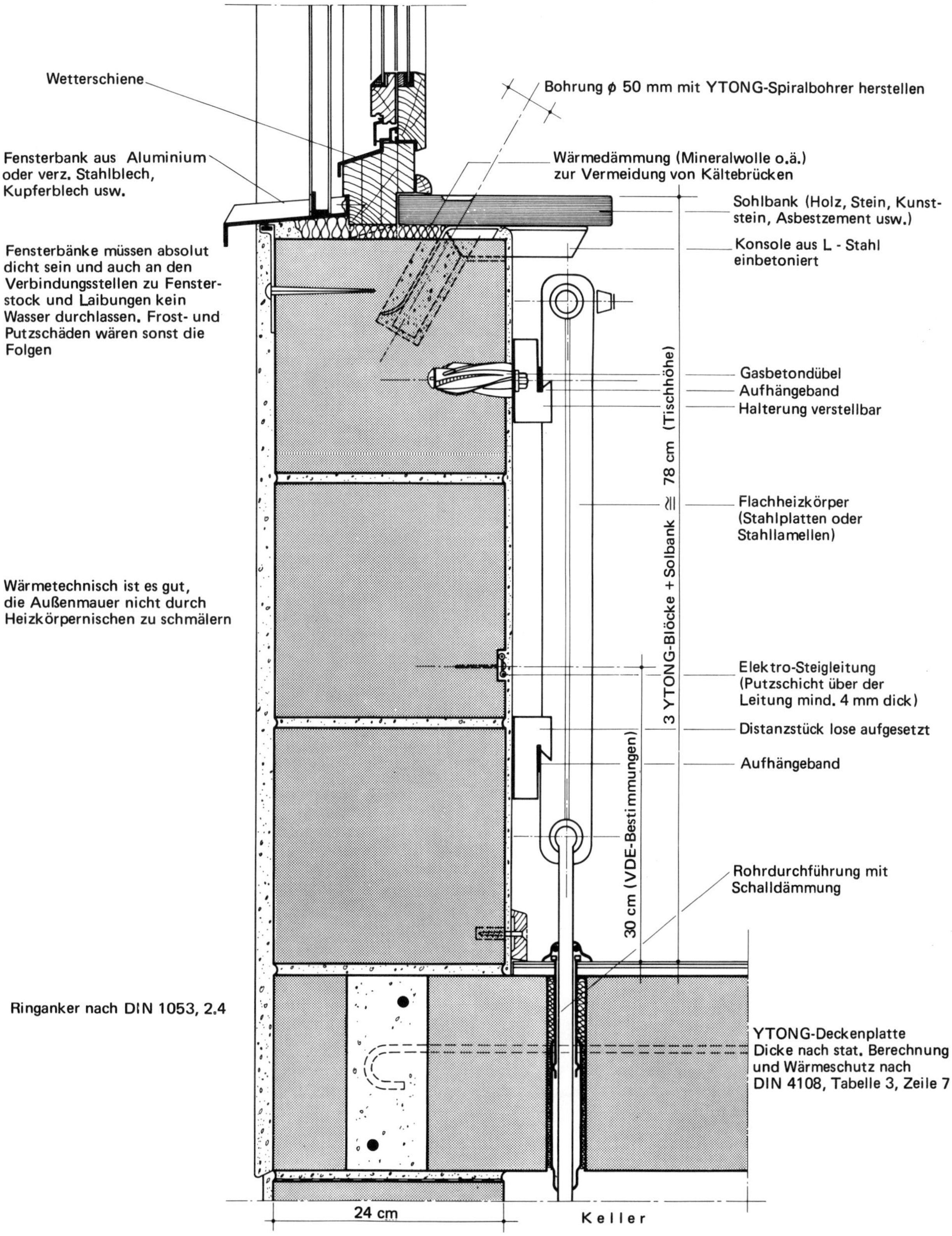

Bild 6/23 Heizkörper ohne Nische, Außenmauer ungeschwächt (voller Wärmeschutz)

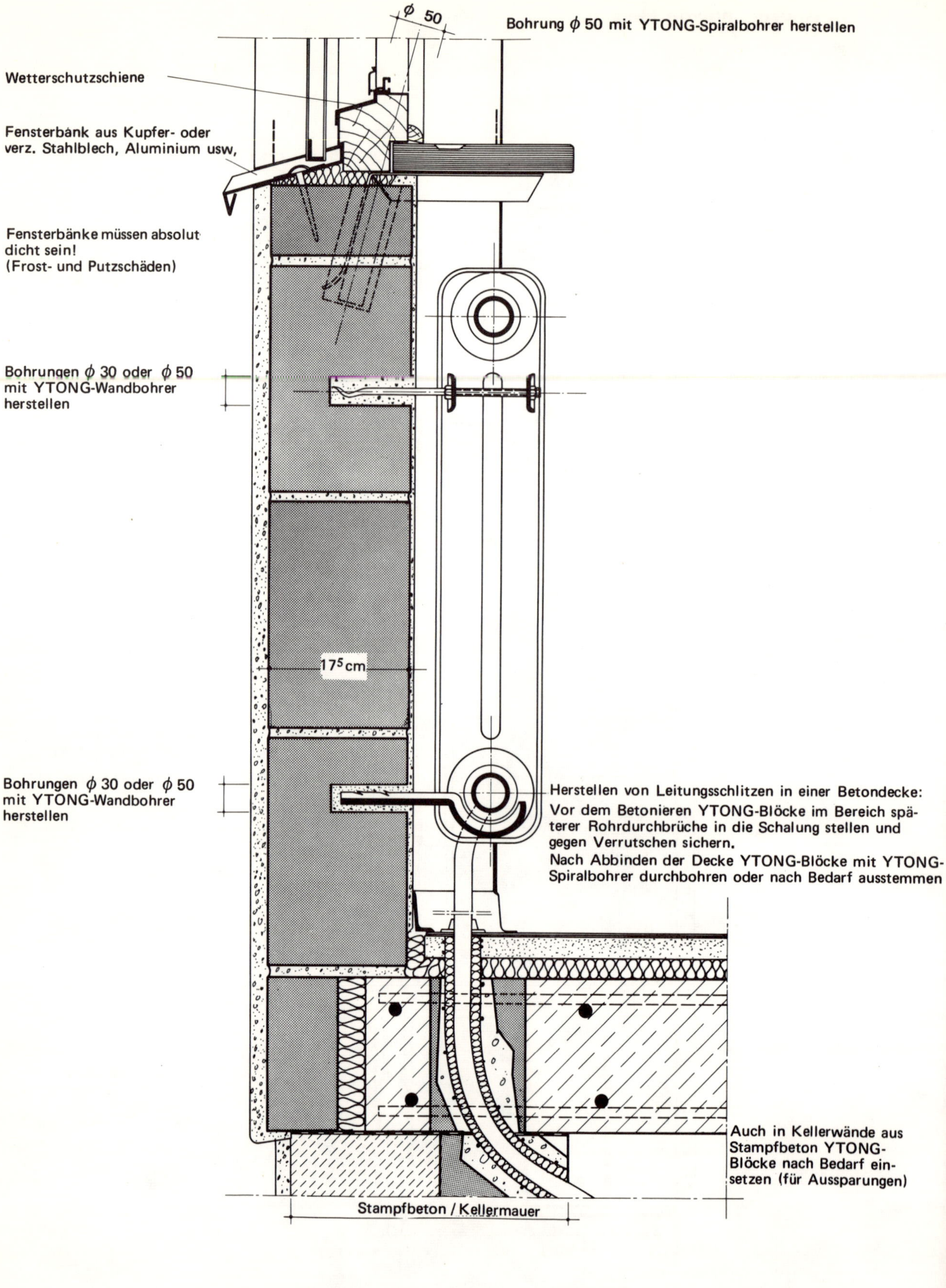

Bild 6/24 Heizkörper mit Nische (Verankerung im Brüstungsmauerwerk)

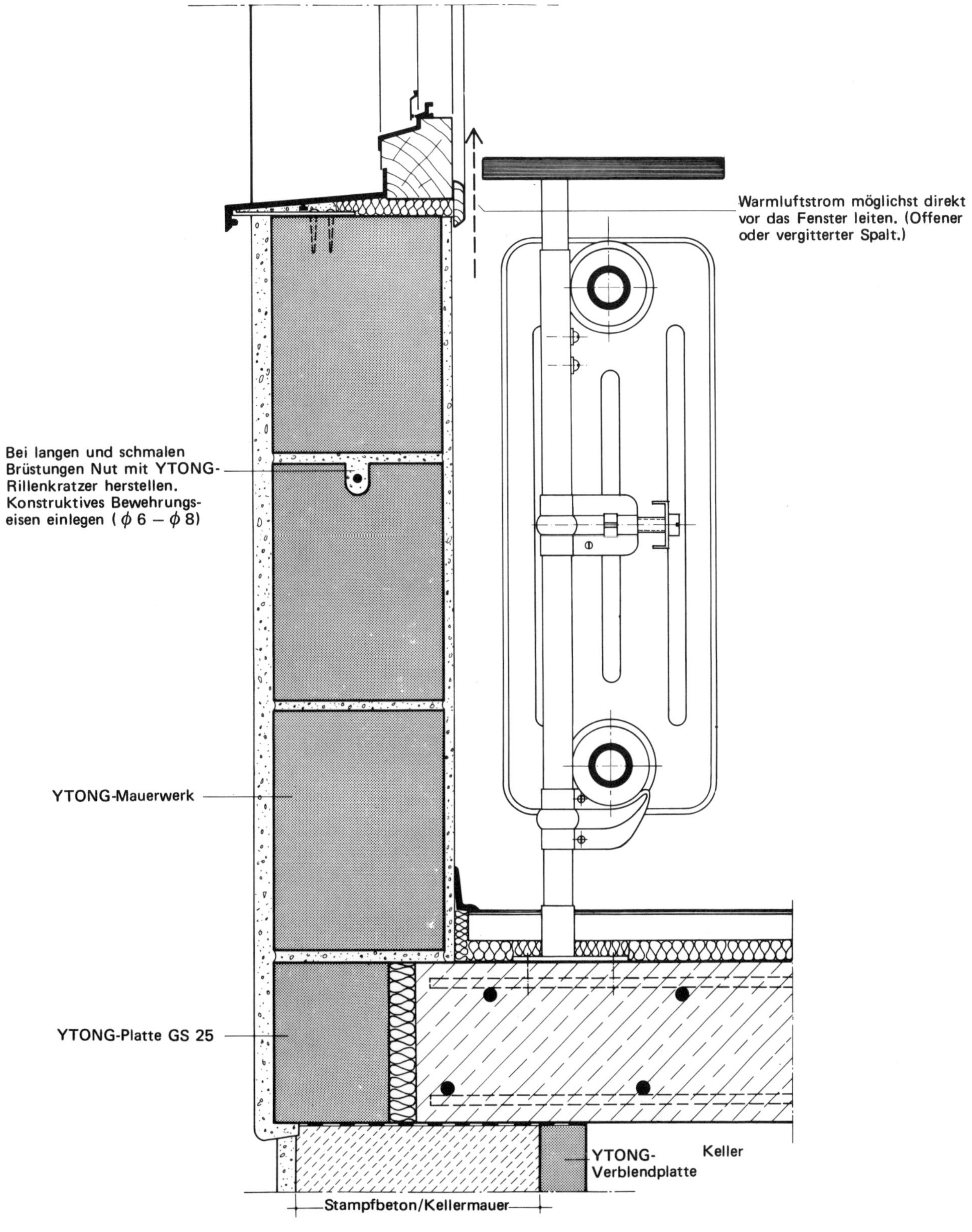

Bild 6/25 Heizkörper mit Nische (Verankerung in der Stahlbetondecke)

6.1.2.8 Fensteranschlüsse

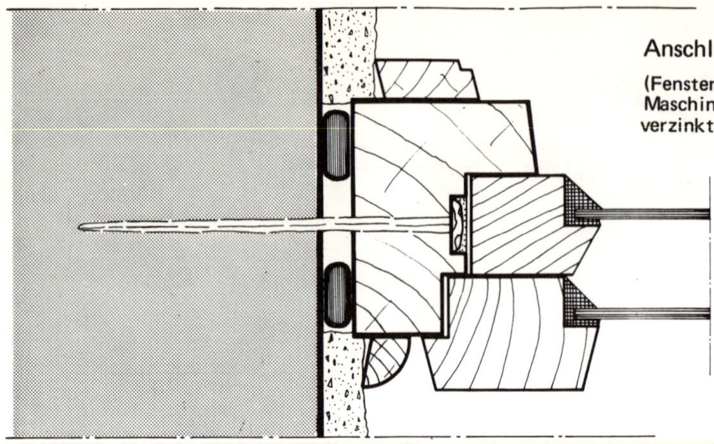

Anschluß mit YTONG-Nägeln, verzinkt

(Fensterstock vorgebohrt.
Maschinengeschmiedete, konische,
verzinkte Vierkantnägel)

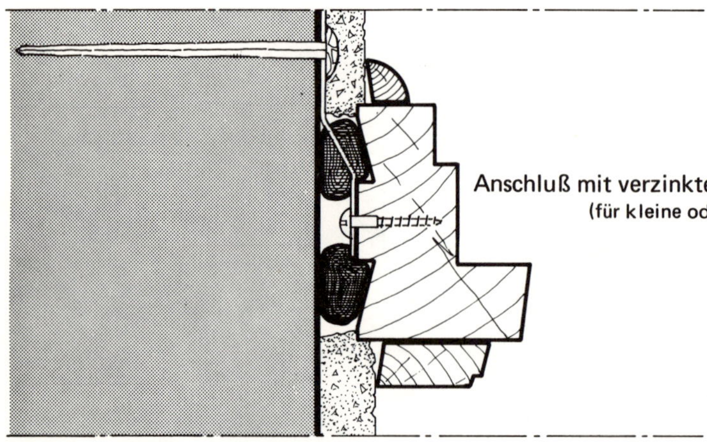

Anschluß mit verzinkten Blechstreifen und YTONG-Nägeln
(für kleine oder untergeordnete Fenster)

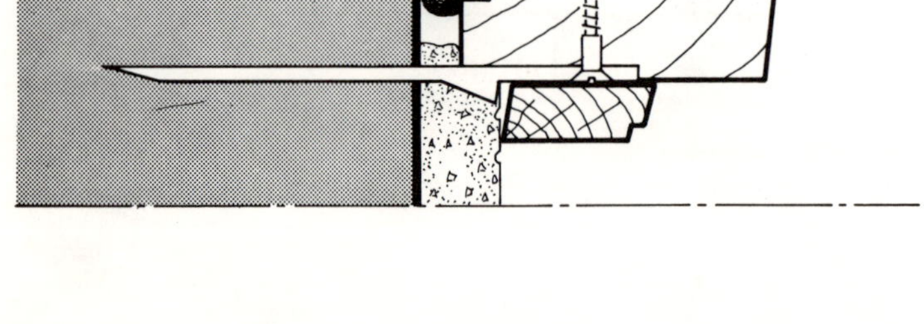

Anschluß mit Bankeisen

YTONG-Nägel sind bei der
YTONG AG erhältlich

Bild 6/26 Befestigung von Fensterstöcken in Laibungen ohne Anschlag am YTONG-Mauerwerk

6.1.2.9 Türanschlüsse

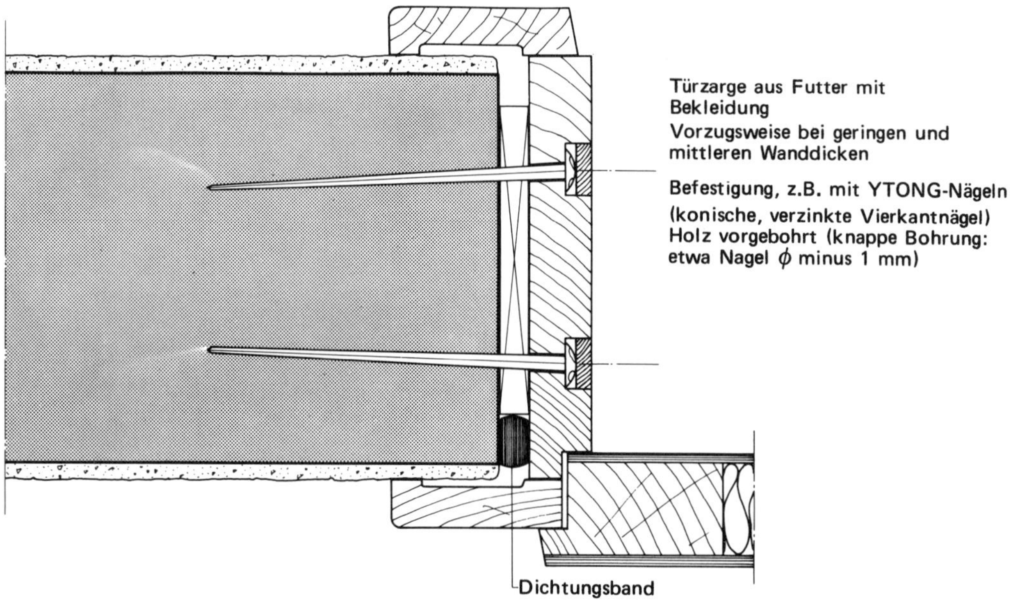

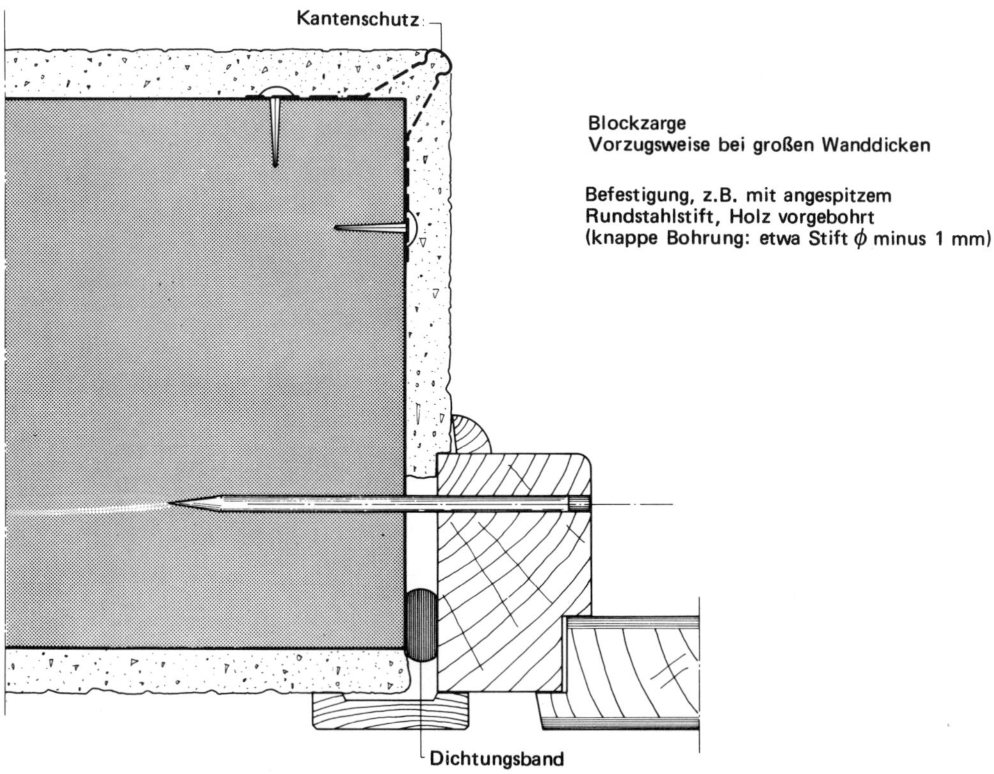

Bild 6/27 Türzargen aus Holz

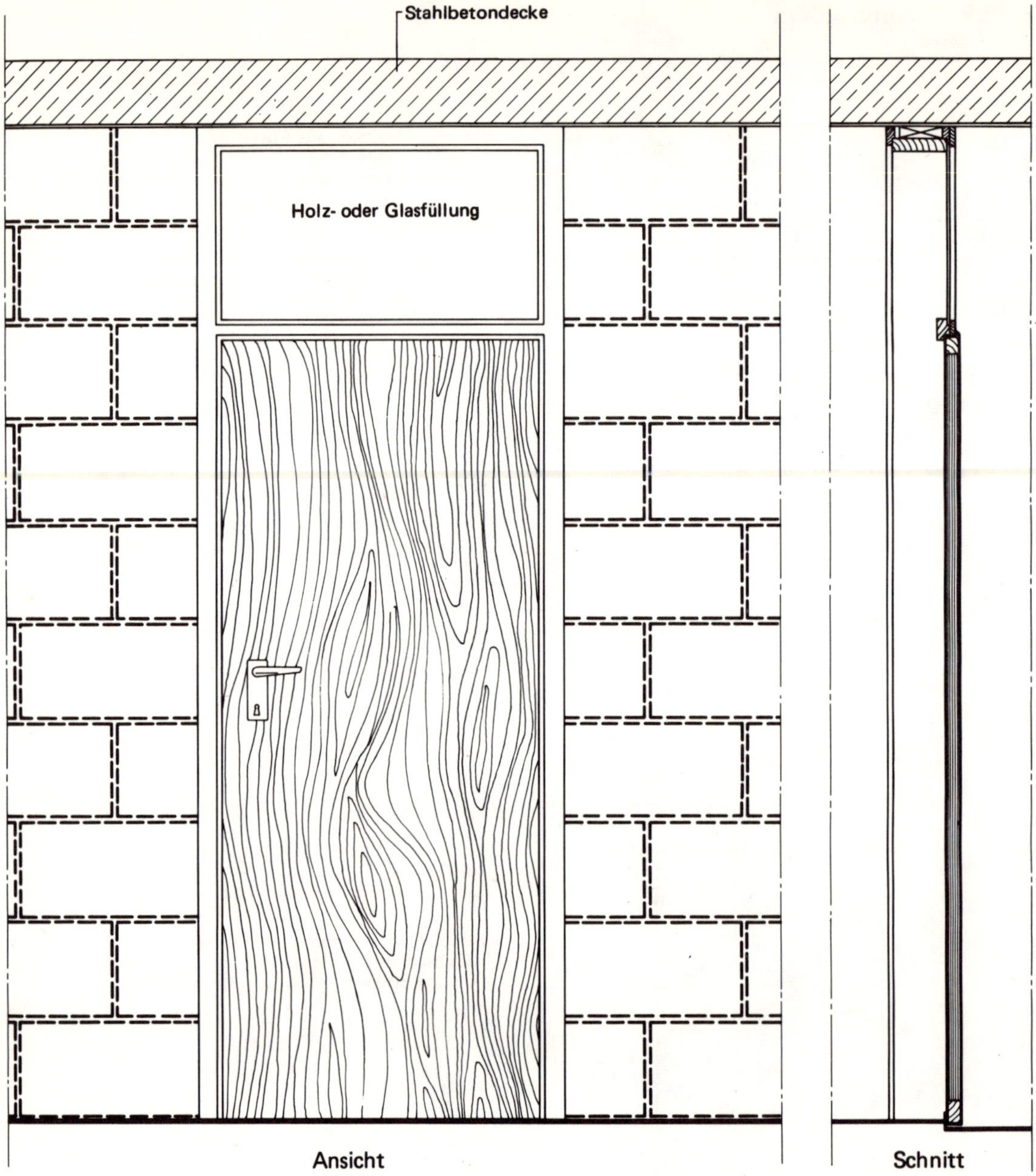

Bild 6/28 Türzarge bis zur Decke durchgehend, kein Türsturz

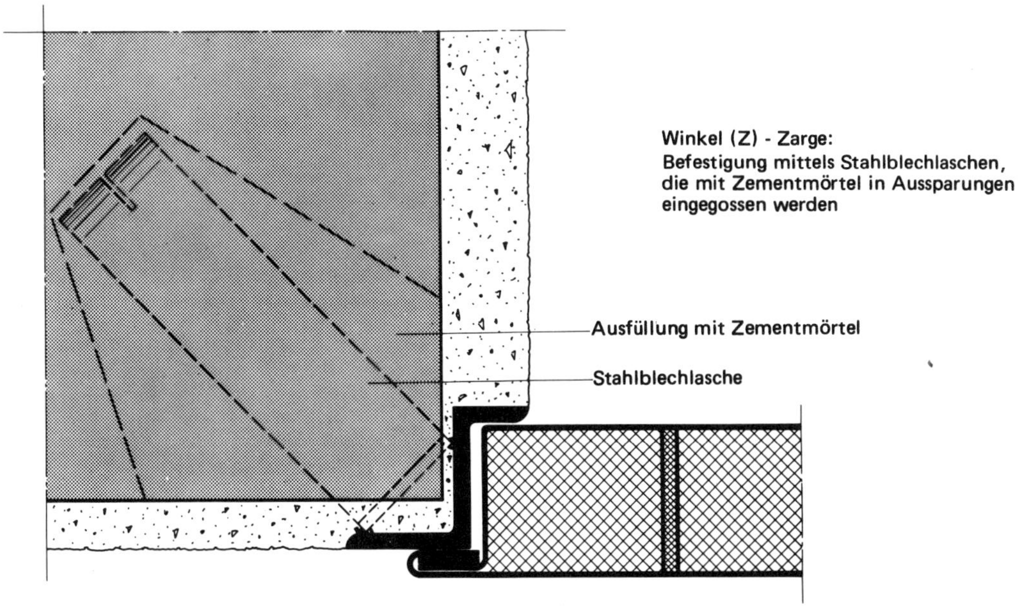

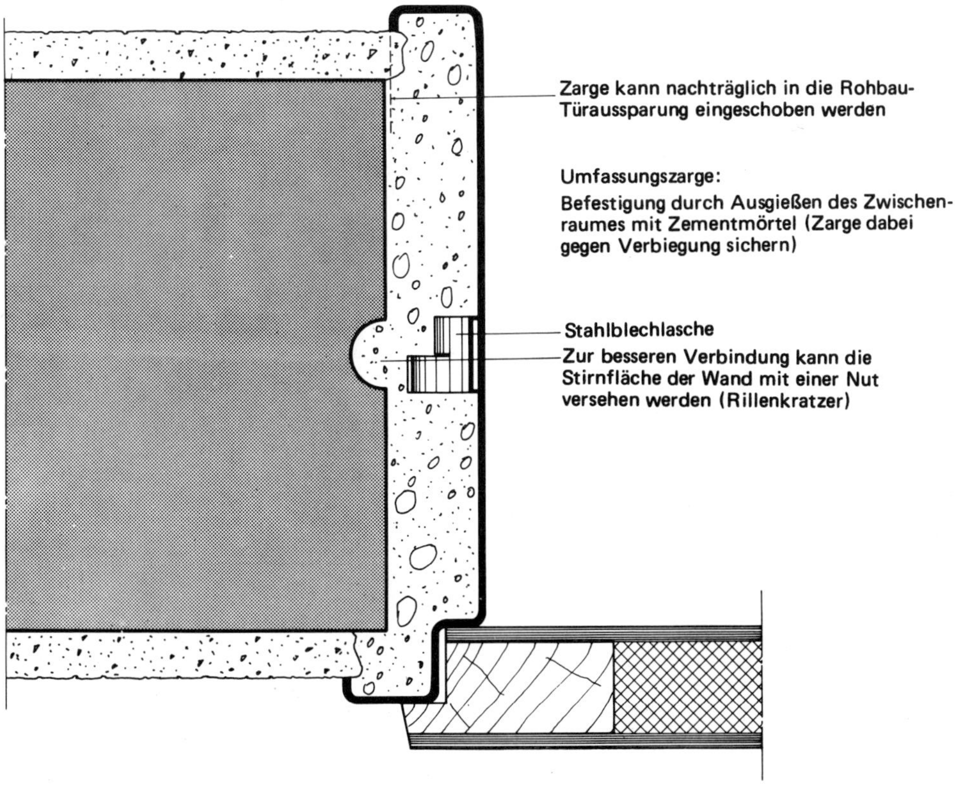

Bild 6/29 Türzargen aus Stahl

6.1.2.10 Befestigung von schweren Einrichtungsgegenständen

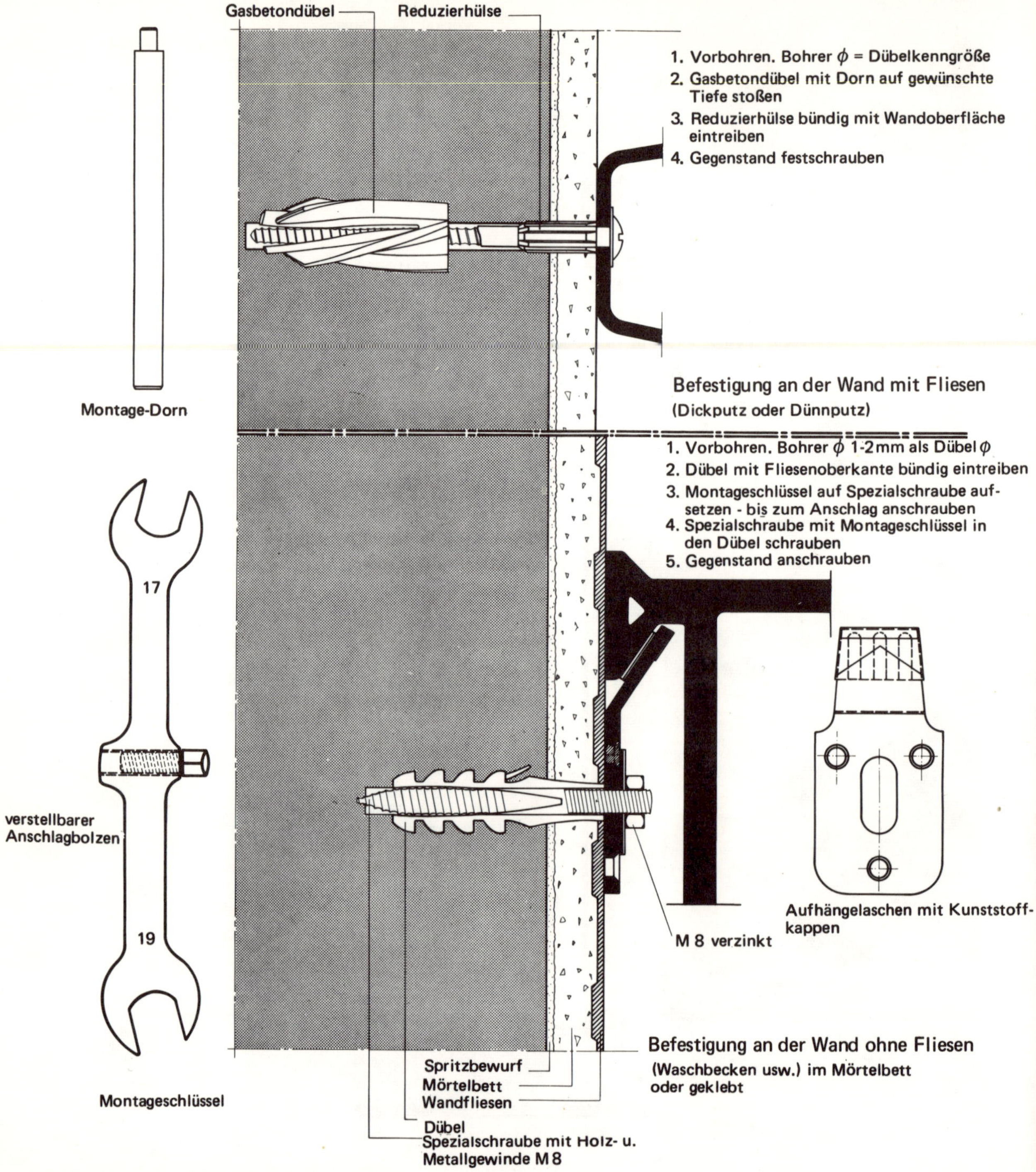

Alle größeren Firmen, die sanitäre Gegenstände oder Befestigungsmittel herstellen, haben Schnellmontagesätze entwickelt, die dem oben dargestellten System ähnlich sind. Nähere Auskünfte erteilen die Hersteller.

Bild 6/30 Befestigung von Waschbecken, Hängeschränken usw. am YTONG-Mauerwerk

6.1.2.11 Schließen von Mauerschlitzen

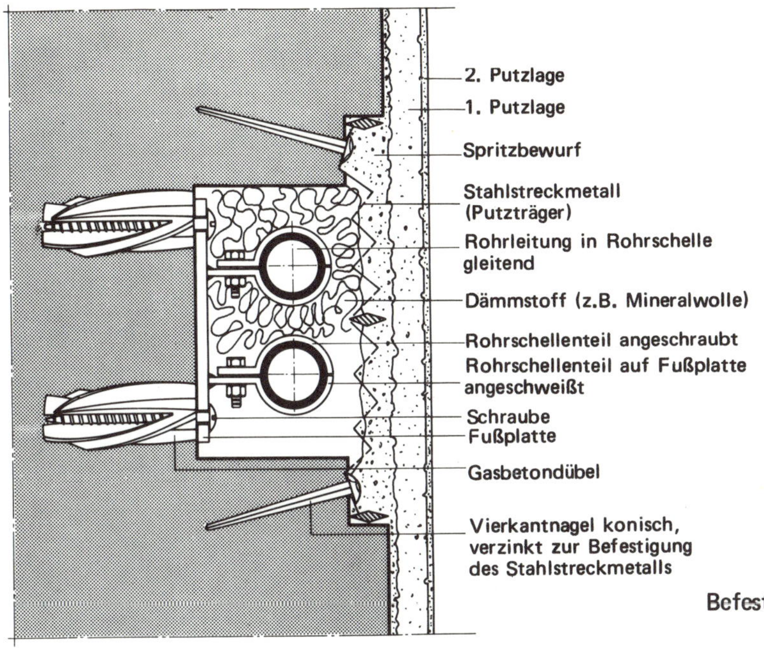

Befestigung mit vorbereiteter Rohr-Doppelschelle
(zum Anschrauben)

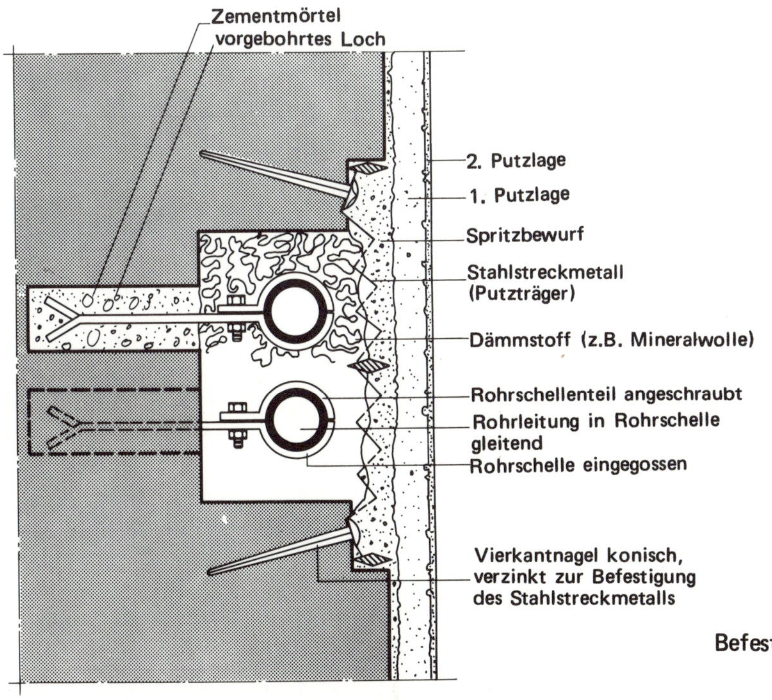

Befestigung mit handelsüblicher Rohrschelle
(zum Einbetonieren)

Bild 6/31 Schließen von Mauerschlitzen bei Verwendung von Dickputz

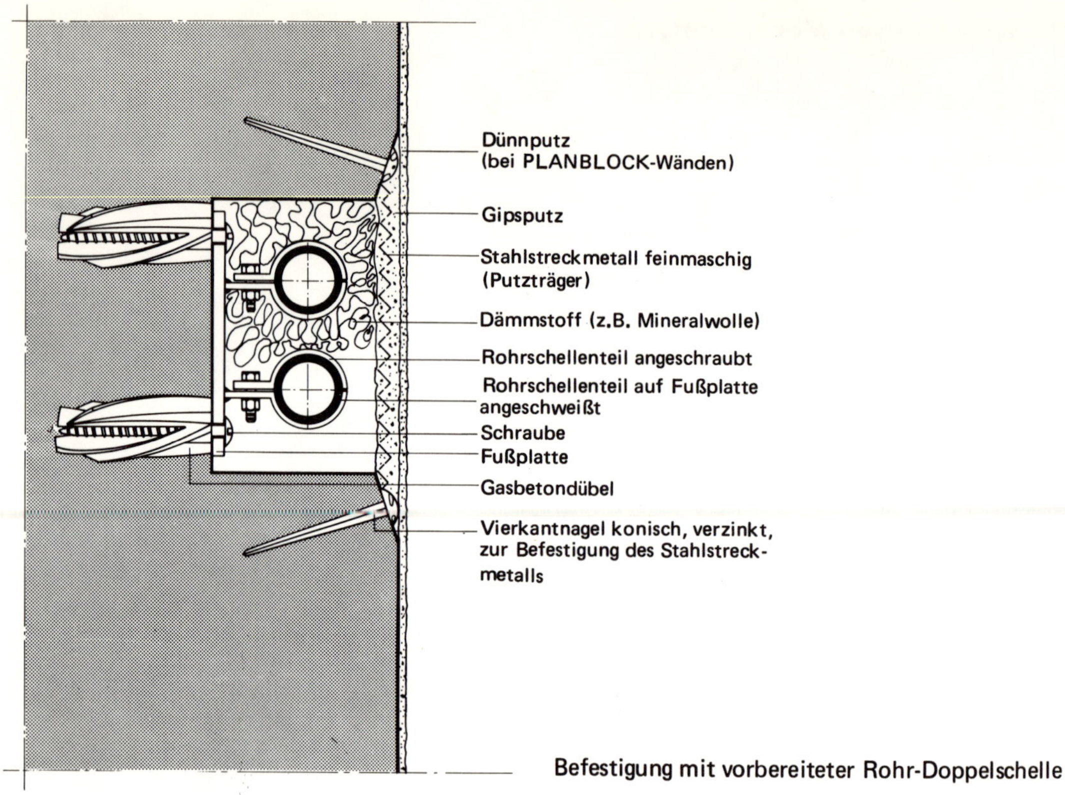

Bild 6/32 Schließen von Mauerschlitzen bei Verwendung von Dünnputz (Wände aus YTONG-PLANBLÖCKEN und -PLANPLATTEN)

6.2 Montagebau

Stehende YTONG-Wandelemente, tragend
Stehende YTONG-Wandelemente, nichttragend
YTONG-Zwischenwandelemente
Liegende YTONG-Wandelemente
YTONG-Fassadenelemente
Raumgroße YTONG-Wandelemente

Im Montagebau sind YTONG-Montagebauteile vielseitig zu verwenden. Sie werden für tragende und nichttragende Außen- und Innenwände, für die Verkleidung von Stahl- und Stahlbetonkonstruktionen und für Ausfachungen eingesetzt.

6.2.1 Planungsgrundlagen

Die für die Planung benötigten technischen Daten sind in den entsprechenden Abschnitten angegeben. Die Angaben, wo sie im einzelnen zu finden sind, werden in der folgenden Aufstellung der Planungsgrundlagen gemacht.

	Seite
Produkte	24 · 26 · 28 30 · 32 · 36
Standsicherheit	
Mit Ausnahme von Berechnungsgewichten und Verkehrslasten beziehen sich die Angaben nur auf stehende YTONG-Wandelemente, tragend	
Berechnungsgewichte	121
Verkehrslasten	121
Wanddicken	128
Aussteifung	129
Ringanker	129
Aussparungen	132
Deckenausbildung	132
Zulässige Druckspannungen	132
Wärmeschutz	
Grundlagen	81
Anforderungen	82
YTONG-Vollwärmeschutz	83
Wärmeleitzahlen	84
Wärmedurchlaßwiderstand ($1/\Lambda$)	85
Wärmedurchgangszahl (k)	85
Feuerschutz	
Feuerwiderstandsklasse	115
Geprüfte YTONG-Wandkonstruktionen	116
Schallschutz	
Anforderungen	105
Schalltechnisch ausreichende YTONG-Wandkonstruktionen (nach (DIN 4109)	108
Schalltechnisch ausreichende YTONG-Wandkonstruktionen (nach Prüfungen)	109

6.2.2 Konstruktionen — Stehende YTONG-Wandelemente, tragend

6.2.2.1 Übersicht

Bild 6/33 Ansicht einer Fassade aus stehenden YTONG-Wandelementen, tragend

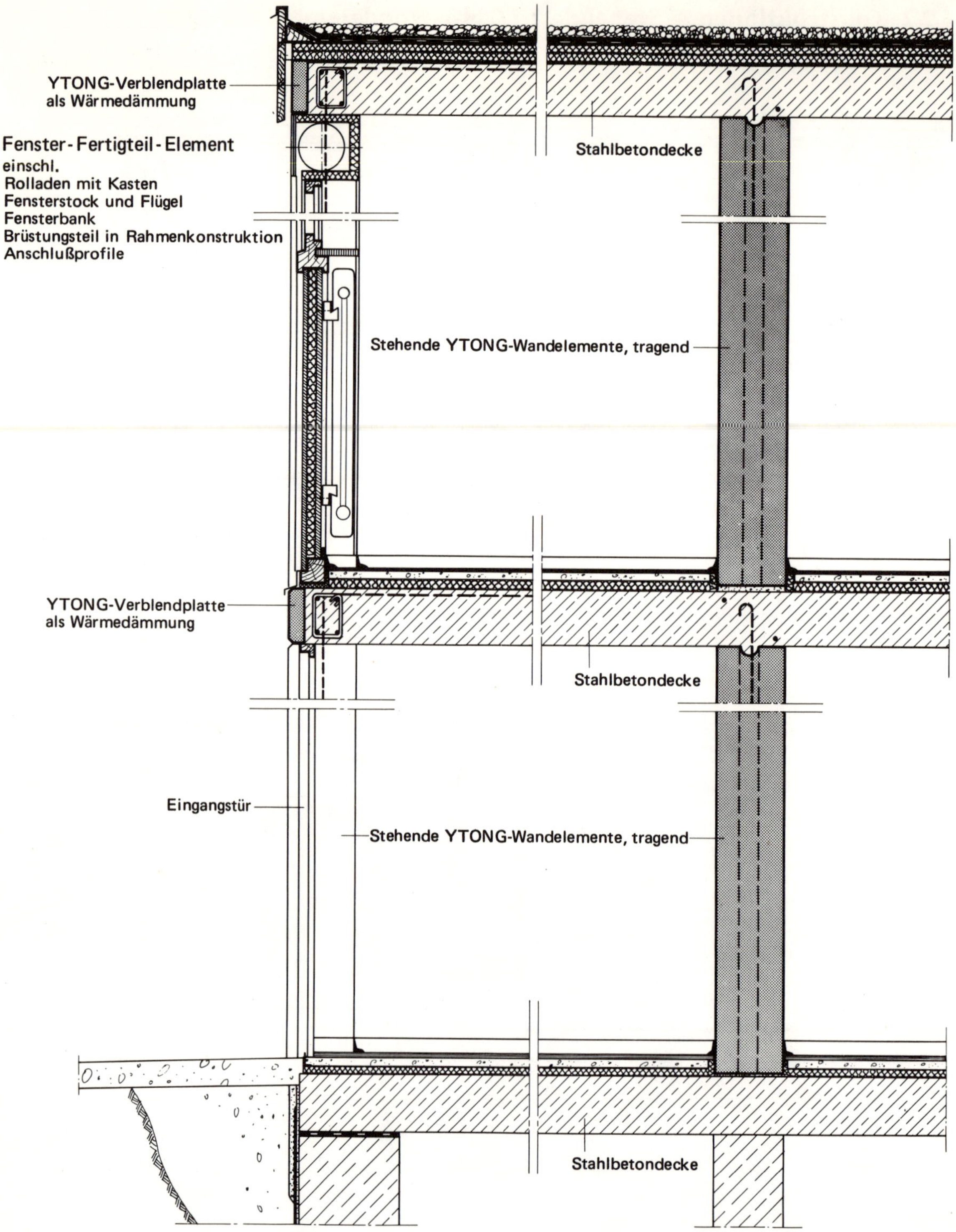

Bild 6/34 Querschnitt eines Gebäudes aus stehenden YTONG-Wandelementen, tragend (deckengleicher Sturz)

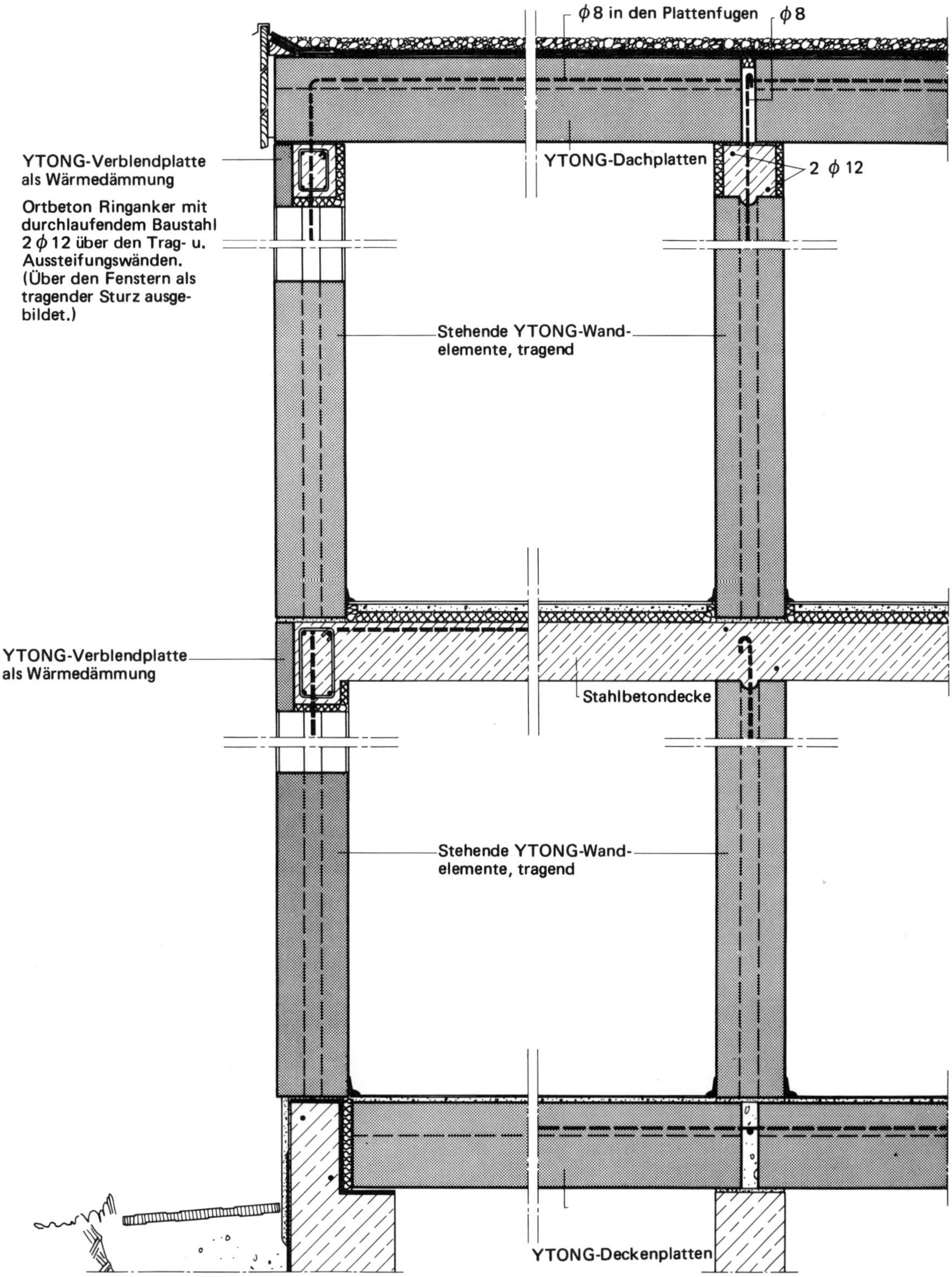

Bild 6/35 Querschnitt eines Gebäudes aus stehenden YTONG-Wandelementen, tragend (mit Sturzausbildung)

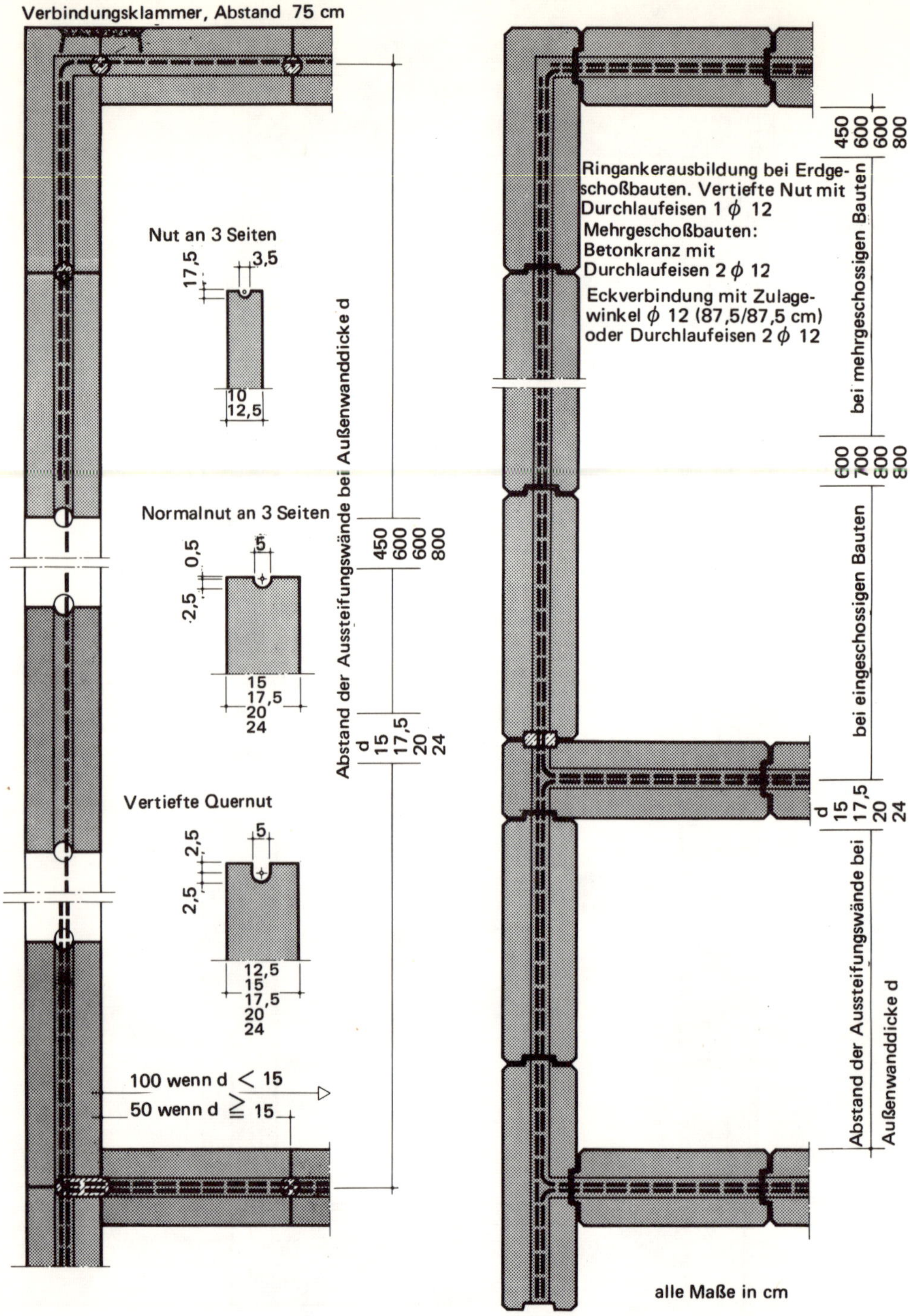

Bild 6/36 Grundsätzliche Anordnung der stehenden YTONG-Wandelemente, tragend; Abstände und Dicken der aussteifenden Querwände

6.2.2.2 Dachanschlüsse

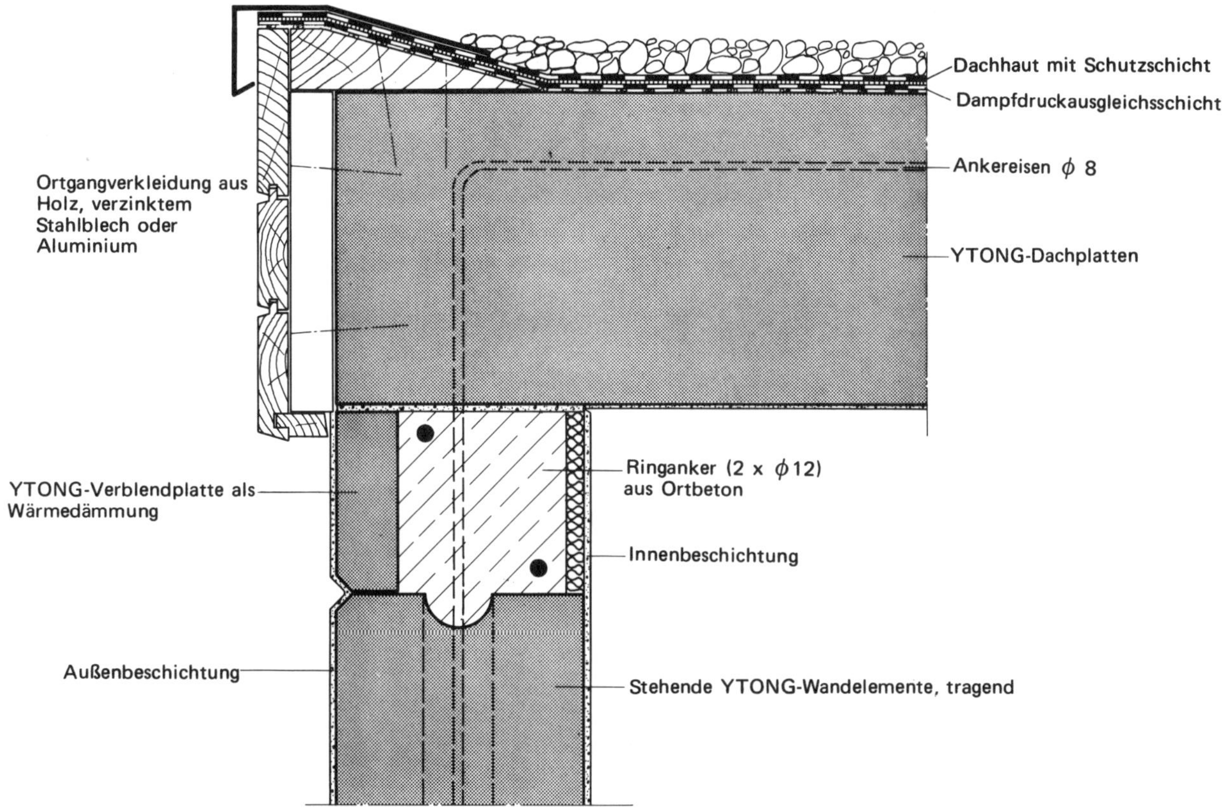

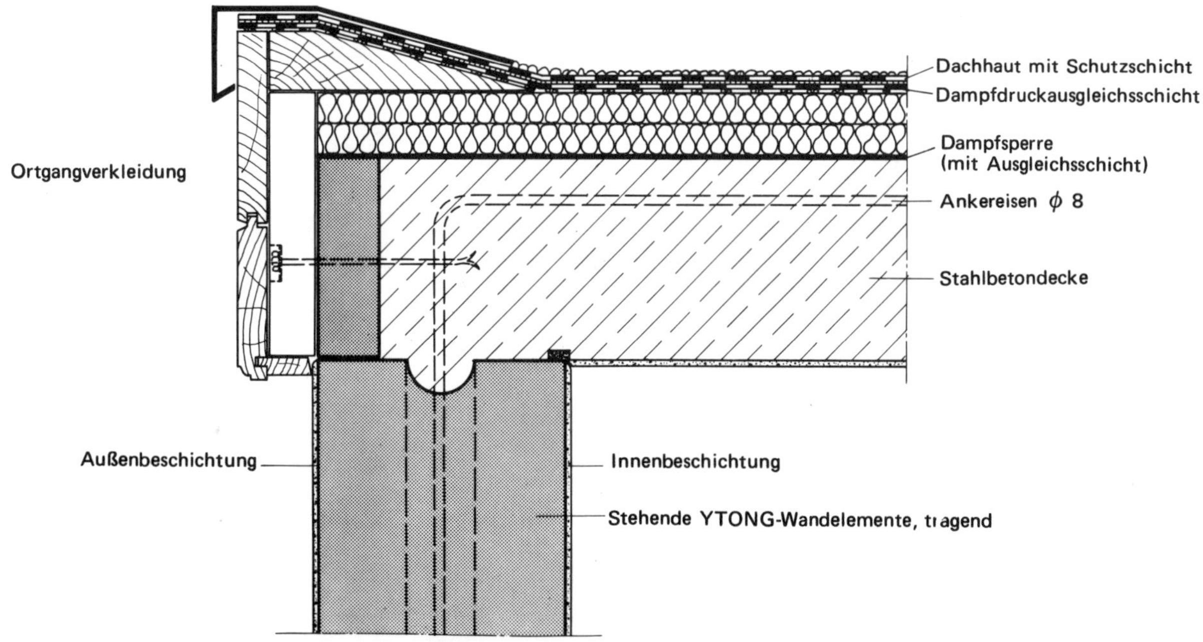

Bild 6/37 Anschluß eines YTONG-Flachdaches (Warmdach) und eines Stahlbeton-Flachdaches an Wänden aus stehenden YTONG-Wandelementen, tragend, bei mehrgeschossigen Bauten

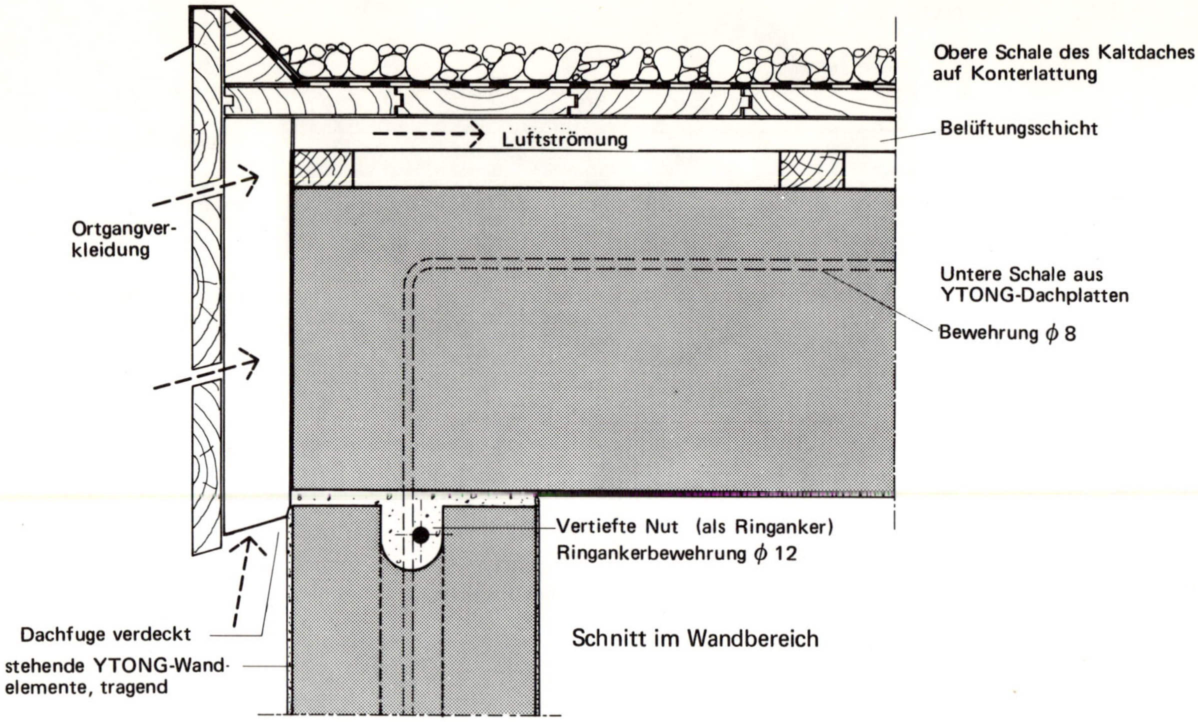

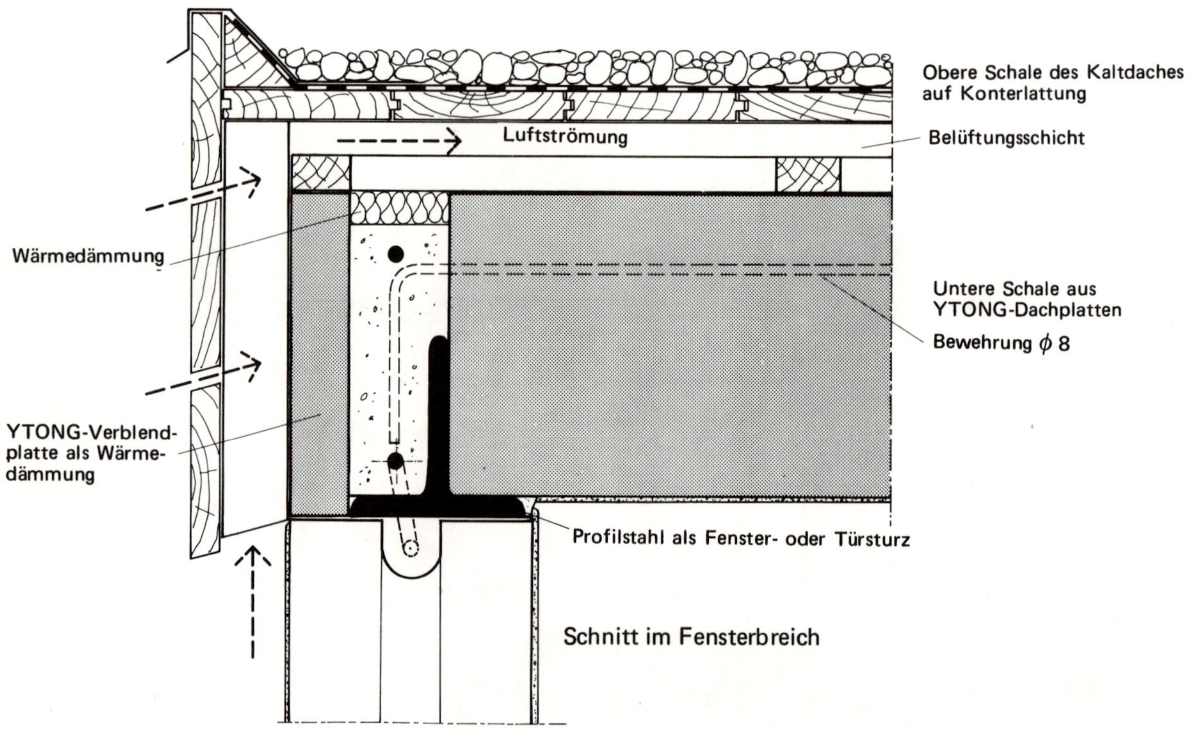

Bild 6/38 Anschluß eines YTONG-Flachdaches (Kaltdach) an Wänden aus stehenden YTONG-Wandelementen, tragend, bei erdgeschossigen Bauten. — Schnitte im Wand- und Fensterbereich

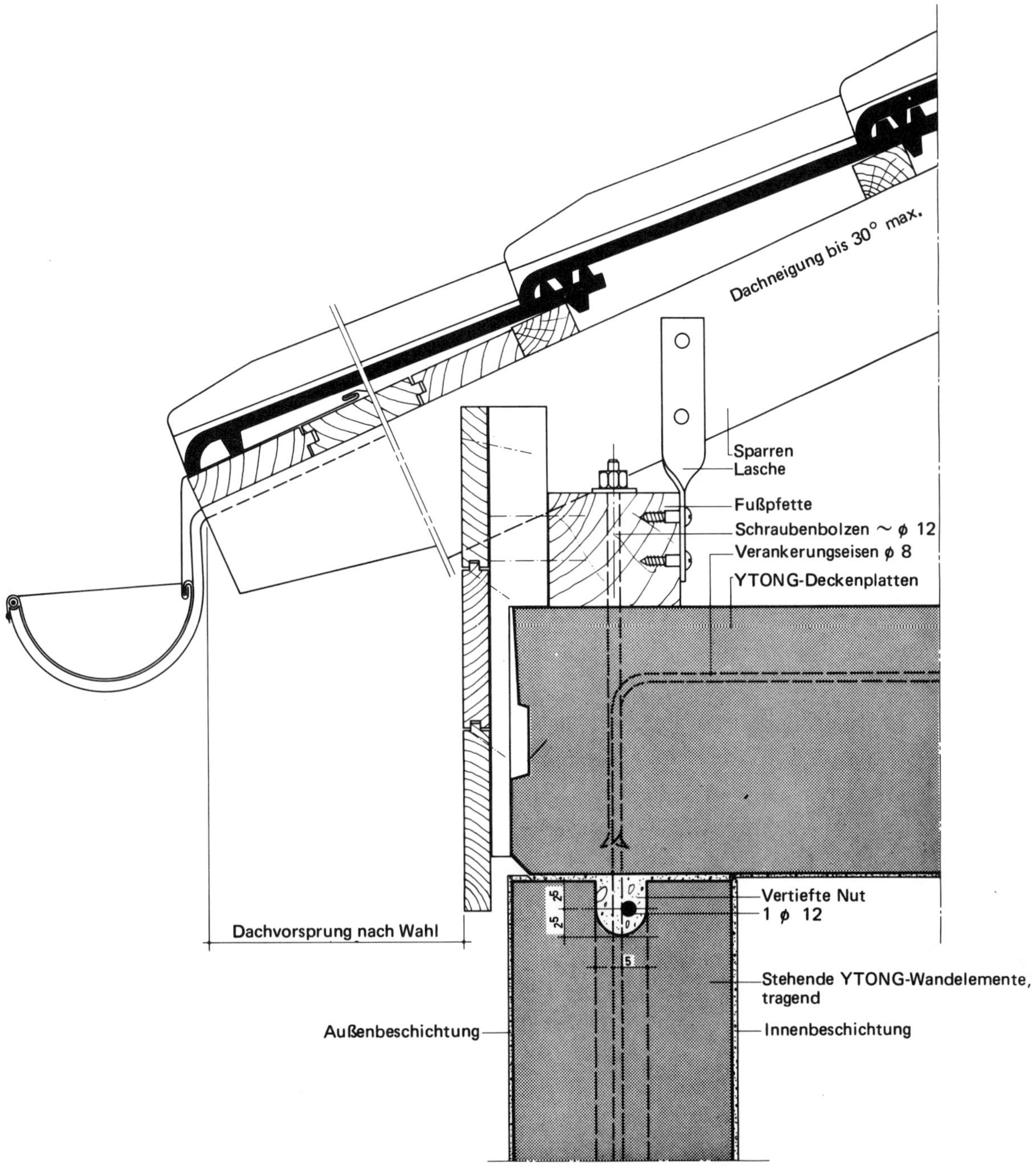

Bild 6/39 Anschluß eines Dachstuhles an einer YTONG-Decke und stehenden YTONG-Wandelementen, tragend, bei erdgeschossigen Bauten

6.2.2.3 Deckenanschlüsse

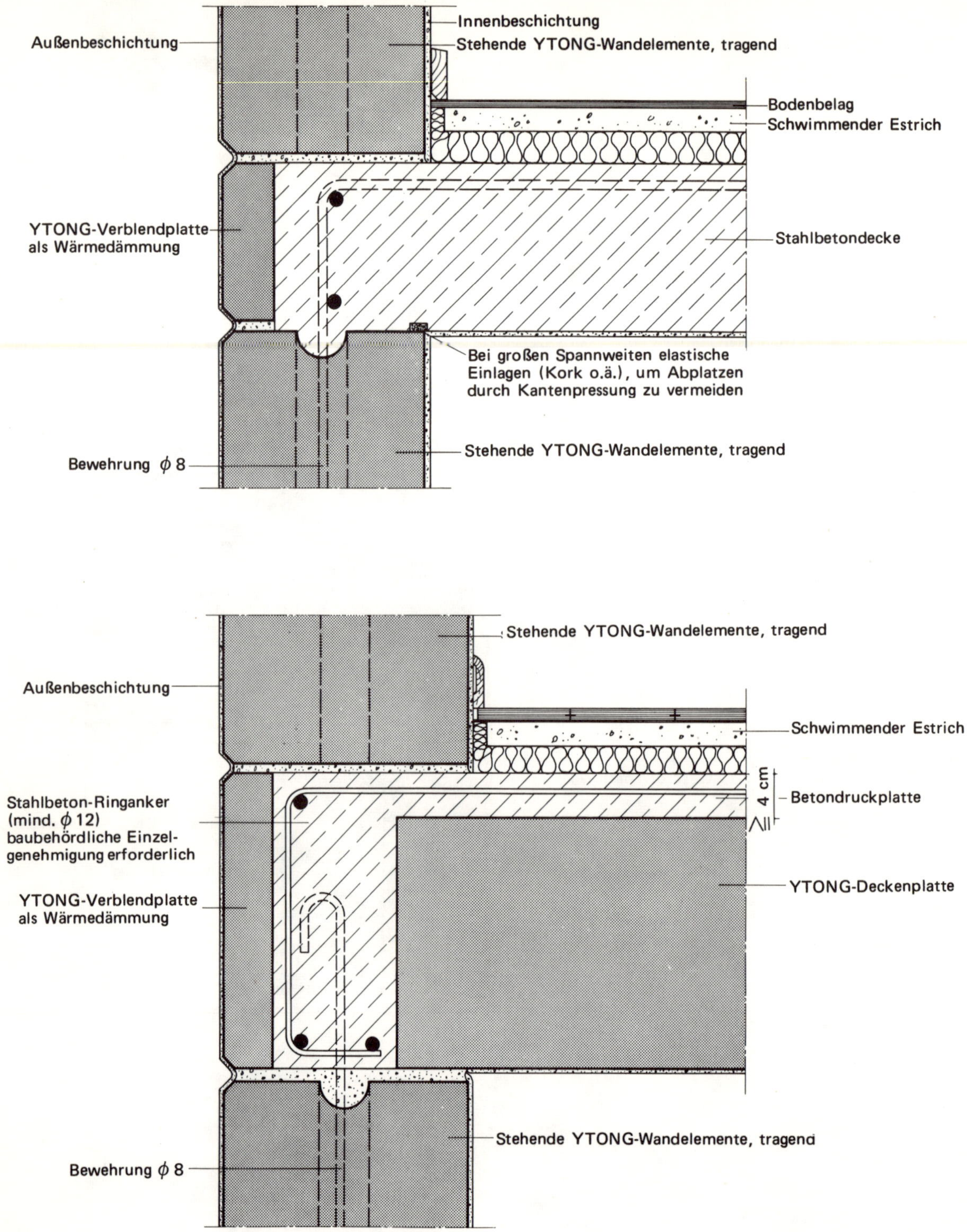

Bild 6/40 Anschluß von Geschoßdecken aus YTONG-Deckenplatten sowie aus Stahlbeton an Wänden aus stehenden YTONG-Wandelementen, tragend

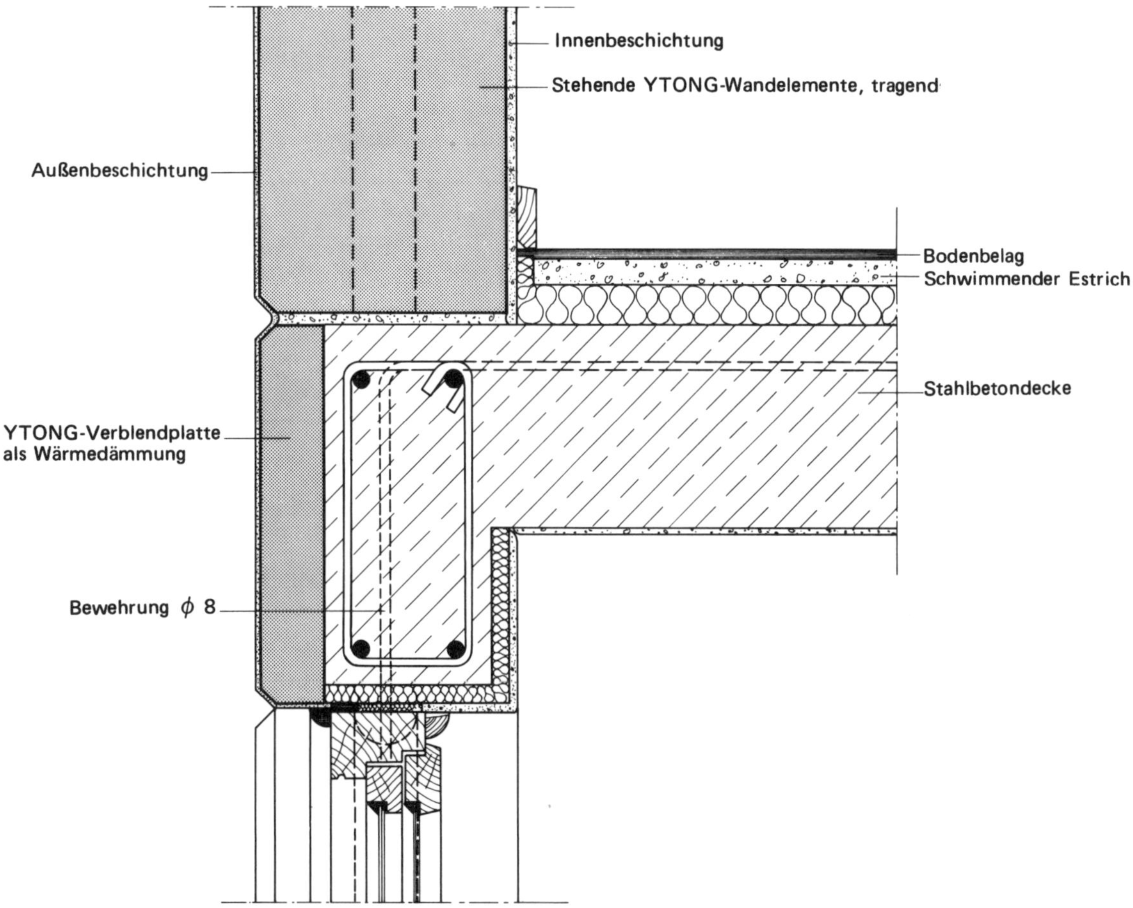

Bild 6/41 Sturzausbildung

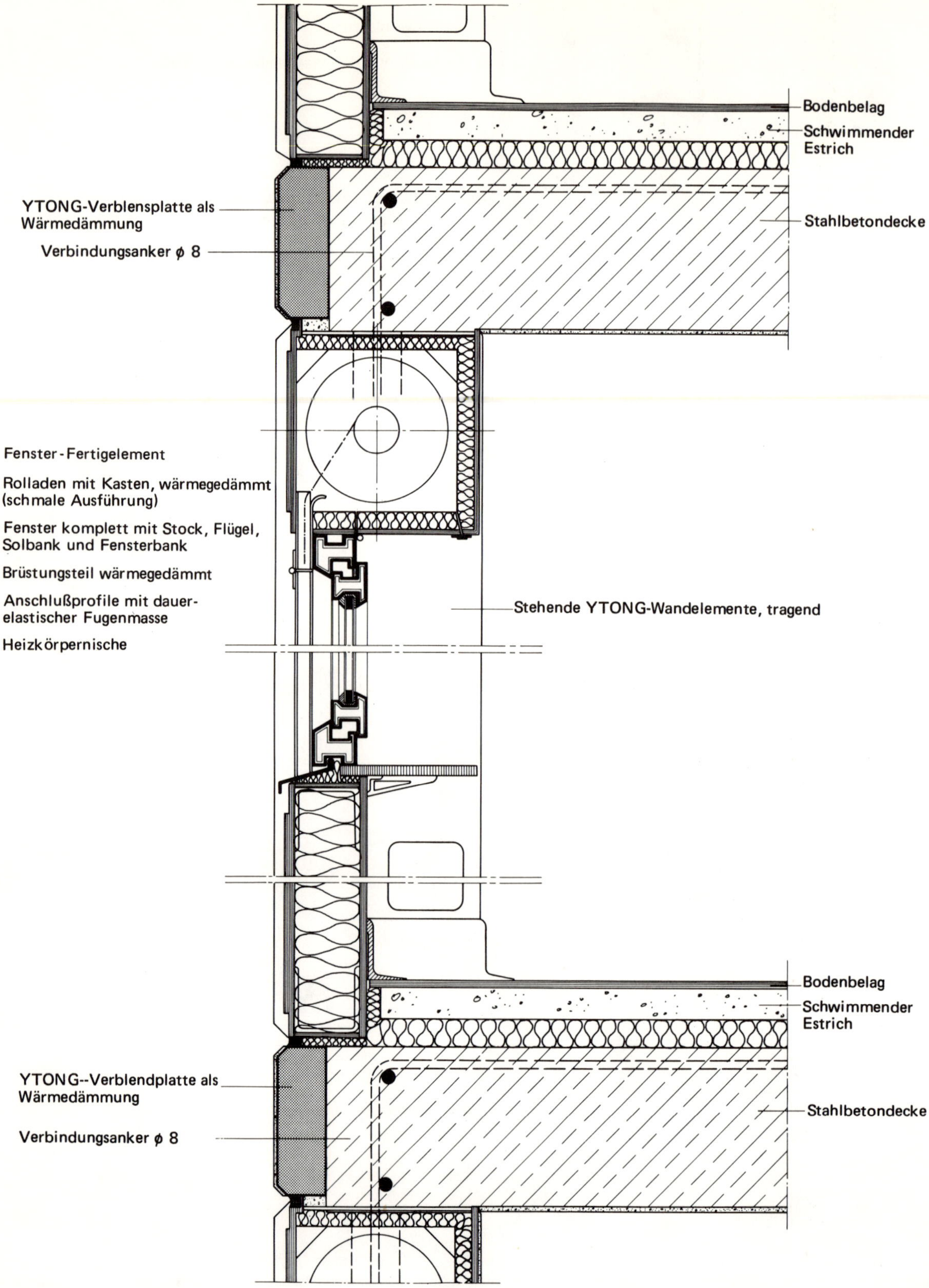

Bild 6/42 Deckengleicher Sturz, Fenster-Fertigelement als Ergänzungsbauteil

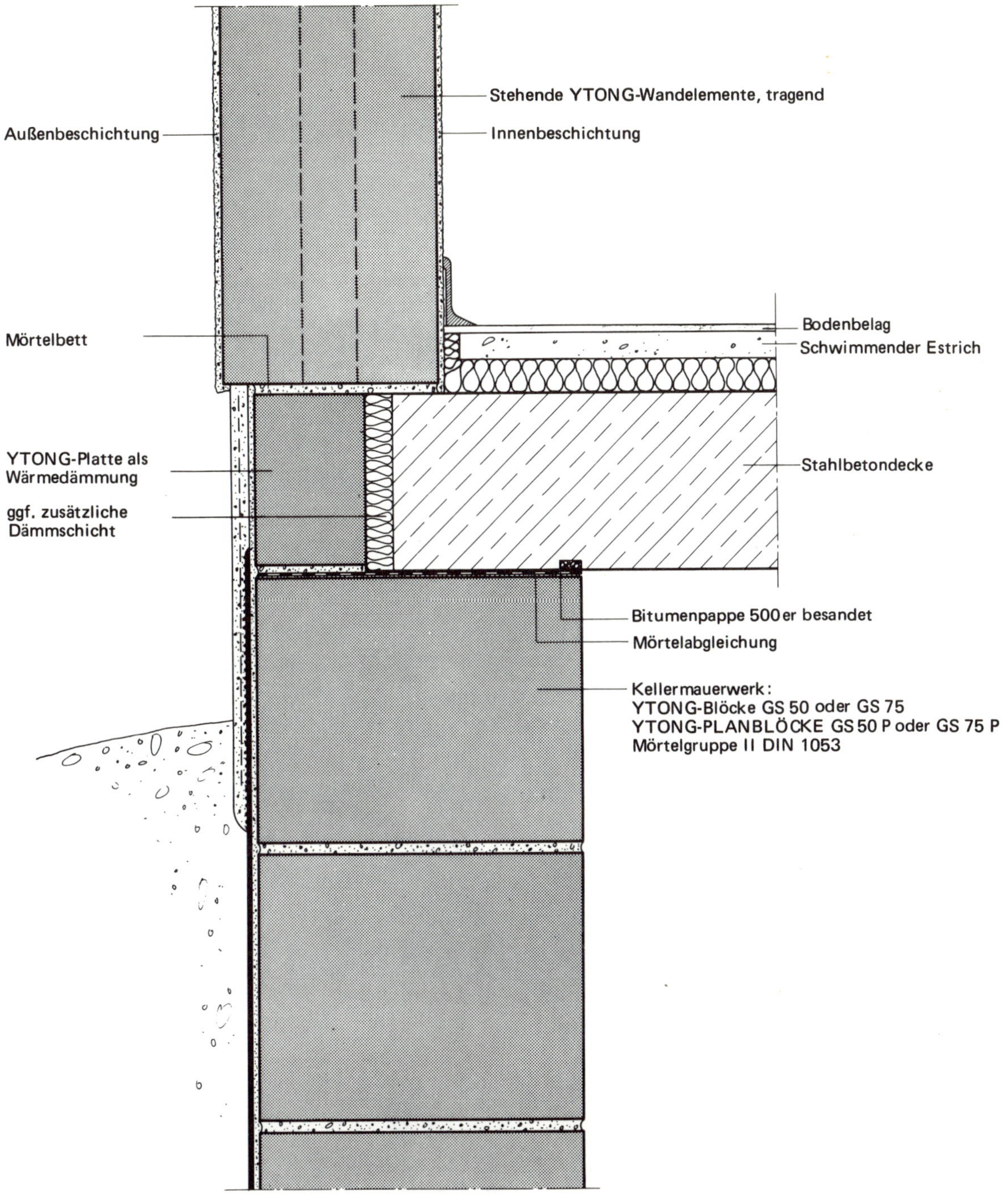

Bild 6/43 Anschluß der stehenden YTONG-Wandelemente, tragend, und der Kellerdecke aus Stahlbeton an Kelleraußenwänden aus YTONG-Blöcken oder YTONG-PLANBLÖCKEN

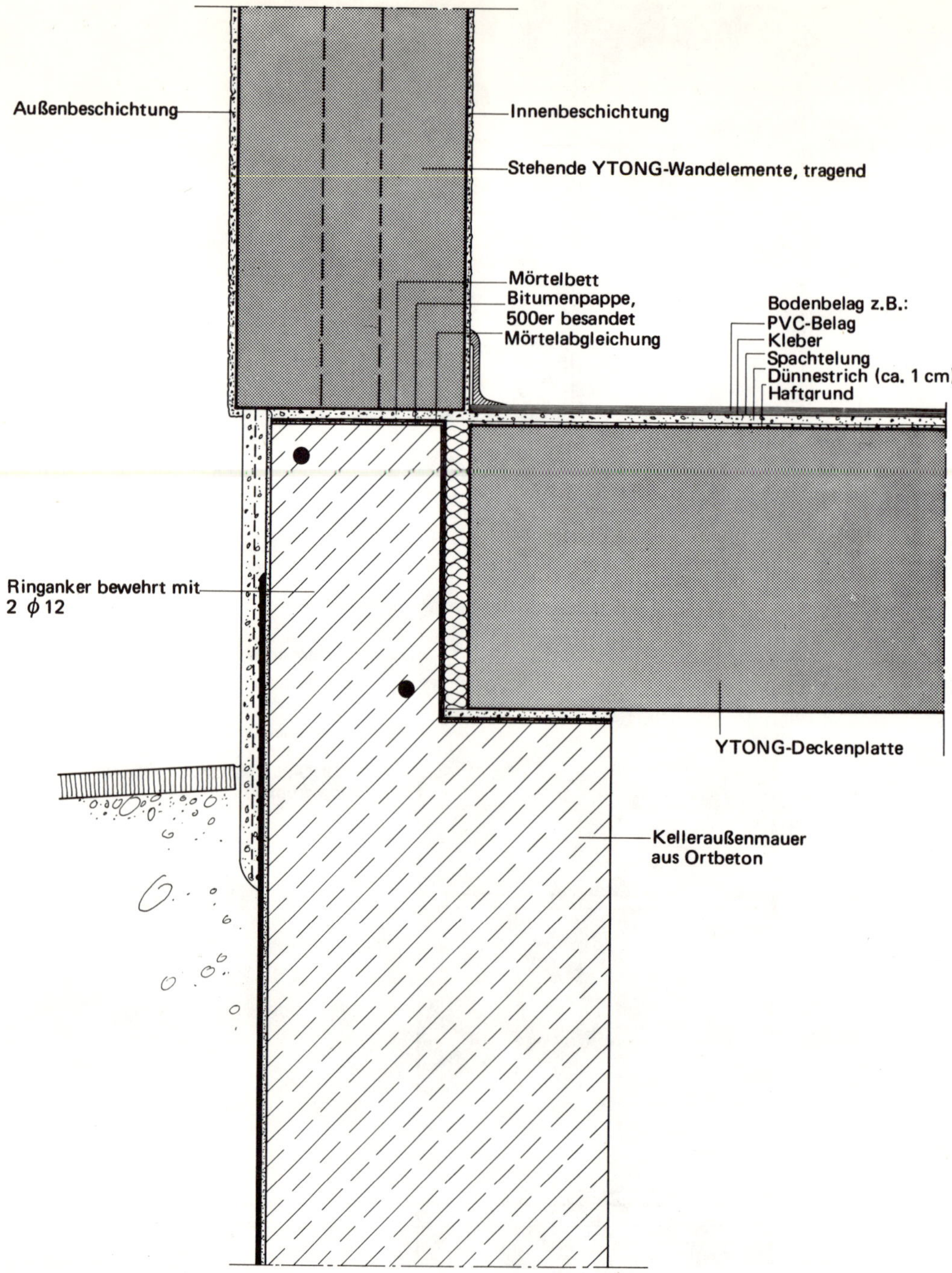

Bild 6/44 Anschluß der stehenden YTONG-Wandelemente, tragend, und der YTONG-Kellerdecke an Kellerwänden aus Beton

6.2.3 Konstruktionen — Stehende YTONG-Wandelemente, nichttragend

6.2.3.1 YTONG-Zwischenwandelemente für leichte, nichttragende Innenwände

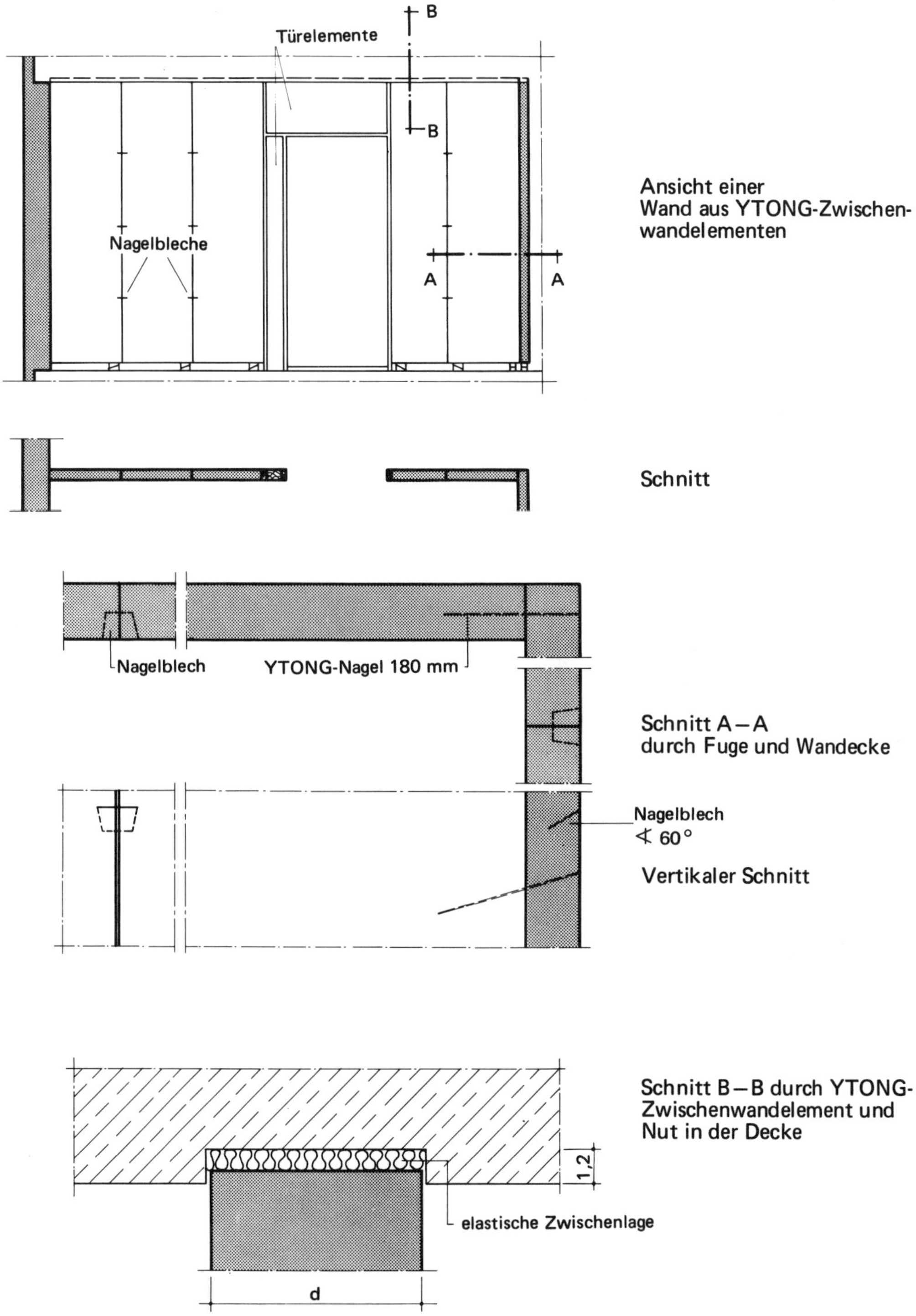

alle Maße in cm
bei Eisenteilen in mm

Bild 6/45 YTONG-Zwischenwandelemente ohne Nut und Feder; die Längsseiten sind nicht gefast. Diese Elemente werden stumpf gestoßen, sie werden in den Stoßfugen mit Baukleber verbunden. In der Decke wird eine Nut vorgesehen. Zwischen dem Kopf der Elemente und der Decke wird ein Schaumstoffstreifen eingelegt

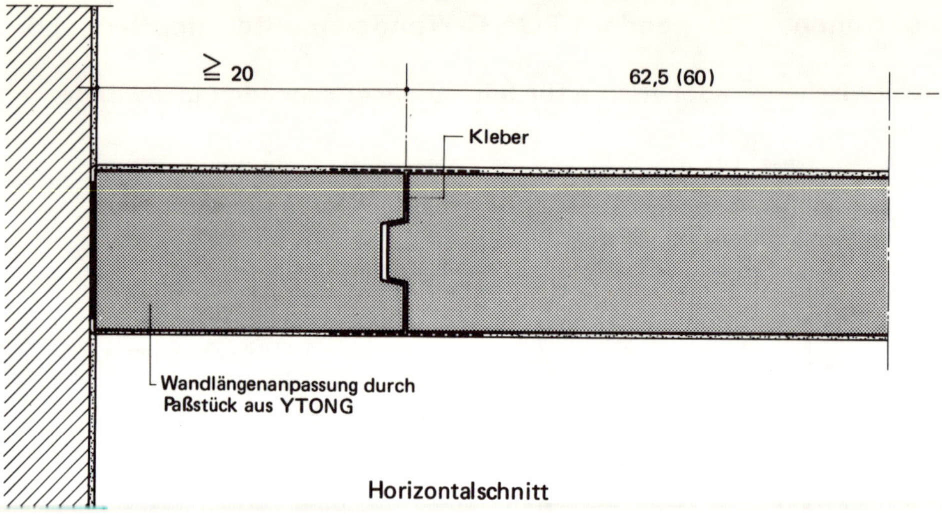

Horizontalschnitt

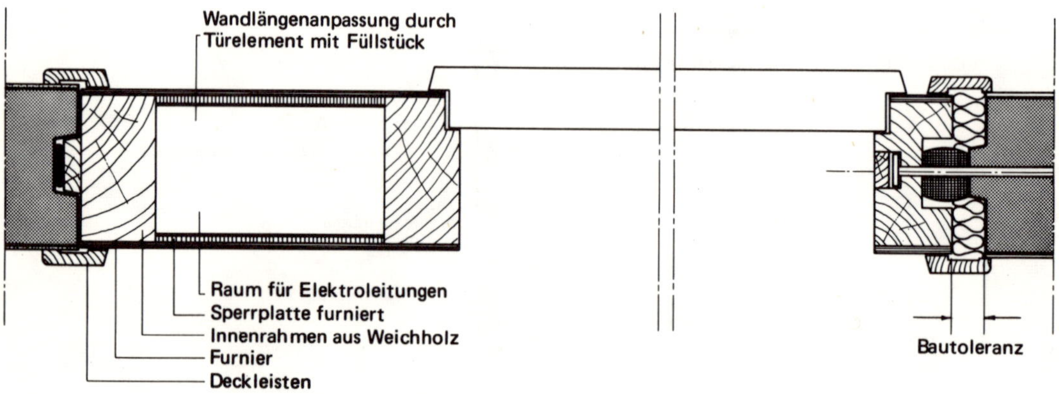

Türelement
Horizontalschnitt

Bild 6/46 YTONG-Zwischenwandelemente mit Nut und Feder; die Längsseiten sind nicht gefast. Die vertikalen Fugen werden durch eine Gewebeeinlage gesichert. Vom Boden bis zur Decke durchgehende Türelemente mit seitlichen Füllstücken, in denen z. B. Elektroleitungen untergebracht werden können, haben sich gut bewährt

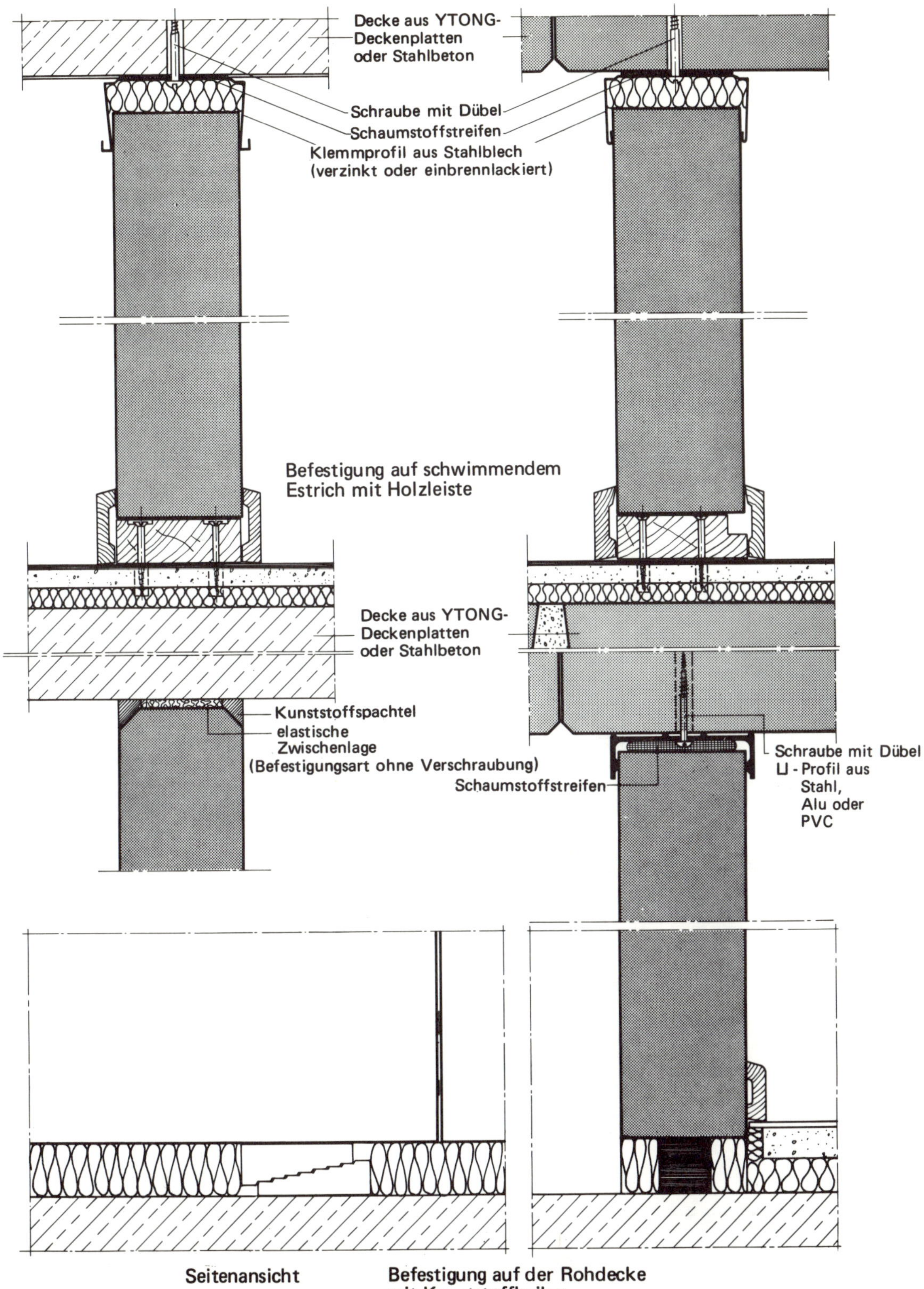

Bild 6/47 Verschiedene Ausführungen des Decken- und Bodenanschlusses bei YTONG-Zwischenwandelementen, vorwiegend im gewerblichen Bau

6.2.3.2 Stehende YTONG-Wandelemente für nichttragende Außenwände

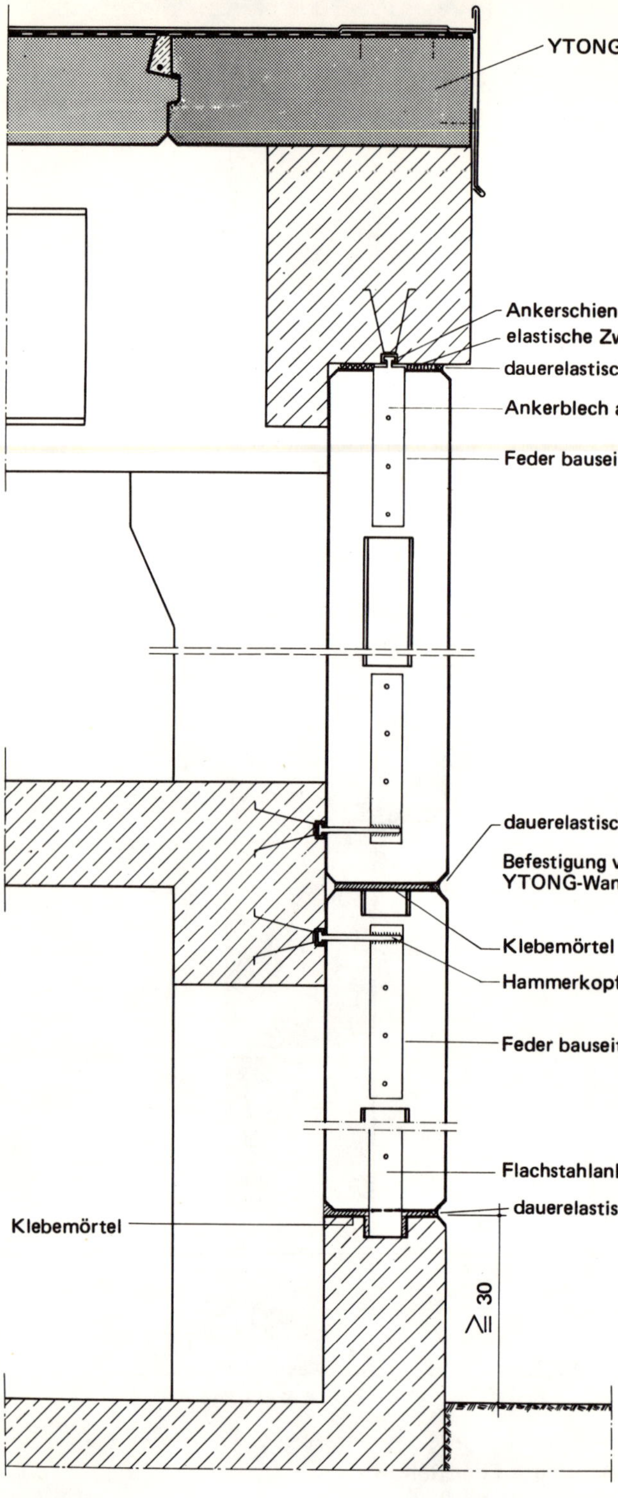

alle Maße in cm
bei Eisenteilen in mm

Bild 6/48 Befestigung von stehenden YTONG-Wandelementen, nichttragend, an Stahlbetonkonstruktionen

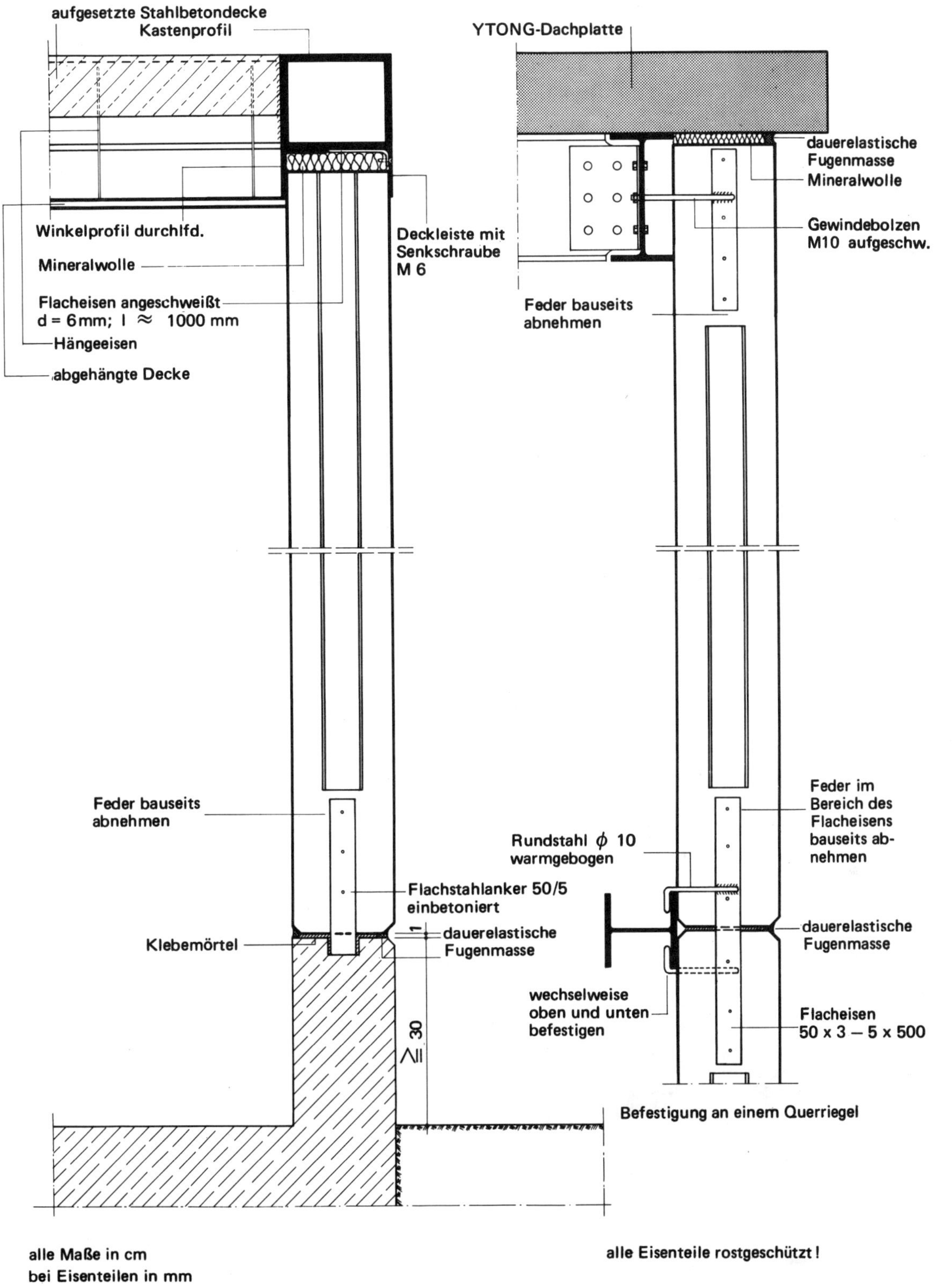

Bild 6/49 Befestigung von stehenden YTONG-Wandelementen, nichttragend, an Stahlkonstruktionen

6.2.4 Konstruktionen – Liegende YTONG-Wandelemente

6.2.4.1 Übersicht

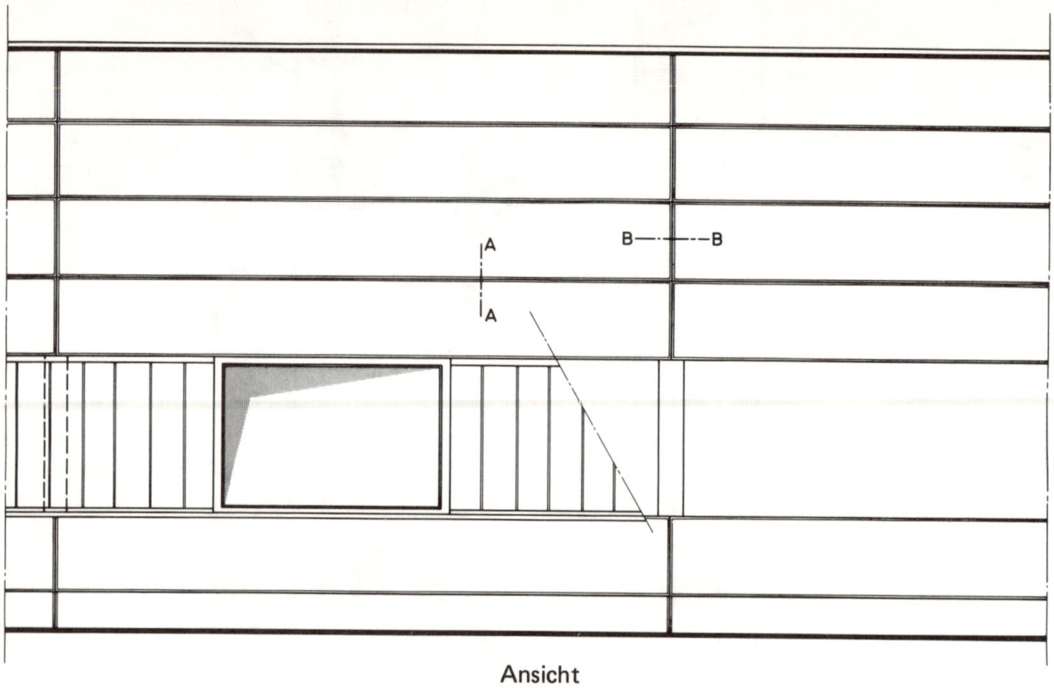

Ansicht

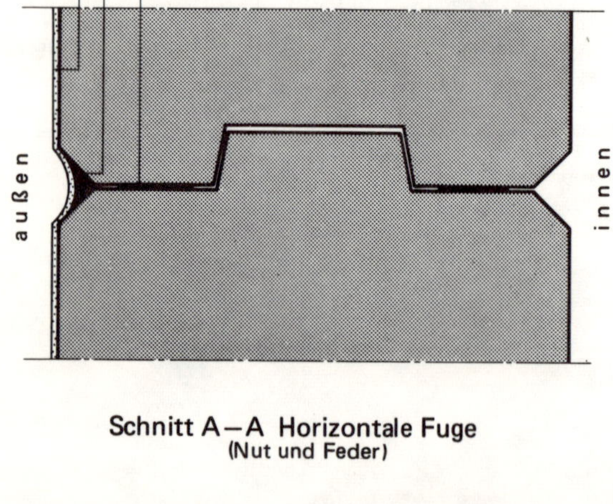

Schnitt A–A Horizontale Fuge
(Nut und Feder)

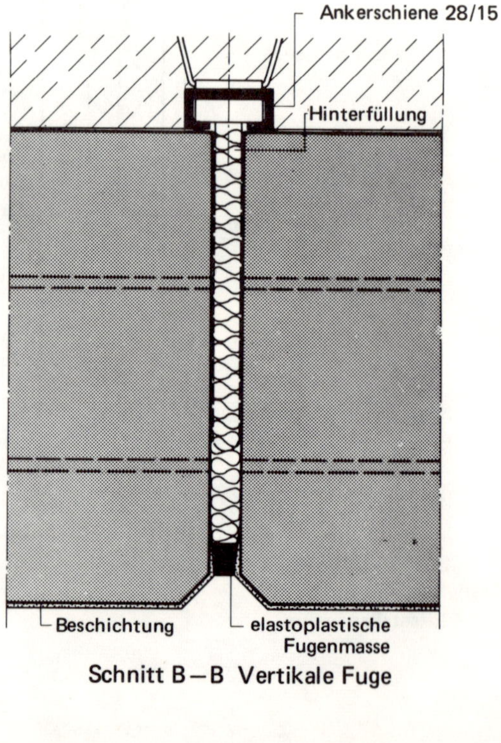

Schnitt B–B Vertikale Fuge

Bild 6/50 Ansicht einer Fassade aus liegenden YTONG-Wandelementen. Ausbildung der horizontalen und vertikalen Fugen (Dichtung mit Fugenmassen). — Weitere Angaben über die Verfugung und die Auswahl der Fugenmassen sind Kapitel 6.4 „Verfugung“ zu entnehmen

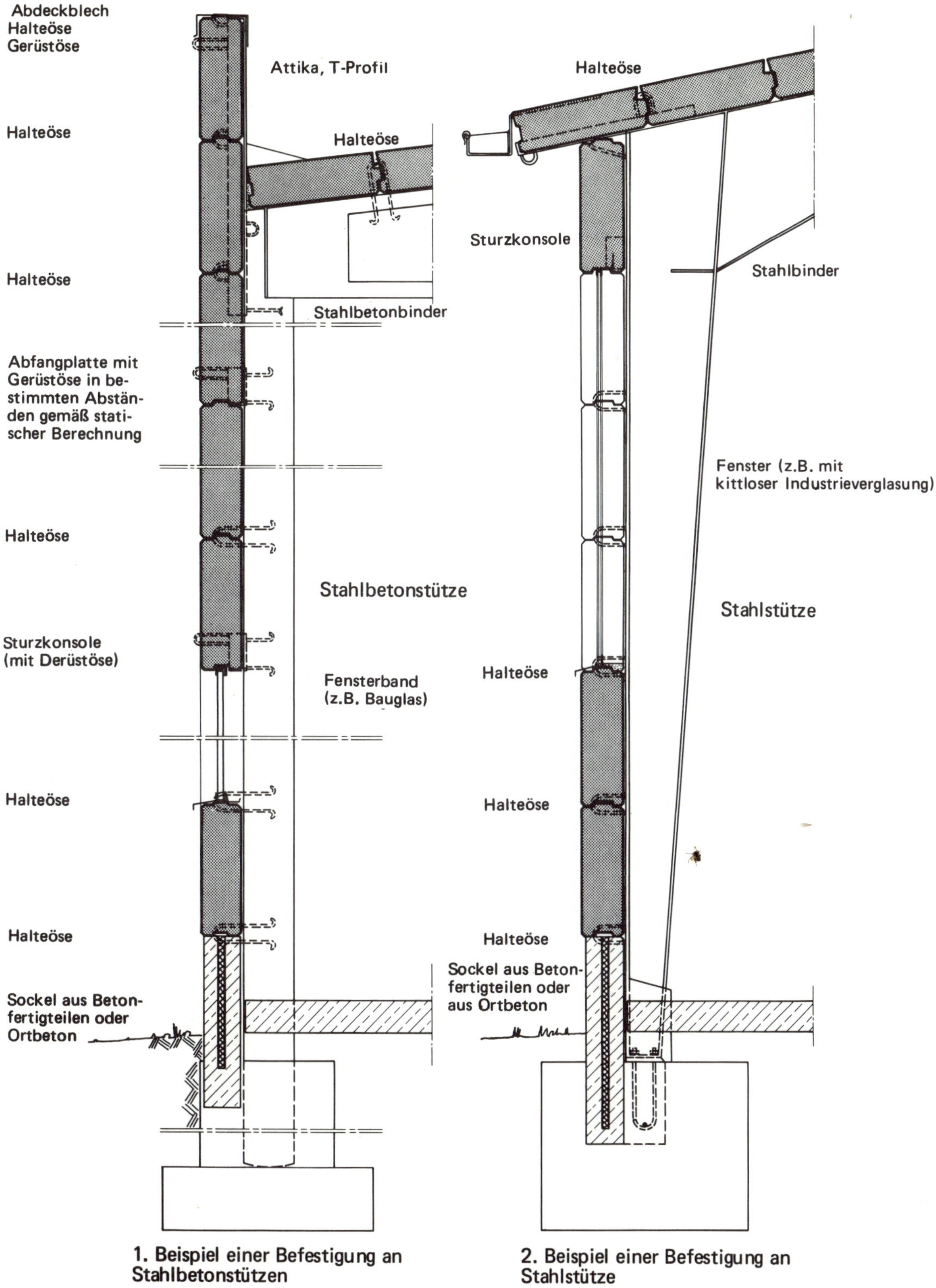

Bild 6/51 Schnitt durch eine Fassade aus liegenden YTONG-Wandelementen, die vor die tragende Konstruktion aus Stahlbeton oder Stahl gesetzt sind. Kältebrücken sind vermieden

6.2.4.2 Anschlüsse der liegenden YTONG-Wandelemente an die tragende Konstruktion (Stahl und Stahlbeton)

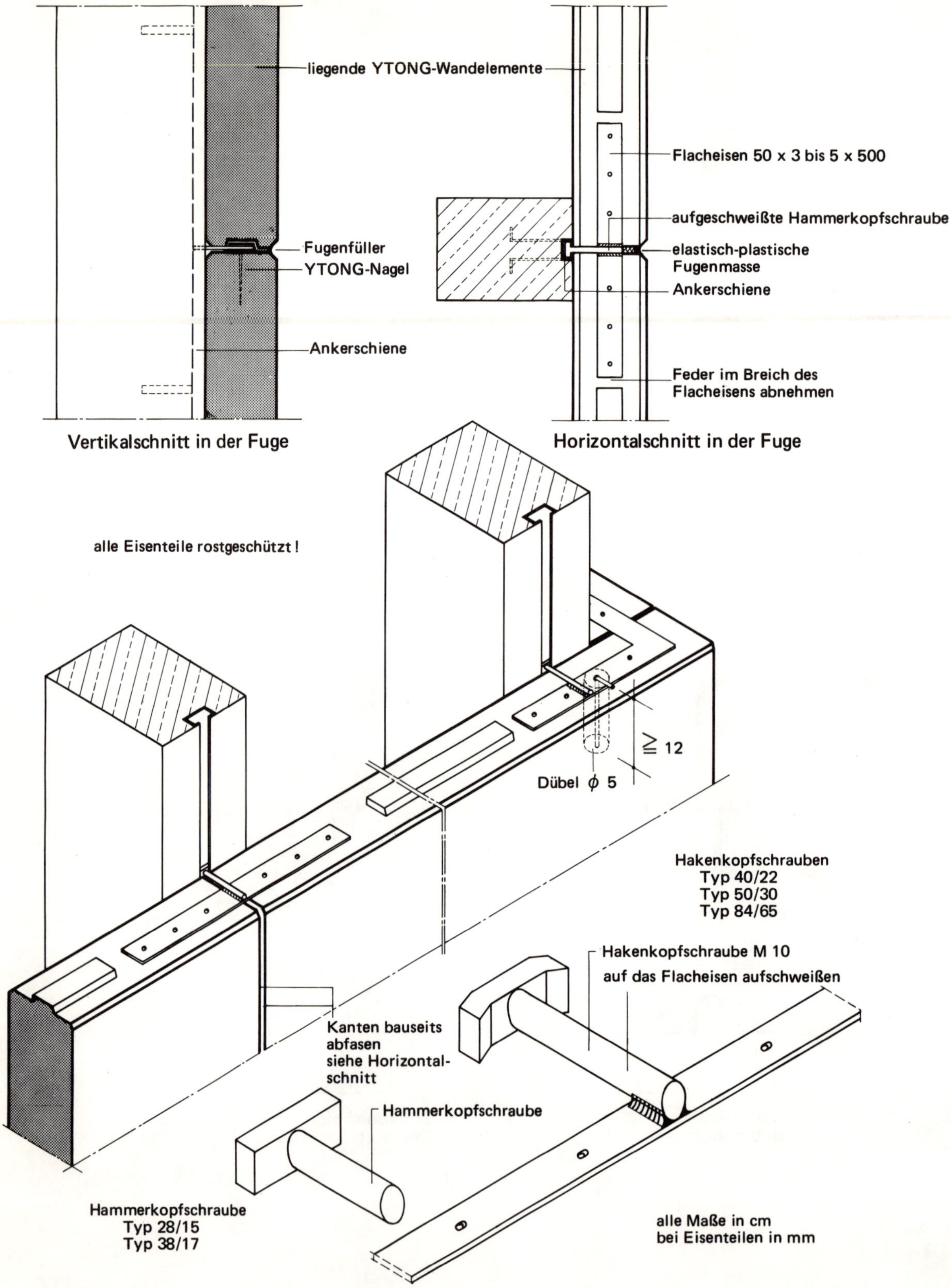

Bild 6/52 Verankerung an Stahlbetonstützen

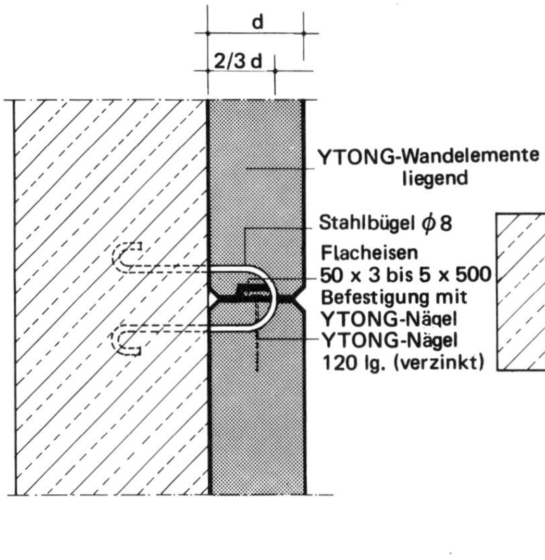

Vertikalschnitt in der Fuge

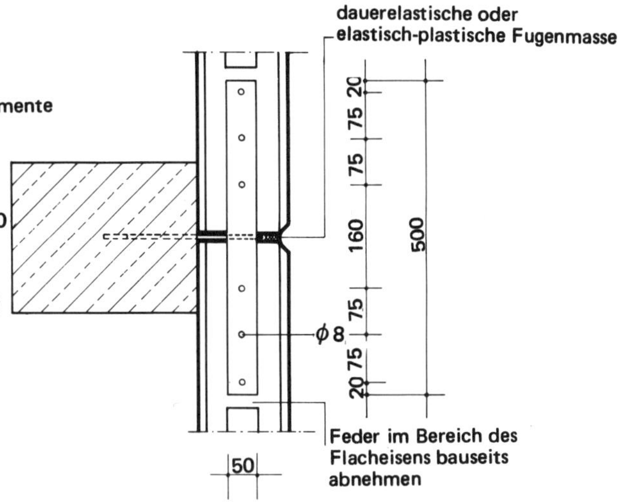

Horizontalschnitt in der Fuge

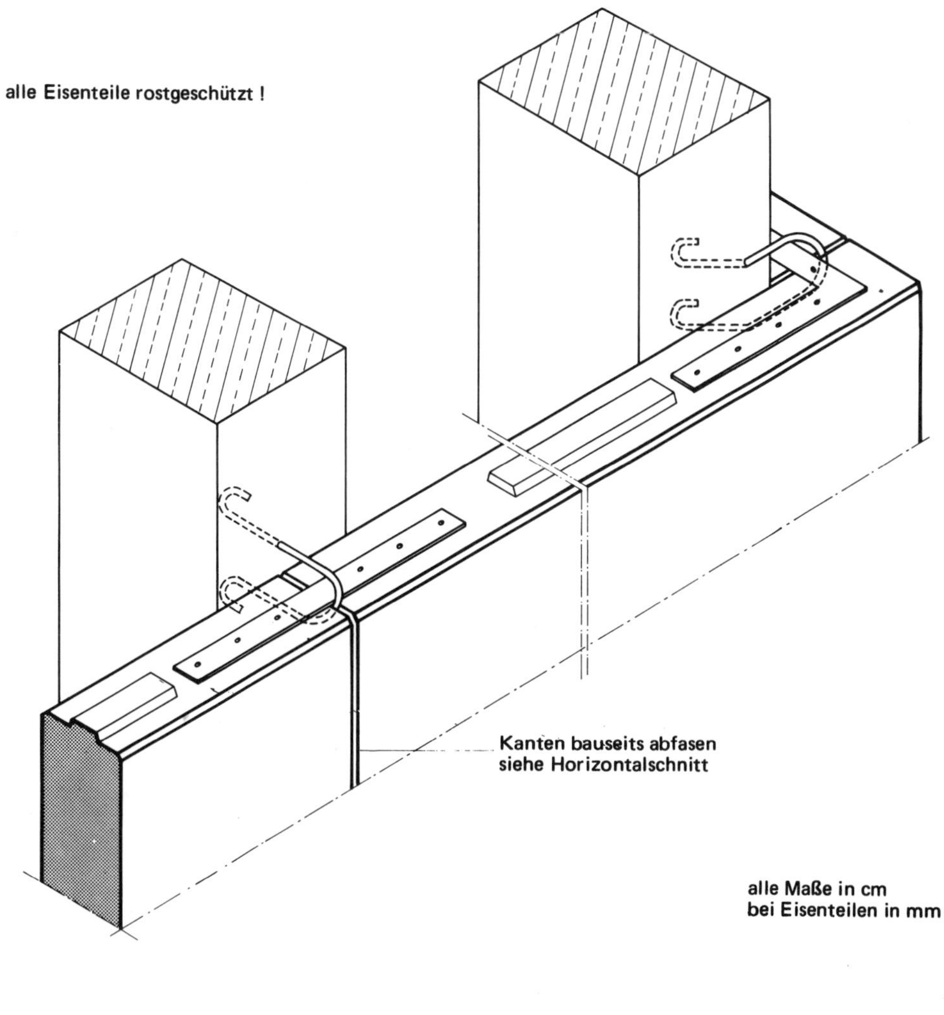

Bild 6/53 Verankerung an Stahlbetonstützen mit Rundstahlbügeln

Befestigung mit Ankerschienen

alle Eisenteile rostgeschützt

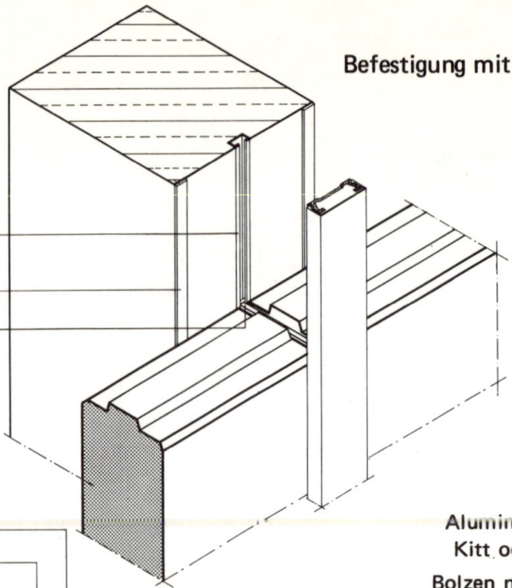

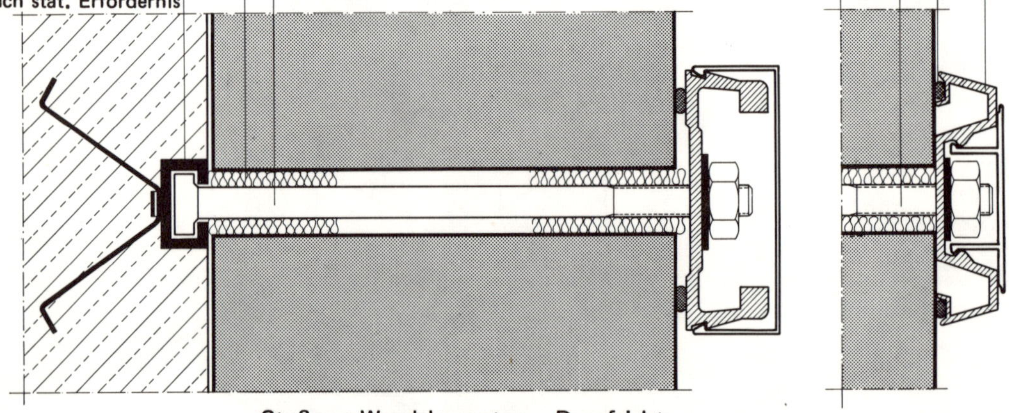

Stoß von Wandelementen – Draufsicht

Befestigung mit einbetonierten Ankerbolzen

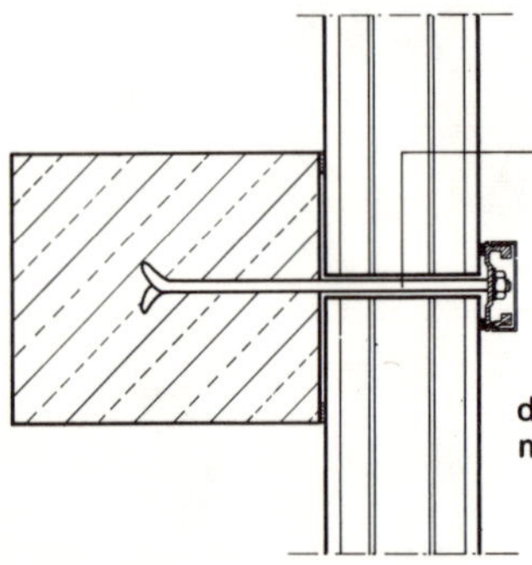

Horizontalschnitt

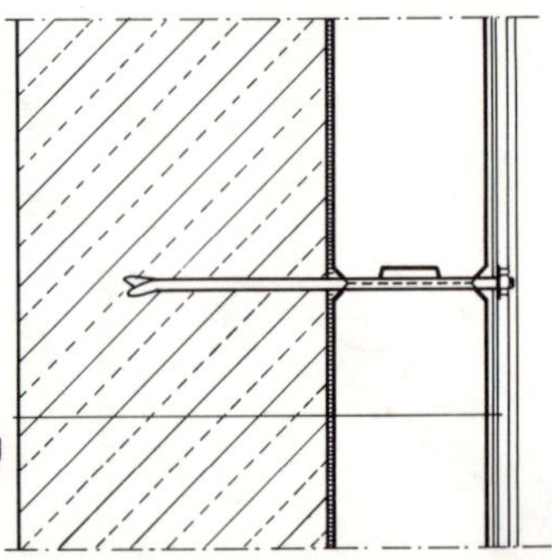

Vertikalschnitt

alle Maße in cm
bei Eisenteilen in mm

Bild 6/54 Verankerung an Stahlbetonstützen mittels Deckleisten und Ankerschienen. — Weitere Ausführungen mit Deckleisten sind in Kapitel 6.4 „Verfugung“ enthalten

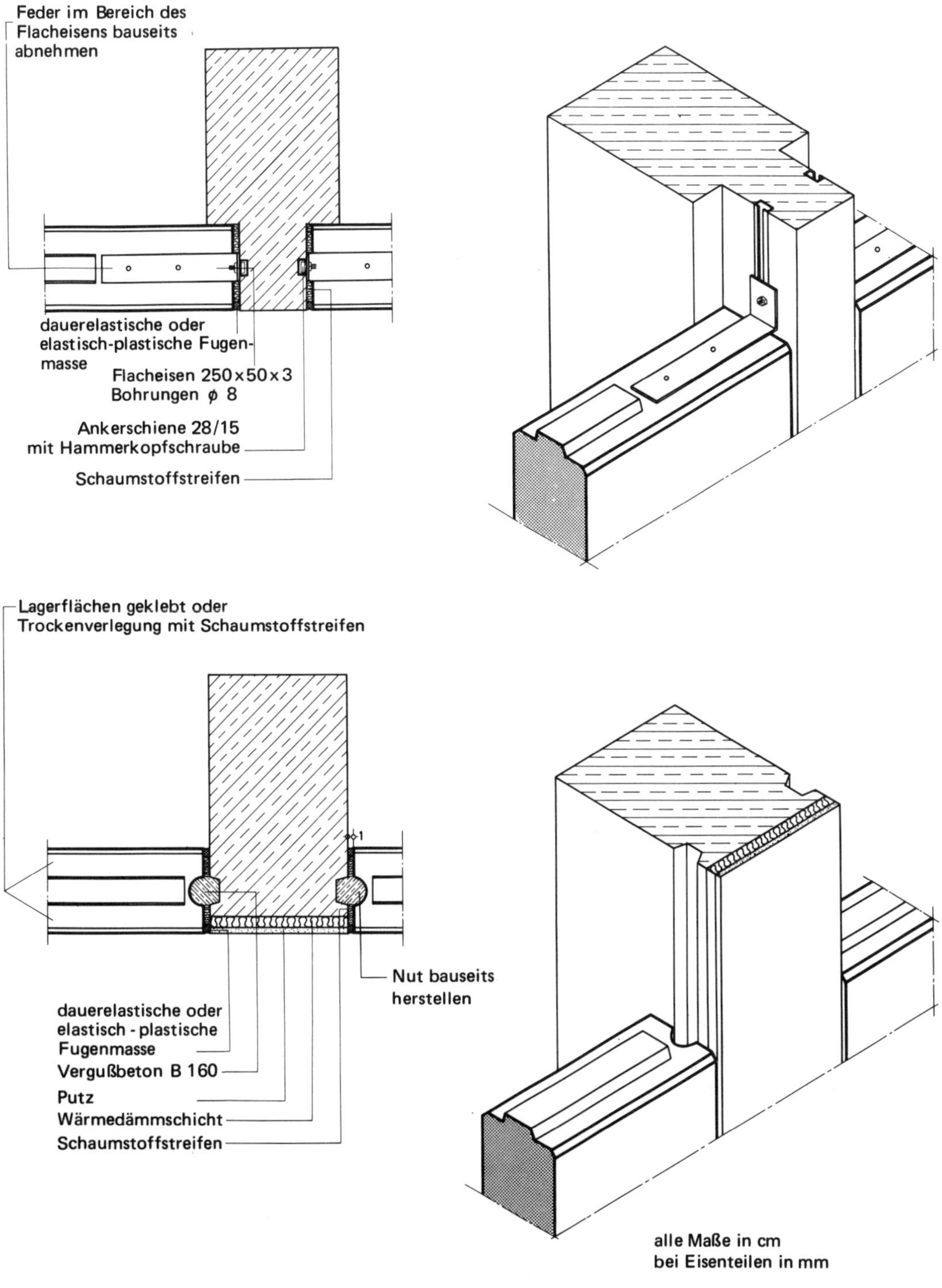

Bild 6/55 Anschluß von liegenden YTONG-Wandelementen an die tragende Stahlbetonkonstruktion bei Montage zwischen den Stützen (Ausfachung). Kältebrücken werden durch Wärmedämmung der Stützen vermieden

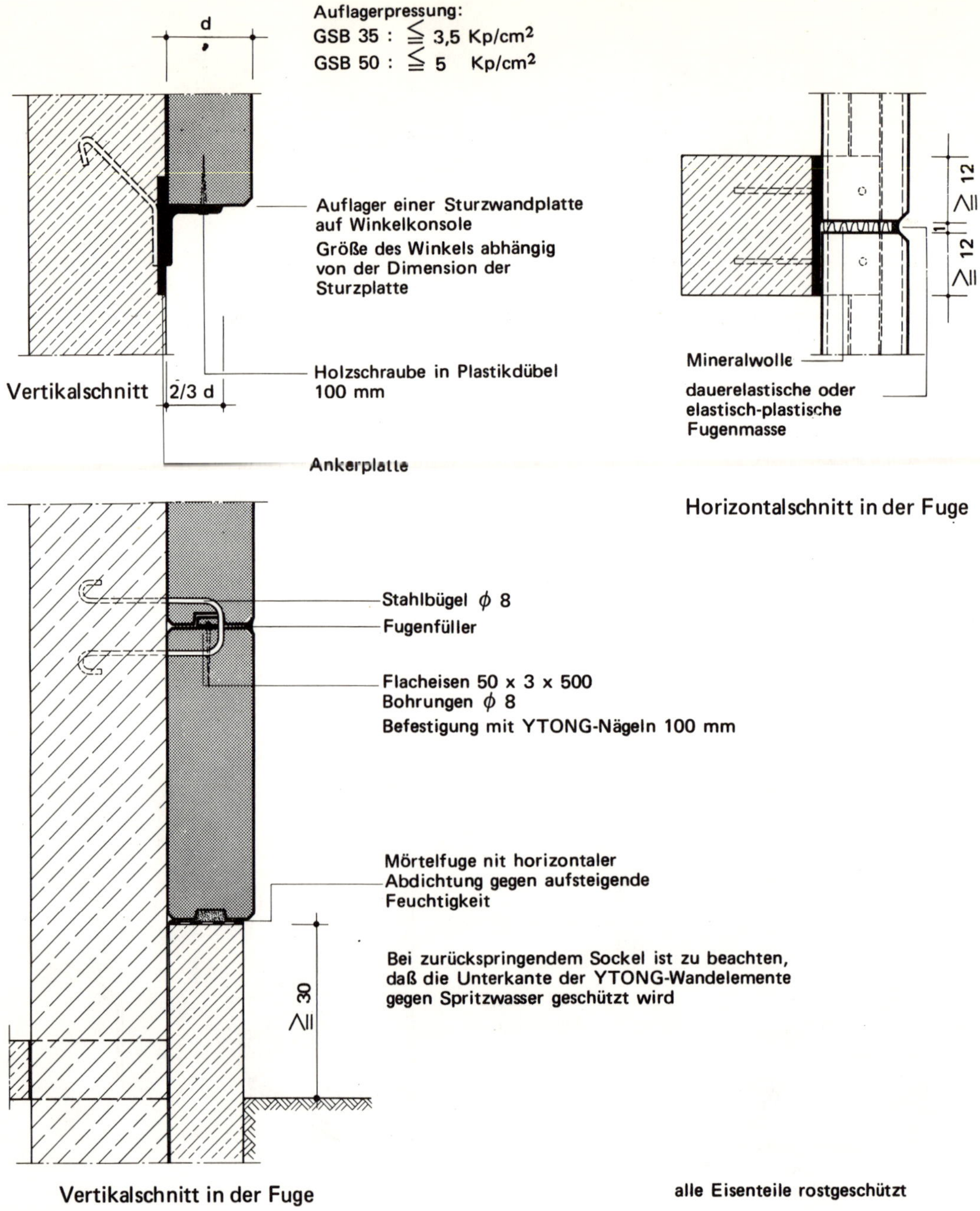

alle Maße in cm
bei Eisenteilen in mm

Bild 6/56 Befestigung von liegenden YTONG-Wandelementen an Stahlbetonstutzen über Öffnungen sowie Sockelausbildung

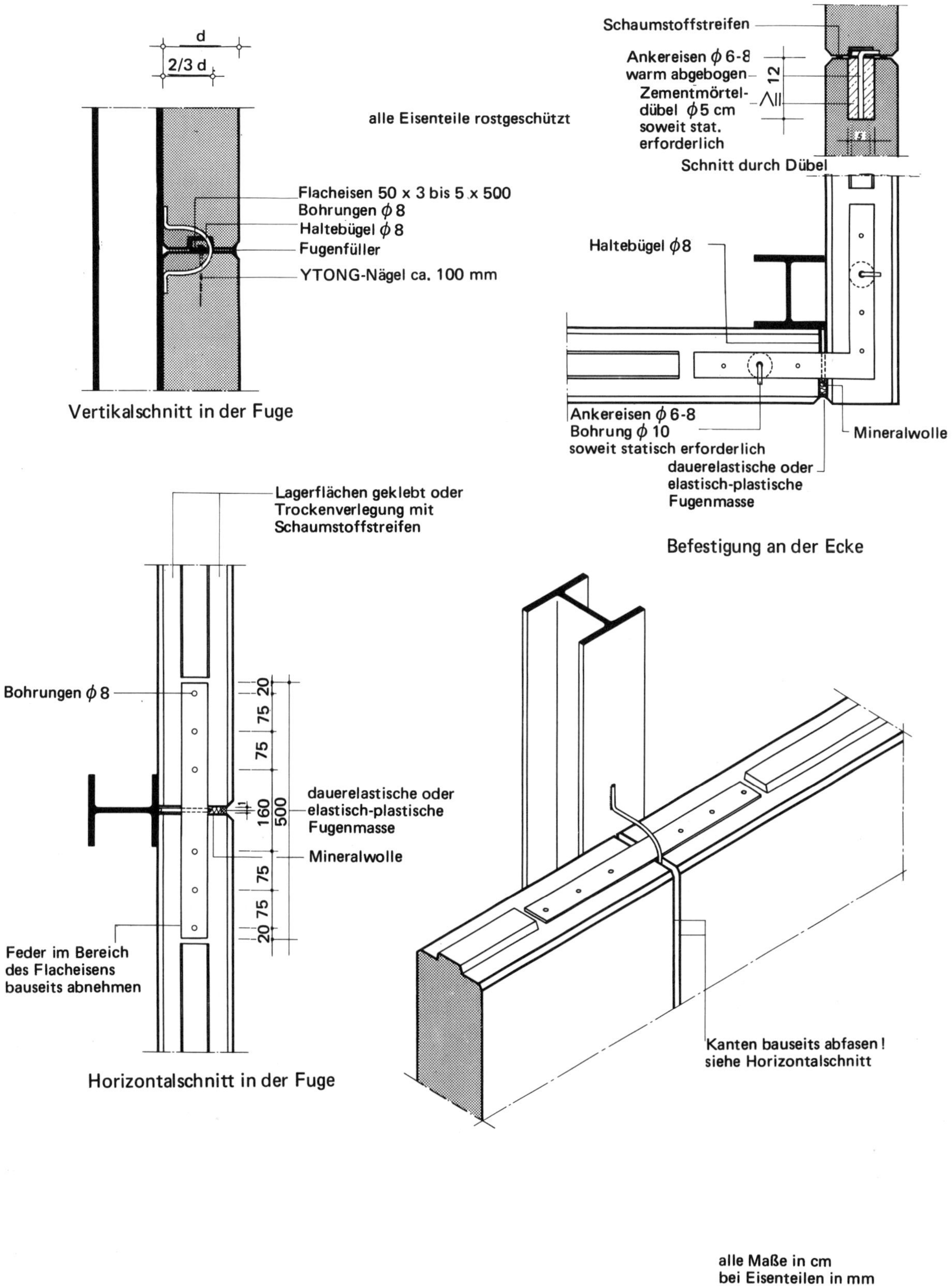

Bild 6/57 Verankerung an Stahlstützen mit Rundstahlbügeln

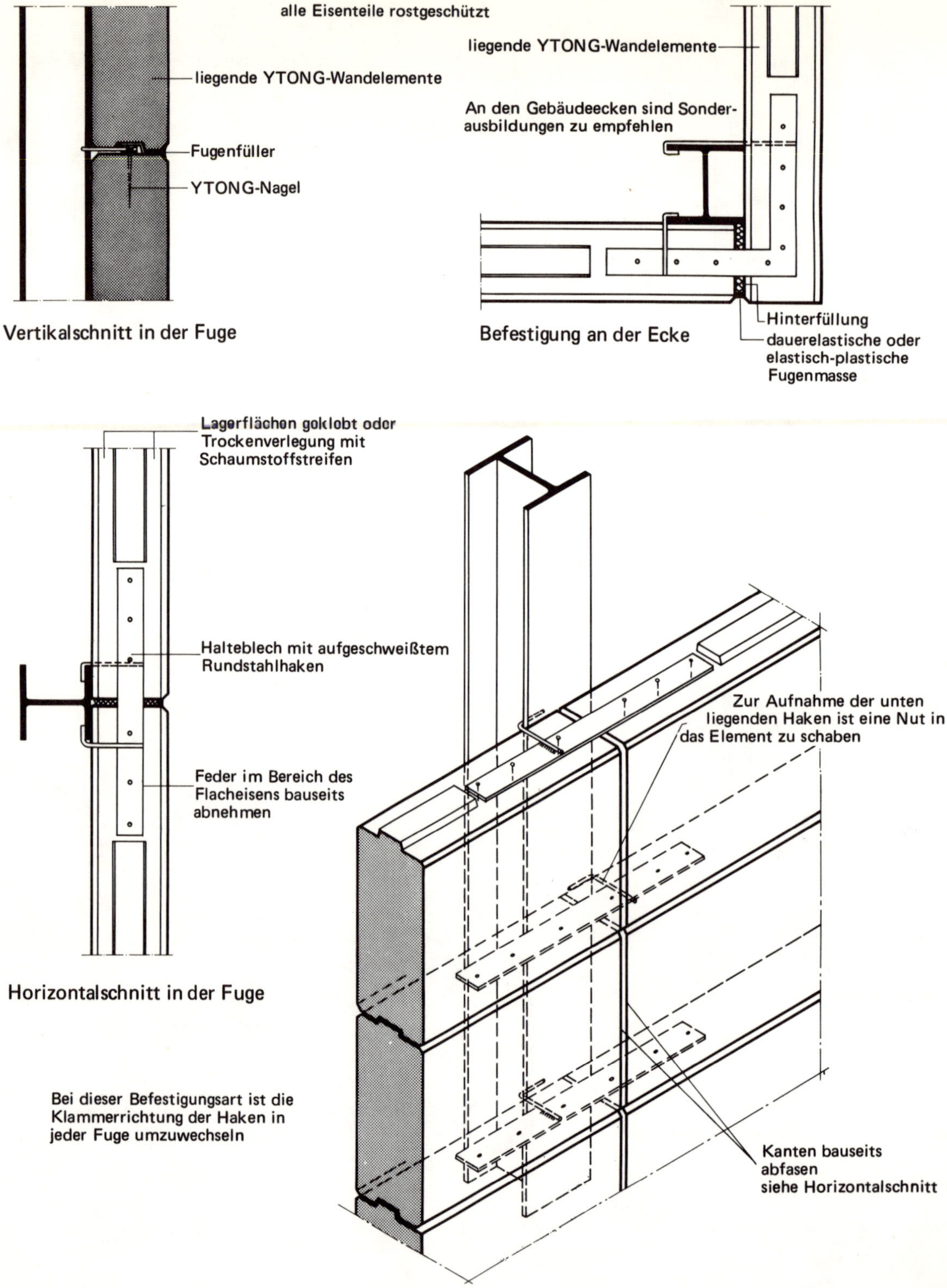

Bild 6/58 Verankerung an Stahlstützen mit Halteblechen und Rundstahlhaken

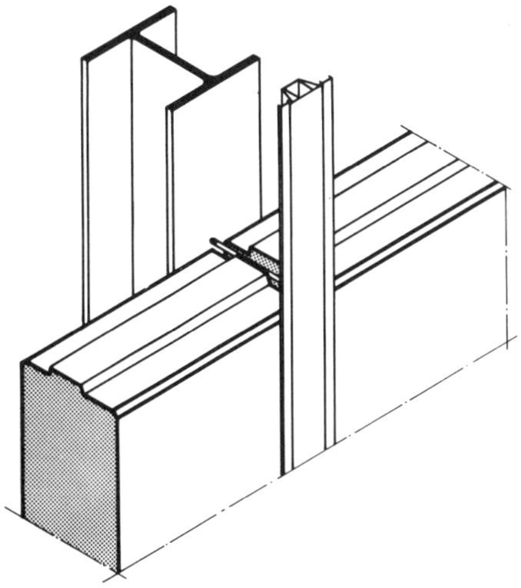

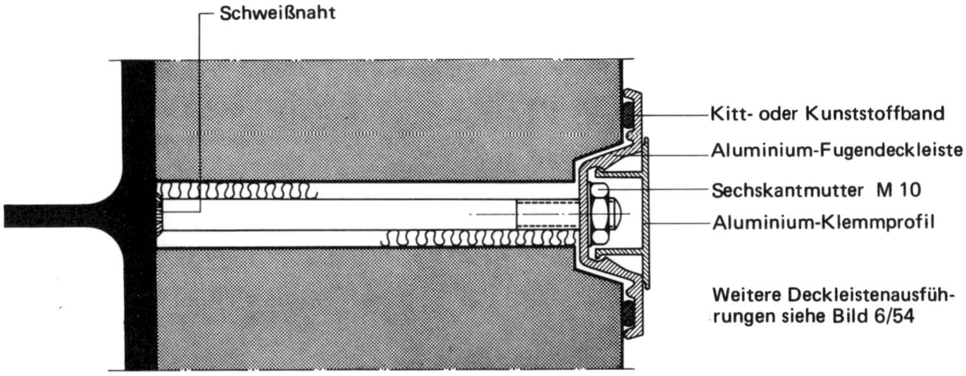

Stoß von Wandelementen – Draufsicht
Ankerschrauben an Stahlstütze schweißen

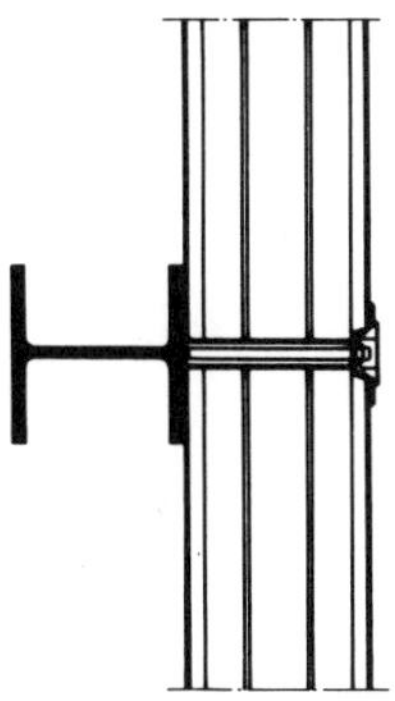

Horizontalschnitt

alle Eisenteile rostgeschützt

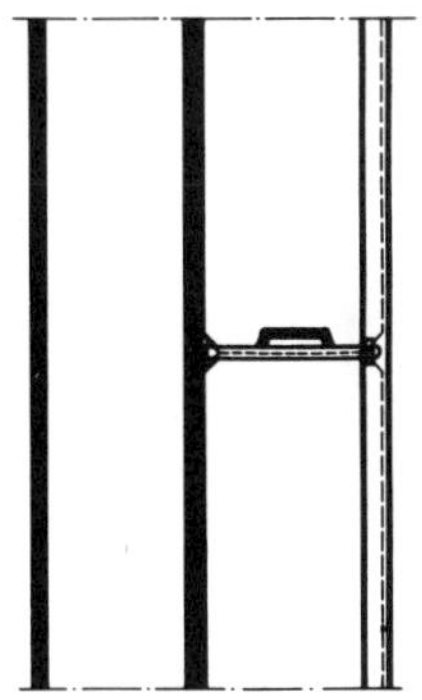

Vertikalschnitt

Bild 6/59 Verankerung an Stahlstützen mit Deckleisten. Weitere Ausführungen mit Deckleisten sind in Kapitel 6.4 „Verfugung" enthalten

Abfangung an Stahlbetonstützen

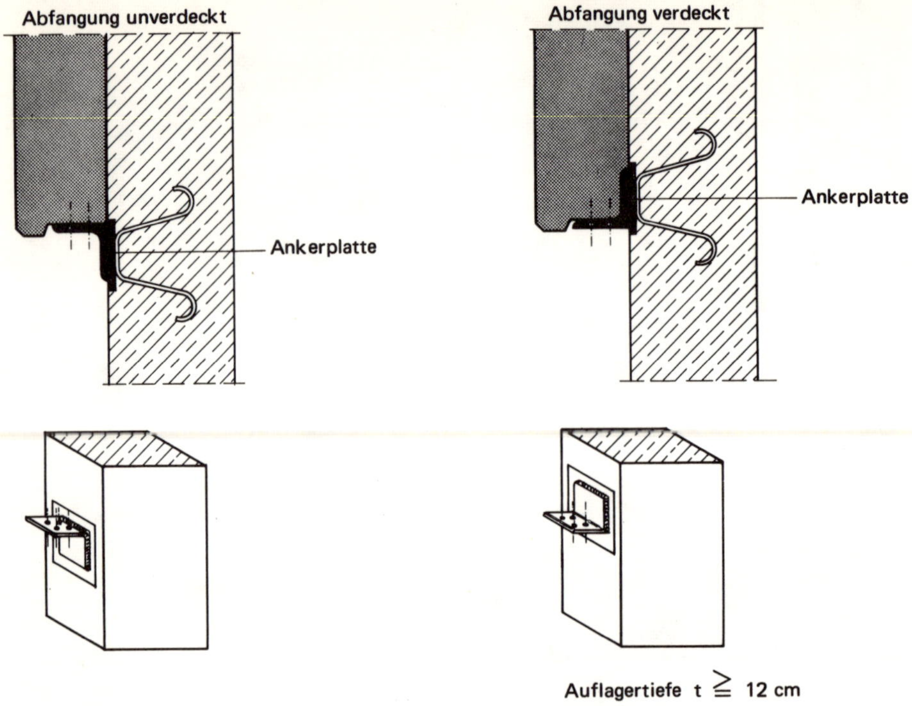

Abfangung an Stahlstützen

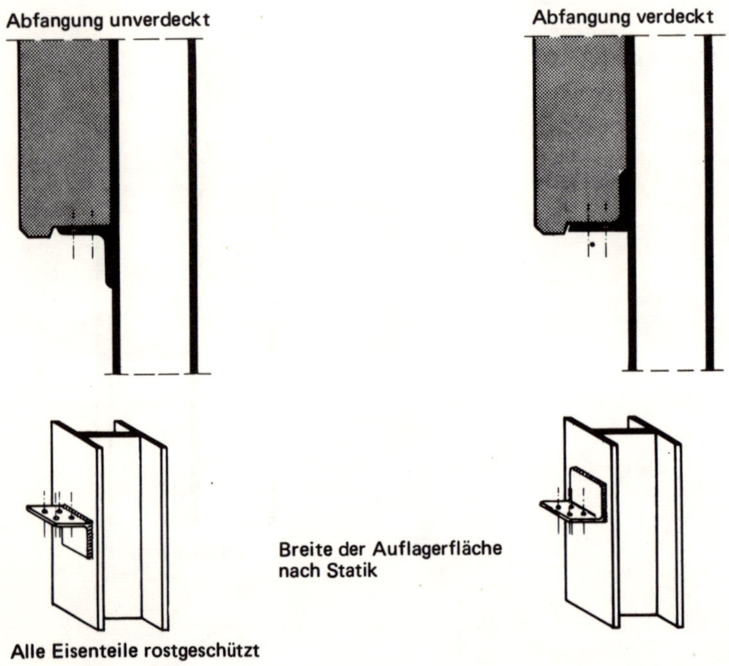

Bild 6/60 Abfangung von Sturzwandplatten und vollen Wandflächen bei Stahl- und Stahlbetonkonstruktionen

6.2.4.3 Ausbildung der Attika

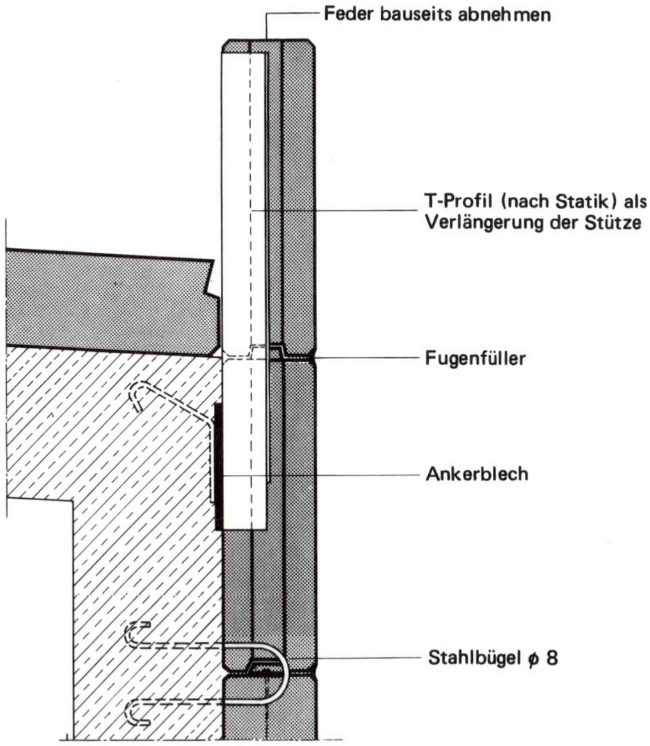

Vertikalschnitt in der Fuge

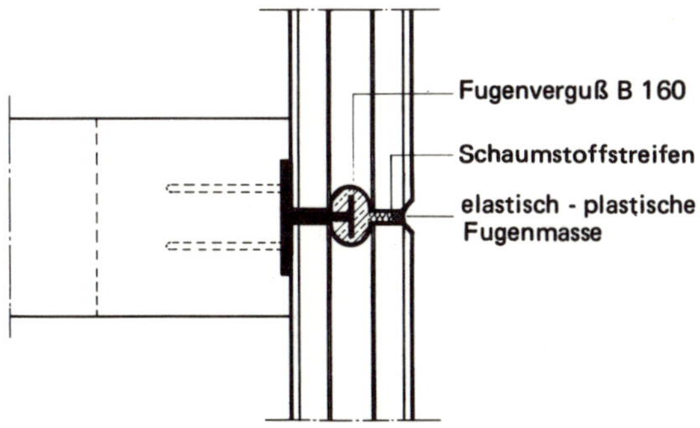

Horizontalschnitt in der Fuge

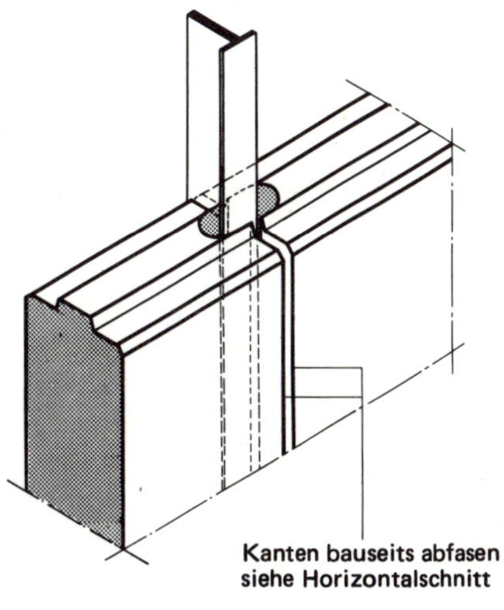

alle Maße in cm
bei Eisenteilen in mm

alle Eisenteile rostgeschützt

Bild 6/61 Liegende YTONG-Wandelemente als Attika. Verankerung an Stahlbetonkonstruktionen

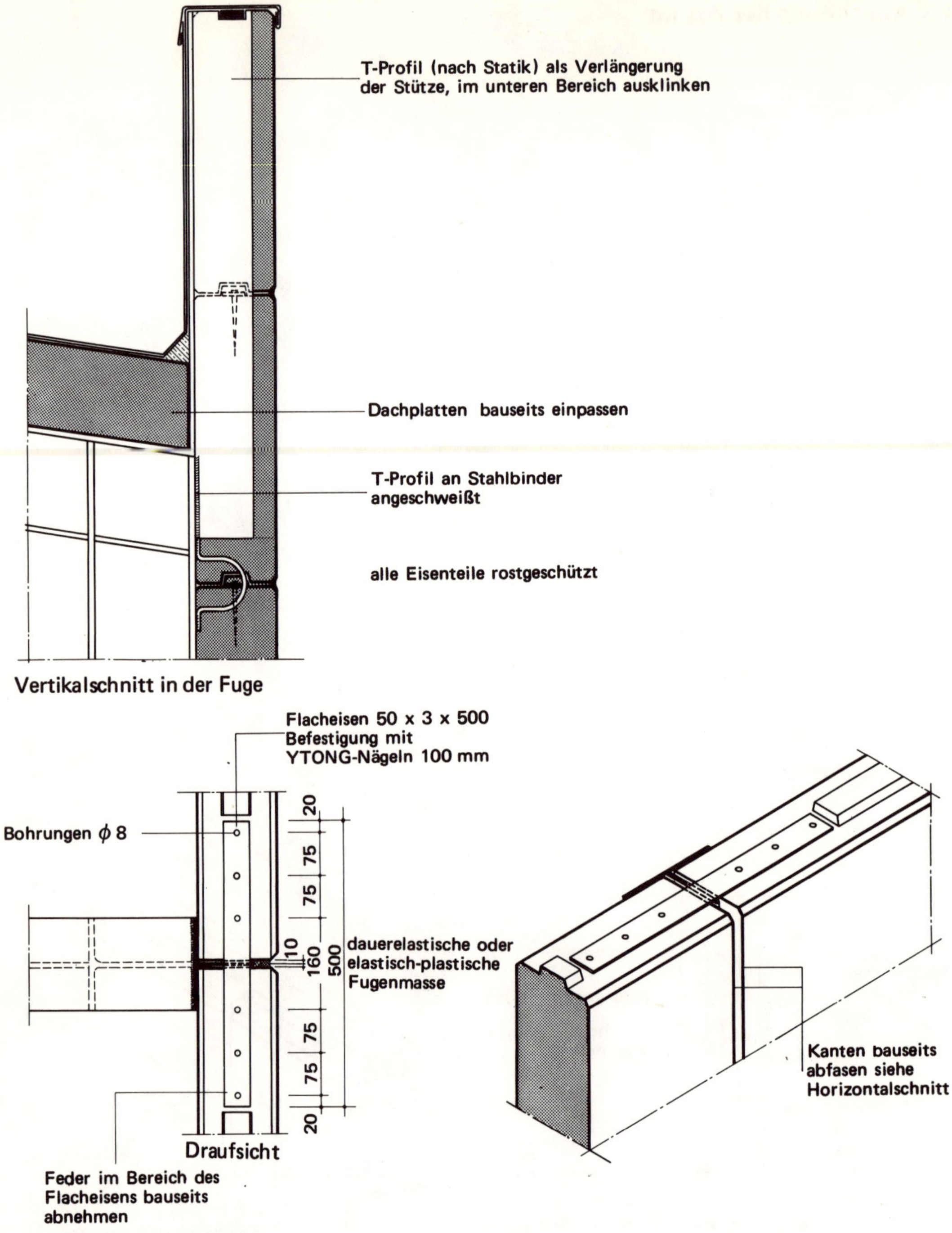

Bild 6/62 Liegende YTONG-Wandelemente als Attika. Verankerung an Stahlkonstruktionen

6.2.4.4 Tür- und Fensterdetail

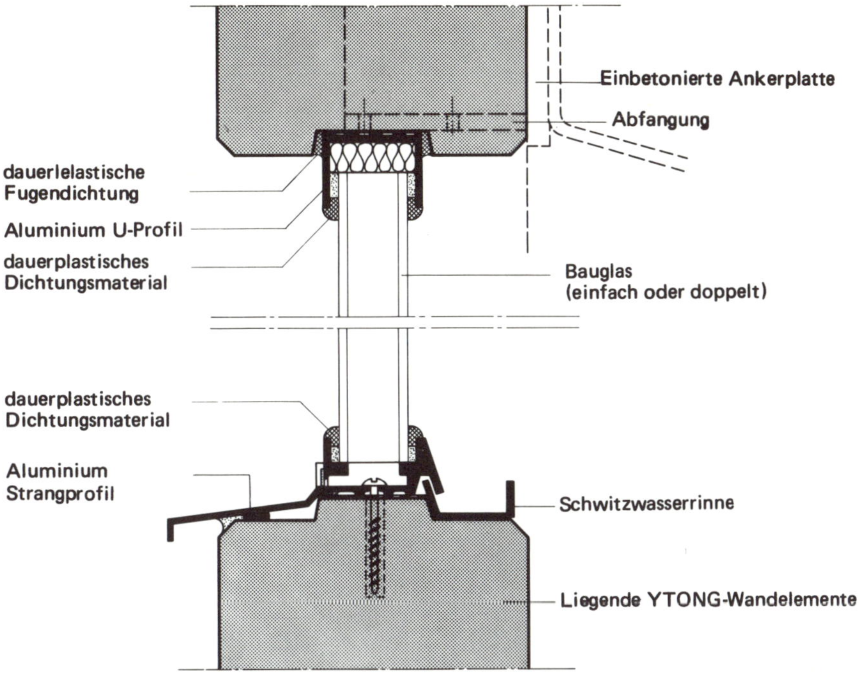

Vertikalschnitt durch ein Industriefenster

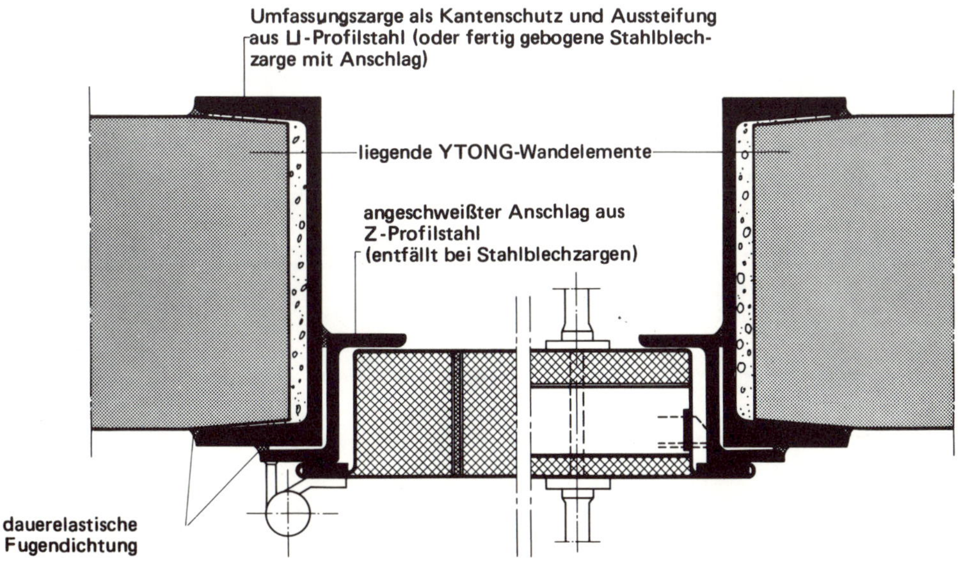

Horizontalschnitt durch ein Industriefenster

Bild 6/63 Beispiele von Tür- und Fensteranschlüssen bei Wänden aus liegenden Wandelementen im Industriebau

6.2.5 Konstruktionen — YTONG-Fassadenelemente

Es wird unterschieden zwischen: liegenden und stehenden YTONG-Fassadenelementen

Bild 6/64 Übersicht. Anordnung von liegenden YTONG-Fassadenelementen

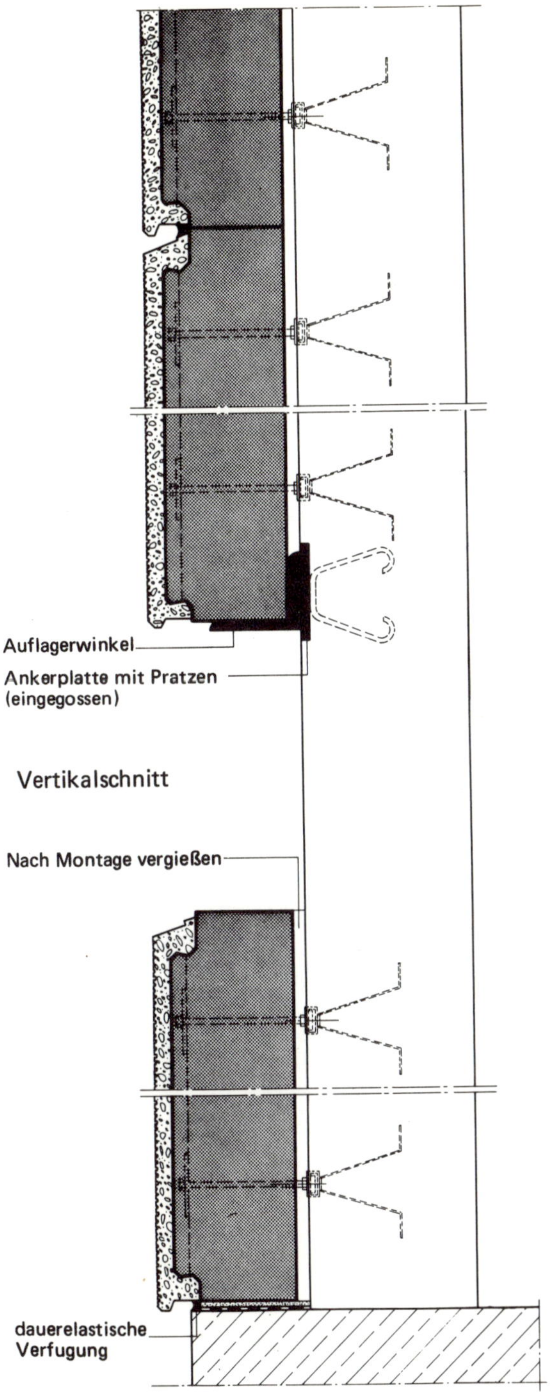

Vertikalschnitt

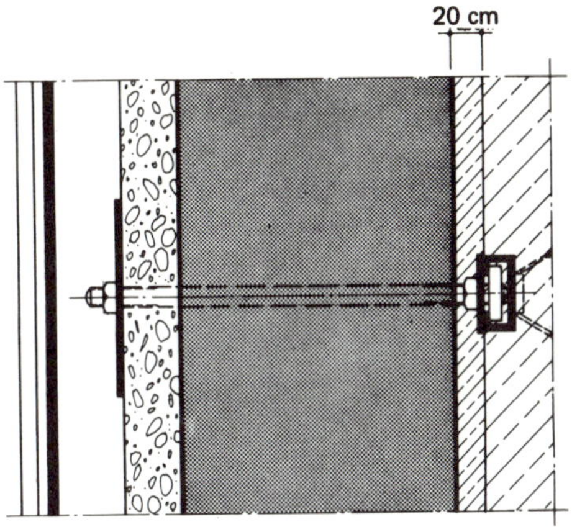

Vertikalschnitt

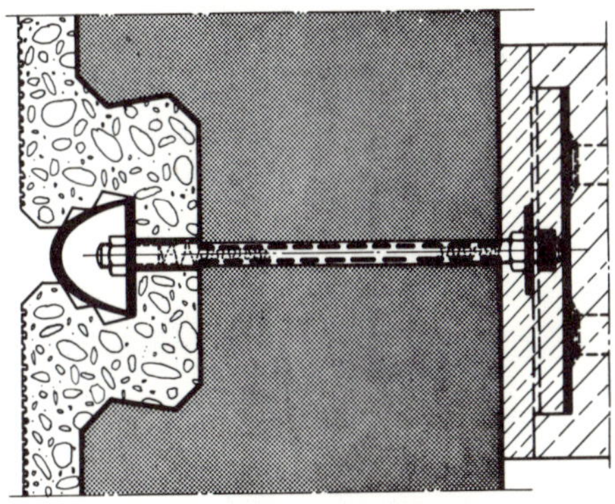

Horizontalschnitt

Bild 6/65 Anschluß von liegenden YTONG-Fassadenelementen an Stahlbetonstützen mit Ausbildung der horizontalen und vertikalen Fugen. Alle Befestigungsmittel müssen aus rostfreiem Stahl bestehen

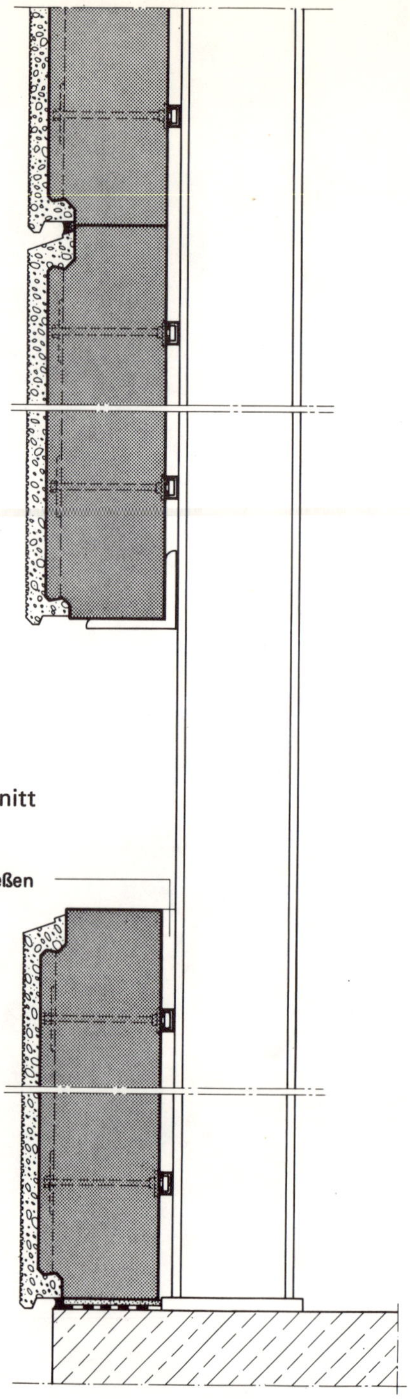

Vertikalschnitt

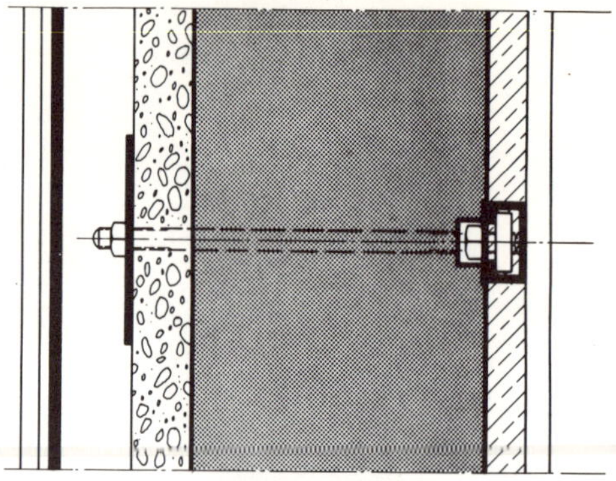

Vertikalschnitt

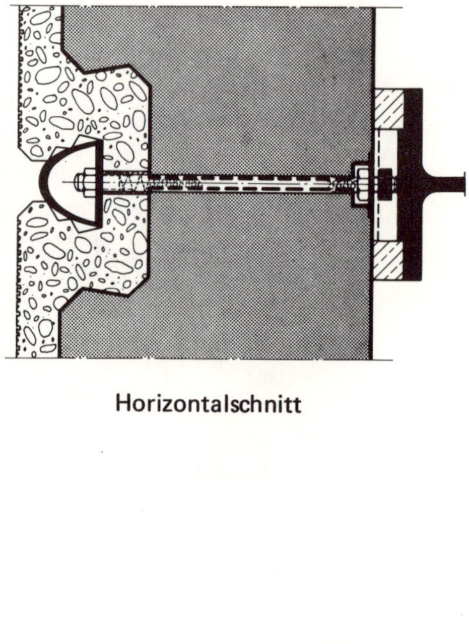

Horizontalschnitt

Bild 6/66 Anschluß von liegenden YTONG-Fassadenelementen an Stahlstützen. Alle Befestigungsmittel müssen aus rostfreiem Stahl bestehen

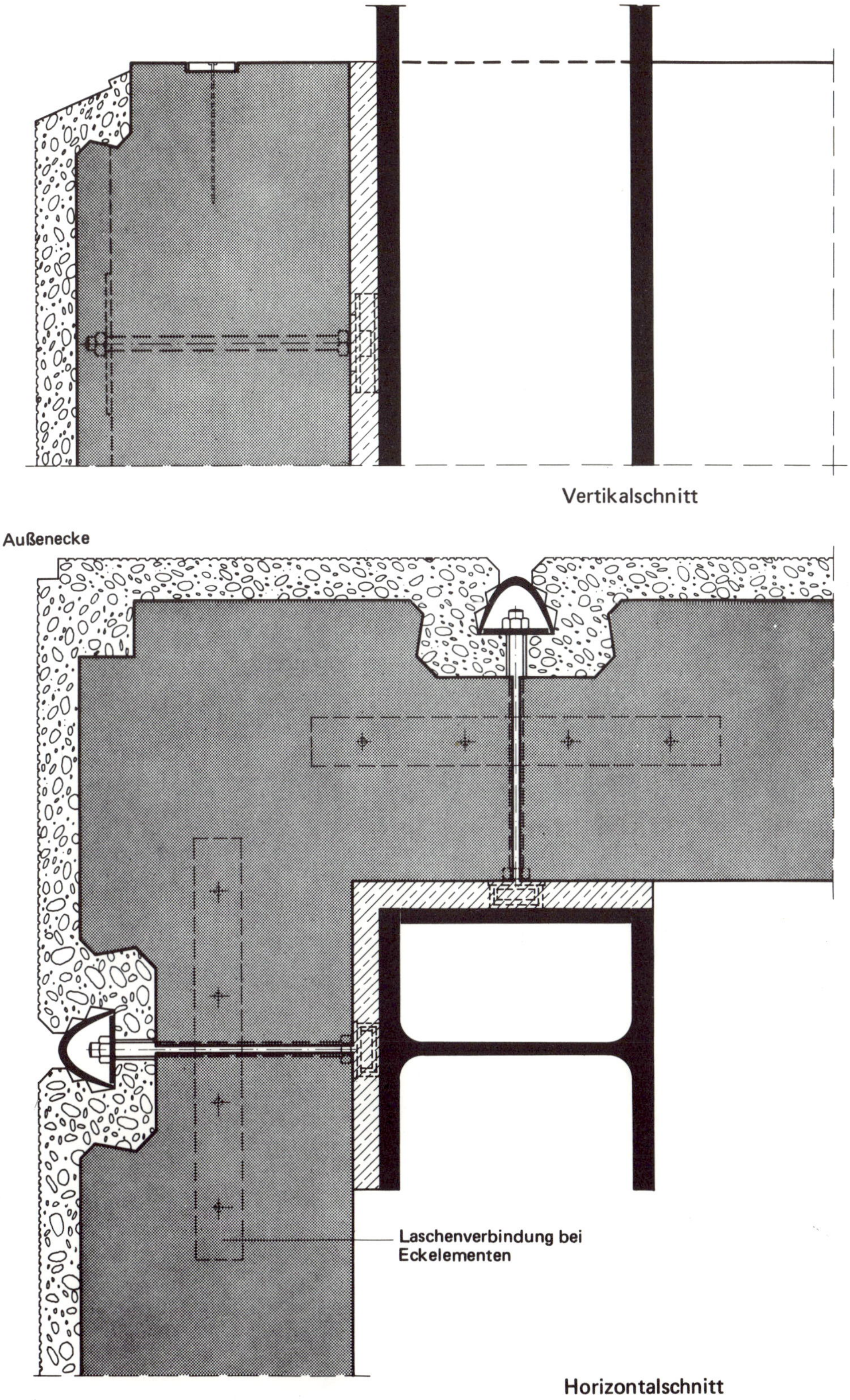

Bild 6/67 Elementanschluß an Stahlstütze

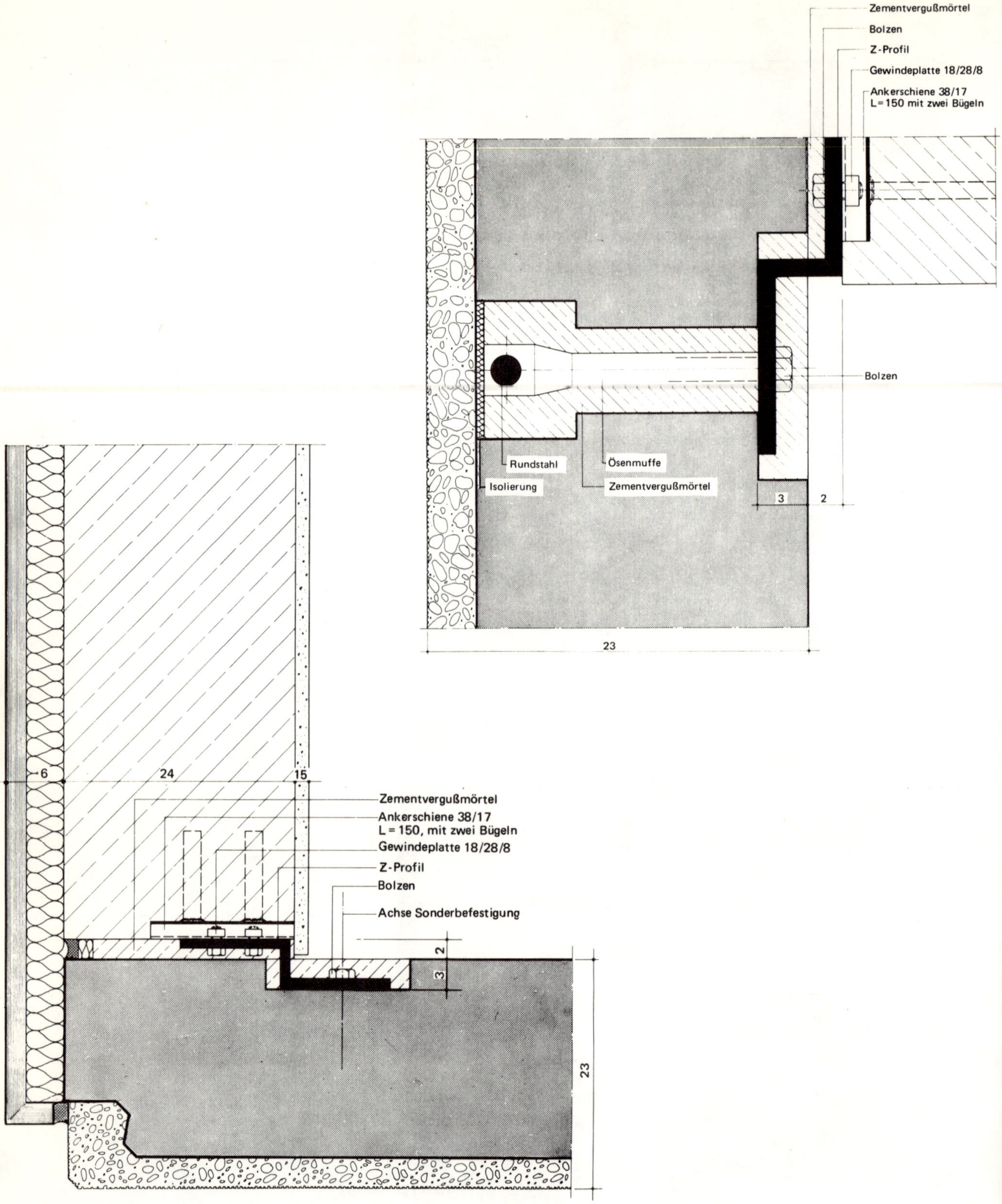

Bild 6/68 Ausbildung von innen- und außenliegenden Gebäudeecken

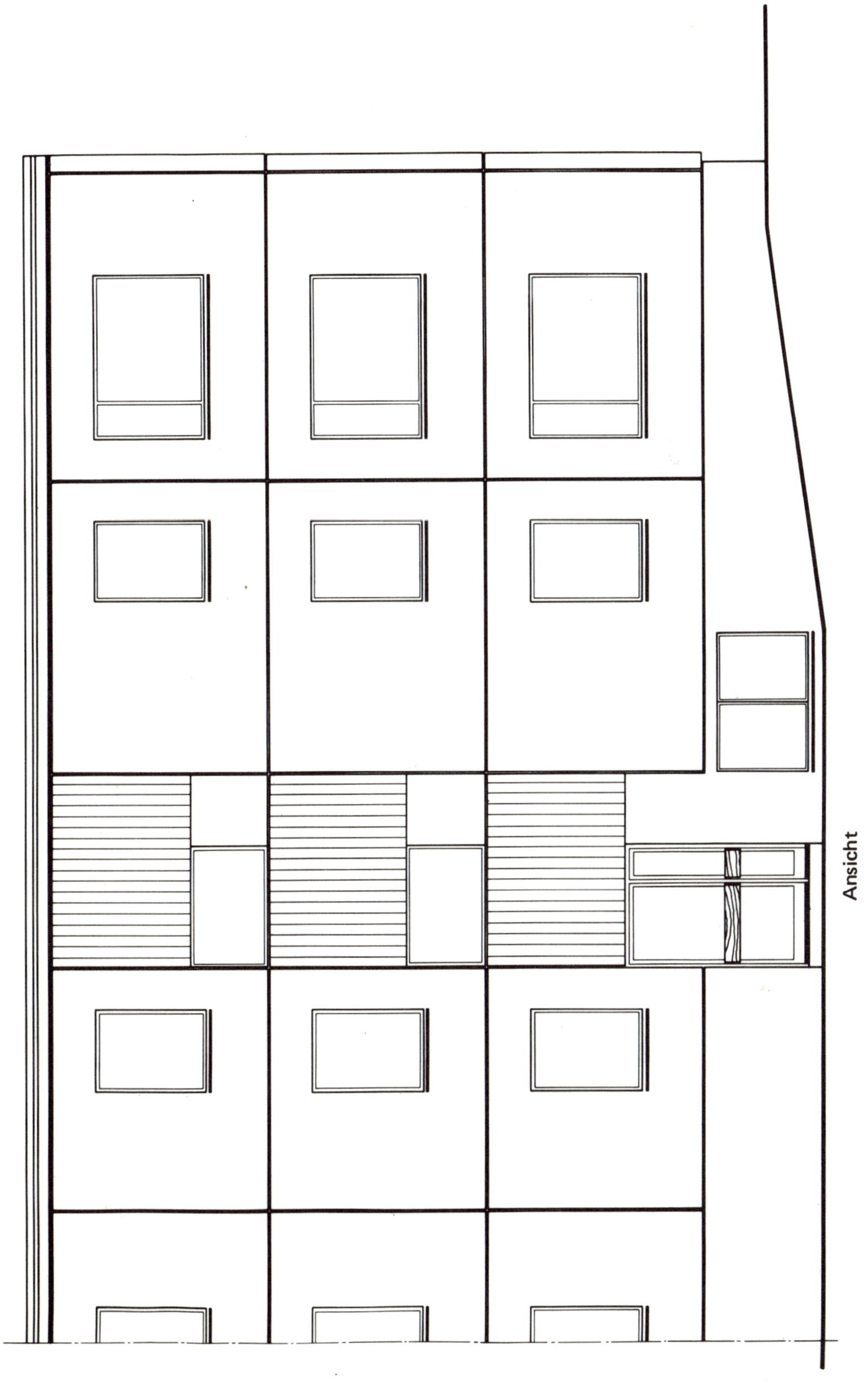

Bild 6/69 Übersicht. Fassade aus raumgroßen YTONG-Wandelementen

Raumgroße Wandelemente (WR) als Vorhangfassade

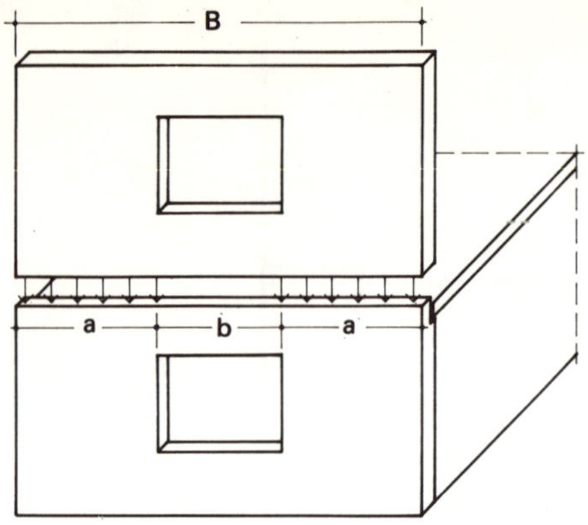

Für WR mit Fensteröffnung: a = Breite der Fensterpfeiler
Für WR ohne Fensteröffnung: a = B

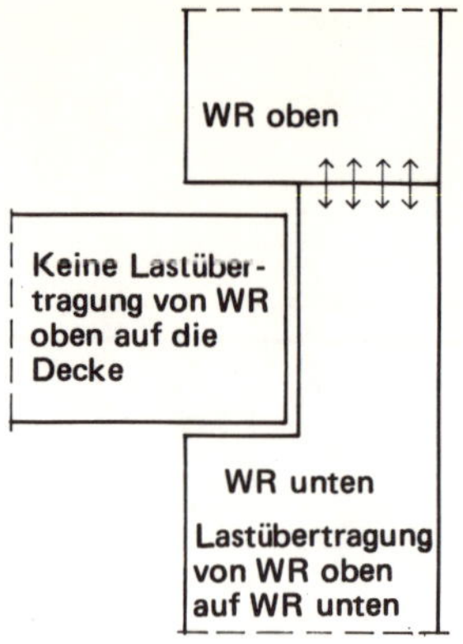

Systemschnitt im Bereich a

Raumgroße Wandelemente (WR) als Ausfachung

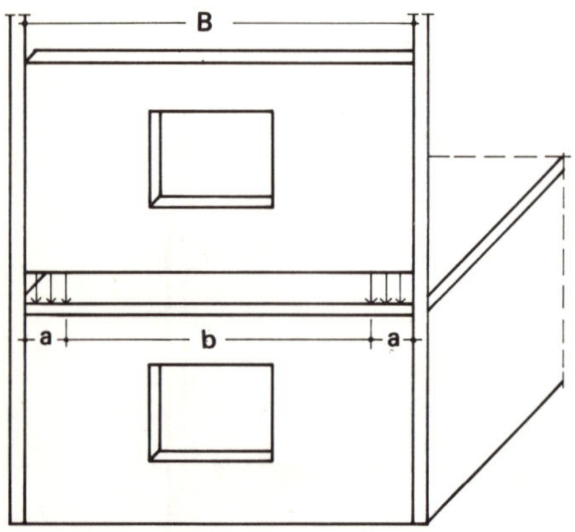

Für WR mit und ohne Fensteröffnung: a ≈ 35 cm

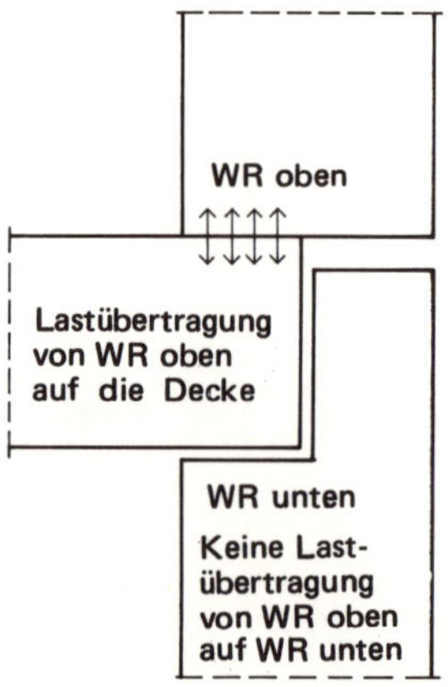

Systemschnitt im Bereich a

Im Bereich b werden keine Lasten übertragen. Dieser Schnitt gilt für WR als Vorhangfassade und als Ausfachung

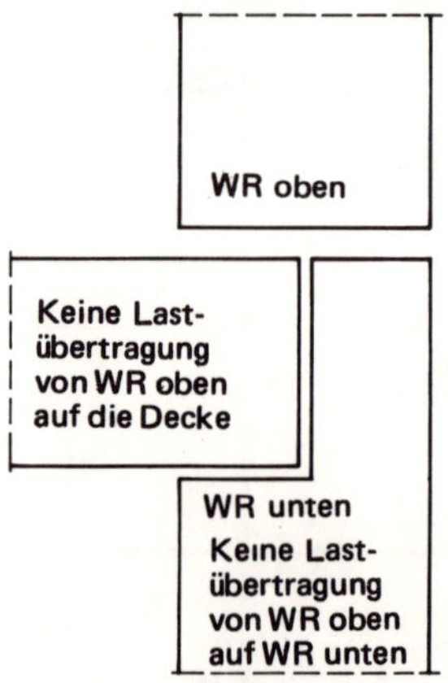

Systemschnitt im Bereich b

B = Breite des Elementes
a = Auflagerbereich
b = auflagerfreier Bereich

Bild 6/70 Schematische Darstellung der Anwendungsbereiche raumgroßer YTONG-Wandelemente; Vorhangfassade und Ausfachung

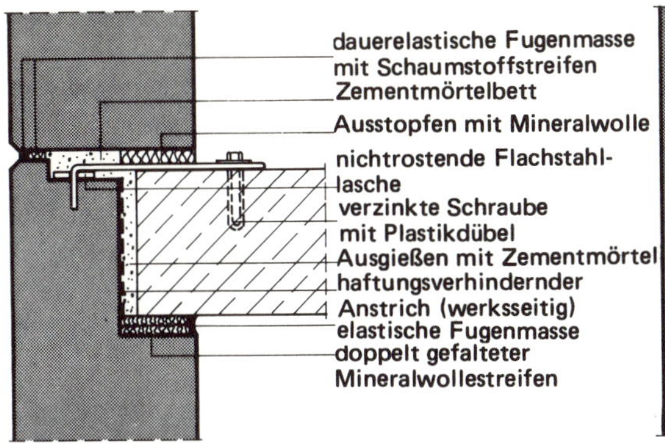

Vertikalschnitt

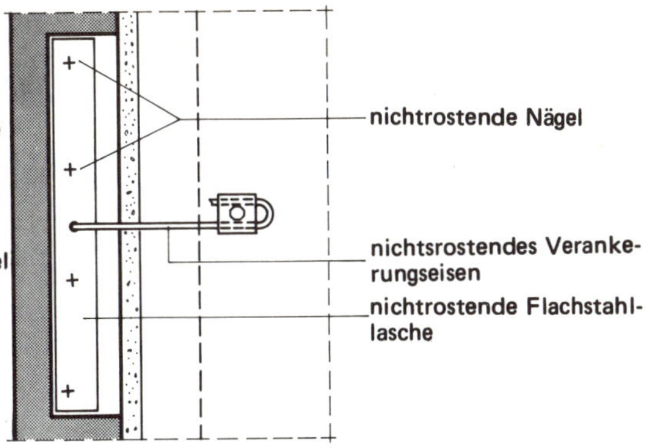

Horizontalschnitt

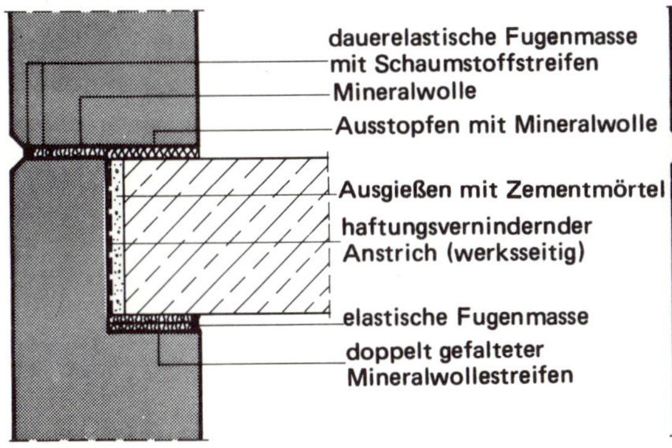

Vertikalschnitt im auflagerfreien Bereich b

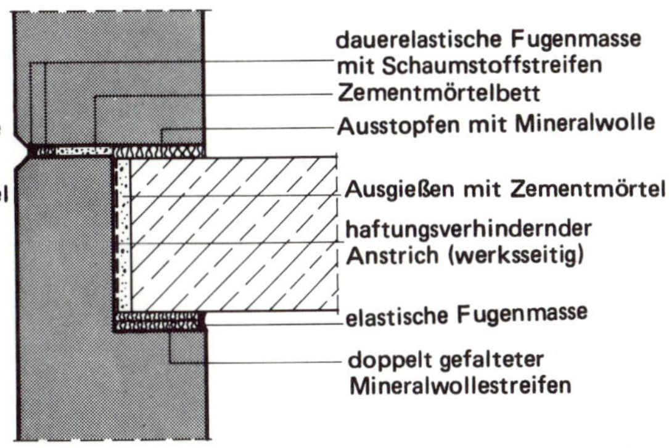

Vertikalschnitt im Auflagerbereich a

Bild 6/71 Ausbildung von Deckenanschlüssen bei der Verwendung raumgroßer YTONG-Wandelemente als Vorhangfassade

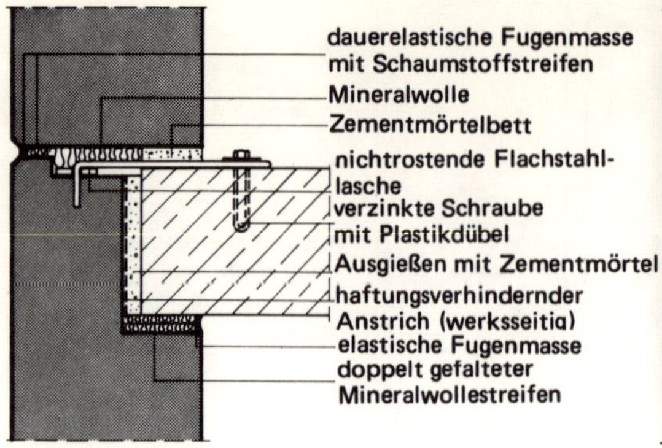

Vertikalschnitt

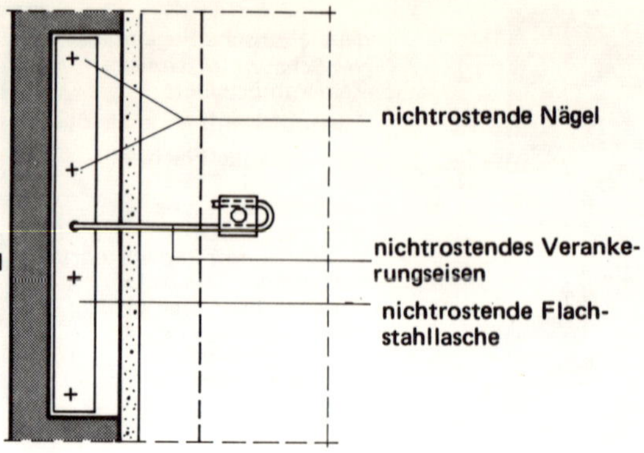

Horizontalschnitt

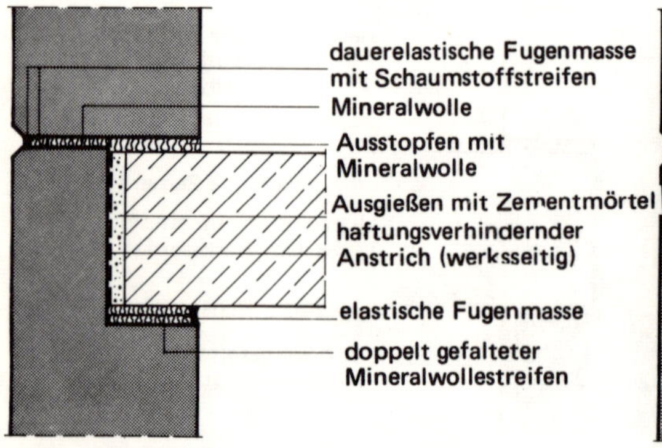

Vertikalschnitt im auflagerfreien Bereich b

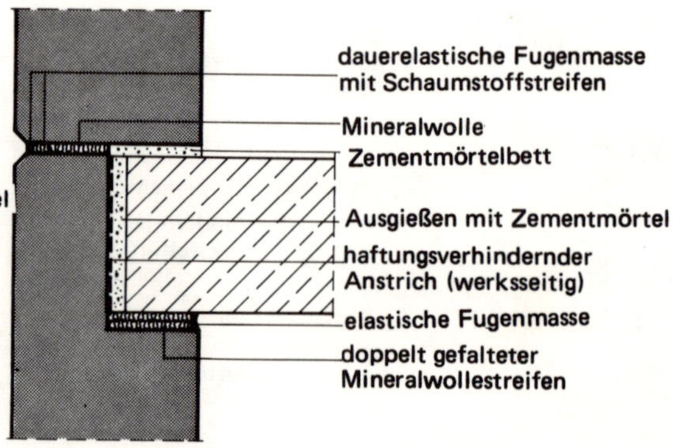

Vertikalschnitt im Auflagerbereich a

Bild 6/72 Ausbildung von Deckenanschlüssen bei der Verwendung raumgroßer YTONG-Wandelemente als Ausfachung

6.3 Putz, Oberflächenbehandlung

6.3.1. Grundsätzliche Anforderungen an die Oberflächenbehandlung

Die Wasseraufnahme einer Wand hängt hauptsächlich von der Saugfähigkeit des Putzes oder der Beschichtung ab, die Wasserabgabe jedoch von den Kapillar- und Diffusionseigenschaften von Beschichtung und Mauerwerk. Die Art des Wandbaustoffes ist also mitentscheidend dafür, welche Feuchtigkeitsverhältnisse sich in einer Wand einstellen.
Der Anteil der Kapillaren ist bei YTONG gering, so daß der Transport von Wasser nur langsam vor sich geht. Eingedrungene Feuchtigkeit gelangt in erster Linie durch Dampfdiffusion wieder an die Außenluft. Daraus ergibt sich die Forderung, daß möglichst wenig Wasser in die Wand eindringen soll.
Die Porenstruktur bewirkt die sehr hohe Wärmedämmung von YTONG. Das bedeutet eine höhere Aufheizung von Putz und Beschichtung, als dies bei schlecht wärmedämmenden Wandbaustoffen der Fall ist. Um die damit verbundenen Dehnbeanspruchungen aufzunehmen, soll die Oberflächenbehandlung möglichst elastisch sein.

An Putz und Beschichtung werden also folgende Forderungen gestellt:

gute Haftung am Putzgrund
richtiges Festigkeitsgefälle (die Festigkeit soll vom Putzgrund her nach außen hin abnehmen)
hohe Dehnfähigkeit
geringe Wasseraufnahme bei hoher Dampfdurchlässigkeit

Putze nach DIN 18550, Edelputze und Beschichtungssysteme auf Kunststoffbasis besitzen bei richtiger Ausführung die geforderten Eigenschaften.

6.3.2 Putz- und Beschichtungssysteme für YTONG-Bauteile (Zusammenstellung)

Die Putzaufbauten und Beschichtungssysteme werden in Abschnitt 6.3.3 detailliert beschrieben.

6.3.2.1 YTONG-Blöcke und -Platten
YTONG-PLANBLÖCKE und -PLANPLATTEN
YTONG-Planelemente

Außenbehandlung:

Putz nach DIN 18500,	bestehend aus Spritzbewurf, Unter- und Oberputz sowie wasserabweisendem Anstrich bzw. wasserabweisendem Zusatz im Oberputz (siehe Abschnitt 6.3.3.1)
Edelputze	der Oberputz wird durch einen wasserabweisenden Fertigmörtel ersetzt (siehe Abschnitt 6.3.3.2)
Sonderaufbau	der Oberputz entfällt (siehe Abschnitt 6.3.3.3)
Verkleidungen	(siehe Abschnitt 6.5)

Innenbehandlung:

Putz nach DIN 18550,	bestehend aus Spritzbewurf, Unter- und Oberputz (siehe Abschnitt 6.3.3.6)
1 lagige Gipshaftputze	(siehe Abschnitt 6.3.3.7)

6.3.2.2 YTONG-Blöcke und -Platten, YTONG-PLANBLÖCKE und -PLANPLATTEN als Kellermauerwerk

Außenbehandlung:

Kalkzement- oder Zementputz nach DIN 18550 auf Zementspritzbewurf

Sperrschicht (siehe Abschnitt 6.3.3.5)

Innenbehandlung: grundsätzlich diffusionsoffene Oberflächenbehandlung

Kalk- oder Leimfarbenanstrich

Putz nach DIN 18550, bestehend aus Spritzbewurf, Unter- und Oberputz

6.3.2.3 Liegende YTONG-Wandelemente Stehende YTONG-Wandelemente, tragend und nichttragend

Außenbehandlung:

Beschichtungssystem auf Kunststoffbasis, bestehend aus:

Grundierung bzw. Imprägnierung und zweimaligem Auftrag von Dispersionssystemen (siehe Abschnitt 6.3.3.4)

Verkleidung (siehe Abschnitt 6.5)

Innenbehandlung:

Kälkung (nur im Industriebau),

Anstrich mit Binderfarbe

Kunststoffglättputze mit Schlußanstrich (bei unsichtbaren Elementfugen Einbettung von Gewebestreifen über den Fugen)

6.3.2.4 YTONG-Zwischenwandelemente

Bei sichtbaren Fugen:

Zweimaliger Dispersionsanstrich

Beschichtungssystem auf Kunststoffbasis, bestehend aus:

Grundierung
Spachtelung
Farbanstrich

Bei unsichtbaren Fugen:

Beschichtungssystem auf Kunststoffbasis, bestehend aus:
Grundierung
vollflächiger Spachtelung
Farbanstrich
(Einbettung von Gewebestreifen über den Fugen) (siehe Abschnitt 6.4.6.5)

6.3.2.5 Raumgroße YTONG-Wandelemente YTONG-Fassadenelemente

Innenbehandlung:

Beschichtung auf Kunststoffbasis, bestehend aus:
Grundierung
vollflächige Spachtelung
Anstrich

6.3.3 Aufbau und Ausführung von Putz und Beschichtung

6.3.3.1 Außenputz nach DIN 18550

Die Grundlage für die Zusammensetzung des Putzes ist DIN 18550 „Putz, Baustoffe, Ausführung"

Der Putz soll folgenden Aufbau haben:

a) Spritzbewurf,	Mörtelgruppe III (bzw. II bei GS 25)
b) Unterputz,	Mörtelgruppe II (bzw. Ib)
c) Oberputz,	Mörtelgruppe II (bzw. Ib)

Die Mischungsverhältnisse sind Tabelle 6/1 zu entnehmen.

Es wurde bereits ausgeführt, daß der Außenputz wasserabweisend sein muß. Dies läßt sich durch folgende Maßnahmen erreichen:

Dem Oberputz wird ein wasserabweisender Zusatz beigegeben. Voraussetzung für dessen volle Wirksamkeit ist, daß die Dicke des Oberputzes mindestens 6 mm beträgt.

Auf den Oberputz wird ein wasserabweisender Anstrich aufgebracht, der nicht verspröden oder durch Quellung Wasser durchlassen darf.

Der für den Putz verwendete Sand muß die Anforderungen der DIN 18550 erfüllen. Für den Spritzbewurf soll scharfer Betoniersand mit der Korngröße 0 bis 7 mm verwendet werden.

Ausführung:

a) Abkehren
Zuerst ist der Putzgrund mit dem Besen zu reinigen.

b) Vornässen
Bevor mit dem Spritzbewurf begonnen wird, ist der Putzgrund am besten mit einer Schlauchbrause auf eine Tiefe von ca. 0,5 cm anzunässen. Durch diese Maßnahme wird vermieden, daß dem Mörtel die zum Abbinden erforderliche Feuchtigkeit zu rasch entzogen wird.

c) Spritzbewurf
Sofort nach dem Annässen ist der Spritzbewurf ca. 0,3 cm dick anzuwerfen. Er hat sowohl die Funktion eines Putzträgers als auch die Aufgabe, die Saugfähigkeit des Putzgrundes einzuschränken und eine gute Verbindung mit dem Unterputz zu schaffen. Die Standzeit des Spritzbewurfes soll mindestens 24 Stunden sein, damit er richtig erhärten und entspannen kann. Er soll volldeckend ausgeführt werden.

d) Unterputzauftrag
Damit der Oberputz fest haftet, soll die Oberfläche des Unterputzes möglichst rauh sein; eventuell kann er noch zusätzlich aufgerauht werden.

Tabelle 6/1 Mischungsverhältnisse in Raumteilen von Putzmörteln (Tabelle 1, DIN 18550)

Mörtelgruppe		Mörtelart	Baukalke nach DIN 1060: Luftkalk Wasserkalk – Kalkteig	Baukalke nach DIN 1060: Luftkalk Wasserkalk – Kalkhydrat	Baukalke nach DIN 1060: Hydraulischer Kalk	Baukalke nach DIN 1060: Hochhydraulischer Kalk	Zemente nach DIN 1164 oder DIN 1167	Baugipse nach DIN 1168: Stuckgips	Baugipse nach DIN 1168: Putzgips	Baugipse nach DIN 1168: Mörtelgips	Baugipse nach DIN 1168: Estrichgips	Anhydritbinder nach DIN 4208	Sand
			Rohdichte	Schüttdichte der Ausgangsstoffe[1] in kg/dm³									
			1,25[2]	0,5	0,8	1,0	1,2	0,9	0,9	0,9	1,1	1,0	1,3[3]
I	a	Luftkalk- und Wasserkalkmörtel	1,0										3,5 bis 4,5
				oder 1,0									3,0 bis 4,0
	b	Hydraulischer Kalkmörtel			1,0								3,0 bis 4,0
II		Hochhydraulischer Kalkmörtel				1,0							3,0 bis 4,0
		Kalkzementmörtel	1,5	oder 2,0	oder 2,0		1,0						9,0 bis 11,0
III		Zementmörtel[4]					1,0						3,0
IV	a	Gipsmörtel[5, 6]						1,0	oder 1,0				0
	b	Gipssandmörtel						1,0	oder 1,0				1,0 bis 3,0
									oder	1,0			1,0 bis 3,0
										oder	1,0		3,0
	c	Gipskalkmörtel	1,0	oder 1,0				0,5 bis 1,0	oder 1,0 bis 2,0				3,0 bis 4,0
		Kalkgipsmörtel	1,0	oder 1,0				0,1 bis 0,2	oder 0,2 bis 0,5				3,0 bis 4,0
V		Anhydritmörtel										1,0	0 bis 2,5
		Anhydritkalkmörtel	1,0	oder 1,5								3,0	12,0

[1] Schüttdichte in kg/dm³, die bei der Umrechnung von Raumteilen in Gewichtsteile zugrunde zu legen sind, wenn die Schüttdichten nicht bekannt sind.

[2] Für die nachträgliche Bestimmung des Mischungsverhältnisses ist bei Kalkteig mit einem Feuchtigkeitsgehalt von 65 Gew.-%, bezogen auf das Teiggewicht, bei Branntkalk mit einer Ergiebigkeit von 28 Liter/10 kg zu rechnen, falls die Kennwerte des verarbeiteten Kalkes nicht bekannt sind.

[3] Bei etwa 2 bis 5 Gew.-% Feuchtigkeit, bezogen auf den trockenen Sand.

[4] Dem Mörtel darf zur Verbesserung seiner Geschmeidigkeit Kalkhydrat bis zu 20 Gew.-% des Zementgehaltes zugesetzt werden. Der Zementgehalt darf dabei nicht vermindert werden.

[5] Um die Geschmeidigkeit zu verbessern, kann Weißkalk in geringen Mengen zugesetzt werden.

[6] Zur Regelung der Versteifungszeiten können Leim oder sonstige Verzögerer zugesetzt werden.

e) Oberputzauftrag
Der Oberputz soll nicht als Glattputz, der mit der Stahlkelle geglättet oder mit dem Filzbrett verrieben wird, ausgeführt werden, da dies leicht Oberflächenrisse zur Folge haben kann. Der fertige Oberputz muß vor Schlagregen oder zu schnellem Wasserentzug infolge starker Sonneneinstrahlung oder Zugluft geschützt werden.

Weitere Putzregeln sind:
(siehe Prof. Dr.-Ing. Piepenburg, „Mörtel, Mauerwerk, Putz")

Der Putz soll kräftig angeworfen werden.

Die Dicke der einzelnen Putzlagen richtet sich nach der Korngröße des Sandes.

In einem Arbeitsgang darf der Mörtel nur so dick aufgetragen werden, daß er fest haftet.

Die Festigkeit der Mörtel muß vom Putzgrund zur Außenfläche abnehmen.

Der Putzmörtel soll möglichst wasserarm sein.

Anstriche des Putzes sind nur nach der Vorschrift der Hersteller vorzunehmen.

6.3.3.2 Edelputze

Der Oberputz kann durch Fertigputze ersetzt werden, die gleichzeitig als Farbträger dienen und eine hydrophobierende Wirkung haben. Bewährt haben sich Fertigputze auf mineralischer Basis und auf Kunststoffbasis (Acrylat, Polyvinylpropionat). Bei der Verwendung dieser Edelputze sind die Verarbeitungsrichtlinien der Hersteller unbedingt zu beachten.

6.3.3.3 Sonderaufbau

Durch Beigabe eines Zusatzes können wasserabweisende Putze mit poriger Struktur hergestellt werden. Der Zusatz lockert den Mörtel auf und macht die Porenwände wasserabstoßend. Die wärmetechnischen Eigenschaften von Putz und Untergrund werden aufeinander abgestimmt. Der Dampfdiffusionswiderstand wird im Vergleich zu Normalputzen herabgesetzt.
Der Oberputz entfällt. Der Unterputz wird unter Verwendung von Zement, Kalkhydrat und Sand im Zwangsmischer hergestellt und in einem Arbeitsgang 1,5 bis 2,0 cm dick aufgetragen. Er wird bis zu einer Rohdichte von 1,4 kg/dm³ aufgelockert. Der Putz kann eingefärbt oder mit einem Farbanstrich versehen werden.
Von der YTONG AG wird ein Fertigputz mit Kunstfasern und mineralischen, geschäumten Zusätzen auf hydraulischer Bindemittelbasis vertrieben. Es handelt sich um einen einlagig aufzubringenden, wasserabweisenden Außenputz, der für Hand- und Maschinenverarbeitung geeignet ist und besonders auf Gasbetonuntergrund abgestimmt ist. Ein Spritzbewurf erübrigt sich.
Die Ausführung sollte grundsätzlich durch Fachfirmen gegebenenfalls unter technischer Kontrolle der Lieferfirma erfolgen.

6.3.3.4 Beschichtung auf Kunststoffbasis

YTONG-Montagebauteile sind durch ihre Maßgenauigkeit und das neutrale Verhalten von YTONG ein sehr guter Untergrund für Beschichtungen. Es ist jedoch erforderlich, daß gewisse Grundregeln, die von der üblichen Anstrichtechnik abweichen, unbedingt beachtet werden. Damit sich durch Schlagregen kurzfristig oder auf die Dauer keine unzulässigen Feuchtigkeitsanreicherungen einstellen, werden an die Wasserdampfdurchlässigkeit, die Wassereindringzahl und an das Verhältnis dieser beiden Werte folgende Anforderungen gestellt:

$$\text{Wasserdampfdurchlässigkeit:} \qquad \frac{1}{\mu \cdot s} \geqq 0{,}5\ \mathrm{m}^{-1}.$$

$$\text{Wassereindringzahl:} \qquad A \leqq 0{,}5\ \frac{\mathrm{kg}}{\mathrm{m}^2 \cdot \mathrm{h}^{1/2}}.$$

$$\text{Verhältnis:}\ \frac{\text{Wasserdampfdurchlässigkeit}}{\text{Wassereindringzahl}} : \qquad \frac{1}{\mu \cdot s \cdot A} \geqq 10\ \mathrm{m\ h}^{1/2}\ \mathrm{kg}.$$

Das Produkt $\mu \cdot s$ gibt die Dicke der Luftschicht in m an, welche die gleiche Diffusionseigenschaft hat, wie die geprüfte Beschichtung.
Beschichtungen, die diese Anforderungen erfüllen, sind als wasserabweisend zu bezeichnen. Ein dauerhafter Regenschutz ist jedoch nur dann gegeben, wenn sich die Eigenschaften durch die Bewitterung nicht ändern.
Die Haftung der Beschichtung soll größer als die Zugfestigkeit des YTONG sein, so daß ein ausreichendes Dehnvermögen auch nach natürlicher Alterung gewährleistet bleibt. Die Mindesthaftfestigkeit des Beschichtungsmaterials soll 3,0 kp/cm² bei 20 grd und 65% Feuchtigkeit betragen.
Zur Vermeidung größerer Spannungen in der Beschichtung bzw. im Untergrund infolge der Witterungsbeanspruchung soll das Produkt aus dem Wärmedehnkoeffizienten α [grd^{-1}] und dem Elastizitätsmodul E [kp/cm²] der Beschichtung $\alpha \cdot E \leqq 0{,}7$ kp/cm² grd betragen.
Beschichtungssysteme auf Acrylatbasis haben diese Forderungen in den meisten Fällen erfüllt.

Ausführung der Beschichtung:

a) Vorbereitung des Untergrundes
Die Flächen sind von Staub und losen Teilen zu säubern. Unebenheiten sowie kleinere Beschädigungen sind mit Ausbesserungsmassen zu behandeln, die auf den Untergrund abgestimmt sind. Bei gefasten Elementen wird der hintere Teil des Querschnittes mit Fugenfüllern geschlossen. Sollen die Stöße der Elemente nicht sichtbar sein, so sind sie durch Einlage von Gewebestreifen besonders zu sichern (siehe Abschnitt 6.4.6.5).

b) Grundierung
Die Grundierung bzw. Imprägnierung des Untergrundes sollte im Sprühverfahren durchgeführt werden, um eine gleichmäßige Absättigung der oberen YTONG-Schichten zu erzielen. Neben Spezialgrundiermitteln aus verdünnten Dispersionen eignen sich besonders lösungsmittelhaltige Silikonharze. Die Behandlung durch Silikone führt nicht zur Filmbildung, erhöht jedoch die Grenzflächenspannung gegenüber Wasser derart, daß es von der Wand abperlt.

c) Beschichtung
Bei Industriegebäuden wählt man nach der Grundierung eine zweimalige Beschichtung mit streichputzähnlichen Materialien. Wesentlich für den Witterungsschutz ist, daß die von den Herstellern geforderte Schichtstärke nicht unterschritten wird. Im Wohnungsbau werden die Elemente vollflächig mit glättenden Spachtelmassen behandelt, um eine plane Oberfläche zu erhalten. Hierauf werden entweder Beschichtungssysteme, wie beschrieben, aufgebracht oder Kunststoffputze mit verschiedenartigen Oberflächenstrukturen, wie z. B. Verlauf-, Glatt- oder Rauhstruktur.

6.3.3.5 Außenbehandlung von Kellermauerwerk

Grundlage ist DIN 4117 „Abdichtung von Bauwerken gegen Bodenfeuchtigkeit". Das Mauerwerk wird mit einem Spritzbewurf der Mörtelgruppe III versehen. Durch Aufbringen einer Putzlage aus Mörtel der Gruppe II wird die Oberfläche geebnet. Sie ist abzureiben, aber nicht zu glätten.
Es ist darauf zu achten, daß die Vorbehandlung des Untergrundes (Abkehren, Vornässen) wie in Abschnitt 6.3.3.1 beschrieben durchgeführt wird.

Bild 6/73 Verlaufsstruktur

Bild 6/74 Spritzmosaik

Die Kellerwände werden anschließend mit bituminösen Anstrichen gedichtet. Vor dem Aufbringen muß der Putz ausreichend erhärtet und getrocknet sein. Verschmutzungen durch Sand, Staub oder andere lose Teile sind zu entfernen.
Bituminöse Anstriche müssen aus einem kaltflüssigen Voranstrich und mindestens 2 heiß- oder 3 kaltflüssigen Deckanstrichen zusammengesetzt sein. Verbrauchsmengen und Arten der Anstrichmittel sind DIN 4117 zu entnehmen.
Zur Abdichtung können nach gleicher Vorbehandlung auch Spachtelmassen, Pappen oder Dichtungsbahnen verwendet werden.
Schutz gegen aufsteigende Feuchtigkeit siehe Abschnitt 4.2.4.

6.3.3.6 Innenputz nach DIN 18550

Grundlage für die Zusammensetzung des Mörtels ist DIN 18550, Tabelle 1 (siehe Abschnitt 6.3.3.1, Tabelle 6/1)

Folgender Aufbau der Schichten ist einzuhalten.

a) Spritzbewurf
ist unbedingt erforderlich; er soll in den Mörtelgruppen II, Ib, IV oder V ausgeführt werden.

b) Unterputz
Mörtelgruppe Ib, IV oder V

c) Oberputz
Mörtelgruppe Ib, IV oder V

6.3.3.7 Gipshaftputze für Innenwände

Auf YTONG haben sich Fertigputze auf Gipsbasis sehr gut bewährt. Sie werden einlagig aufgetragen. Ein Spritzbewurf ist nicht nötig.
Die YTONG AG vertreibt einen kunststoffvergüteten Haftputz auf Gipsbasis mit Perlite-Zusätzen, der speziell für Gasbeton-Mauerwerk entwickelt worden ist. Dieser Innenputz wird einlagig im Hand- bzw. Maschinenauftrag verarbeitet und kann geglättet oder fein gefilzt werden. Eine Grundierung des Gasbetonuntergrundes entfällt.

6.3.3.8 Innenbeschichtung auf Kunststoffbasis

Im Industriebau erhalten die Elemente bei gefasten (sichtbaren) Fugen einen zweimaligen Anstrich aus Kunststoffdispersionsfarbe. Sollen, wie z.B. im Wohnungsbau, glatte Wandflächen hergestellt werden, so genügt diese Ausführung nicht. Die Wandflächen werden zuerst mit einer Grundierung behandelt; anschließend folgt eine vollflächige Spachtelung und ein Schlußanstrich aus Dispersionswandfarbe. Sollen Stoß- und Lagerfugen der Elemente nicht sichtbar sein, so muß im Bereich der Fugen oder ganzflächig eine Gewebeeinlage vorgesehen werden.
Vor der Oberflächenbehandlung ist der Untergrund von Staub und lose sitzenden Teilen zu säubern. Unebenheiten und kleinere Beschädigungen werden mit einem auf den Untergrund abgestimmten Ausbesserungsmaterial ausgespachtelt.
Sollen die Fasen sichtbar bleiben, so ist aus optischen Gründen zu empfehlen, daß vor der Beschichtung der hintere Teil der Fasen (des Fugenquerschnittes) mit Fugenfüller geschlossen wird.

6.3.4 Ansetzen von keramischen Fliesen und Platten auf YTONG-Wänden in Innenräumen

Das Ansetzen von keramischen Fliesen und Platten auf Gasbeton im Innenausbau muß auf die unterschiedlichen Oberflächen der Wände abgestimmt sein, je nachdem, ob es sich um Wände aus YTONG-Blöcken und -Platten, -PLANBLÖCKEN und -PLANPLATTEN oder um -Montagebauteile handelt.
Zwei Ansetzverfahren finden in der Praxis Anwendung, nämlich das Verlegen im normalen Mörtelbett bei rauhen und — infolge ungenauer Verarbeitung — unebenen Oberflächen und im Dünnbettverfahren bei ebenflächigem, flucht- und lotrechtem Untergrund. Für beide Verfahren ist nach VOB, Teil C „Allgemeine Technische Vorschriften" und nach DIN 18352 „Fliesen und Plattenarbeiten" vorzugehen. Vor Beginn der Ansetzarbeiten ist die Wandoberfläche kräftig abzukehren, so daß lose Teile, Staub und Verunreinigungen entfernt werden.
Nach der Verlegung soll die Verfugung der Fliesen möglichst spät durchgeführt werden. Zum Abbau der Spannungen wird empfohlen, den Fliesenbelag nicht kraftschlüssig an begrenzende Bauteile, wie Seitenwände, Decken, Fußböden, Sockelanschlüsse und Einbauteile anzuarbeiten. In diesen Bereichen sowie bei größeren Wandflächen ($>$ 4 m) sind Dehnungsfugen, die bis auf den Gasbetonuntergrund durchgehen, anzuordnen und mit dauerelastischen Fugenmassen zu schließen.

6.3.4.1 Ansetzen im normalen Mörtelbett

Dieses Verfahren eignet sich vor allem für Wände aus YTONG-Blöcken und -Platten und dient als Ausgleich für unebene Untergründe.
Nach dem Abkehren der Gasbetonoberfläche ist die Wandfläche gründlich anzunässen, damit dem Mörtel die zum Abbinden notwendige Feuchtigkeit nicht entzogen wird. Anschließend ist ein deckender Spritzbewurf (Mischungsverhältnis in Raumteilen Z:S = 1:3) aufzutragen. Der Spritzbewurf muß mindesten 24 Stunden abgebunden haben, bevor weiter gearbeitet wird.
Bei Wänden mit hoher Feuchtigkeitsbelastung, wie bei Waschhallen oder in Betrieben z. B. der Textil- und Tabakindustrie, jedoch nicht bei Küchen und Badezimmern im Wohnungsbau, ist zur Erhöhung der wasserabweisenden Eigenschaften des keramischen Belages ein Unterputz aus Zementmörtel (Mischungsverhältnis nach Raumteilen Z:S = 1:4) vorzusehen.
Ein auf diese Weise vorbereiteter Untergrund eignet sich ebenfalls für das Ansetzen im Dünnbettverfahren.
Bei besonderen statischen Beanspruchungen, z. B. bei großen Belagshöhen oder hohen Belagsgewichten wird das Überspannen mit verzinktem Drahtgeflecht empfohlen.

6.3.4.2 Ansetzen im Dünnbettverfahren

Keramische Fliesen und Platten werden bei gut ausgeführten Wänden aus YTONG-PLANBLÖCKEN und -PLANPLATTEN und aus Montagebauteilen im Dünnbettverfahren direkt angesetzt. Es empfiehlt sich, sofern Ungenauigkeiten vorhanden sind, die Wandflächen mit einem Ausgleichsspachtel auf mineralischer Basis oder Kunststoffbasis vorzubehandeln. Für die Vorbehandlung des Gasbetonuntergrundes und für das Ansetzen des keramischen Materials ist nach den Verarbeitungsrichtlinien der Hersteller des Dünnbettmörtels vorzugehen.

6.4 Verfugung

Die richtige Ausführung der Verfugung ist von gleicher Bedeutung wie die Oberflächenbehandlung der YTONG-Montagebauteile. Aus den verschiedenen Aufgaben, welche die Fugen erfüllen müssen, ergeben sich die Fugentypen.

6.4.1 Beanspruchung

Die Fugen werden durch folgende Einflüsse beansprucht:

a) Bewegungen infolge Temperatur- und Feuchtigkeitsänderungen,
b) Regen und Wind,
c) Bodenverformungen,
d) Bewegungen der Gebäude infolge Windeinwirkungen,
e) Atmosphärilien und aggressive Stoffe,
f) mechanische Einwirkungen.

Durch Temperatur- und Feuchtigkeitsschwankungen verändert sich die Fugenbreite zwischen den Montagebauteilen ständig. Für eine richtige Bemessung müssen diese Bewegungen bekannt sein. Die temperaturbedingten Veränderungen der Fugenbreite ergeben sich direkt aus den Wärmeausdehnungskoeffizienten α_t. Bei YTONG beträgt diese ca. 0,008 mm/m grd in einem Temperaturbereich von 20 bis 100° C. Er ist also niedriger als bei Schwerbeton.
Ebenso beanspruchen Dehnungen bei Feuchtigkeitsschwankungen die Verfugung. Dadurch können sich innerhalb von 1 bis 2 Jahren infolge Austrocknung Längenänderungen von 0,15 bis 0,20 mm/m ergeben.

6.4.2 Fugentypen

Es gibt folgende Fugentypen:

a) Fugen mit nur dichtender Funktion:
horizontale Fugen bei liegenden Wandelementen,
b) Fugen mit dichtender Funktion und geringer Dehnbeanspruchung:
vertikale Fugen bei liegenden Wandelementen,
vertikale Fugen bei stehenden, nichttragenden Wandelementen,
vertikale und horizontale Fugen bei Fassadenelementen und raumgroßen YTONG-Wandelementen,
c) Fugen mit dichtender Funktion und hoher Dehnbeanspruchung:
Gebäudedehnungsfugen.

6.4.3 Auswahl der Fugenmassen

Hat die Fugenmasse nur eine dichtende Funktion zu übernehmen, so sind Fugenfüller auf Dispersionsbasis ausreichend. Ist jedoch eine Dehnbeanspruchung zu erwarten, so müssen elastische oder plastisch-elastische Fugenmassen verwendet werden.
Bei YTONG-Montagebauteilen kommen nur weichelastische Massen in Frage, die einer Formänderung keinen großen Widerstand entgegenbringen.
Als plastisch-elastische Fugenmassen haben sich Systeme auf Acrylatbasis bewährt, als dauerelastische Fugenmassen Polysulfidkautschuk (Thiokol) oder Silikonkautschuk.

Für einen dauerhaften Bestand der Abdichtung muß die Breite der Fugen unbedingt im richtigen Verhältnis zur Größe der anschließenden Wandelemente stehen. Nur dann lassen sich die entstehenden Dehnungen gefahrlos aufnehmen. Folgende Abmessungen der Fugen werden empfohlen:

Tabelle 2 Fugenbreite und Fugentiefe in Abhängigkeit von der Elementlänge

Elementlänge (m)	1—3	3—6
Fugenbreite (mm)	mindestens 10	10—15
Tiefe der Fugenmassen (mm)	10	10—12

6.4.4 Mit Abdeckprofilen gedichtete Fugen

Eine völlig problemlose Abdichtung der vertikalen Dehnungsfugen kann durch die Verwendung von Aluminium-Abdeckprofilen erreicht werden, die auch gleichzeitig für die Befestigung der Elemente wesentliche Vorteile bieten.

6.4.5 Die unsichtbare Fuge

Einen Sonderfall stellt die unsichtbare Fuge dar. Sie wird als vertikale Fuge bei stehenden Wandelementen, deren Breiten geringer als 1 m sind, ausgebildet. In diesem Falle wird im Zuge der Beschichtung im Bereich der Fuge oder ganzflächig ein Kunststoffgewebe eingebettet. Grundsätzlich sollte man jedoch die sichtbare Fuge vorziehen.

6.4.6 Konstruktive Ausführung von Außenfugen

6.4.6.1 Vertikale Fuge bei liegenden YTONG-Wandelementen und raumgroßen YTONG-Wandelementen

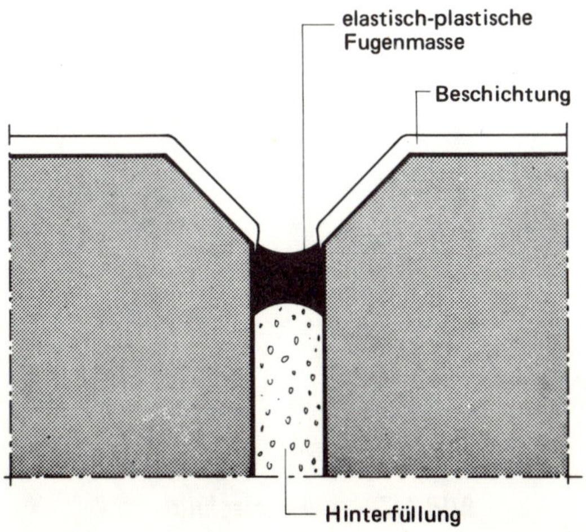

Bild 6/75 Fugenausbildung, Horizontalschnitt

6.4.6.2 Vertikale Fuge bei liegenden YTONG-Wandelementen mit Abdeckprofil

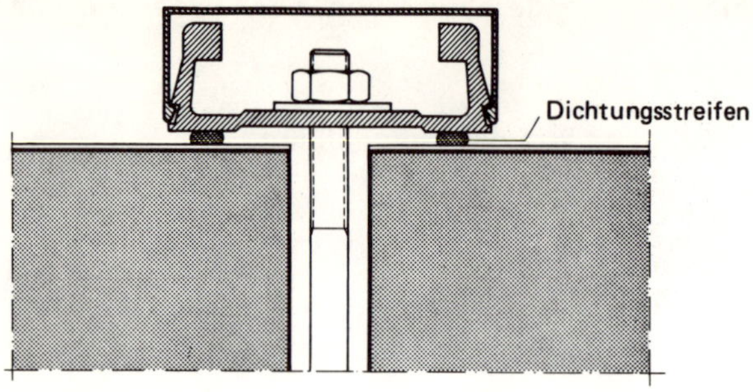

Bild 6/76 Ausführung 1, Horizontalschnitt

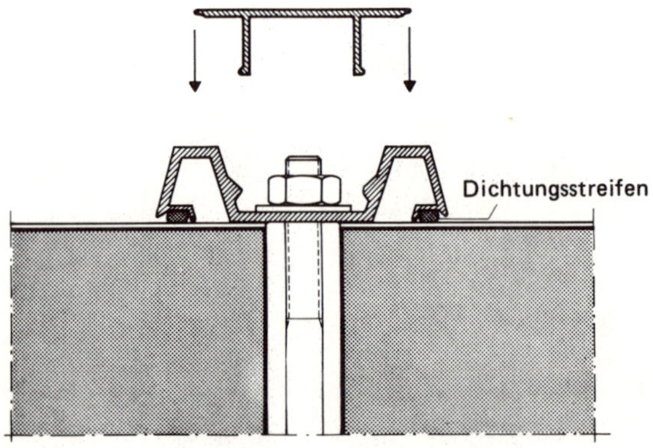

Bild 6/77 Ausführung 2, Horizontalschnitt

6.4.6.3 Horizontale Fuge bei liegenden YTONG-Wandelementen

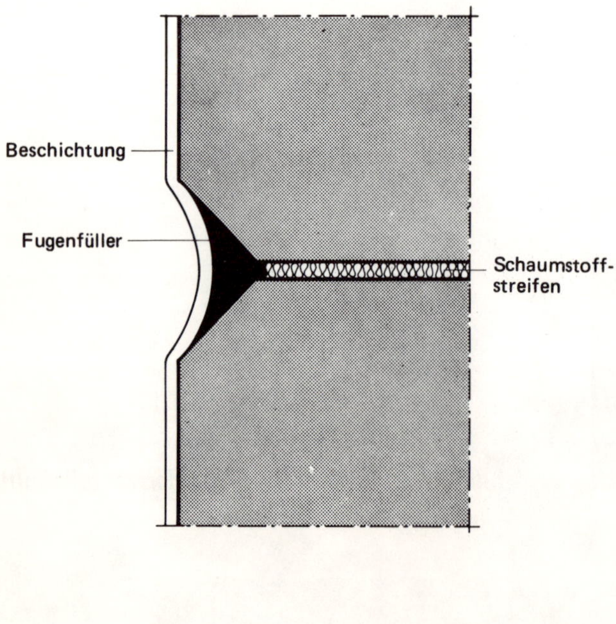

Bild 6/78 Vertikalschnitt

6.4.6.4 Sichtbare, vertikale Fuge bei stehenden YTONG-Wandelementen

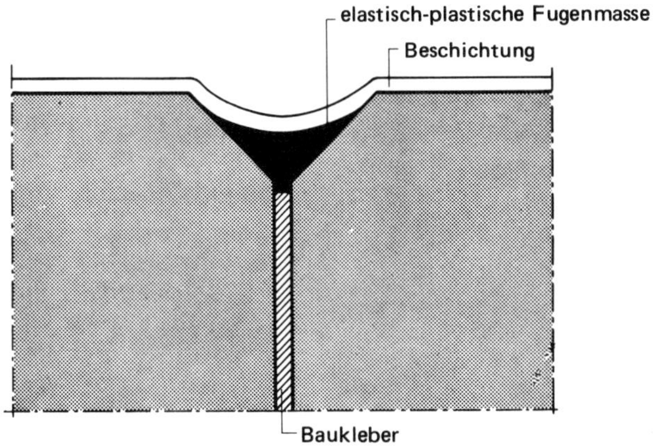

Bild 6/79 Ausführung 1, Horizontalschnitt

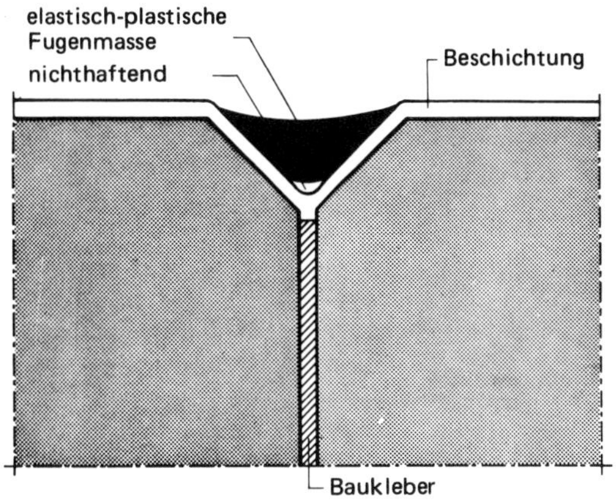

Bild 6/80 Ausführung 2, Horizontalschnitt

6.4.6.5 Unsichtbare Fuge bei scharfkantigen, stehenden YTONG-Wandelementen

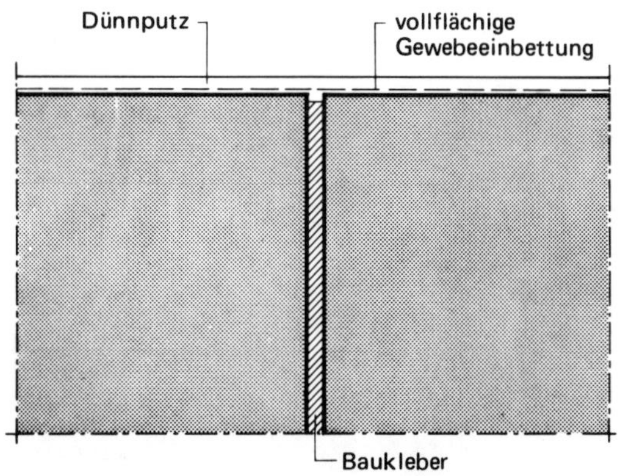

Bild 6/81 Horizontalschnitt

6.4.6.6 Horizontale und vertikale Fuge bei YTONG-Fassadenelementen mit Waschbetonvorsatz

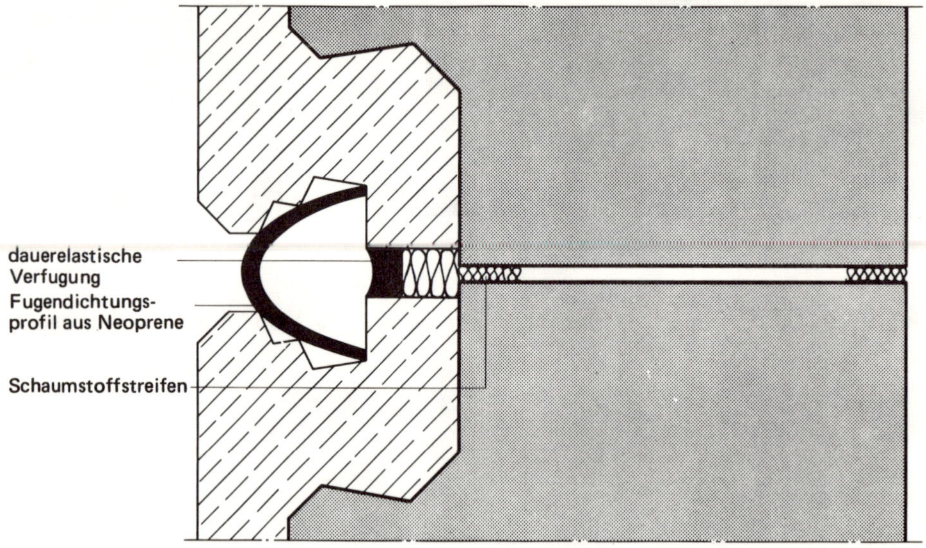

Bild 6/82 Vertikale Fuge mit doppelter Regensperre

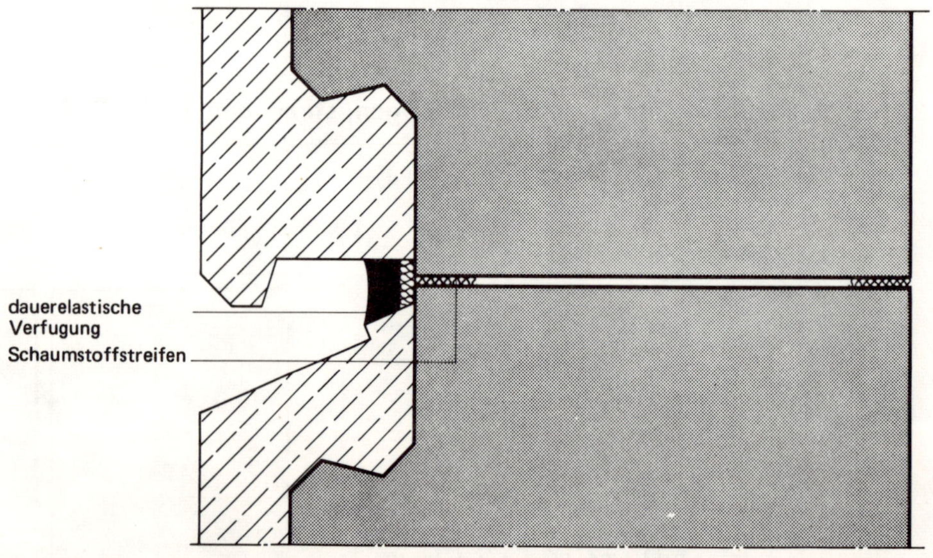

Bild 6/83 Ausbildung der horizontalen Fuge

6.5 Belüftete Fassaden

Die Vorteile von Wandkonstruktionen mit im Abstand vorgesetzter Außenverkleidung als Wetterschutz können nicht übersehen werden. Die Sicherheit gegen Eindringen von Regenwasser wird gegenüber verputzten Außenwänden erhöht; somit ist die Gefahr von Durchfeuchtungen infolge unsachgemäßer Ausführung des Putzes oder möglicher Undichtigkeiten bei Rissebildungen praktisch ausgeschlossen. Außerdem wird Diffusionsfeuchte von der zirkulierenden, mit der Außenluft in Verbindung stehenden Luftschicht abgeführt. Die Außenwand trocknet schneller aus und erreicht eine niedrigere Ausgleichsfeuchte, was eine weitere Verbesserung der Wärmedämmung bedeutet. Weiterhin werden die durch Sonneneinstrahlung bedingten hohen Oberflächentemperaturen von der Wand abgehalten; temperaturbedingte Bewegungen haben keine Beanspruchung des Wandbildners zur Folge, da keine starre Verbindung zwischen ihm und der Verkleidung besteht.
Außenwände mit belüfteter Verkleidung sind wärme- und feuchtigkeitstechnisch einwandfreie Konstruktionen; die höheren Herstellungskosten werden mit Sicherheit durch die wirtschaftlichen Vorteile mehr als aufgehoben. Hierzu zählt auch der Fortfall kostspieliger Reparatur- und Erhaltungsmaßnahmen.
Bei Wänden aus YTONG-Blöcken, -PLANBLÖCKEN oder -Montagebauteilen lassen sich belüftete Fassaden besonders einfach ausführen, da zusätzliche Wärmedämmschichten grundsätzlich nicht erforderlich sind.

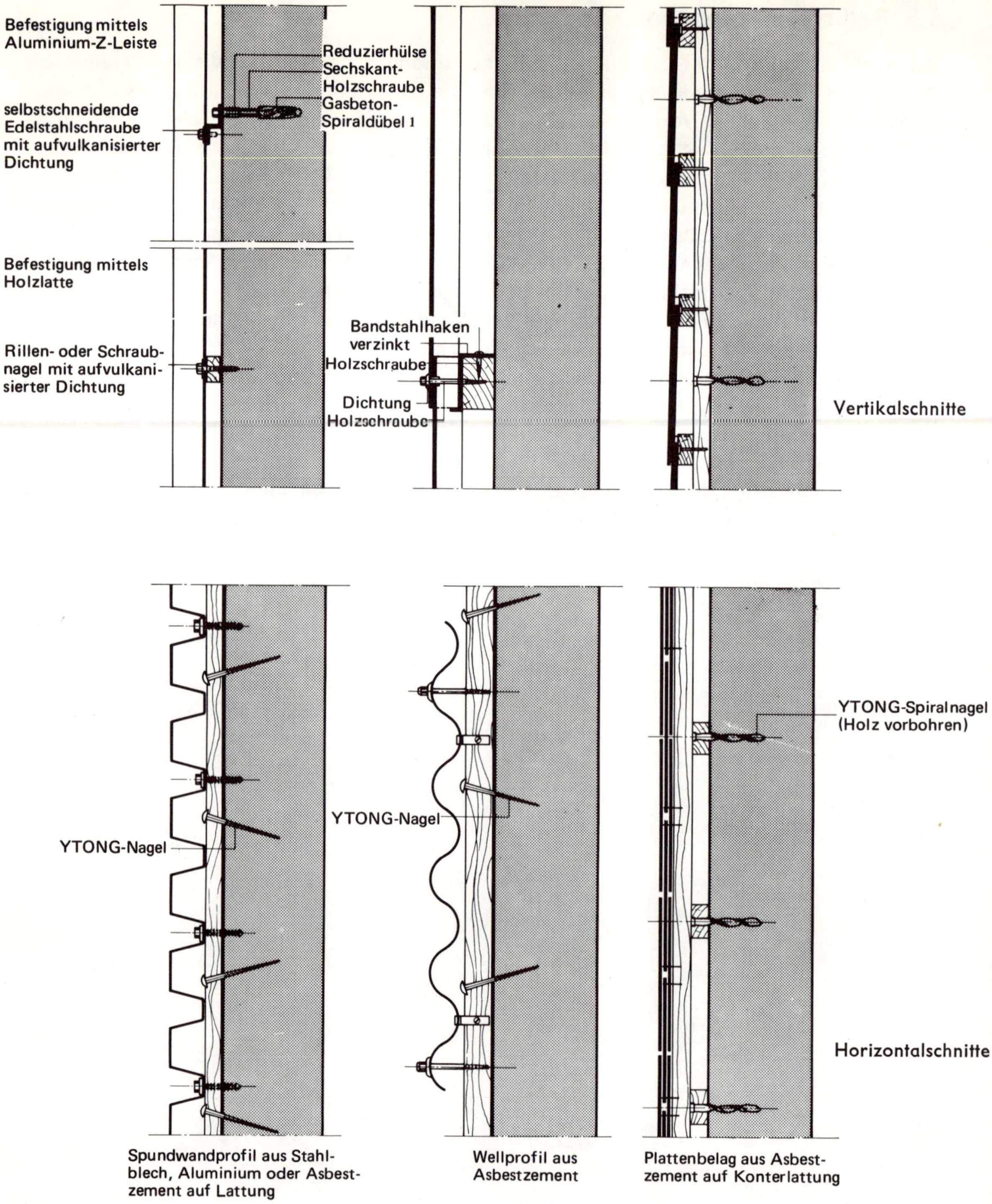

[1] Es dürfen nur bauaufsichtlich zugelassene Dübel verwendet werden.

Bild 6/84 Verkleidung von YTONG-Wänden. Stahlblech-, Aluminium- oder Asbestzementplatten

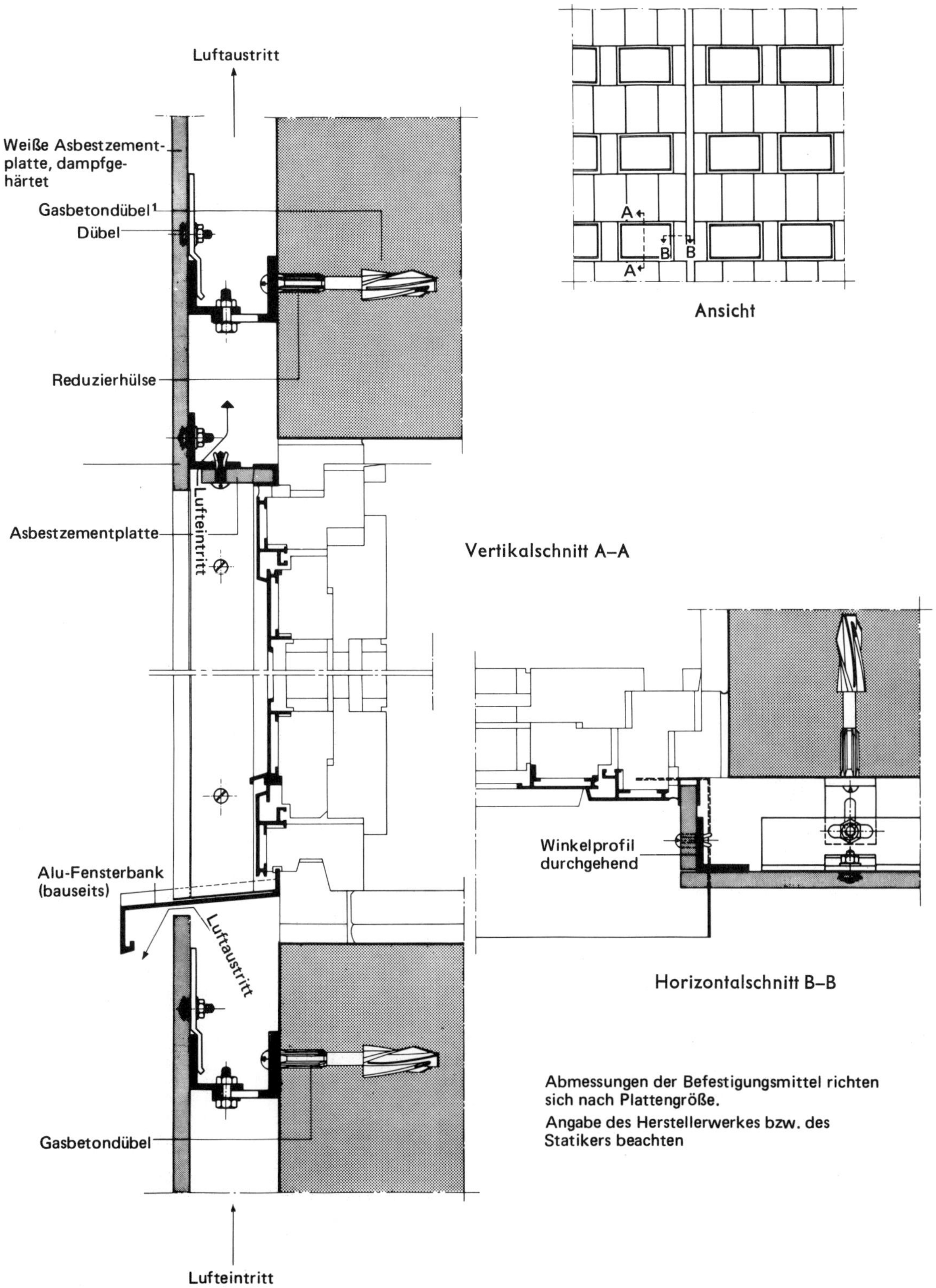

[1] Es dürfen nur bauaufsichtlich zugelassene Dübel verwendet werden.

Bild 6/85 Befestigung von großformatigen Asbestzementplatten an YTONG-Wänden

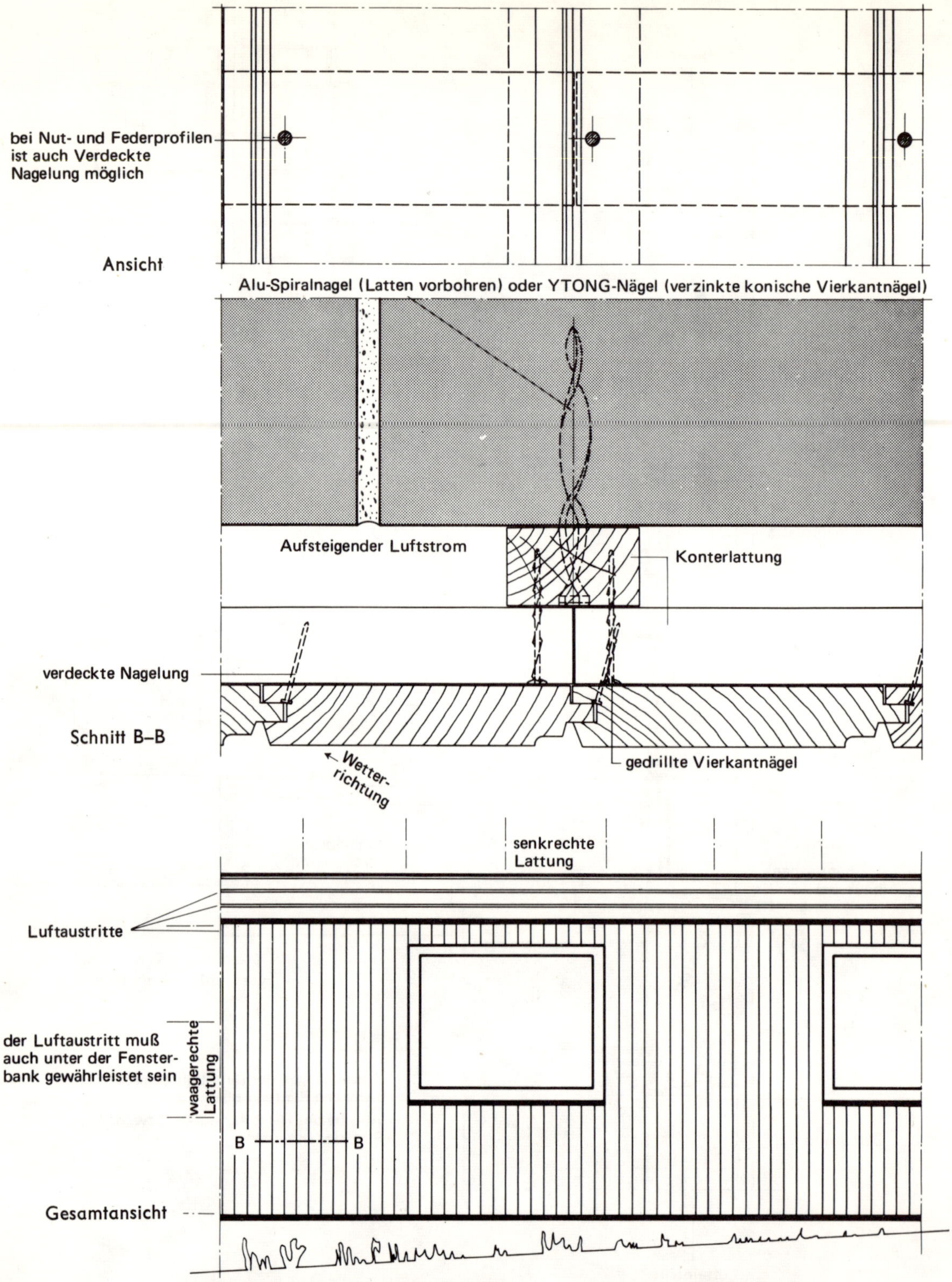

Konterlattung gewährleistet senkrechtes Durchströmen der Luft. Wird die senkrechte Lattung weggelassen, so muß die waagerechte Lattung unterbrochen und versetzt angeordnet werden.
Wetterbeständiges Holz verwenden und nur mit atmungsfähigen Imprägniermitteln behandeln. Keinesfalls porenschließende Farben oder Lacke verwenden.

Bild 6/86 Holzverkleidung von YTONG-Wänden

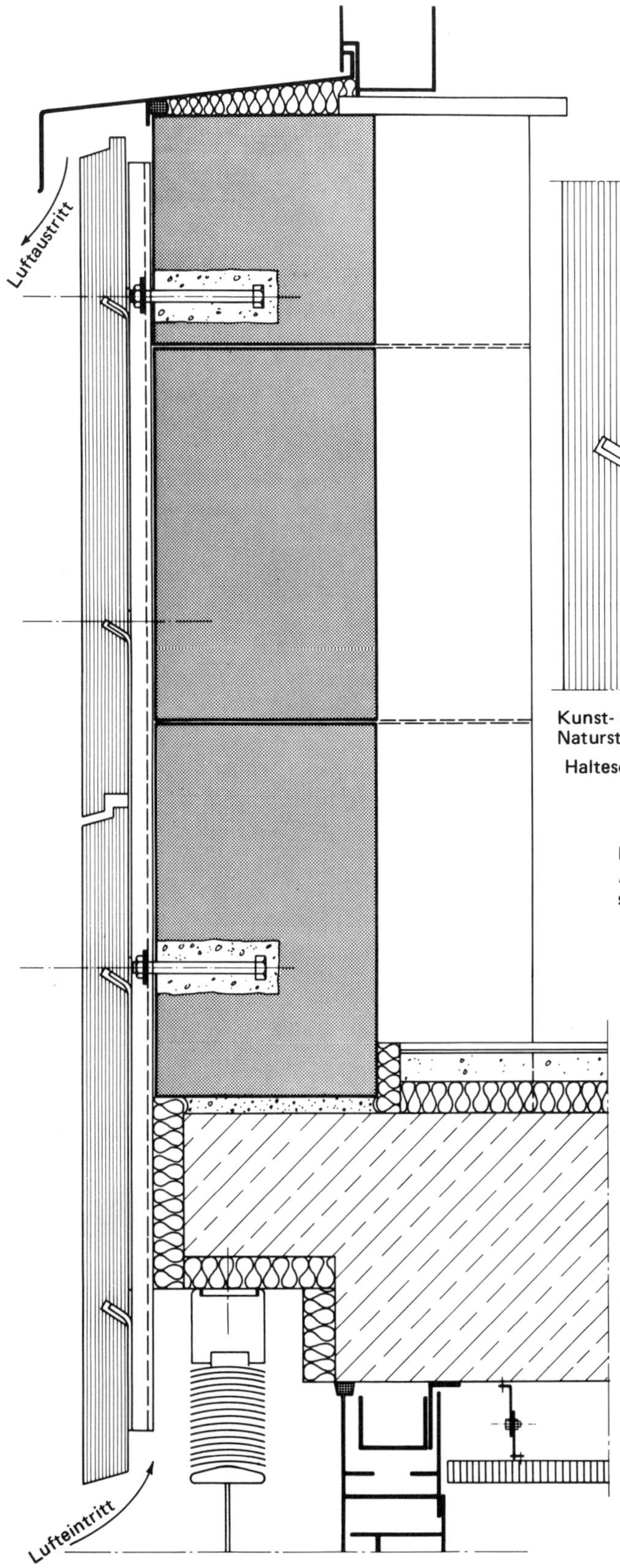

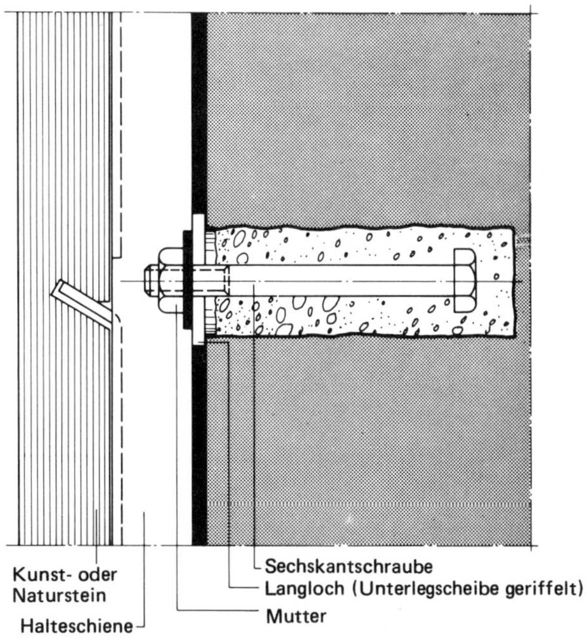

Die Verankerungen sind statisch nachzuweisen!
Außer einbetonierten Stahlschrauben sind auch schwere Spreizdübel möglich

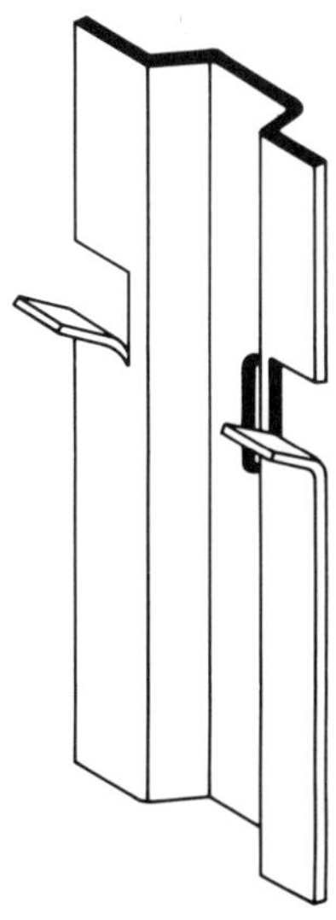

Halteschiene

Bild 6/87 Verkleidung von YTONG-Wänden mit Kunst- oder Naturstein

7. Das Dach

YTONG-Dächer werden überwiegend als Flachdächer ausgebildet, jedoch sind auch andere Ausführungsarten, wie Sheddächer, möglich.
Mit YTONG-Dachplatten lassen sich sowohl nichtbelüftete, einschalige Dächer (Warmdächer) als auch belüftete zweischalige Dächer (Kaltdächer) herstellen.
Die Entscheidung darüber, welche Konstruktionsart gewählt wird, hängt in erster Linie vom Nutzungszweck und somit von den raumklimatischen Verhältnissen ab. YTONG-Warmdächer können ohne besonderen Nachweis bei Gebäuden vorgesehen werden, bei denen die Innentemperatur 20° C und die relative Luftfeuchtigkeit 65 bis 70% nicht übersteigen. Diese Klimaverhältnisse — Resultate aus praktischen Untersuchungen von Forschungsinstituten, siehe auch Abschnitte 4.2.5 und 4.2.6 — gewährleisten eine kontinuierliche Trocknung des Dachquerschnitts durch Feuchtigkeitsabgabe in den Innenraum. Aus diesem Grund darf bei YTONG-Warmdächern keine unterseitige Dampfbremse oder Dampfsperre angebracht werden.
YTONG-Warmdächer erfüllen alle Voraussetzungen für den Wohnungsbau: der nach DIN 4108 geforderte Wärmedurchlaßwiderstand von $\frac{1}{\Lambda} = 1{,}25\ m^2\,h\ grd/kcal$ ist bei Verwendung von 24 cm dicken YTONG-Dachplatten GSB 35 gegeben, Schwitzwasserprobleme treten wegen der hohen Wärmedämmwirkung von YTONG und den relativ geringen raumklimatischen Belastungen nicht auf. An dieser Stelle sei erwähnt, daß Badezimmer und Küchen nicht zu den sogenannten Feuchträumen zählen.
Liegt hingegen bei Gebäuden die relative Luftfeuchtigkeit dauernd über 65—70% bei Innentemperaturen von über 20° C, so ist die Dachkonstruktion auf diese extreme Beanspruchung abzustimmen. Es empfiehlt sich die Ausführung eines YTONG-Kaltdaches. Mit Hilfe einer Diffusionsberechnung (siehe Abschnitt 4.2.2.2) muß nachgeprüft werden, ob die Feuchtigkeitsbilanz im Plattenquerschnitt in Ordnung ist. Bei YTONG-Kaltdächern können unter Umständen Dampfsperren oder -bremsen an der Unterseite der Dachkonstruktion erforderlich werden, um das Eindringen von Feuchtigkeit (in Form von Wasserdampf) aus dem Innenraum und somit eine mögliche Anreicherung im Plattenquerschnitt zu verhindern. Vorhandene Feuchtigkeit kann damit ohne weiteres durch den Belüftungsraum abgeführt werden. Bei extremen raum- und außenklimatischen Verhältnissen muß außerdem nachgewiesen werden, ob an der Dachunterseite die Taupunkttemperatur unterschritten wird (siehe Abschnitt 4.2.2.1).
Die „Richtlinien für die Ausführung von Flachdächern", aufgestellt vom Zentralverband des Dachdeckerhandwerks, gelten nicht für Gasbetondächer, bei denen bekanntlich die Dachplatten die tragende und wärmedämmende Funktion übernehmen, sondern lediglich für konventionelle Dachkonstruktionen, z. B. Stahlbetonplatten, Stahlbetonrippen- und Hohlkörperdecken mit zusätzlich aufgebrachter Wärmedämmschicht. Deshalb lassen sich die in diesen Richtlinien enthaltenen Fachregeln und Rechenhilfen (Grenzflächentemperatur-Dreieck, Taupunktberechnung u. a.) nicht ohne weiteres auf die konstruktiven und bauphysikalischen Gegebenheiten bei Gasbetondächern übertragen.
Während bei konventionellen nichtbelüfteten Flachdächern ein Kondensieren des Wasserdampfes in der Wärmedämmschicht durch Einschalten einer Dampfsperre verhindert wird (der theoretische Taupunkt liegt immer in der Dämmschicht), ist bei Gasbetondächern eine innere Kondensation (der Taupunkt liegt im Gasbeton) bis zu einem bestimmten, kalkulierbaren Wert durchaus zulässig. Wichtig ist, daß die sich im Winter ansammelnde Feuchtigkeit im Sommer infolge des umgekehrten Dampfdruckgefälles wieder ausdiffundiert (siehe Abschnitt 4.2.5).
In Abschnitt 7.2.5 wird auf die konstruktive Ausbildung von YTONG-Flachdächern näher eingegangen.

7.1 Planungsgrundlagen

Die für die Planung benötigten technischen Daten sind in den entsprechenden Abschnitten aufgeführt. Die Angaben, wo sie im einzelnen zu finden sind, werden in folgender Aufstellung der Planungsgrundlagen gemacht.

▶

Bild 7/1 Beispiel eines Verlegeplanes für YTONG-Dachplatten. Schon bei der Planung soll darauf geachtet werden, daß möglichst Dachplatten mit Standardabmessungen einbezogen werden, die erhebliche Preisvorteile bieten

7.2 Konstruktionen — YTONG-Dachplatten

7.2.1 Übersicht

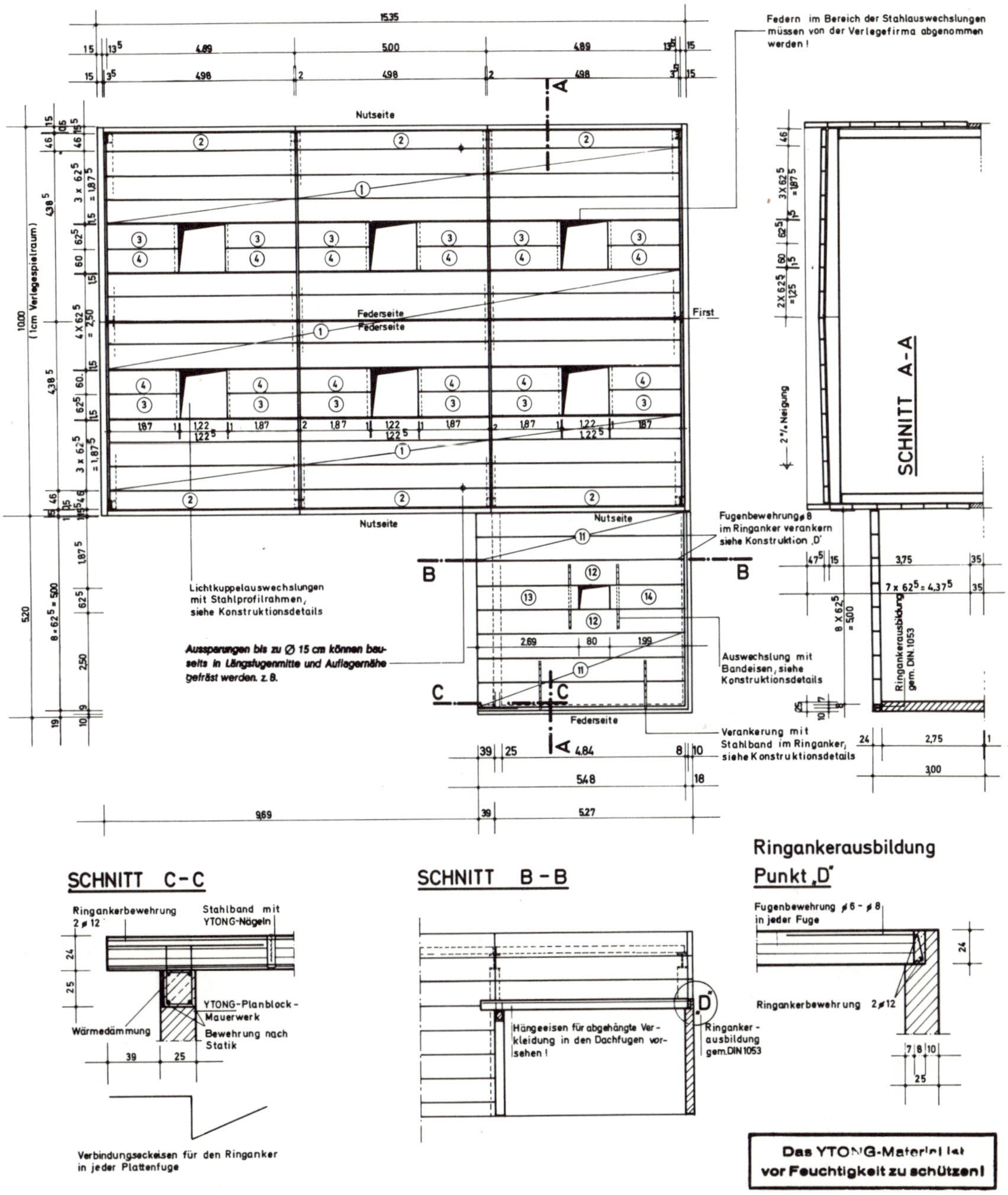

YTONG – Dachplatten GSB35 u.50, d=15 cm und 24cm

Verankerung, Fugenbewehrung gem. YTONG-Verlegeanleitung, Ringankerausbildung gem. DIN 1053

GSB 35
Pos. 1-4 d=15cm
BELASTUNG:
Eigengew. 108 kp/m²
Belag, Putz 15 „
Nutzlast (Schnee) 75 „
q = 198 kp/m²

GSB 35
Pos. 11 und 13,14 d=24cm
BELASTUNG:
Eigengew. 202 kp/m²
Belag, Putz 125 * „
Nutzlast (Schnee) 75 „
q = 402 kp/m²

*einschl. abgeh. Decke und Kiesschüttung

GSB 50
Pos. (12) d=24cm
BELASTUNG:
Eigengew. 202 kp/m²
~~Belag, Putz~~ 125 * „
Nutzlast (Schnee) 75 „
q = 402 kp/m²

* zuzügl. Auswechsellast

YTONG AG
8000 München 40, Riesenfeldstr. 7b
Postfach 402049
Tel. (0811) 3515028/46
Sachbearbeiter: MA / lo

7.2.2 Verankerung der YTONG-Dachplatten an der tragenden Konstruktion

Weitere Ausführungen, besonders von Dachanschlüssen an die Außenwände, siehe 6.1.2.1; 6.2.2.2

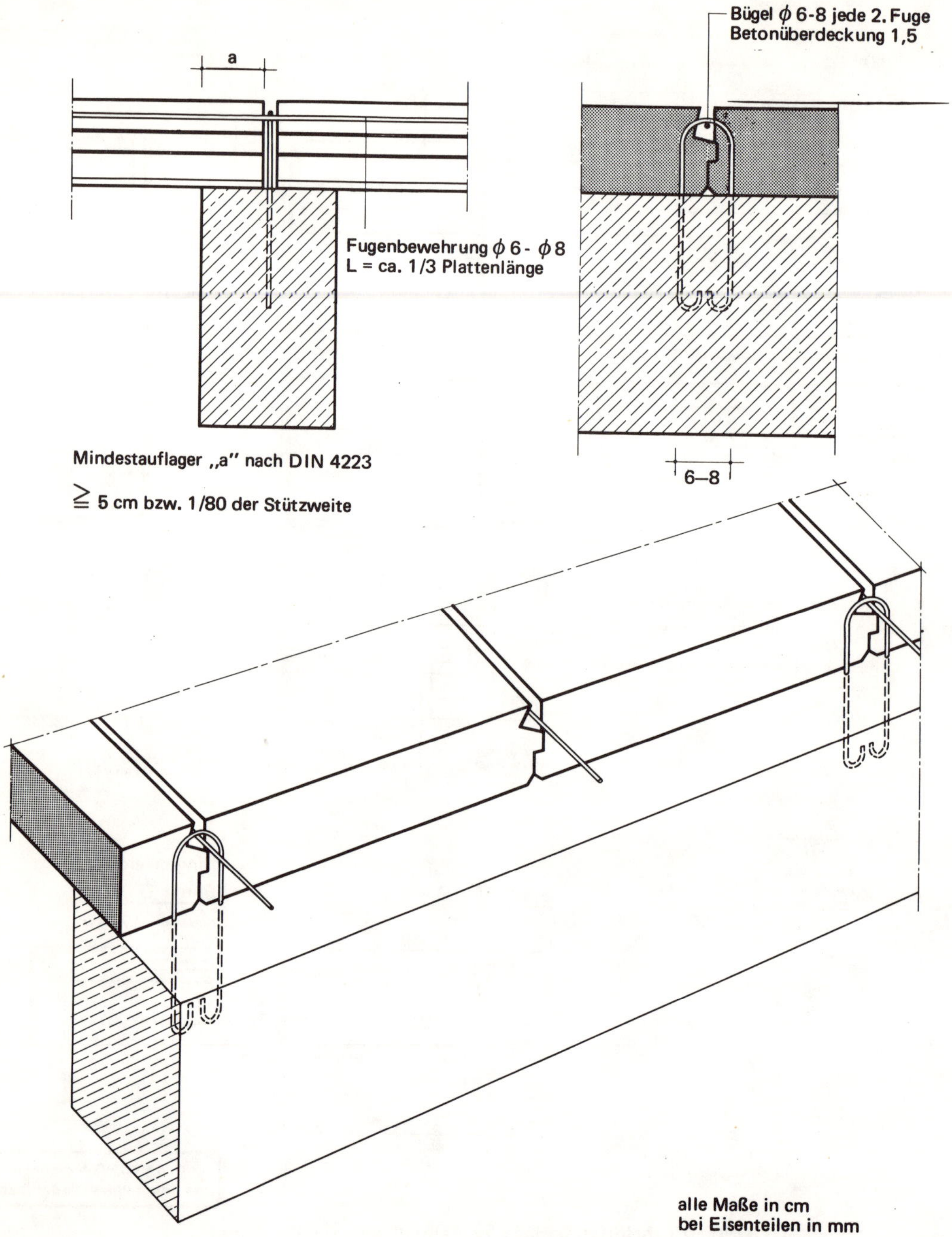

Bild 7/2 Verankerung auf Stahlbetonbindern bzw. -pfetten mit Rundstahlbügeln

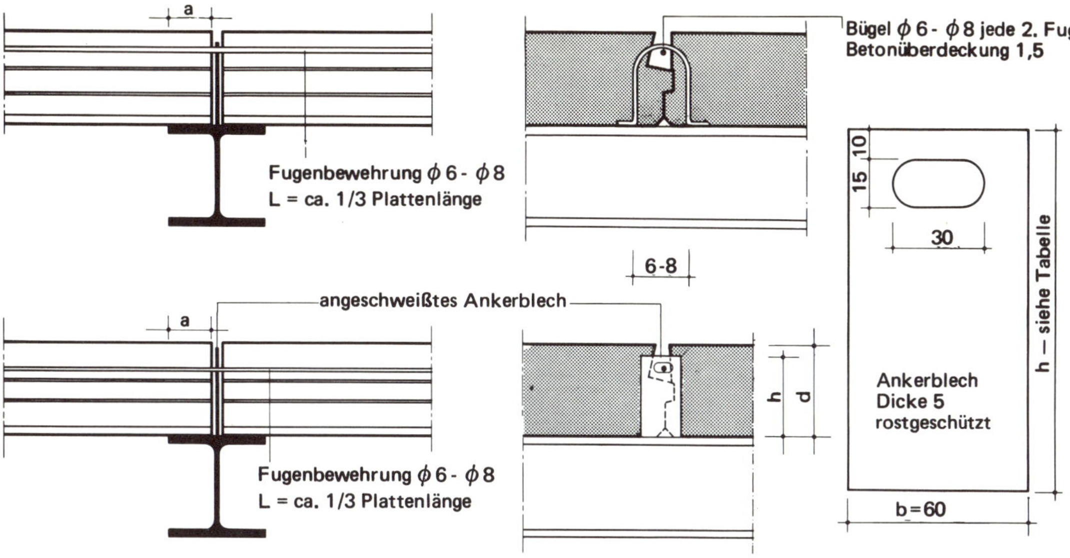

Mindestauflager „a" nach DIN 4223
≧ 5 cm bzw. 1/80 der Stützweite

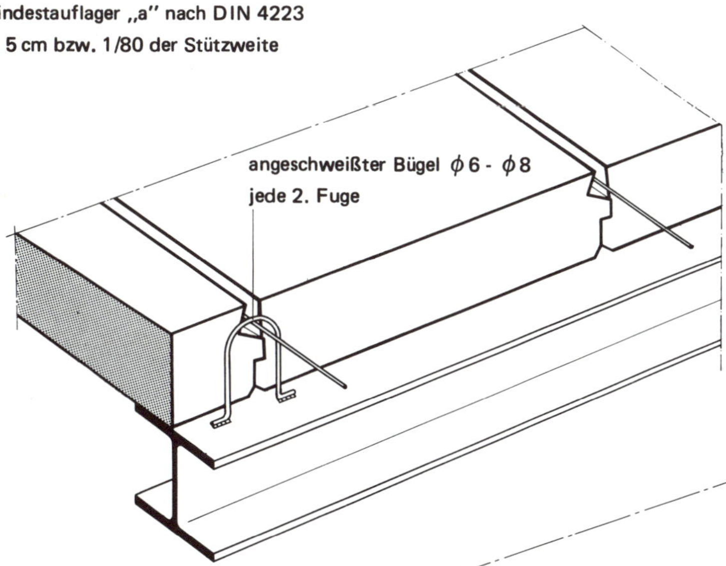

Abmessungen des Ankerbleches

d	h	b
10	90	60
12,5	110	60
15	130	60
17,5	150	60
20	170	60
22,5	180	60
24	190	60

alle Eisenteile rostgeschützt

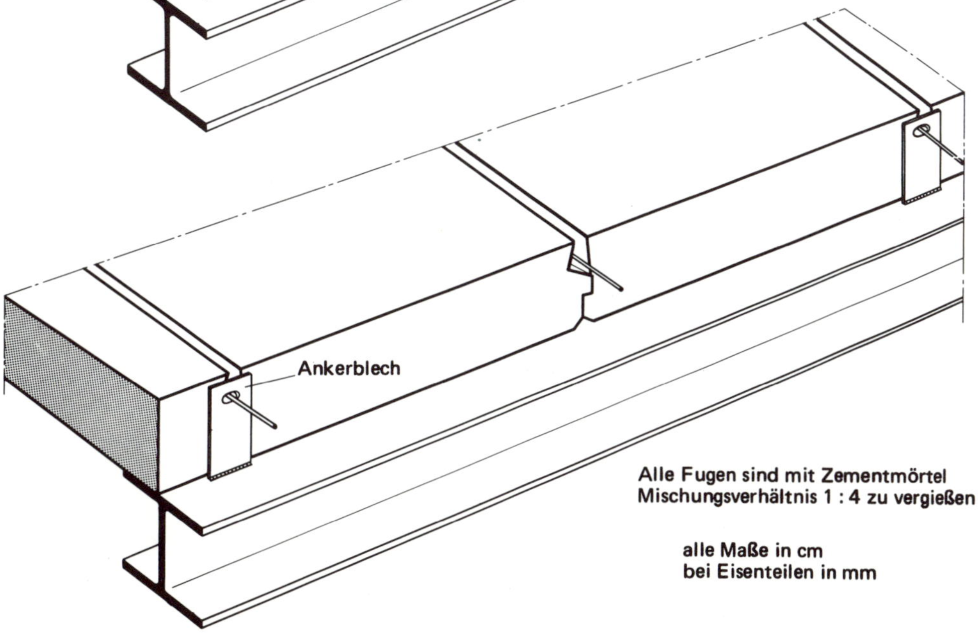

Alle Fugen sind mit Zementmörtel
Mischungsverhältnis 1 : 4 zu vergießen!

alle Maße in cm
bei Eisenteilen in mm

Bild 7/3 Verankerung auf Stahlbindern bzw. -pfetten mit Rundstahlbügeln und Ankerblechen

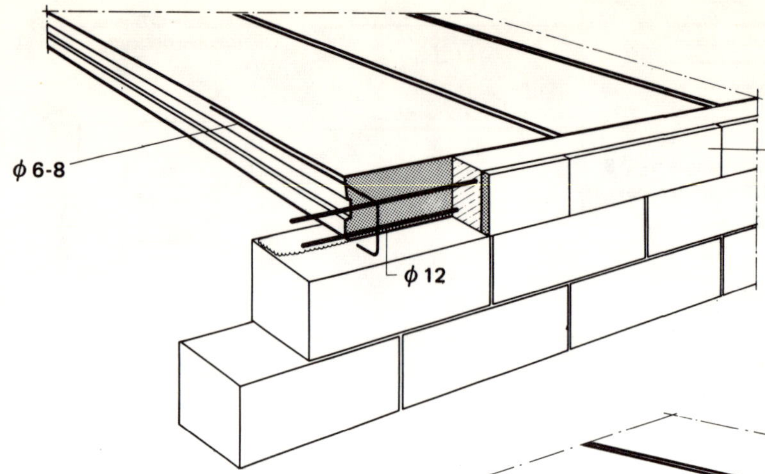

Dachplatte mit Endauflager

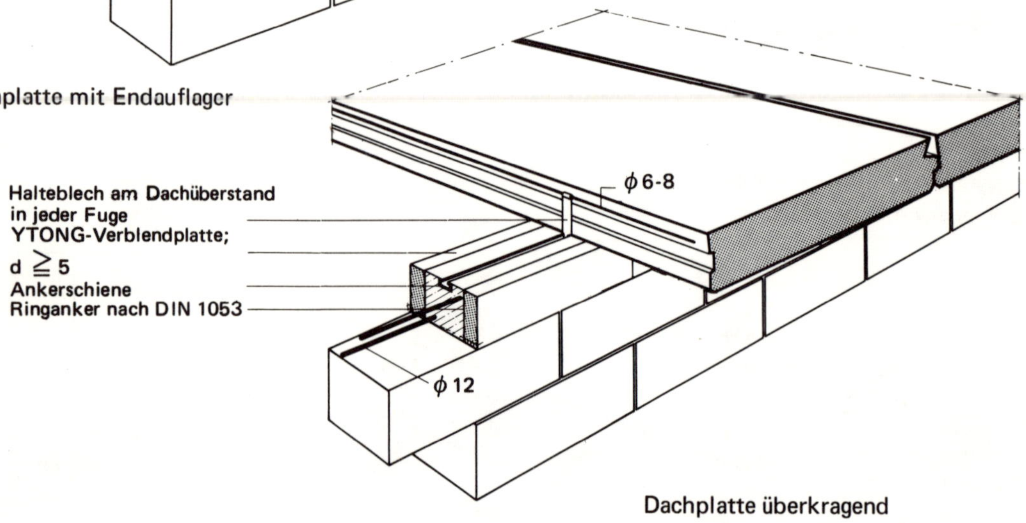

Dachplatte überkragend

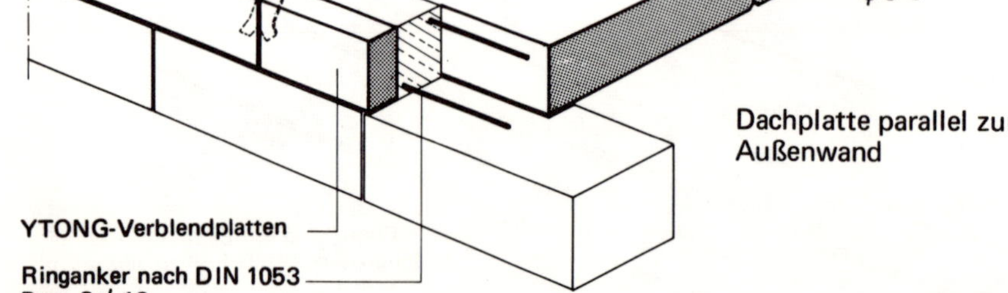

Dachplatte parallel zur Außenwand

alle Maße in cm bei Eisenteilen in mm

alle Eisenteile rostgeschützt

Bild 7/4 Verankerung bei Verlegung auf Mauerwerk mit Ringankerausführung

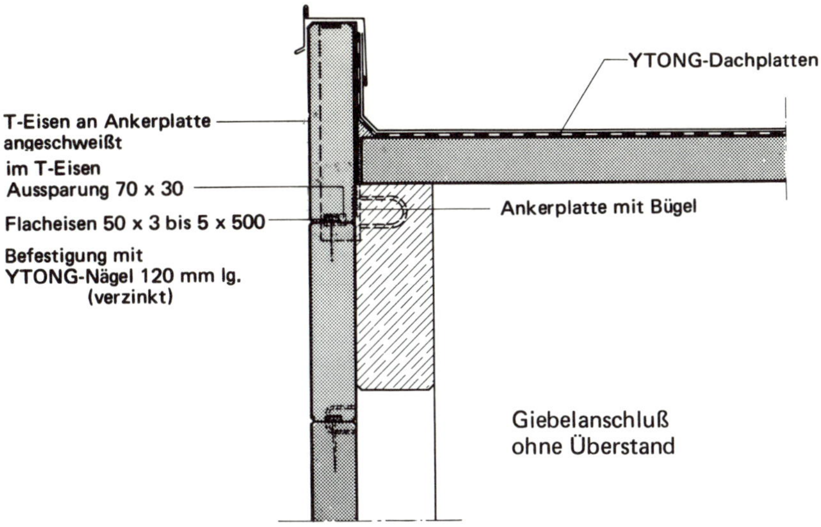

Giebelanschluß
ohne Überstand

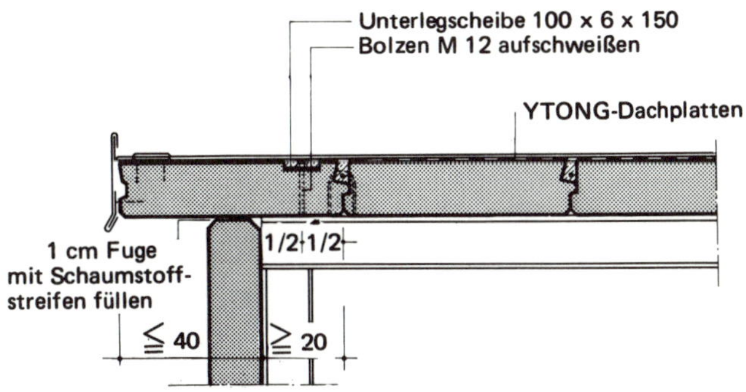

alle Eisenteile rostgeschützt!

Giebelanschluß mit Überstand

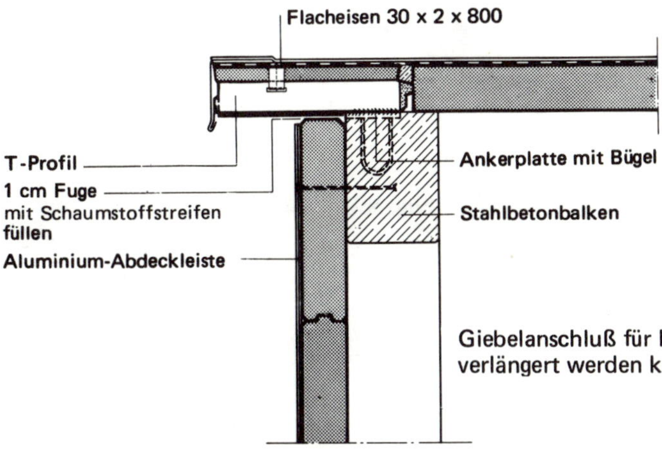

Giebelanschluß für Bauten, die später
verlängert werden können

Schnitt durch T—Profil

alle Maße in cm
bei Eisenteilen in mm

Bild 7/5 Anschlüsse von YTONG-Dachplatten an Giebelwänden

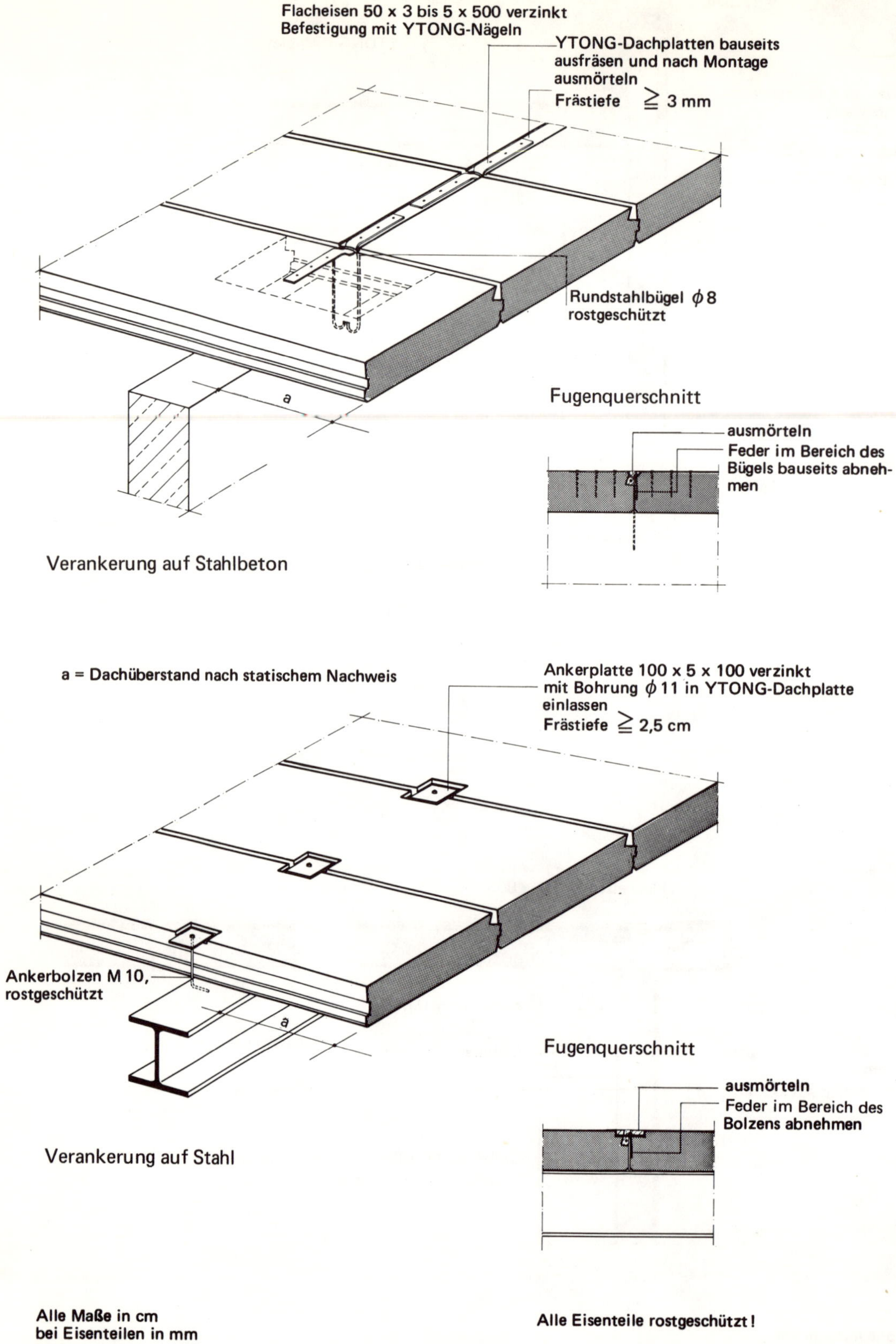

Bild 7/6 Verankerung von auskragenden YTONG-Dachplatten senkrecht zur Außenwand

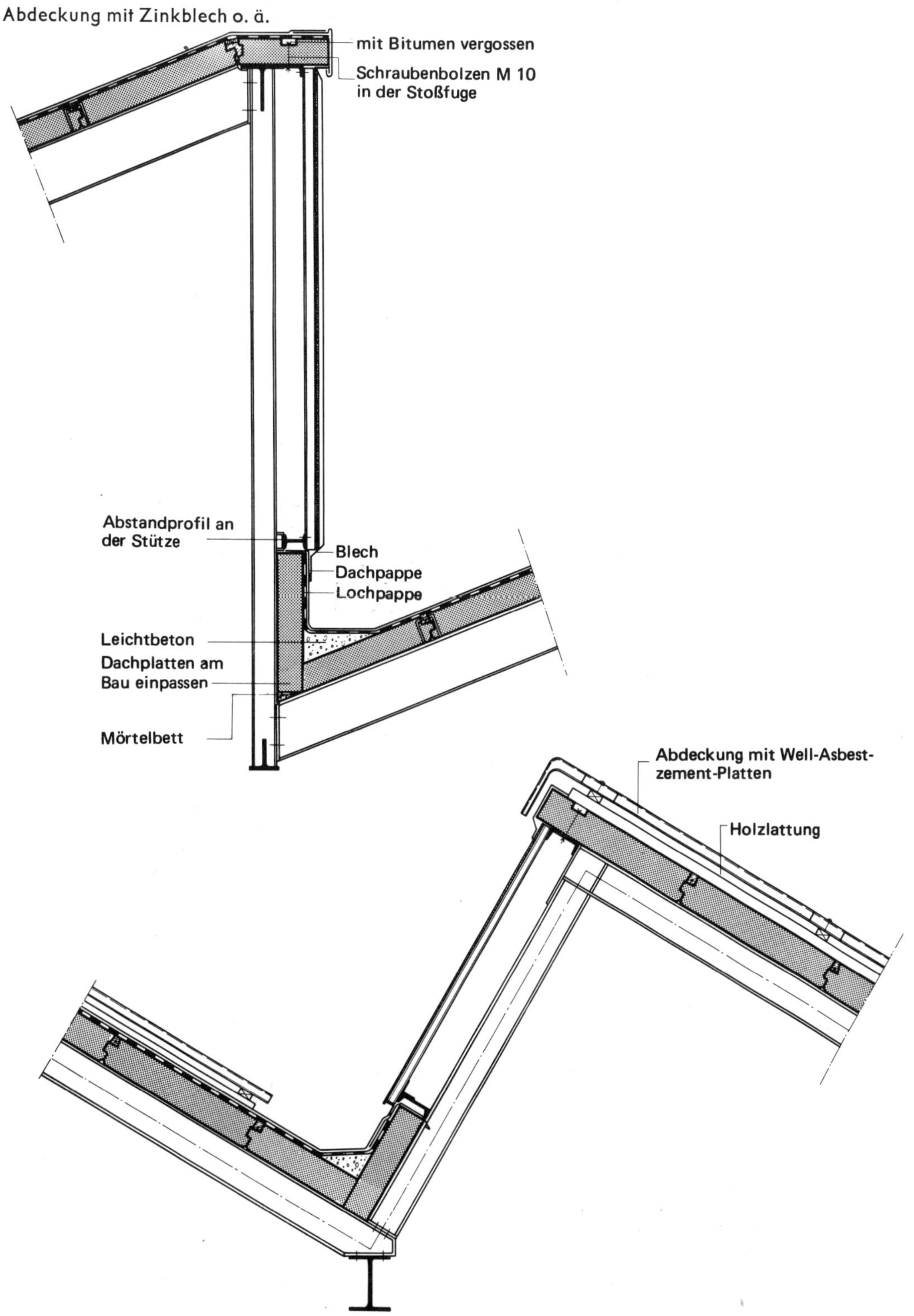

Bild 7/7 Sheddachausführungen

7.2.3 Auswechslung von YTONG-Dachplatten

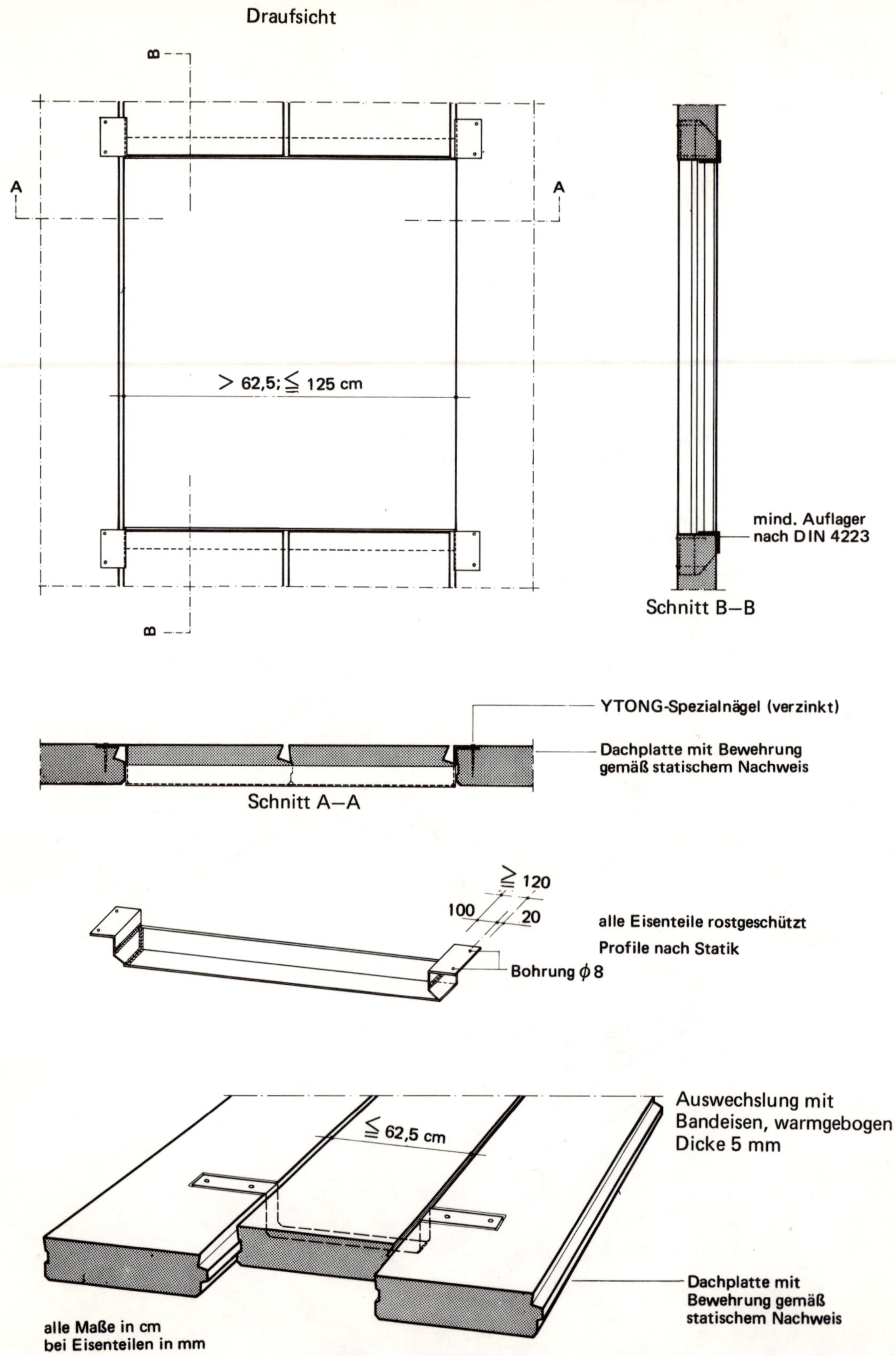

Bild 7/8 Auswechslung mit Bandeisen und Winkelprofilen

Grundriß

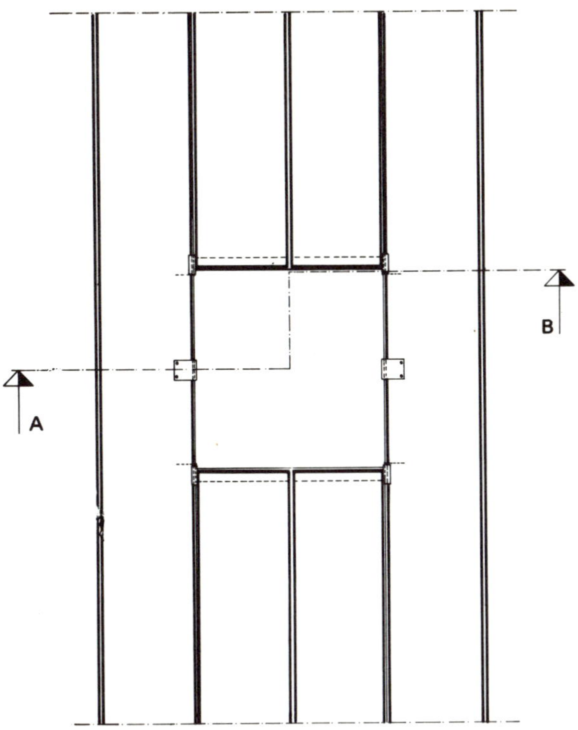

Detail A

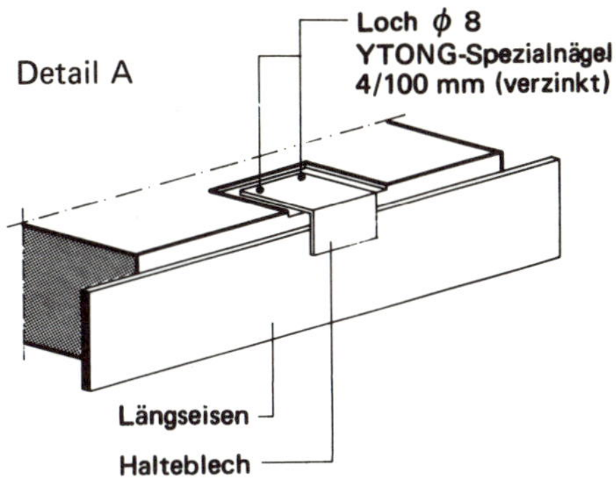

Detail B

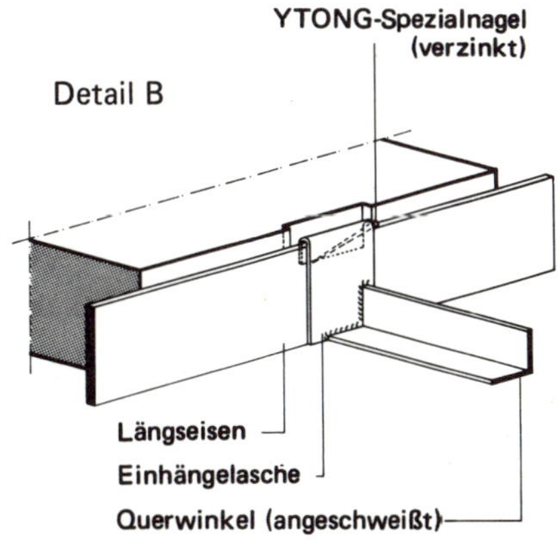

Schnitt A–B

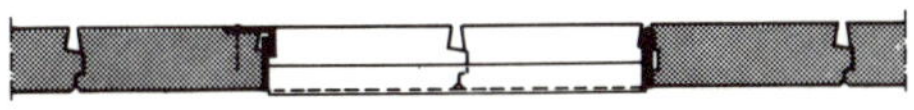

	Längs-eisen mm	$W_{x\,vorh}$ cm^3	G kg/lfdm	Quer-winkel	G kg/lfdm	Einhängelasche b	d	l	Halteblech b	d	l
max M: bis 235 kpm	90/15	20,6	10,60	80/8	9,66	120	6	153	120	6	225
max M: bis 540 kpm	130/15	42,0	15,31	80/8	9,66	120	6	193	120	6	**225**
max M: bis 900 kpm	170/15	72,0	20,02	80/8	9,66	120	6	233	120	6	225

alle Maße in mm
alle Eisenteile rostgeschützt

Bild 7/9 Auswechslung mit einstellbarem Stahlrahmen

7.2.4 Aussparungen in YTONG-Dachplatten

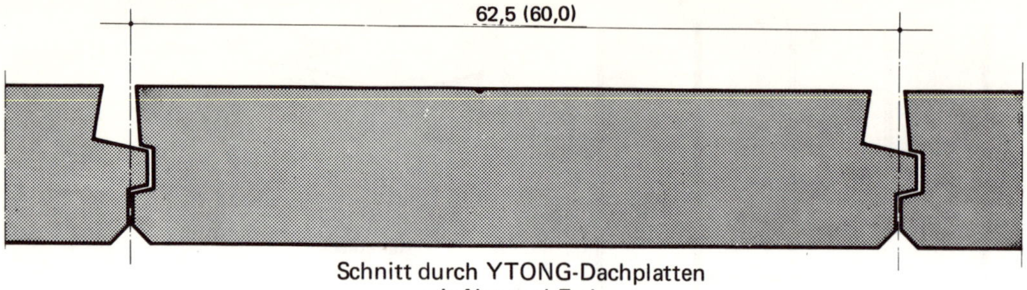

Schnitt durch YTONG-Dachplatten
mit Nut und Feder

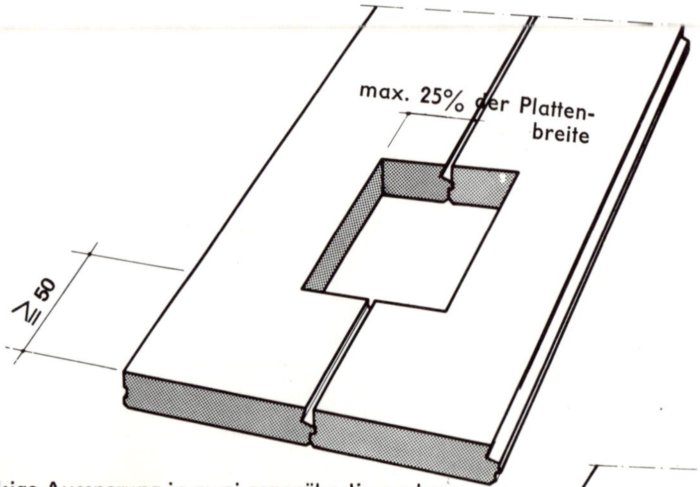

Rechteckige Aussparung in zwei gegenüberliegenden
YTONG-Dachplatten mit Spezialbewehrung,
soweit statisch möglich

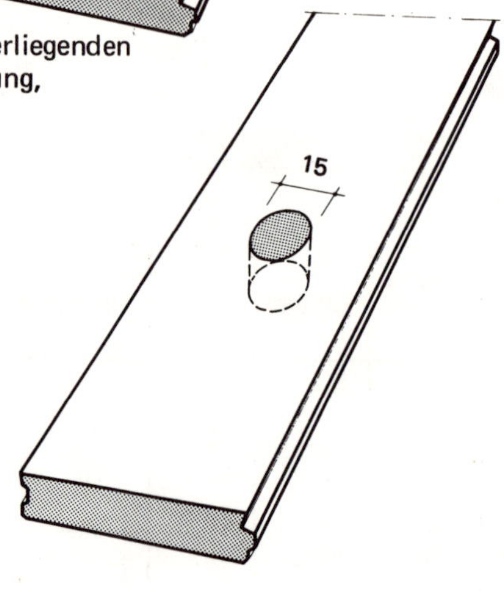

Löcher bis ϕ 15 in
YTONG-Dachplatten mit Spezialbewehrung

alle Maße in cm

Bild 7/10 Anordnung und maximale Größe von Aussparungen in YTONG-Dachplatten

7.2.5 Dachausführungen

YTONG-Flachdächer werden als nichtbelüftete und belüftete Dächer, auch Warm- oder Kaltdächer genannt, ausgebildet.
Nichtbelüftete Dächer sind einschalige Dächer, bei denen die zum Dachaufbau gehörenden Schichten unmittelbar aufeinanderliegen, während bei belüfteten Dächern die Dachhaut mit ihrer Tragkonstruktion von den übrigen Schichten des Daches durch einen von außen belüfteten Raum getrennt ist.
YTONG-Warmdächer, siehe Bild 7/11, haben im allgemeinen folgenden Aufbau (von unten nach oben):

YTONG-Dachplatten
Voranstrich
Dampfdruckausgleichsschicht
Dachhaut

Der Voranstrich (kaltflüssig) hat die Aufgabe, den Staub zu binden, wasserabweisend zu wirken und die Haftfähigkeit der Klebemittel zu verbessern.
Durch die Dampfdruckausgleichsschicht soll die in den YTONG-Dachplatten eingeschlossene bzw. einwandernde Feuchtigkeit druckmäßig angeglichen und nach außen entspannt werden. Außerdem wird die Eigenbeweglichkeit der Dachhaut bei Temperatureinflüssen ermöglicht. Es werden in der Hauptsache Lochglasvlies-Bitumen-Dachbahnen verwendet, jedoch sind auch Wellentlüftungs- oder Falzbaupappen möglich.
Die Dachhaut dient der Abdichtung des Bauwerks gegen Niederschlagswasser, sie kann aus Glasvlies-Bitumen-Dachbahnen, Dachdichtungsbahnen, Dachpappen und Kunststoff-Dachfolien bestehen. Bei Dachneigungen von 0 bis 3° (0—5,2%) müssen mindestens drei Lagen ausgeführt werden. Die oberste Lage muß eine Schutzschicht erhalten. Dächer mit einer Neigung über 3° müssen mindestens zwei Lagen erhalten, wobei das Aufbringen eines Oberflächenschutzes zu empfehlen ist.
Schutzschichten können aus fabrikmäßig aufgebrachten Fein- oder Grobbestreuungen aus Naturstein, aus Bekiesung oder Besplittung und aus Kiesschüttungen bestehen. Sie sollen den Einfluß der Wärmeeinstrahlung auf die Dachhaut mindern, die Witterungsbeständigkeit der Dachhaut verbessern und bei schwereren Schichten die Sturmsicherheit der Dachhaut erhöhen. Dies gilt besonders bei Verwendung einlagiger Kunststoff-Dachfolien, die ohne Verklebung lose auf den Untergrund aufgelegt werden. Bei dieser Dichtungsmethode ist darauf zu achten, daß der Kies (Korngröße mindestens 7—15 mm) mit Kunststoffkleber zu fixieren ist, da lose Kiesschüttungen nicht zur Windsogsicherung angesetzt werden dürfen.
YTONG-Kaltdächer, siehe Bild 7/11, werden wie folgt ausgebildet (von unten nach oben):

Untere Schale:
  YTONG-Dachplatten
  Lüftungsraum

Obere Schale:
  Unterkonstruktion
  Dachhaut

Der Lüftungsraum muß bei natürlicher Belüftung mit der Außenluft durch Öffnungen in Verbindung stehen und bei künstlicher Belüftung mit trockener Luft beschickt werden. Der Belüftungsquerschnitt soll so bemessen sein, daß die Zuluftöffnungen 1/600, die Abluftöffnungen 1/500 der zu belüftenden Dachgrundfläche betragen. Bei Querbelüftung gilt ein Wert von 1/300. Liegen besondere Bedingungen vor, z. B. windgeschützte Lage des Bauwerks, Gebäude mit relativ hoher Luftfeuchtigkeit, so sind die Belüftungsquerschnitte zu erhöhen.

Wird als Niederschlagsschutz eine Abdichtung entsprechend den Ausführungen über das Warmdach gewählt, so dient eine Holzschalung als Deckenunterlage. Diese Brettlage wird normalerweise auf Konterlattung oder auf versetzt angeordnete Kanthölzer verlegt. Bei Verwendung von profilierten Blechtafeln oder -bändern aus Stahl oder Aluminium bzw. von Wellasbestzement- oder Wellbitumenplatten entfällt die Brettlage, die profilierten Platten werden direkt auf einfacher Lattung oder Konterlattung befestigt.

Zur Verankerung der Unterkonstruktion mit dem Gasbeton werden lange YTONG-Nägel verwendet oder Dübel, die von den Herstellern als für Gasbeton geeignet bezeichnet werden und bauaufsichtlich zugelassen sind. Für die Befestigung der profilierten Platten auf die Unterkonstruktion sind die Hinweise für Dachdeckungen des Zentralverbandes des Dachdeckerhandwerks maßgebend.

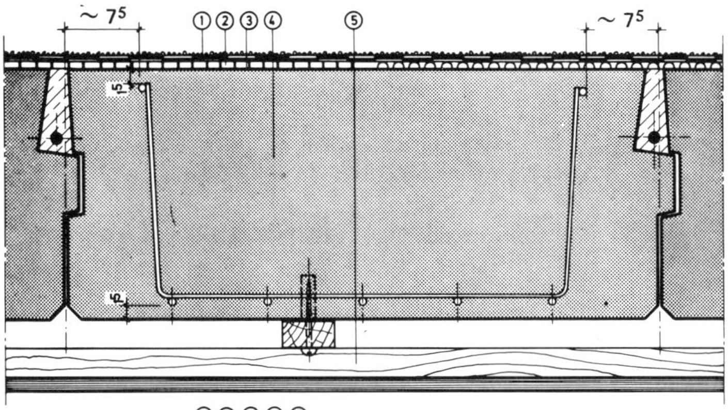

YTONG-Warmdach
(Wohnungsbau)

1 Dachhaut mit Schutzschicht
z.B. aus Kies (gepreßt) oder Splitt
2 Dampfdruckausgleichsschicht
z.B. Glasvlies - Lochpappe oder
Falzbaupappe
3 Bitumen-Voranstrich
4 YTONG-Dachplatten GSB 35
5 Decke[1]
z.B. Grundlattung mit Dübeln befestigt,
Lattung, Gipskartonplatten, Anstrich

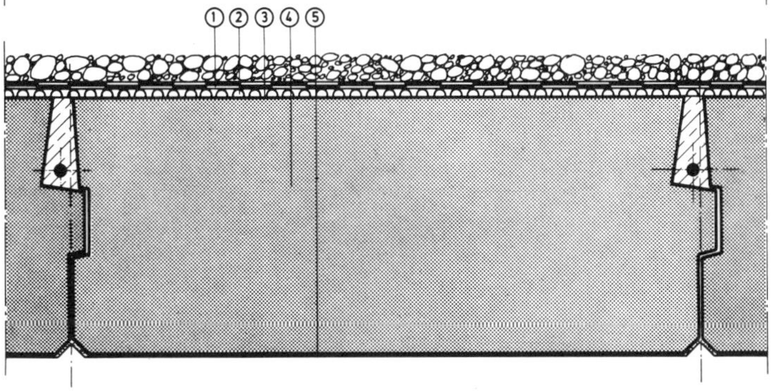

YTONG-Warmdach
(Wohnungs- und Industriebau)

1 Dachhaut mit Schutzschicht
z.B. aus Kiesschüttung 15/30
2 Dampfdruckausgleichsschicht
z.B. Glasvlies - Lochpappe
3 Bitumen-Voranstrich
4 YTONG-Dachplatten GSB 35
5 Glättputz und Anstrich

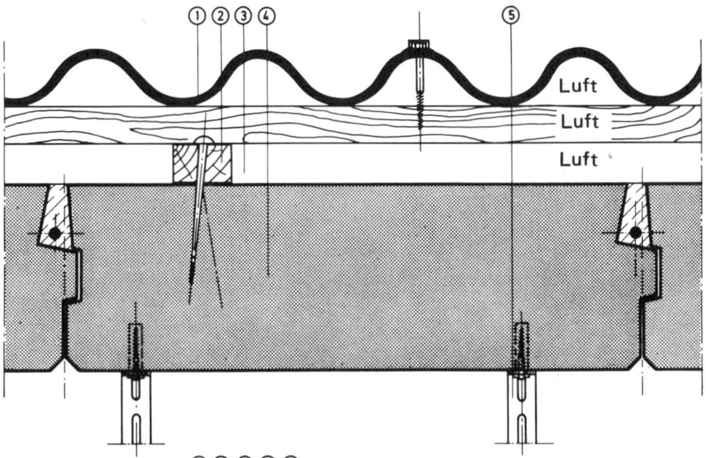

YTONG-Kaltdach
(Industriebau

Obere Schale

1 Asbestzement- oder Bitumenwellplatten
2 Konterlattung
3 Belüftungsraum

Untere Schale

4 YTONG-Dachplatten GSB 35
5 Abgehängte Decke[1]

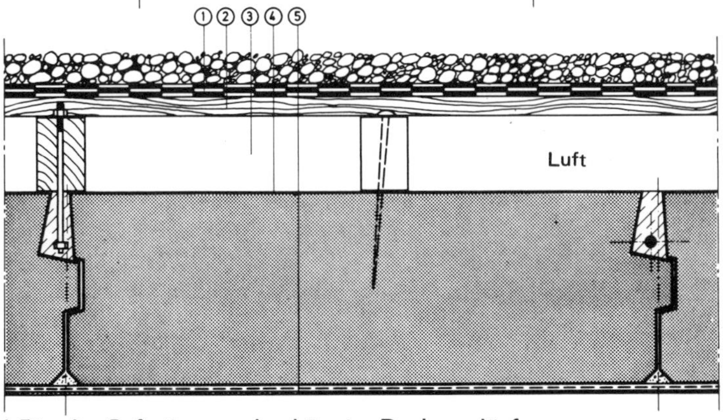

YTONG-Kaltdach
(Wohnungsbau)

Obere Schale

1 Dachdichtung mit Kiesschüttung 15/30
2 Brettlage auf versetzten Kanthölzern
3 Belüftungsraum

Untere Schale

4 YTONG-Dachplatten GSB 35
5 Kunststoffspachtel, vollflächige
Gewebeeinbettung, Anstrich
Fugen mit Spachtelmasse geschlossen

[1] Für die Befestigung abgehängter Decken dürfen nur Dübel verwendet werden, die bauaufsichtlich zugelassen sind.

Bild 7/11 Beispiele von Warm- und Kaltdächern mit YTONG-Dachplatten

8. Die Decke

YTONG-Deckenplatten eignen sich besonders für den Wohn- und Bürohausbau als Geschoß- und Kellerdecken. Insbesondere für Kellerdecken bieten sie aufgrund der guten Wärmedämmung, wodurch auf zusätzliche Dämmstoffe (schwimmender Estrich) verzichtet werden kann, bedeutende wirtschaftliche Vorteile.

8.1 Planungsgrundlagen

Die für die Planung benötigten technischen Daten sind in den entsprechenden Kapiteln aufgeführt. Die Angaben, wo sie im einzelnen zu finden sind, werden in folgender Aufstellung der Planungsgrundlagen gemacht.

8.2 Konstruktionen — YTONG-Deckenplatten

8.2.1 Übersicht

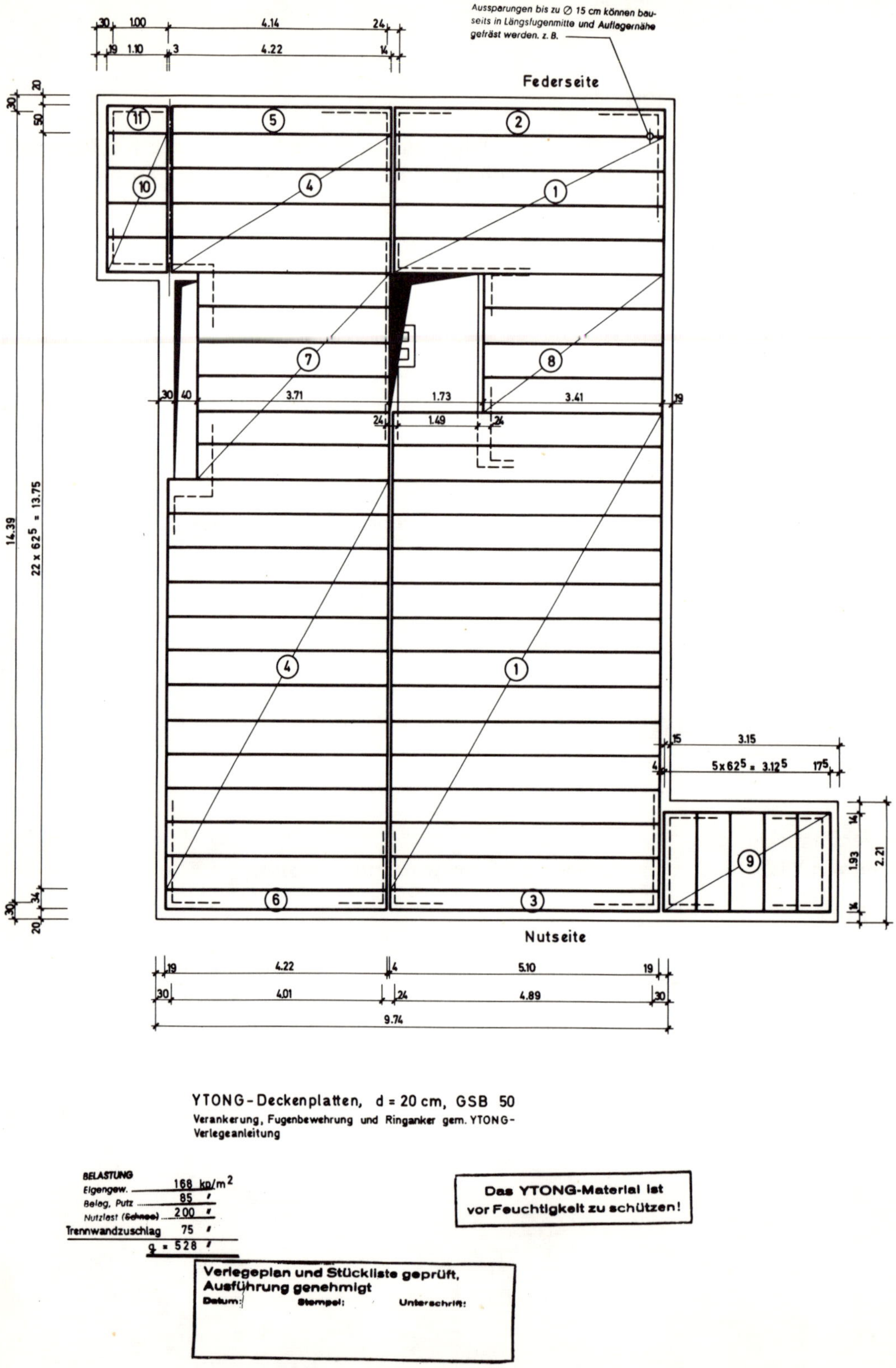

Bild 8/1 Beispiel eines Verlegeplanes für YTONG-Deckenplatten

8.2.2 Verankerung der YTONG-Deckenplatten mit den Wänden

Weitere Ausführungen, besonders von Deckenanschlüssen an die Außenwände siehe 6.1.2.2—6.1.2.4

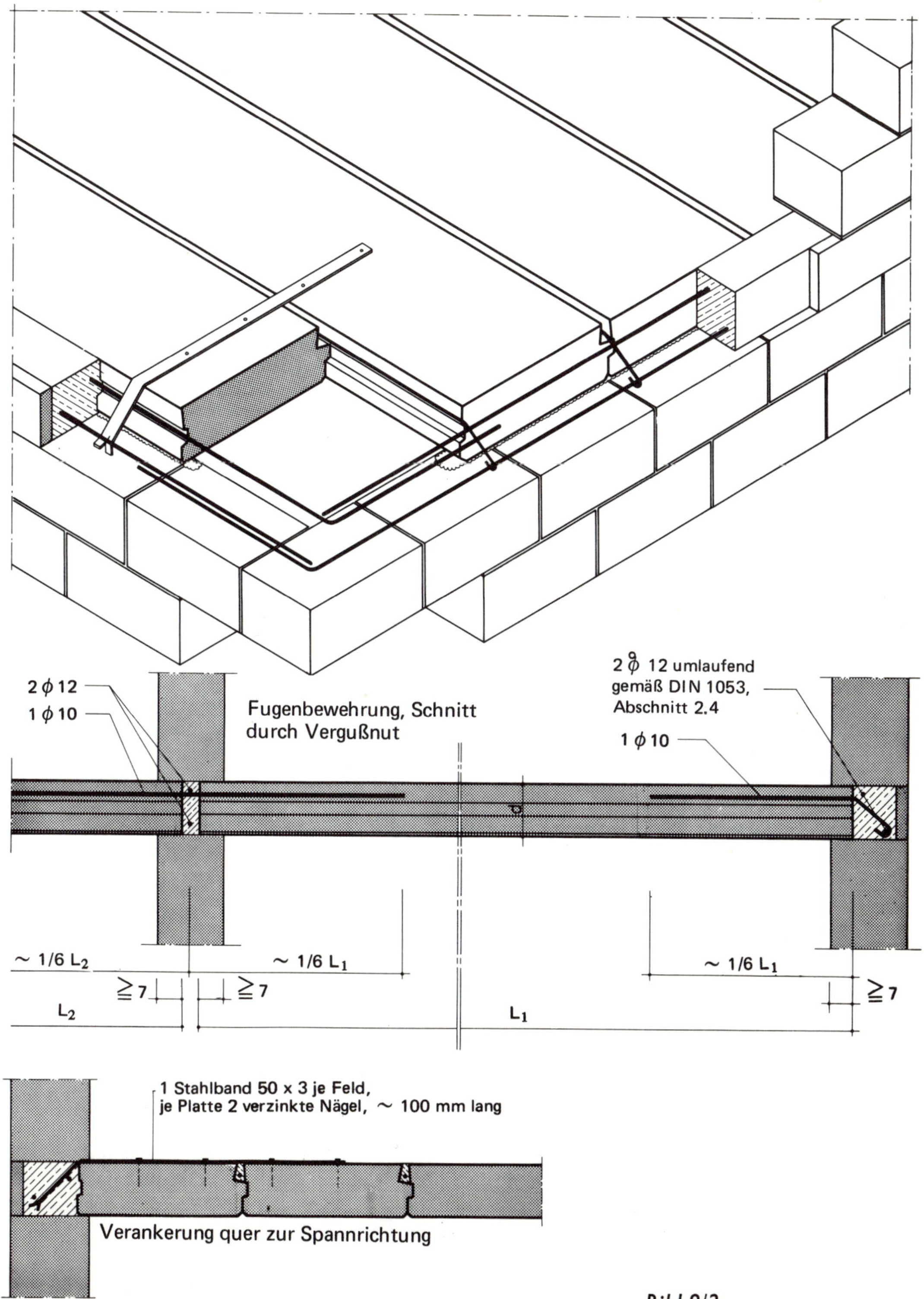

Bild 8/2
Verankerung der Deckenplatten mit dem Ringanker. Anordnung der Fugenbewehrung

alle Maße in cm
bei Eisenteilen in mm

8.2.3 Auswechslung von YTONG-Deckenplatten

siehe 7.2.3

8.2.4 Aussparungen in YTONG-Deckenplatten

siehe 7.2.4

8.2.5 Ausführungen von Geschoßdecken

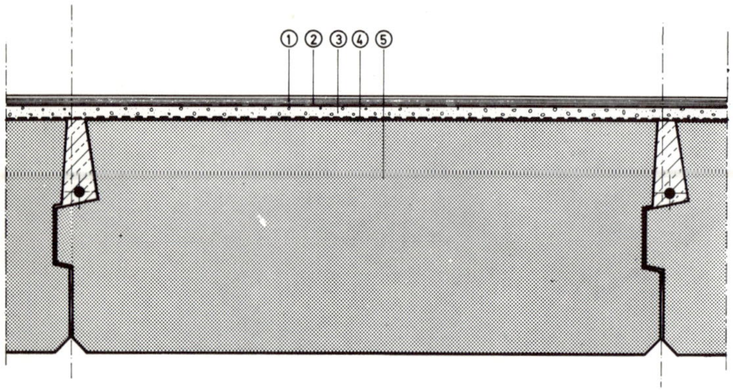

Wohnungstrenndecke im Einfamilienhaus nach DIN 4109 Bl. 2 Tab. 1 1.2

1 Spannteppich, Teppichfliesen, Linoleum, PVC-Bahnen oder PVC-Fliesen (geklebt)
2 Spachtelabgleichung
3 Zement- oder Asphaltestrich
4 Haftbrücke aus Zement, Sand, Wasser und Haftmittel
5 YTONG-Deckenplatten GSB 50, Fugen mit Beton ausgefüllt

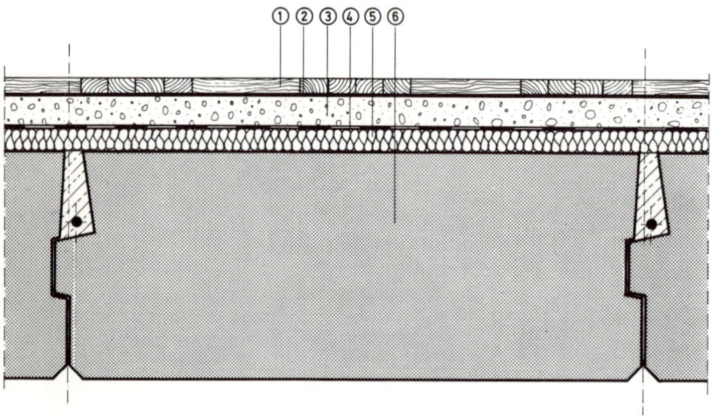

Wohnungstrenndecke nach DIN 4109 Bl. 2 Tab. 1 1.1

1 Holzparkett
2 Parkettkleber
3 Zement- oder Asphaltestrich schwimmend ≧ 3,5 cm
4 1 Lage "250" Bitumenpappe, unbesandet
5 Trittschalldämmplaten ≧ 2,25 cm
6 YTONG-Deckenplatten GSB 50, Fugen mit Beton ausgefüllt

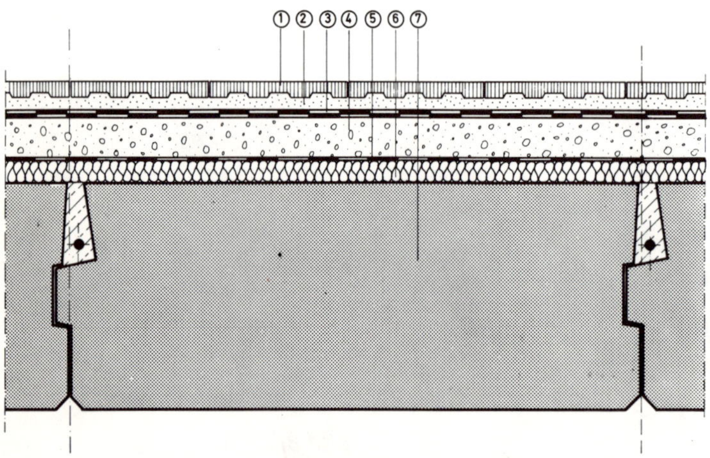

Plattenbelag in Naßräumen DIN 4109 Bl. 2 Tab. 1 1.1

1 Bodenfliesen oder Spaltklinker
2 Mörtelbett (im Gefälle)
3 Bitumenpappe, "333" nicht besandet, 2lagig (längs und quer) verlegt in Bitumenmasse vollflächig heiß verklebt
4 Zement oder Asphaltestrich schwimmend ≧ 3,5 cm
5 Lage "250" Bitumenpappe, unbesandet
6 Trittschalldämmplatten ≧ 2,25 cm
7 YTONG-Deckenplatten GSB 50, Fugen mit Beton ausgefüllt

Dämmplatten nur erforderlich bei Ausbildung als Wohnungstrenndecke

Bild 8/3 Beispiele für die Ausführung von Fußbodenkonstruktionen

9. Verarbeitung und Montage

9.1 Mauerwerk aus YTONG-Blöcken und -Platten

Bei der Ausführung des Mauerwerks sind die Bestimmungen der DIN 1053 „Mauerwerk, Berechnung und Ausführung“ zu beachten.

9.1.1 Lagerung

YTONG-Blöcke und -Platten werden auf Paletten geliefert. Durch eine witterungsbeständige Klarsichtfolie sind sie gegen Regen und Schnee geschützt.

Bild 9/1 Paletten mit YTONG-Blöcken

Angebrochene Stapel oder freiliegende Blöcke sind mit Planen abzudecken und vor Bodenfeuchtigkeit zu schützen. Die Paletten sollen möglichst direkt vom Lkw zur Einbaustelle gebracht werden. Ist jedoch ein Zwischenlagern nötig, so geschieht es am besten getrennt nach den verschiedenen Block- und Plattenformaten.

9.1.2 Werkzeuge

Grundsätzlich werden die üblichen Maurerwerkzeuge verwendet.
Hinzu kommen:

Die YTONG-Blockschere

Mit ihr können die großformatigen YTONG-Blöcke auf jedes Maß abgelängt werden.

Bild 9/2 YTONG-Blockschere

YTONG-Säge

Bild 9/3
YTONG-Sägen

Anschläge, Schrägen usw. werden mit der YTONG-Säge aus dem Block geschnitten.

YTONG-Gummihammer

zum Einrichten des Blockes.

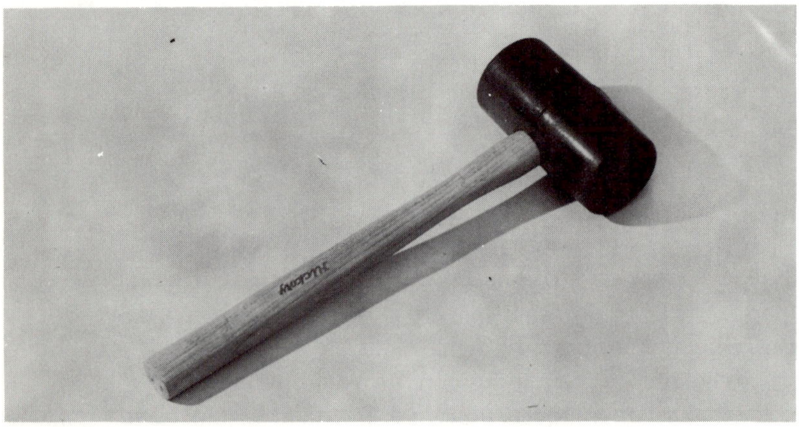

Bild 9/4
YTONG-Gummihammer

Werkzeuge, die sich besonders für die nachträgliche Bearbeitung des YTONG-Mauerwerks eignen, sind im Abschnitt 9.2.8 „Bearbeitung" aufgeführt.

9.1.3 Mörtelbereitung

Der Mauermörtel muß nach DIN 1053 „Mauerwerk, Berechnung und Ausführung" hergestellt werden. Er soll geschmeidig und gut haftend sein. Wichtig ist die Auswahl eines geeigneten Sandes. Ein guter Mörtel hält das zum Abbinden notwendige Anmachwasser möglichst lange.

Die Mischungsverhältnisse nach DIN 1053, Ziffer 4, sind:

Mörtelgruppe II	Mischungsverhältnis 1:1,5:8 (Zement:Kalkteig 1,3:Sand) oder
	Mischungsverhältnis 1:2:8 (Zement:Kalkhydrat 0,6:Sand)
Mörtelgruppe III	Mischungsverhältnis 1:4 (Zement:Sand)

Es ist zweckmäßig, dem Mörtel ein luftporenbildendes Plastifizierungsmittel zuzusetzen.

9.1.4 Annässen

Nach DIN 1053, Abschnitt 6.1.1, müssen YTONG-Blöcke und -Platten beim Vermauern die nötige Feuchtigkeit haben und daher angenäßt werden. Das Eindringen des Wassers ca. 5 mm unter die Steinoberfläche reicht völlig aus. Dadurch ist sichergestellt, daß dem Mörtel das erforderliche Wasser nicht entzogen wird.

9.1.5 Stoß- und Lagerfugen, Maßordnung

Sie sind vollfugig auszuführen. Besonders ist darauf zu achten, daß die durch DIN 4172 „Maßordnung im Hochbau" vorgeschriebenen Fugendicken von 1 cm eingehalten werden. Dickere Fugen vermindern die Festigkeit des Mauerwerks und setzen seine hohe Wärmedämmung wesentlich herab.

Steinlänge + Stoßfuge = 50 cm (49 + 1 cm)
Steinhöhe + Lagerfuge = 25 cm (24 + 1 cm)

Lehren erleichtern das Einhalten der genauen Höhen innerhalb der Schichten des Mauerwerks. Auf ihnen wird die Schichteinteilung für jeweils ein Geschoß planmäßig aufgetragen. Erforderliche Paßschichten sind einzuplanen.

9.1.6 Vermauern

Der Mörtel wird auf die Stoßfuge des bereits eingemauerten Steines und auf die Lagerfuge aufgezogen. Dann wird der nächste Block aufgesetzt und mit dem Gummihammer gegen den bereits gesetzten Block getrieben. Anschließend werden die Fluchten verbessert. Bei der Verwendung von geschmeidigem Mörtel ist nun die Stoßfuge vollständig geschlossen.

9.1.7 Aussparungen und Schlitze

Breite, vertikale Schlitze, bei welchen noch 17,5 cm des Wandquerschnittes bleiben, werden am besten sofort mitgemauert. Dann wird der Block bis zur vorgesehenen Tiefe des Schlitzes zweimal mit der YTONG-Säge eingeschnitten und oben wie unten mit dem Maurerhammer angeschlagen. Beim Herausschlagen entsteht so eine fast glatte Schlitzrückwand. Horizontale Schlitze stellt man in gleicher Art her oder man setzt im Bereich der Schlitze Blöcke mit geringer Dicke ein. Die Standfestigkeit der Wand darf dadurch jedoch nicht beeinträchtigt werden.

Das Teilen von Blöcken ist ohne wesentliche Bruchverluste möglich, wenn die YTONG-Blockschere verwendet wird.

Für das Abschlagen benutzt man einen 5-kg-Vorschlaghammer oder besser einen dünnen Gerüsthebel.

9.1.8 Bearbeitung

siehe Abschnitt 9.2.8.

Bild 9/5
Teilen eines Blockes

9.2 Wände aus YTONG-PLANBLÖCKEN und -PLANPLATTEN

9.2.1 Lagerung

siehe Abschnitt 9.1.1.

Bild 9/6
Paletten mit YTONG-PLANBLÖCKEN

9.2.2 Werkzeuge

Für die Verarbeitung von YTONG-PLANBLÖCKEN und -PLANPLATTEN sind folgende Spezialwerkzeuge notwendig:

YTONG-Plankelle

zum Auftragen des YTONG-PLANBLOCK-Mörtels. Sie wird für alle Wanddicken hergestellt: 10; 12,5; 15; 17,5; 20; 25 und 30 cm.

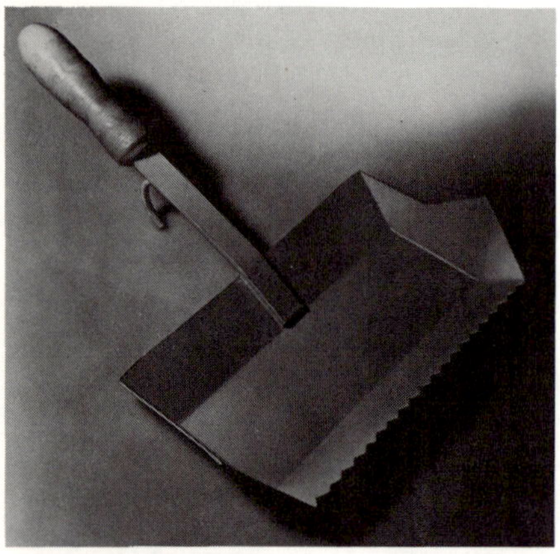

Bild 9/7 YTONG-Plankelle

YTONG-Säge

zum Ablängen der YTONG-PLANBLÖCKE und -PLANPLATTEN.

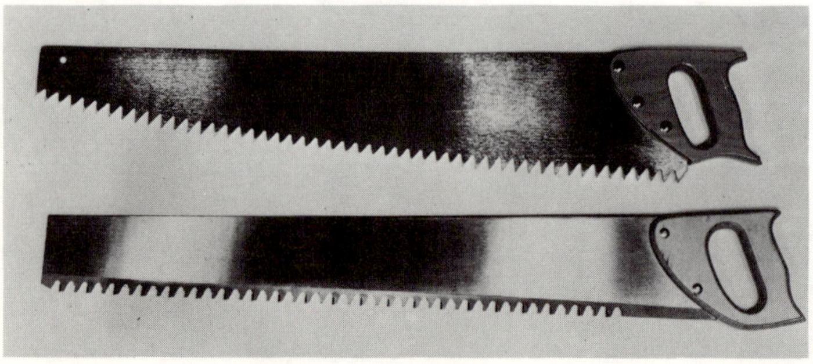

Bild 9/8 YTONG-Sägen

YTONG-Sägewinkel
zum rechtwinkeligen Absägen.

Bild 9/9 YTONG-Sägewinkel

YTONG-Gummihammer
zum Einrichten.

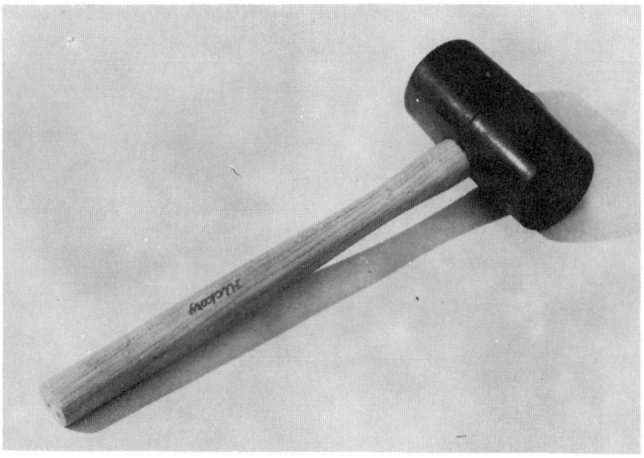

Bild 9/10
YTONG-Gummihammer

YTONG-Schleifbrett
mit grobkörnigem Schleifpapier zum Abgleichen eventueller Höhenunterschiede.

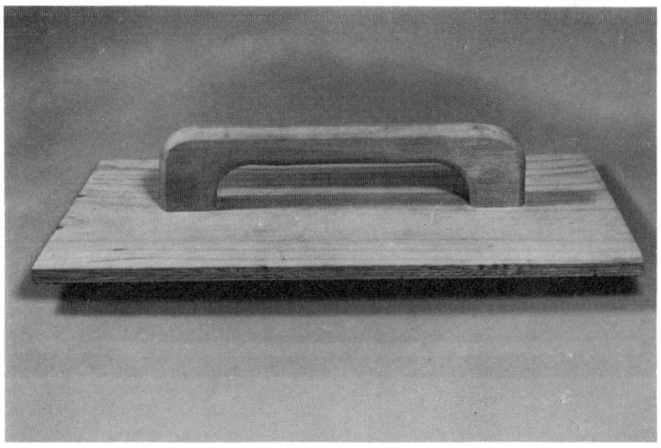

Bild 9/11
YTONG-Schleifbrett

Quirl mit elektrischer Bohrmaschine
zum Einrühren des YTONG-PLANBLOCK-Mörtels.

Bild 9/12 Quirl mit elektrischer Bohrmaschine

9.2.3 Bereitung des YTONG-PLANBLOCK-Mörtels

Der YTONG-PLANBLOCK-Mörtel wird in Pulverform in Säcken zu ca. 13 und 21 kg mit dem PLANBLOCK-Material mitgeliefert und muß nach den Richtlinien für Lagerung hydraulischer Bindemittel trocken aufbewahrt werden.

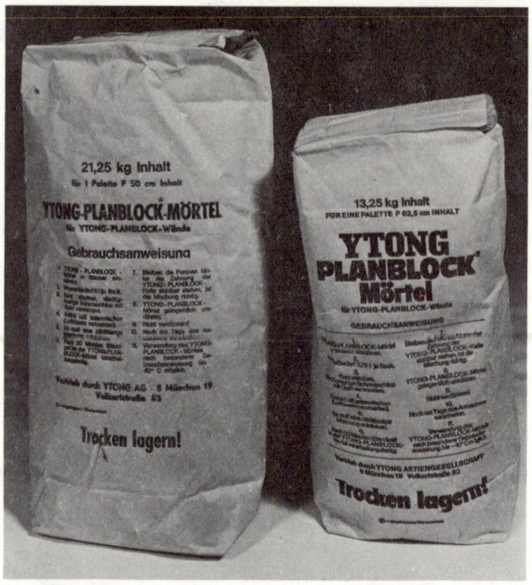

Bild 9/13 YTONG-PLANBLOCK-Mörtel

Längeres Mischen bringt keine Verbesserung der Mörtelfestigkeit. Vor der Verarbeitung muß die Mischung mindestens 20 Minuten stehen. Sie ist richtig, wenn die Furchen, die durch die Zahnung der YTONG-Plankelle entstehen, sichtbar stehenbleiben.
YTONG-PLANBLOCK-Mörtel ist bei der Verwendung gelegentlich umzurühren, aber nicht weiter zu verdünnen. Er muß am gleichen Tage verarbeitet werden.

Tabelle 9/1 Materialbedarf von YTONG-PLANBLOCK-Mörtel — Richtwerte (für Planblock 62,5/25/d)

Wanddicke *d* cm	kg/m² Wandfläche	kg/m³ Mauerwerk
10	1,60	16,00
12,5	2,00	16,00
15	2,35	16,00
17,5	2,65	15,00
20	3,00	15,00
25	3,65	14,50
30	4,30	14,50

9.2.4 Herstellen ebener Auflagerflächen

Die Auflagerfläche für YTONG-PLANBLÖCKE und -PLANPLATTEN muß waagerecht und absolut eben sein, bevor mit der Verarbeitung begonnen wird.
Dies wird dadurch erreicht, indem auf die gesäuberte Decke eine Ausgleichsschicht aus Kalkzementmörtel aufgebracht wird. Es folgt die waagerechte Abdichtung gegen aufsteigende Feuchtigkeit gemäß DIN 4117, z. B. eine Lage 500er Dachpappe. Anschließend sind die YTONG-PLANBLÖCKE bzw. -PLANPLATTEN in ein weiteres, frisch aufgebrachtes Kalkzement-Mörtelbett zu versetzen und mit dem Gummihammer waagerecht und eben auszurichten.

9.2.5 Verarbeiten der YTONG-PLANBLÖCKE und -PLANPLATTEN

Der YTONG-PLANBLOCK-Mörtel wird auf die Stoß- und Lagerfuge der vom Staub gereinigten YTONG-PLANBLÖCKE oder -PLANPLATTEN in Blockmitte als Streifen aufgetragen und mit der Plankelle gleichmäßig über die ganze Fläche entsprechend den folgenden Bildern so verteilt, daß eine Fugendicke von rund 1—2 mm entsteht.

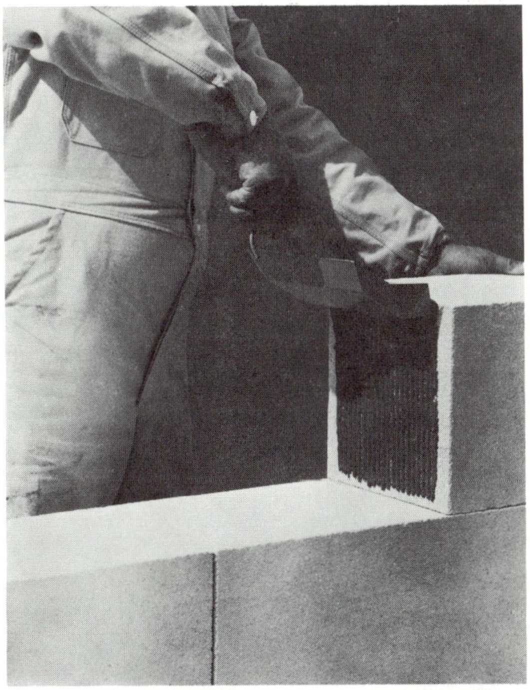

Bild 9/14 Auftragen des PLANBLOCK-Mörtels auf die Stoßfuge

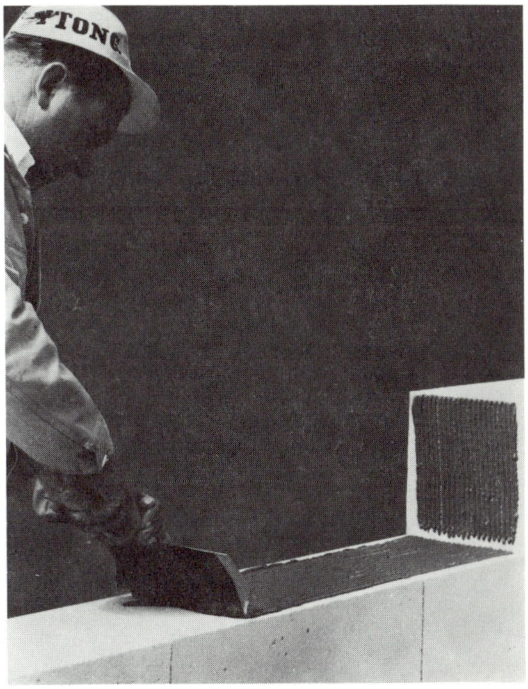

Bild 9/15 Auftragen des PLANBLOCK-Mörtels auf die Lagerfuge

Der YTONG-PLANBLOCK (bzw. die YTONG-PLANPLATTE) soll möglichst gleich auf den endgültigen Platz gesetzt werden.

Bild 9/16 Aufsetzen des YTONG-PLANBLOCKS

Bild 9/17 Festklopfen des YTONG-PLANBLOCKS

Durch Verschiebungen in Längsrichtung können sich Mörtelanhäufungen an der Stoßfuge bilden, die einen Fugenschluß verhindern. Die PLANBLÖCKE und PLANPLATTEN werden durch leichte Schläge mit dem Gummihammer in die richtige Lage gebracht. Die Lagerfugen müssen immer in einer Ebene liegen, da sonst die YTONG-PLANBLÖCKE (bzw. -PLANPLATTEN) der folgenden Schicht nicht mehr vollflächig aufliegen.

9.2.6 Einwiegen

Auch wenn die Unterlage eben ist, können Ungleichheiten während des Aufbauens entstehen. Deshalb soll jede Schicht mit der Wasserwaage in der Längs- und Querrichtung kontrolliert und Unebenheiten mit dem Schleifbrett beseitigt werden.

Bild 9/18 Abschleifen der Unebenheiten mit dem YTONG-Schleifbrett

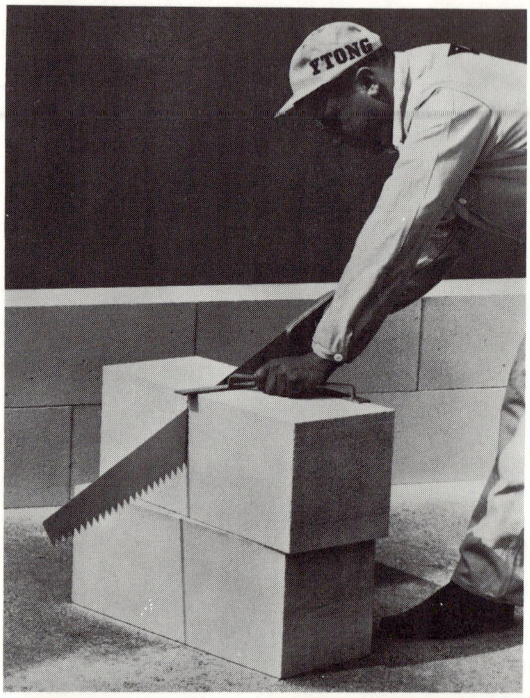

Bild 9/19 Sägen

9.2.7 Sägen der YTONG-PLANBLÖCKE und -PLANPLATTEN

Das Sägen erfolgt mit der YTONG-Säge oder einem grobzahnigen Fuchsschwanz. Die Benutzung des YTONG-Sägewinkels gewährleistet rechtwinkelige und damit dichte Stoßfugen.

9.2.8 Bearbeitung

YTONG läßt sich sowohl mit normalen Tischlerwerkzeugen als auch mit YTONG-Werkzeugen leicht bearbeiten. Hieraus ergeben sich erhebliche Zeiteinsparungen. Das Material läßt sich bohren, fräsen, schleifen, mit dem Beil bearbeiten, schrauben und nageln.

9.3 YTONG-Stürze

YTONG-Stürze für tragende Wände sind an der Oberseite durch Prägestempel gekennzeichnet und dürfen nur mit dem Kennzeichen nach oben eingebaut werden. Die Auflagertiefe muß mindestens 20 cm betragen. Größere Auflagertiefen können sich aus statischen Gründen ergeben.

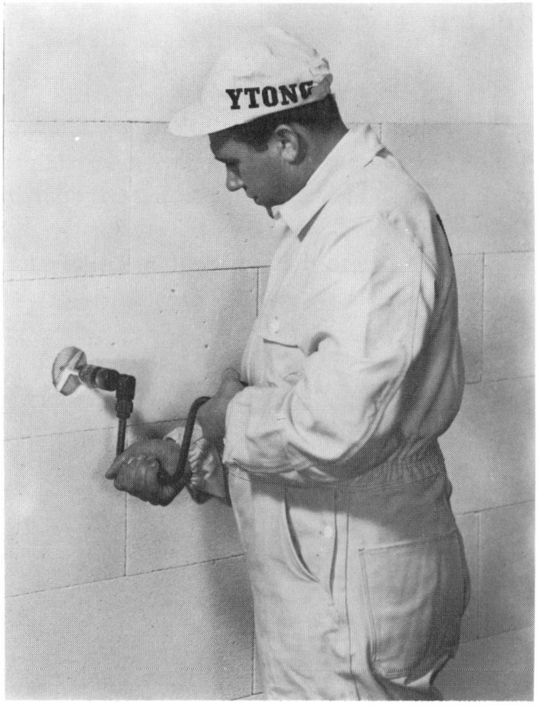

Bild 9/20 Herstellen einer Schalterdosenöffnung mit dem YTONG-Schalterdosenbohrer

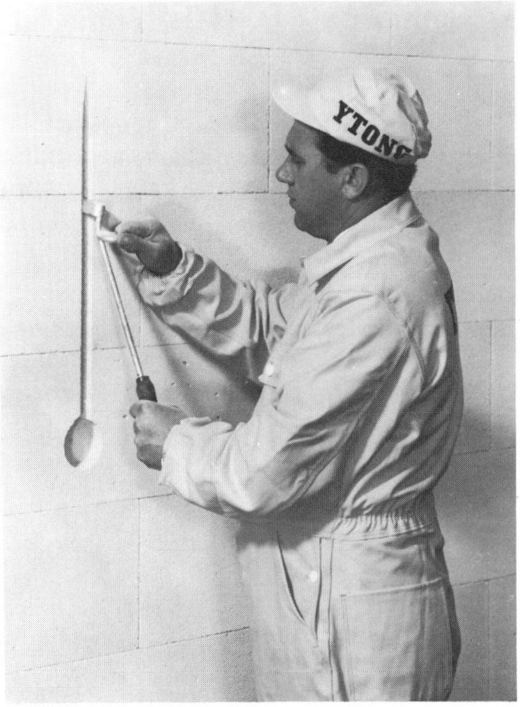

Bild 9/21 Herstellen eines Leitungsschlitzes mit dem YTONG-Rillenkratzer

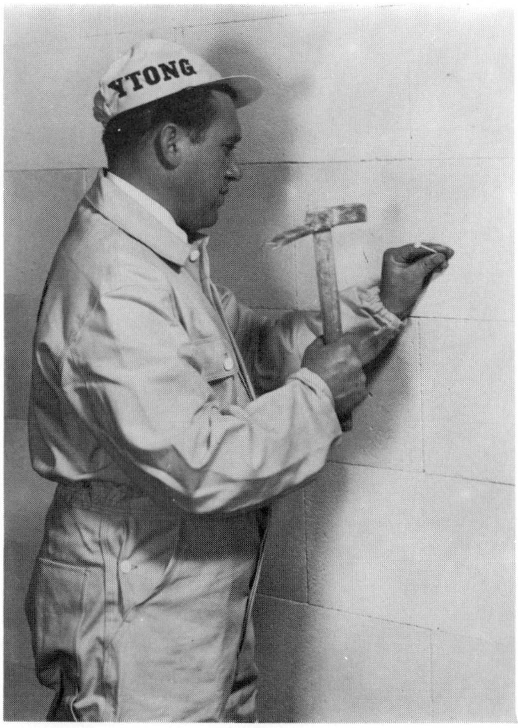

Bild 9/22 Nageln von YTONG

YTONG-Stürze für nichttragende Wände dürfen nur hochkant eingebaut werden. Das Auflager hat mindestens 12 bzw. 12,5 cm tief zu sein. Die Stürze sind auf eine Mörtelausgleichsschicht am Auflager zu setzen.
Es ist nicht erlaubt, die Abmessungen von YTONG-Stürzen zu verändern und Aussparungen bzw. Löcher nachträglich herzustellen.

9.4 Stehende YTONG-Wandelemente, tragend

9.4.1 Lagerung

Die Lieferung der stehenden, tragenden YTONG-Wandelemente erfolgt auf Paletten. Sie sind durch witterungsbeständige Folien geschützt. Die flachliegenden Elemente sollen vorsichtig abgeladen werden, um Beschädigungen zu vermeiden. Sie sind auf einem sauberen, ebenen Platz nahe der Verwendungsstelle zu lagern und vor Regen und Schnee durch Abdecken mit Planen, Platten, Folien o. ä. zu schützen. An den Seiten ist dies nur bei länger andauernden Niederschlägen nötig. Untergelegte Kanthölzer oder Bohlen verhindern, daß aufsteigende Bodenfeuchtigkeit in die Elemente eindringt.

9.4.2 Montagegeräte und Werkzeuge

YTONG-Wandplattengreifer für stehende YTONG-Wandelemente

Dieses Gerät besitzt eine Tragfähigkeit von 675 kg.

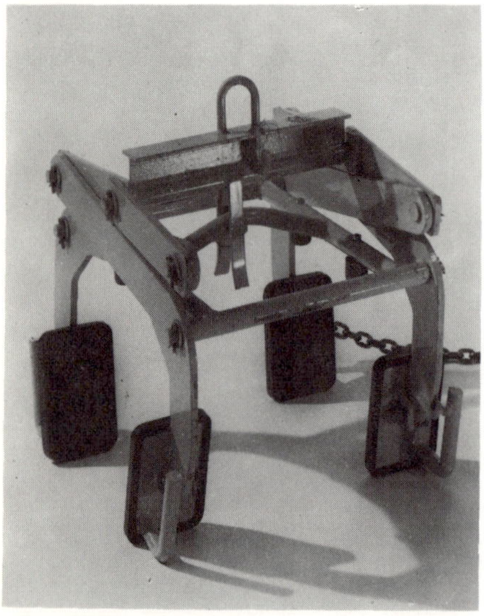

Bild 9/23 YTONG-Wandplattengreifer

YTONG-Fasenhobel

Sofern die Kanten noch nicht im Werk abgefast sind, geschieht dies mit dem YTONG-Fasenhobel.

Bild 9/24 YTONG-Fasenhobel

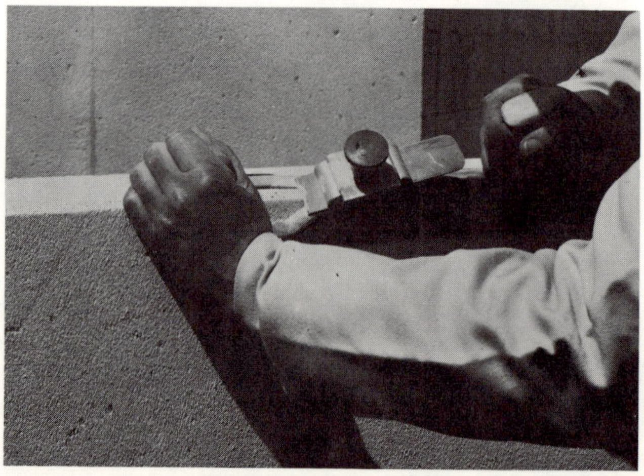

9.4.3 Einbau der YTONG-Wandelemente

Die Montage beginnt an den Hausecken, wo zwei Wandelemente im Winkel gegeneinander in ganzer Breite und Tiefe in ein waagerechtes Mörtelbett gesetzt und anschließend abgesteift werden. Auf die Abdichtung gegen aufsteigende Feuchtigkeit — z. B. mit einer 500er Dachpappe — ist unbedingt zu achten.
Durch Verwendung des Wandplattengreifers, der ein lotrechtes Absenken der Elemente auf das Mörtelbett gewährleistet oder durch andere geeignete Maßnahmen soll das seitliche Herausquellen des Mörtels verhindert werden.
Von den Decken werden zwei Schnüre jeweils 10 cm vom unteren und oberen Ende der YTONG-Wandelemente gespannt, um eine einwandfreie Flucht zu erzielen. Die weiteren YTONG-Wandelemente werden dann mit der Breitseite parallel zur Schnur aufgerichtet und eingelotet.
Beim Einbau von Elementen mit Nut und Feder wird beidseits der Nut bzw. Feder plastifizierter Klebemörtel aufgetragen.
Die YTONG-Wandelemente müssen fest aneinander und bündig versetzt werden. Am besten werden vor der Montage die Stoßfugen auf der Decke markiert. Die Wandelemente sind oben mit einer Holzklammer oder mit Schraubzwingen zu sichern.
Zur Ausführung der Ecken gibt es spezielle Eckelemente mit einer glatten Längsseite.
Bleiben die Wände während des Aufstellens längere Zeit ohne Aussteifung, so sind sie im Abstand von 2—3 m abzustützen. Die Montage beendet man möglichst an Tür- und Fensteröffnungen. Dadurch wird das Aufrichten des letzten YTONG-Wandelementes erleichtert.

9.4.4 Verguß von Längsnuten

Sobald die Wände ausgerichtet sind, können die Vergußnuten ausgefüllt werden. Sie werden zunächst gut angenäßt und dann bis etwa 8 cm unter Plattenoberkante mit Kalkzement-Mörtel der Mörtelgruppe II nach DIN 1053 ausgegossen. Der obere, noch freibleibende Raum ist mit der Herstellung des Ringankers in **einem** Arbeitsgang auszubetonieren.
Die senkrechten Nuten können, um die Stabilität des Gebäudes zu erhöhen, mit Rundeisen bewehrt werden. Sie werden in den Decken verankert und schaffen dadurch eine feste Verbindung. Der Fugenmörtel muß ungestört erhärten können.

9.4.5 Bearbeitung

siehe Abschnitt 9.2.8.

9.5 Stehende YTONG-Wandelemente, nichttragend

YTONG-Zwischenwandelemente

9.5.1 Lagerung

siehe Abschnitt 9.4.1.

9.5.2 Montagegeräte und Werkzeuge

Dickere Elemente werden mit dem YTONG-Wandplattengreifer, siehe Bild 9/23, dünnere Wandelemente mit Hand versetzt.

YTONG-Hebestange

zum Andrücken der Wandelemente an die Decke.

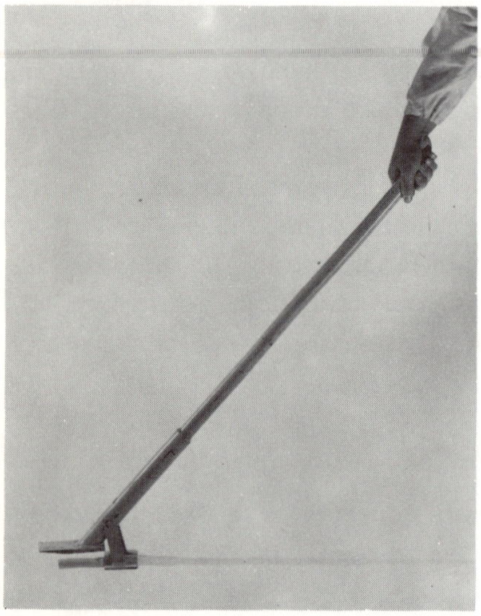

Bild 9/25 YTONG-Hebestange

YTONG-Fasenhobel
siehe Bild 9/24.

9.5.3 Montagearten

Klebe-Montage, ebene Elementlängsseiten
Trocken-Montage, mit Nut und Feder an den Elementlängsseiten
Verguß-Montage, mit halbkreisförmiger Nut.

9.5.4 Befestigungsarten

oben: Nut in der Betondecke,
U-Profil aus Stahl, Aluminium oder PVC,
angeschossen oder angeschraubt unter Verwendung herkömmlicher oder selbstbohrender Dübel,

unten: Klotz und Keil mit Mörtelfüllung
Holzriegel

9.5.5 Klebe-Montage

Zur oberen Befestigung dient eine Deckennut oder ein angeschraubtes U-Profil. Da sich Decken bewegen können, wird in die Nut oder U-Schiene eine Zwischenlage aus elastischem, unverrottbarem Material, z.B. Mineralwolle, Kokosgewebe o. ä. eingelegt.

Während die Lage der oberen Befestigung durch Nut oder U-Profile genau fixiert ist, benötigt man unten eine Montagehilfe in Form einer Anschlaglehre aus starken Bohlen: auf ca. 10 cm hohen Unterlagshölzern wird eine Bohle mittels Baustempeln mit der Decke verspreizt. Dann werden die YTONG-Elemente nacheinander hochkant unter die Deckennut oder U-Schiene gestellt und mit der YTONG-Hebestange hochgestemmt.
Der Andruck darf nur so stark sein, daß die elastische Zwischenlage um ein Drittel zusammengedrückt werden.

Bild 9/26
Montage eines YTONG-Zwischenwandelementes

Nach dem Hochstemmen verbleibt unter den Elementen ein etwa 4 cm hoher Spalt, in den jetzt pro Element ein Kunststoffkeil mit treppenförmiger Schrägfläche eingelegt und ein weiterer eingetrieben wird.
Beim Eintreiben des Keiles entsteht eine verhältnismäßig hohe Kraft, die der obere Kunststoffkeil, der direkt unter dem Element sitzt, verteilt. Er darf nicht zu nah an der Elementkante sitzen.
Vor dem Versetzen des nächsten Elementes werden die Längsseiten mit Klebemörtel bestrichen. Die beim Hochkeilen entstehende Diagonalkraft drückt das Element nicht nur an die Decke, sondern auch seitlich gegen das Nachbarelement, bis der Klebemörtel auf beiden Seiten der Fuge herausquillt. Die Fugen werden sofort mit Nagelblechen aus Aluminium, die Ecken mit YTONG-Nägeln fixiert. Nach dem Abbinden des Klebemörtels wird der untere Spalt mit Zementmörtel 1:4 ausgestopft.

9.5.6 Trocken-Montage

Die Elemente werden nicht durch Klebemörtel, sondern durch Nut und Feder verbunden. Nagelbleche entfallen. Untere und obere Befestigung entsprechen der Klebe-Montage.

9.5.7 Verguß-Montage

Diese verwendet man vorzugsweise bei dickeren Elementen für nichttragende Außenwände. Sie ähnelt der Verlegung von stehenden, tragenden Wandelementen.
Die Nuten an den Längsseiten werden mit Kalkzementmörtel ausgegossen. Unten stehen die Elemente im Mörtelbett. Die obere Befestigung ist variabel.

Oft werden in die Nuten Betonstähle oder Halteeisen eingelegt, die mit der Tragkonstruktion verbunden werden. Während der Montage muß die Wand gut ausgesteift sein, damit der Mörtel ungestört erhärten kann.

9.5.8 Bearbeitung

siehe Abschnitt 9.2.8.

9.6 Liegende YTONG-Wandelemente

9.6.1 Lagerung

siehe Abschnitt 9.4.1.

9.6.2 Montagegeräte und Werkzeuge

YTONG-Wandplattengreifer für liegende Wandelemente
Die Tragfähigkeit beträgt 675 kg.

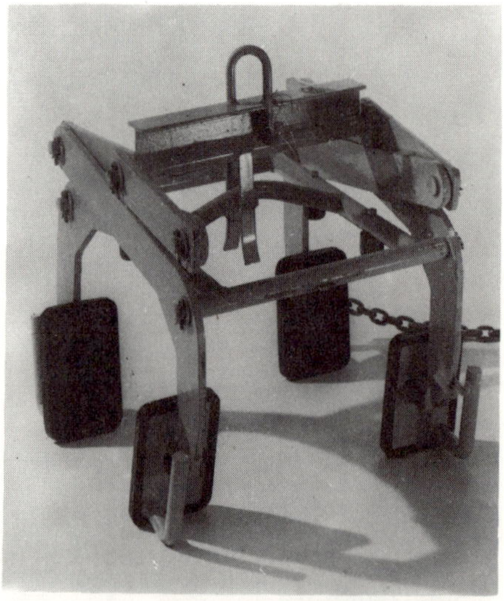

Bild 9/27 YTONG-Wandplattengreifer

Bild 9/28 Montage von liegenden YTONG-Wandelementen

YTONG-Fasenhobel

Siehe Bild 9.24.

9.6.3 Montage

Der Wandplattengreifer setzt in der Mitte der Elemente an. Zum Hochziehen dienen nur rucklos arbeitende Auslegeraufzüge oder Kräne.
Die unterste Elementlage wird in ein abgeglichenes Mörtelbett gesetzt. Auf die Abdichtung gegen aufsteigende Feuchtigkeit ist zu achten.
Liegende YTONG-Wandelemente mit Nut und Feder werden trocken montiert. Seitlich der Feder wird vor dem Aufsetzen des nächstfolgenden Elementes ein unverrottbarer Schaumstoffstreifen eingelegt und befestigt, er soll nicht gezogen werden.
Bei Elementen, die in den Lagerfugen glatt sind, schließt ein geeigneter Klebemörtel die Lagerfugen.
Liegende YTONG-Wandelemente sind mit der Tragkonstruktion so zu verbinden, daß äußere Einwirkungen, z. B. Winddruck und -sog, sie nicht verschieben können. Verankerungen an Stahl- und Stahlbetonstützen siehe 6.2.4.
Die Elemente werden angefast geliefert. Die Fase ist mit dem YTONG-Fasenhobel auf der Baustelle nachzuziehen.

9.6.4 Bearbeitung

siehe Abschnitt 9.2.8.

9.6.5 Weiterbehandlung der Elemente

Die Ausbesserung kleinerer Beschädigungen, die Verfugung und Oberflächenbehandlung sind in den Kapiteln 6.3 und 6.4 eingehend beschrieben.

9.7 YTONG-Fassadenelemente

9.7.1 Entladung und Lagerung

Auf dem Lieferfahrzeug liegen die Elemente mit der Vorsatzschale nach oben. Die Kugelköpfe speziell ausgebildeter Transportgeräte werden in die vorhandenen Kugelkopfanker an den Längsseiten der Elemente eingehängt. Mit Hilfe eines rucklos arbeitenden Kranes werden die Elemente sodann flachliegend entladen und auf einem sauberen, ebenen Platz — möglichst nahe der Verwendungsstelle — zwischengelagert. Bei Stapeln sind zwischen den Elementen gleichmäßig dicke, flachliegende Kanthölzer oder Bretter einzulegen. Diese sollen untereinander einen Abstand von etwa 1 m haben und müssen genau übereinanderliegen. Es dürfen keine Zwischenlagen verwendet werden, die auf der Vorsatzschale Spuren hinterlassen. Ein besonderer Wetterschutz kann unterbleiben, jedoch sollte man bei länger anhaltendem Regen die Hauptwetterseite abdecken.

9.7.2 Transport zur Einbaustelle

Die Elemente werden vom Lagerplatz zur Einbaustelle transportiert. Bei den Fassadenelementen erfolgt dies mit Traversen, die Montageaufhängungen besitzen. Nach dem Einhängen des Montagegerätes in die vorhandenen Kugelkopfanker einer Längsseite (bei liegenden Fassadenelementen) oder einer Kopfseite (bei stehenden Fassadenelementen) werden die Elemente durch langsames Anziehen des Kranes gedreht, so daß sie senkrecht am Montagegerät hängend zur Einbaustelle befördert werden können.

9.7.3 Montage

9.7.3.1. Stehende YTONG-Fassadenelemente

Sie werden auf einer ebenen Unterlage montiert, mit Keilen zwischen Elementkopf und Deckenkante bzw. Randunterzug provisorisch gehalten und justiert. Der obere Spalt wird anschließend mit Zementmörtel ausgegossen. Nach Erhärtung des Mörtels werden die Keile entfernt. Die Elemente sind gegen aufsteigende Feuchtigkeit, z. B. mit einer Lage 500er Dachpappe, wirksam zu schützen.
Die Verankerung erfolgt entsprechend Abschnitt 6.2.2. Jedes Element wird im Normalfall mit zwei Auflagerkonsolen, z. B. Winkeleisen, abgefangen oder vollflächig auf die Deckenkante aufgesetzt.
Verankerungen im unteren und oberen Teil des Elementes verhindern dessen Auskippen infolge horizontal angreifender Kräfte. Diese Befestigungen befinden sich im Bereich der Decken bzw. Randunterzüge.

Bild 9/29
Montage eines stehenden YTONG-Fassadenelementes

9.7.3.2. Liegende YTONG-Fassadenelemente

Die unterste Schicht wird, wenn ein vollflächiges Auflager vorhanden ist, in ein Zementmörtelbett gesetzt, bzw. mit zwei Auflagerkonsolen, z. B. Winkeleisen, abgefangen; dabei ist auf die horizontale Abdichtung gegen aufsteigende Feuchtigkeit besonders zu achten. Die Lagerfugen erhalten eine Zwischenlage aus Schaumstoff. Auf Konsolen werden die Elemente trocken montiert.
Die Höhen sind genau zu kontrollieren. Die Elemente werden im Normalfall in der Vertikalfuge mit Bolzen und Ankerschienen an den Stahl- oder Stahlbetonstützen befestigt. Die Bolzenmuttern sind nur leicht anzuziehen, damit keine Beschädigungen an den Elementen entstehen.
Verankerungsmöglichkeiten siehe Abschnitt 6.2.6.1.

9.7.4 Bearbeitung

Die Innenflächen der Elemente können, wie unter Abschnitt 9.2.8 beschrieben, mit entsprechenden Werkzeugen bearbeitet werden.

9.7.5 Weiterbehandlung der Elemente

Ausführliche Angaben über die Verfugung und über die innere Oberflächenbehandlung sind in den Kapiteln 6.4 „Verfugung“ und 6.3 „Oberflächenbehandlung“ zu finden.

9.8 Raumgroße YTONG-Wandelemente

9.8.1 Entladung und Lagerung

Raumgroße YTONG-Wandelemente werden auf dem Lkw stehend zur Baustelle geliefert. Sie sind mit einer Plastikfolie abgedeckt, damit Verschmutzungen der Oberfläche beim Transport, während und auch nach der Montage verhindert werden. Die Elemente werden entweder direkt vom Lkw zur Einbaustelle transportiert oder, was häufiger der Fall ist, in Gestellen zwischengelagert.

Bild 9/30
Lagerung und Transport von raumgroßen YTONG-Wandelementen auf der Baustelle

9.8.2 Transport zur Einbaustelle

Der Transport der Elemente erfolgt mittels Traversen, die Montageaufhängungen besitzen. Auf die in den Elementen vorhandenen Montageanker werden Montageösen aufgeschraubt. Mit einem rucklos arbeitenden Kran werden die Elemente anschließend zur Einbaustelle gebracht (siehe Bild 9/30).

9.8.3 Montage

Das unterste Element wird lotrecht in ein waagerechtes Mörtelbett gesetzt. Fugenstreifen aus Schaumstoff verhindern das Herausquellen des Mörtels an die Außenseite. Auf die Abdichtung gegen aufsteigende Bodenfeuchtigkeit durch eine Lage 500er Dachpappe ist zu achten.

Die Innenseite der Elemente soll gegen eine Anschlaglehre oder eine ähnliche Vorrichtung gesetzt werden. Am Kopf der Elemente werden an den Montageankern nichtrostende Flacheisen angebracht, die mit in der Tragkonstruktion eingegossenen Bolzen verbunden werden.

Der Raum zwischen Element und Decke bzw. Stütze oder Wand wird mit Zementmörtel ausgegossen. Ein provisorisch angebrachtes Brett dient als Schalung. Bei dieser Montageart tragen sich die Elemente selbst (siehe Bild 6/71).

Sollen die Elemente jedoch in jedem Geschoß abgefangen werden, so ist darauf zu achten, daß Lasten aus den darüberliegenden Elementen und aus den Decken nicht in die darunterliegenden Elemente eingeleitet werden (siehe Bild 6/72).

Es müssen also in der Lagerfuge zwischen den Elementen und in der horizontalen Fuge zwischen Decke und Element elastische Zwischenlagen vorgesehen werden.

Bild 9/31
Verankerung von raumgroßen YTONG-Wandelementen

Die Elemente können direkt in ein Mörtelbett gesetzt werden (siehe Abschnitt 6.2.7). Eine andere Möglichkeit ist, sie zuerst auf Keile zu stellen und anschließend mit Zementmörtel zu unterstopfen.

9.8.4 Bearbeitung

Die Innenflächen der Elemente können, wie unter Abschnitt 9.2.8 beschrieben, mit entsprechenden Werkzeugen bearbeitet werden.

9.8.5 Weiterbehandlung der Elemente

Ausführliche Angaben über die Verfugung und über die innere Oberflächenbehandlung sind in den Kapiteln 6.4 „Verfugung" und 6.3 „Oberflächenbehandlung" zu finden.

9.9 YTONG-Dachplatten

9.9.1 Lagerung

Die YTONG-Dachplatten werden mit obenliegenden Vergußnuten auf Paletten in witterungsbeständigen Folien vom Werk geliefert, sollen in dieser Lage mit größter Sorgfalt abgeladen und möglichst auf einem sauberen, ebenen Platz — nahe der Verwendungsstelle — gelagert werden. Vor Einwirkungen durch Regen oder Schnee sind sie mit Planen, Platten, Folien o. ä. zu schützen. Ein Schutz der Stapel an der Hauptwetterseite ist nur bei länger anhaltendem Regen erforderlich. Durch Unterlegen von Kanthölzern oder Holzbohlen wird verhindert, daß aufsteigende Bodenfeuchtigkeit in die Dachplatten eindringt.

9.9.2 Verlegegeräte

YTONG-Dachplattengreifer

Mit diesem Gerät werden die Dachplatten mit einem Kran einfach und schnell zur Einbaustelle transportiert. Die maximale Tragfähigkeit beträgt 950 kg.

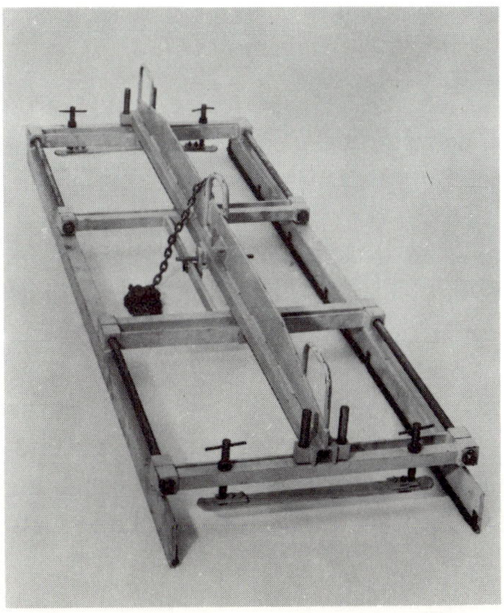

Bild 9/32 YTONG-Dachplattengreifer

YTONG-Spannbügel

Er wird für das Zusammenziehen der Dachplatten benötigt.

Bild 9/33 YTONG-Spannbügel

9.9.3 Verlegung

Mit Hilfe eines rucklos arbeitenden Kranes und dem YTONG-Dachplattengreifer werden die Dachplatten zur Einbaustelle transportiert. Es ist nicht erlaubt, beschädigte Dachplatten, welche die vorgesehene Belastung nicht mehr aufnehmen können, auszubessern. Außerdem dürfen Dachplatten nicht abgeschnitten werden. Beim Einbau sind alle einschlägigen Sicherungsvorschriften zu beachten.

Vor dem Erhärten des Fugenmörtels dürfen die Platten nur auf Laufbrettern betreten oder befahren werden.

Das Fräsen von einzelnen Löchern bis zu 15 cm ⌀ ist zulässig, wenn hierbei Bewehrungsstäbe nicht durchgeschnitten werden.

Die Dachplatten werden mit dem Dachplattengreifer auf die Auflager gelegt und anschließend mit dem Spannbügel fest zusammengezogen. Durch Nut und Feder ergibt sich dann eine kraftschlüssige Verbindung. An den Längsseiten sind überflüssige, lose Teile zu entfernen, damit nach der Verlegung das Baumaß nicht überschritten wird. An beiden Auflagern sollte jede fünfte Längsfuge markiert werden.

9.9.4 Verlegung auf Stahlbeton oder Mauerwerk

Ist die Auflagerfläche nicht eben, so sind die YTONG-Dachplatten in ein etwa 1 cm dickes Mörtelbett (Zementmörtel MV 1:4) zu verlegen. Der Mörtel muß ausreichend fest sein, damit die Platten nicht einsinken.

Die Tiefe des Auflagers auf Mauerwerk soll im allgemeinen gleich der Plattendicke sein. Kleinere Auflagertiefen als 7 cm sind unzulässig. Die Tiefe des Auflagers auf Stahlbetonbalken muß mindestens 5 cm oder 1/80 der Stützweite sein, wobei der größere Wert maßgebend ist.

In der Mitte des gemeinsamen Auflagers zweier YTONG-Dachplatten sind zwischen deren Kopfenden im Abstand von zwei Plattenbreiten im Bereich jeder zweiten Längsfuge Rundeisenbügel ⌀ 7 mm bzw. Ankerbleche genügend tief in das Auflager einzubetonieren. Sie werden mit der Fugenbewehrung (⌀ 6—8 mm in jeder Fuge) verbunden, deren Länge ein Drittel der Dachplattenlänge betragen soll.

Verankerungsbeispiele siehe Abschnitt 7.2.2.

Bild 9/34 Transport von YTONG-Dachplatten mit dem YTONG-Dachplattengreifer

Bild 9/35 Zusammenziehen von YTONG-Dachplatten mit dem YTONG-Spannbügel

9.9.5 Verlegung auf Stahlpfetten

YTONG-Dachplatten sind ohne Mörtelbett auf Stahlpfetten zu verlegen. Offene Profile (flachliegende I- oder U-Eisen) sind auszumörteln.
Die Tiefe des Auflagers auf Stahlträgern muß mindestens $^1/_{80}$ der Stützweite betragen. Bei YTONG-Dachplatten mit einer Stützweite bis 2,50 m ist mindestens die Auflagertiefe notwendig, die die obere halbe Flanschbreite eines I 140 bietet. Im letzten Fall ist Voraussetzung, daß die Träger beiderseits etwa gleichmäßig belastet und derart gestützt oder verankert sind, daß sie weder seitlich ausweichen noch sich verdrehen können. Bei Stahlpfetten sind sinngemäß die gleichen Verankerungen mit Rundeisenbügeln und Ankerblechen anzuwenden wie bei Stahlbetonbalken; die Halteeisen sind jedoch in diesem Fall an die Stahlkonstruktion anzuschweißen.
Verankerungsbeispiele siehe Abschnitt 7.2.2.

9.9.6 Auswechslungen

Ausführungsbeispiele siehe Abschnitt 7.2.3.

9.9.7 Fugenverguß

Vor dem Fugenvergießen sollen die Nuten der YTONG-Dachplatten sorgfältig gereinigt und angefeuchtet werden. Es eignet sich am besten ein Mörtel der Mörtelgruppe III (1 Teil Zement, dem zur Verbesserung der Geschmeidigkeit bis zu $^1/_4$ RT Kalkhydratpulver beigegeben werden darf, und 3 bis 4 Teile geeigneter Sand). Die Halte- und Zusatzeisen müssen voll eingebettet und umhüllt sein. Es soll weder bei Frostwetter noch bei zu starker Sonnenbestrahlung vergossen werden. Bis zum endgültigen Abbinden sind die Vergußfugen ausreichend feucht zu halten.

9.10 YTONG-Deckenplatten

9.10.1 Lagerung

siehe Abschnitt 9.9.1.

9.10.2 Verlegegeräte

siehe Abschnitt 9.9.2.

9.10.3 Verlegung

Hier gilt sinngemäß Abschnitt 9.9.3. Es kommt die Bestimmung hinzu, daß auf Deckenplatten mit einer größeren Spannweite als 5 m keine Trennwände aufgesetzt werden dürfen.

9.10.4 Verlegung auf Stahlbeton oder Mauerwerk

siehe Abschnitt 9.9.4. Der Durchmesser der Fugenbewehrung beträgt jedoch 10 mm.

9.10.5 Verlegung auf Stahlträgern

Bei der Verlegung auf Stahlträgern wird eine Mindestauflagertiefe von 4 cm oder $^1/_{80}$ der Stützweite empfohlen, wobei der größere Wert maßgebend ist.

9.10.6 Auswechslungen

Ausführungsbeispiele siehe Abschnitt 7.2.3.

9.10.7 Verankerung der YTONG-Deckenplatten mit den Umfassungswänden

Ausführungsbeispiele siehe Abschnitt 8.2.2.

9.10.8 Fugenverguß

siehe Abschnitt 9.9.7.

10. Ausschreibungstexte

10.1 Mauerwerk aus YTONG-Blöcken und -Platten

Position	Menge	Leistung	Einheitspreis	Gesamtpreis DM
1		**Außenmauerwerk und Mauerwerk tragender Innenwände** des ... Geschosses aus YTONG-Blöcken und -Platten GS ..., Abmessungen (*l*/*h*/*b*) 49 (61,5)/24/... cm, in Mörtelgruppe ... unter Beigabe eines Plastifizierungsmittels entsprechend den Verarbeitungsrichtlinien der YTONG AG unter Verwendung der YTONG-Werkzeuge, einschließlich der nach Zeichnung angegebenen Öffnungen, Aussparungen, Nischen und Vorlagen, Vermauern einer oberen Paßschicht		
	... m^3	Material + Lohn DM/m^3	...	...
2		**Zwischenwände, unbelastet,** des ... Geschosses aus YTONG-Platten GS ..., Abmessungen (*l*/*h*/*b*) 49 (61,5)/24/... cm, in Mörtelgruppe II, sonst wie Pos. 1, fachgerecht nach DIN 4103, Ziffer 4		
	... m^2	Material + Lohn DM/m^2	...	...
3		**YTONG-Stürze für nichttragende Wände** GS 50, für Türen und Fenster, hochkant auf einer Mörtelausgleichsschicht mit mindestens 12 cm tiefem Auflager versetzt. Die lichten Öffnungen betragen max. 100 cm. Abmessungen der Stürze (*l*/*h*/*b*) 124/24/... cm		
	... Stück	DM/Stück	...	...
4		**YTONG-Stürze für tragende Wände,** GS 50, für Türen und Fenster, auf eine Mörtelausgleichsschicht mit mindestens 20 cm tiefem Auflager versetzen. (Größere Auflagertiefen werden von der Bauleitung besonders angegeben.) Abmessungen (*l*/*h*/*b*) .../.../... cm		
	... Stück	DM/Stück	...	...
5		**Tür- bzw. Fensterstürze für tragende Wände** mit einem Schwerbetonquerschnitt von ... cm Dicke und 24 cm Höhe, mit YTONG-Platten GS ..., ... cm dick verblendet, Stahleinlagen gemäß statischer Berechnung bzw. Bewehrungsplänen, am Ort mit seitlicher Sparschalung herstellen.		
5a		Betonsturz aus B ..., einschließlich YTONG-Plattenverkleidung und Sparschalung		
	... lfd. m	DM/lfd. m	...	...
5b		Stahleinlagen, komplett verlegt, einschl. Bindedraht		
	... kg	DM/kg	...	...
6		**Herstellen nachträglich angegebener Aussparungen,** Nischen und Durchbrüche in YTONG-Mauerwerk GS ... sämtlicher Dikken unter Zuhilfenahme von YTONG-Werkzeugen, vorzugsweise durch Sägen, Schaben, Schleifen und Bohren, unter Vermeidung von Stemmen und Hacken		
	... m^3	DM/m^3	...	...
7		**Herstellen von Leitungsschlitzen** o. ä. mit dem YTONG-Rillenkratzer		
	... lfd. m	DM/lfd. m	...	...

10.2 Wände aus YTONG-PLANBLÖCKEN und -PLANPLATTEN

Position	Menge	Leistung	Einheitspreis	Gesamtpreis DM
1		**Außenwände und tragende Innenwände** des ... Geschosses aus YTONG-PLANBLÖCKEN und -PLANPLATTEN GS ... P, Abmessungen (*l*/*h*/*b*) 62,5 (50)/25/... cm, mit YTONG-PLANBLOCK-Mörtel verarbeitet entsprechend den Verarbeitungsrichtlinien für YTONG-PLANBLÖCKE der YTONG AG unter Verwendung von YTONG-Werk-		

Position	Menge	Leistung	Einheitspreis	Gesamtpreis DM

zeugen, einschließlich der nach Zeichnung angegebenen Öffnungen, Aussparungen, Nischen und Vorlagen. Die unterste Schicht planeben in Mörtelbett verlegen, die oberste als Paßschicht ausführen

. . . m³ Material + Lohn DM/m³ . . . . . .

2 **Zwischenwände, unbelastet,** des . . . Geschosses aus YTONG-PLANPLATTEN GS . . . P, Abmessungen (*l/h/b*) 62,5(50)/25/. . . cm, mit YTONG-PLANBLOCK-Mörtel verarbeitet entsprechend den Verarbeitungsrichtlinien für YTONG-PLANBLÖCKE bzw. -PLANPLATTEN der YTONG AG; sonst wie unter Pos. 1, fachgerecht nach DIN 4103, Ziffer 4, ausführen

. . . m² Material + Lohn DM/m² . . . . . .

3 **YTONG-Stürze für nichttragende Wände** GS 50, für Türen und Fenster, hochkant auf einer Mörtelausgleichsschicht mit mindestens 12,5 cm tiefem Auflager versetzen. Die lichten Öffnungen betragen max. 100 cm. Abmessungen der Stürze (*l/h/b*) 125/25/. . . cm

. . . Stück DM/Stück . . . . . .

4 **YTONG-Stürze für tragende Wände** GS 50, für Türen und Fenster, auf einer YTONG-PLANBLOCK-Mörtelschicht mit mindestens 20 cm tiefem Auflager versetzen. (Größere Auflagertiefen werden von der Bauleitung besonders angegeben.) Abmessungen (*l/h/b*) . . . ./. . . ./. . . . cm

. . . Stück DM/Stück . . . . . .

5 **Tür- bzw. Fensterstürze für tragende Wände** mit einem Schwerbetonquerschnitt von . . . cm Dicke und 25 cm Höhe, mit YTONG-Verblendplatten GS . . . P, 5 cm dick verblendet, Stahleinlagen gemäß statischer Berechnung bzw. Bewehrungsplänen, am Ort mit seitlicher Sparschalung herstellen

5a Betonsturz aus B . . . einschließlich YTONG-Plattenverkleidung und Sparschalung

. . . lfd. m DM/lfd. m . . . . . .

5b Stahleinlagen, komplett verlegt, einschließlich Bindedraht

. . . kg DM/kg . . . . . .

6 **Herstellen nachträglich angegebener Aussparungen,** Nischen und Durchbrüche in YTONG-Mauerwerk GS . . . P sämtlicher Dicken unter Zuhilfenahme von YTONG-Werkzeugen, vorzugsweise durch Sägen, Schaben, Schleifen und Bohren unter Vermeidung von Stemmen und Hacken

. . . m³ DM/m³ . . . . . .

7 **Herstellen von Leitungsschlitzen** o. ä. mit dem YTONG-Rillenkratzer

. . . lfd. m DM/lfd. m . . . . . .

Allgemeine Vorbemerkungen zum Montagebau

(gültig für sämtliche unter den Abschnitten 10.3 bis 10.10 aufgeführte YTONG-Elemente)

Zur Leistung gehören:

Beachtung der Verlegepläne, der Verarbeitungsrichtlinien (9.4 bis 9.11) der VOB und der DIN-Vorschriften, Absprache der Arbeiten mit der Bauleitung, Ortsbesichtigung; ferner: Abladen auf der Baustelle, Zwischentransporte, geschütztes Lagern, Gestellung des rucklos arbeitenden Verlegekranes (falls nicht ausdrücklich anders vereinbart) und der YTONG-Montagegeräte und -Werkzeuge, Ausbessern von kleineren Beschädigungen mit YTONG-Ausbesserungsmasse und Durchführung der Sicherheitsmaßnahmen.

Elemente, deren Festigkeit durch starke Beschädigungen gemindert wurde, dürfen nicht eingebaut werden.

Die Ausbildung von Öffnungen (wie z. B. für Fenster, Türen, Oberlichter, Sammelleitungen, Kaminschächte), das Liefern und Verlegen von Sonderplatten (wie z. B. Sturz-, Paß- und Eckelementen) werden — sofern sie aus den Plänen hervorgehen — nicht besonders vergütet, sondern sind in die Einheitspreise einzukalkulieren.

Bei Montagearbeiten über 8 m Höhe ist ein Schutzgerüst zu stellen.

Für Gerüstaufbau, -vorhaltung und -abbau wird ein Zuschlag von . . . DM/m² angeboten (vom Bieter einzusetzen). Es ist vorher zu klären, ob am Bauwerk Gerüstösen vorhanden sind. Fest mit der Konstruktion verbundene Halterungen, wie Auf-

lagerkonsolen, Ankerschienen, Bügel, Schlaufen, Attika-Stützen usw. werden bauseits angebracht.
Alle losen Befestigungsmittel sind mitzuliefern. Sie müssen nichtrostend oder dauerhaft rostgeschützt (z. B. verzinkt) sein. Maschinengeschmiedete, konische, verzinkte Vierkantnägel können unter der Bezeichnung „YTONG-Nägel" bei der YTONG AG bezogen werden.
Die Baugrube ist offen/zugeschüttet und verdichtet (Nichtzutreffendes streichen). Sie ist an ... Seiten frei und bis auf ... m an die Grundmauern befahrbar.
Strom und Wasser werden bauseits kostenlos gestellt.
Die Zufahrtswege sind mit einem 20 t-Lastzug befahrbar.
Die in den Ausschreibungstexten erwähnten Betonstähle für Fugen und Ringanker bestehen aus St III b.

10.3 Stehende YTONG-Wandelemente, tragend

Position	Menge	Leistung	Einheitspreis	Gesamtpreis DM
1		**Stehende YTONG-Wandelemente, tragend** mit/ohne abgefaste Kanten und mit halbkreisförmigen Nuten an den Längsseiten und der Oberseite, GSB 50, in ... m Höhe über Terrain, ... cm dick, 62,5 (60) cm breit, ... cm lang, einschließlich aller Befestigungsmittel liefern und nach Plan verlegen. Elemente vollflächig in ein waagerechtes mit 500er Dachpappe isoliertes Mörtelbett setzen. Hierbei gewährleisten, daß die Elemente lotrecht auf dem Mörtelbett sitzen und der Mörtel nicht seitlich herausquillt. Senkrechte Nuten der Elemente nach dem Aufstellen und Richten bis etwa 8 cm unter Plattenoberkante mit Kalkzement-Mörtel nach DIN 1053 ausgießen. Nuten an Gebäudeecken und Einbindestellen der Querwände besonders sorgfältig vergießen. Durch Aussteifen der Wand dafür sorgen, daß der Vergußmörtel ungestört erhärtet. (Bei angefasten Elementen: Vertikale Fugen nachfasen, anschließend an der Außenseite mit Fugenfüller schließen)		
	... m²		DM/m² ...	...
2		**Stehende YTONG-Wandelemente, tragend** mit/ohne abgefaste Kanten und mit Nut- und Federausbildung an den Längsseiten, GSB 50, in ... m Höhe über Terrain, wie Pos. 1. Die senkrechten Fugen mit plastifiziertem Zementmörtel verkleben. Anschlüsse an Gebäudeecken und einbindenden Stellen der Querwände besonders sorgfältig behandeln. Durch Aussteifen der Wände dafür sorgen, daß der Klebemörtel ungestört erhärtet. (Bei angefasten Elementen: vertikale Fugen nachfasen, anschließend an der Außenseite mit Fugenfüller schließen)		
	... m²		DM/m² ...	...
3		**Ringankerausbildung** bei Wandelementen mit Vergußnut; bei erdgeschossigen Bauten: Jede zweite senkrechte Wandnut mindestens 60 cm tief mit Betonstahl Ø 14 mm bewehren und ca. 60 cm tief in Dach oder Decke einbinden. Obere Vergußnut als Ringanker mit einem durchlaufenden Bewehrungsstahl Ø 12 mm bewehren und mit Beton B 160 ausgießen; bei mehrgeschossigen Bauten: Betonkranz aus B ... (mind. B 160), ... cm × ... cm, mit Stählen Ø 12 mm bewehren.		
	... lfd. m		DM/lfd. m ...	...

10.4 Stehende YTONG-Wandelemente, nichttragend

Allgemeine Angaben
Stehende YTONG-Wandelemente, nichttragend, mit/ohne abgefaste Kanten, GSB ..., in den ... Geschossen, ... cm dick, 62,5 (60) cm breit, ... cm lang, einschließlich aller Befestigungsmittel liefern und nach Plan verlegen.

Position	Menge	Leistung	Einheitspreis	Gesamtpreis DM
1		**Klebe-Montage** (Zwischenwände) Bauseits vorhanden: Deckennut mind. 12 mm tief. Nutbreite = Elementdicke *d* plus 2 mm.		

Position	Menge	Leistung	Einheits-preis	Gesamt-preis DM

Zur Lieferung gehören:
YTONG-Wandelemente, scharfkantig ohne Nut und Feder, mit einer Länge entsprechend der lichten Rohbauraumhöhe minus 5 cm (falls nicht anders vereinbart).
Unverrottbare Schaumstoff- oder Kokosfaserstreifen ca. 10 mm dick (ungepreßt),
Breite wie Deckennut,
Kunststoffkeile mit treppenförmigen Schrägflächen ca. 0/2,5×5×12 cm,
Sand und Zement,
Klebemörtel.
Fugenarmierungsbinde, Haftgrund und Spachtelmasse, Nagelbleche aus Aluminium der YTONG AG, geschmiedete, verzinkte Vierkantnägel (YTONG-Nägel).
Einkleben der Schaumstoff- oder Kokosfaserstreifen in die Deckennut, Hochhebeln der Elemente mit der YTONG-Hebestange in die Deckennut und unten gegen eine fest verspreizte Anschlaglehre, die ca. 10 cm über Boden verläuft.
Unterlegen eines Kunststoffkeiles pro Element und Eintreiben eines weiteren, der das Element schräg nach oben in die Nut oder seitlich gegen die mit Klebemörtel eingestrichene Stirnseite des Nachbarelementes drückt, bis der Klebemörtel auf beiden Seiten der Fuge herausquillt.
Fixieren der Elemente mit Nagelblechen (3 Bleche pro Fuge), die einige Millimeter unter die Oberfläche versenkt werden. Ecken mit YTONG-Nägeln verbinden.
Nach Abbinden des Klebemörtels sattes Auswerfen des unteren Spaltes von ca. 4 cm Höhe mit steifem Zementmörtel 1:4.
Nachschleifen über den Fugen, Grundierung der Wandflächen, Anbringen der Fugenarmierung, Nachspachteln der Wand bis zur tapezierfähigen Oberflächengleichheit.

... m² DM/m² ... ...

2 **Trocken-Montage mit U-Schienen** (Zwischenwände)
Bauseits keine Deckennut vorhanden.
Zur Lieferung gehören:
YTONG-Wandelemente, scharfkantig, mit Nut und Feder, mit einer Länge von lichter Rohbauraumhöhe minus 5 cm,
U-Profilschienen aus ....,
Innenmaße: ... cm breit, ... cm tief mit Befestigungsmittel (z. B. Schrauben mit Dübeln, selbstbohrende Dübel, angeschossene Nägel usw.) ... alle 50 cm, unverrottbare Schaumstoff- oder Kokosfaserstreifen, Breite entsprechend U-Profil,
Kunststoffkeile mit treppenförmigen Schrägflächen ca. 0/2,5×5×10 cm,
Sand und Zement,
Klebemörtel,
Fugenarmierungsbinde, Haftgrund und Spachtelmasse, geschmiedete, verzinkte Vierkantnägel (YTONG-Nägel).
Einkleben der Schaumstoff- oder Kokosfaserstreifen in die U-Profilschienen, die danach genau nach Plan an Betondecken befestigt werden. Hochhebeln der Elemente mit der YTONG-Hebestange in das U-Profil und unten gegen eine fest verspreizte Anschlaglehre, die ca. 10 cm über Boden verläuft.
Unterlegen eines Kunststoffkeiles pro Element und Eintreiben eines weiteren, der das Element schräg nach oben in die Nut und seitlich in Nut und Feder trocken ineinanderdrückt. Ecken mit YTONG-Nägeln oder mit Gasbetondübeln mit verlängerten Schrauben und Reduzierhülsen verbinden.
Sattes Auswerfen des unteren Spaltes von ca. 4 cm Höhe mit steifem Zementmörtel 1:4.
Sonst wie Pos. 1

... m² DM/m² ... ...

3 **Ankerschienen-Montage** (Außenwände).
Element mit/ohne abgefaste Kanten, mit Nut und Feder an den Längsseiten, vollflächig in ein waagerechtes mit 500er Dachpappe isoliertes Klebemörtelbett setzen. Vertikalfugen mit Baukleber ... verkleben. Hierbei gewährleisten, daß die Elemente lotrecht sitzen.
Vorher Abnehmen der Federprofile oben und unten am Element zur

Position	Menge	Leistung	Einheitspreis	Gesamtpreis DM

Aufnahme der Ankerbleche aus nichtrostendem Stahl. Während der Montage Ankerbleche in die Ankerschienen einklinken und mit den Elementen vernageln (3 Ankerbleche pro Element). Nächste Reihe auf Zwischenschicht aus Klebemörtel setzen. Montage wie vorstehend.
Nach der Montage:
Oberste Horizontalfuge mit Schaumstoffstreifen ausstopfen. Alle Horizontalfugen mit dauerelastischem Kitt ausfüllen, vertikale Fugen an der Außenseite nachfasen und mit Fugenfüller schließen.

... m² DM/m² ... ...

4 **Verguß-Montage**
(ähnlich 10.3, Pos. 1 — jedoch **nichttragend**) Element mit/ohne gefaste Kanten, Vergußnuten an den Längsseiten vollflächig in ein waagerechtes, mit 500er Dachpappe isoliertes Mörtelbett setzen. Hierbei gewährleisten, daß die Elemente lotrecht sitzen und der Mörtel nicht seitlich herausquillt.
Senkrechte Vergußnuten der Elemente nach dem Aufstellen und Ausrichten bis etwa 8 cm unter Plattenoberkante mit Kalkzement-Mörtel ausfüllen und Ankereisen aus Betonstahl Ø ..., ... cm lang in die Nut stecken. Enden zur Verbindung mit der Tragkonstruktion herausstehen lassen. Durch Aussteifen der Wand dafür sorgen, daß der Mörtel ungestört erhärtet.
Bei abgefasten Elementen:
Vertikale Fugen an der Außenseite nachfasen und mit Fugenfüller schließen.

... m² DM/m² ... ...

10.5 Liegende YTONG-Wandelemente

Position	Menge	Leistung	Einheitspreis	Gesamtpreis DM

1 **Liegende YTONG-Wandelemente,** mit werksseits gefasten Kanten, GSB ..., mit Nut und Feder, ... cm dick, ... cm bis ... cm lang, 62,5 (60) cm breit, von ... cm Höhe bis ... m Höhe über Terrain als Außenwand an einer ....-Konstruktion einschließlich aller Befestigungsmittel liefern und nach Plan verlegen.
Die unterste Schicht der Elemente ist vollflächig in ein waagerechtes mit 500er Dachpappe isoliertes Mörtelbett zu setzen. Durch bauseits vorhandene Ankerbügel mitzuliefernde, rostgeschützte Flacheisen 50 × 3 bis 5 × 500 mm führen und an YTONG-Wandelementen mit 6 YTONG-Nägeln befestigen (alternativ: bauseits vorhandene Ankerschienen und mitzuliefernde Anker und Flacheisen). In die Längsfugen mitzuliefernde Schaumstoffstreifen .... einlegen. Elemente trocken aufeinandersetzen. Sturzplatten auf bauseits vorhandene Konsolen setzen. Zur Verdeckung der Konsolen Elemente entsprechend ausschaben.
(Verfugung siehe Abschnitt 6.4.6.1.)

... m² DM/m² ... ...

2 **Liegende YTONG-Wandelemente,** mit werksseits gefasten Kanten, GSB ..., mit glatten Längsseiten, ... cm dick, ... cm bis ... cm lang, 62,5 (50, 60) cm breit, von ... m Höhe bis ... m Höhe über Terrain als Außenwand an einer ......-Konstruktion einschließlich aller Befestigungsmittel liefern und nach Plan verlegen.
Das unterste Element vollflächig in ein waagerechtes, mit 500er Dachpappe isoliertes Mörtelbett setzen.
Durch bauseits vorhandene Ankerbügel mitzuliefernde, rostgeschützte Flacheisen 50 × 3 bis 5 × 500 mm führen und an YTONG-Wandelementen mit 4 YTONG-Nägeln befestigen (alternativ: bauseits vorhandene Ankerschienen und mitzuliefernde Anker und Flacheisen).
Auf die Lagerfugen Baukleber ...... aufziehen. Das Herausquellen des Klebers vermeiden.
Sturzplatten auf bauseits vorhandene Konsolen setzen. Zur Verdeckung der Konsolen Elemente entsprechend ausschaben.
(Verfugung: siehe 6.4.6.1.)

... m² DM/m² ... ...

Position	Menge	Leistung	Einheits-preis	Gesamt-preis DM

10.6 YTONG-Fassadenelemente

Allgemeine Angaben

YTONG-Fassadenelemente mit Vorsatzschale aus Waschbeton/Strukturbeton/keramischen Platten/ Natursteinplatten (Nichtzutreffendes streichen) sorgfältig montieren. Nachträgliches Ausbessern der Oberfläche vermeiden bzw. mit äußerster Sorgfalt vornehmen.
Struktur und Farbton der Vorsatzschale . . . , Gewicht des schwersten Einzelstückes . . . kp, Elemente in Höhe von . . . m bis . . . m über Terrain nach den vor Abgabe dieses Angebotes vom Auftraggeber erhaltenen Stücklisten, Montageanleitungen, Übersichts- und Detailplänen, in verschiedenen Längen (max. 600 cm) und Breiten (max. 185,5 cm) einschließlich aller Eck-, Paß- Brüstungs-, Sturz- und sonstiger Sonderelemente liefern, mit besonderem Montagegeschirr montieren und mit geeigneten dauerelastischen Fugenmassen verfugen. Vertikalfugen mit zusätzlichem Kunststoff-Dichtungsprofil versehen.
Sämtliche Befestigungsmittel (Ankerbolzen, Unterlegscheiben, Verankerungshaken, Verbindungslaschen usw.) aus rostfreiem Stahl — sofern sie nicht mit Zementmörtel umgeben werden — liefern. Ankerschienen und Auflagerwinkel sind bauseits vorhanden.
Die gesamte Fassade ist ausgerüstet und sauber zu übergeben.

1 **YTONG-Fassadenelemente, liegend** . . . cm dick, in der Mehrzahl . . . cm lang und . . . cm breit am Bauwerk mit dem mitzuliefernden Befestigungsmaterial in den Vertikalfugen im Bereich der Stützen an bauseits vorhandenen Ankerschienen verankern. Muttern nur leicht anziehen. Unterste Schicht der Elemente in Zementmörtel auf 500er Dachpappe setzen, wenn vollflächiges Auflager vorhanden, bzw. mit 2 Auflagerkonsolen (Winkeleisen) abfangen. Vor Verlegung der nächsten Reihe Lagerfugen an den Rändern mit unverrottbaren Schaumstoffstreifen versehen und mit kleinen Nägeln leicht anheften.
Eckelemente in den Lagerfugen mit Laschen befestigen.
Nach der Montage inneren Teil der horizontalen und vertikalen Betonfugen mit dauerelastischer Fugenmasse — Querschnitt ca. 15 × 15 mm — ausfüllen. Vertikale Fugen zusätzlich mit Kunststoff-Klemmprofil versehen.

. . . m² DM/m² . . . . . .

2 **YTONG-Fassadenelemente, stehend** . . . cm dick, in der Mehrzahl . . . cm lang und . . . cm breit.
Am Bauwerk mit dem mitzuliefernden Befestigungsmaterial je zweimal im oberen und unteren Teil des Elements im Bereich der Decken bzw. Randunterzüge befestigen.
Unterste Schicht der Elemente auf ebener Unterlage montieren und gegen aufsteigende Feuchtigkeit (1 Lage 500er Dachpappe) schützen.
Vor Verlegen der nächsten Elementreihen Lagerfugen an den Rändern mit unverrottbaren Schaumstoffstreifen versehen und mit kleinen Nägeln leicht anheften.
Nach der Montage inneren Teil der horizontalen und vertikalen Betonfugen mit dauerelastischer Fugenmasse — Querschnitt ca. 15 × 15 mm — ausfüllen. Vertikalfugen zusätzlich mit Kunststoff-Klemmprofil versehen.

. . . m² DM/m² . . . . . .

10.7 Raumgroße YTONG-Wandelemente

Position	Menge	Leistung	Einheits-preis	Gesamt-preis DM

1 **Raumgroße YTONG-Wandelemente** mit werksseitiger Außenbehandlung, ohne Fensteröffnungen (oder mit eingebauten — verglasten und gestrichenen — Fenstern), alle Außenkanten gefast, in GSB 35, in . . . m Höhe über Terrain, . . . cm dick, . . . cm breit, . . . cm hoch, einschließlich aller Befestigungsmittel liefern, nach Plan mit besonderem Montagegeschirr montieren, Fensterabmessungen gemäß Plan: . . . cm breit, . . . cm hoch.

Position	Menge	Leistung	Einheits-preis	Gesamt-preis DM

Nachträgliches Ausbessern der Fassadenoberfläche vermeiden oder nur mit besonderer Sorgfalt vornehmen.
Elemente lotrecht in ein waagerechtes, im Erdgeschoß mit 500er Dachpappe isoliertes Mörtelbett setzen, das durch Fugenstreifen aus Schaumstoff gegen Herausquellen des Mörtels nach außen gesichert ist. Somit gewährleisten, daß die Fassadenoberfläche während der Montage durch Mörtel nicht verschmutzt wird.
Innenseite der Elemente gegen eine Anschlaglehre oder ähnliche Vorrichtung setzen. Befestigen der Elemente an der Oberkante mit 2 bis 3 (je nach Elementgröße) nichtrostenden Flacheisen an in den Decken eingegossenen Bolzen, Justieren mit Hilfe der Bolzen und Flacheisen.
Ausfüllen der oberen Fuge zwischen Element und Decke mit Schaumstoffstreifen, um Lastübertragung zu verhindern.
Zwischenräume zwischen Elementen und Innenwänden bzw. vertikalen Teilen von Deckenkanten mit Zementmörtel ausgießen.

. . . Stück DM/Stück . . . . . .

10.8 YTONG-Deckenplatten

Position	Menge	Leistung	Einheits-preis	Gesamt-preis DM

1 **YTONG-Deckenplatten** mit abgefasten Kanten, GSB 50, . . . cm dick, . . . cm bis . . . cm lang, 62,5 (60) cm breit, **liefern und auf Mauerwerk des . . . Geschosses nach Plan verlegen.**
Die Auflagerflächen mittels Mörtelband höhenmäßig genau abgleichen. Um Einsinken der Platten zu verhindern, muß der Zementmörtel 1:4 ausreichend fest sein.
Längsfugen der Deckenplatten säubern, anfeuchten, mit je einem Eisen

Position	Menge	Leistung	Einheits-preis	Gesamt-preis DM

Ø 10 mm bewehren, Länge der Fugenbewehrung am Stoß der Deckenplatten über den Innenwänden mindestens 100 cm bzw. 1/3 der Plattenstützweite.
Einlegen eines Bewehrungstahles Ø 10 mm in jede Längsfuge zur Verankerung der Deckenplatten mit dem zur Leistung gehörenden Ringanker. Diese Bewehrungsstähle mit mindestens 70 cm bzw. 1/6 der Plattenstützweite in das Feld führen und in den Ringanker einbinden. Ringanker und Fugenverguß sind in einem Arbeitsgang herzustellen.
Parallel zur Spannrichtung verlaufende Platten mit rostgeschützten Flacheisen 50×3 mm im Abstand von 2,0 m in Ringanker verankern. Die Flacheisen müssen über 2 Platten laufen und an jeder Platte mit mindestens 2 YTONG-Nägeln befestigt werden.
Höhe der Decke über Terrain . . . m,
Gesamtbreite der Decke . . . m,
Gesamtlänge . . . m,

. . . m² DM/m² . . . . . .

2 **Bohren und Aussägen**
werksseits gekennzeichneter Löcher und Aussparungen aus hierzu vorgesehenen Sonderplatten mit Spezialbewehrung. Die Bewehrung darf nicht beschädigt werden.

. . . Stück (oder lfd. m)
DM/Stück oder lfd. m . . . . . .

3 **Auswechseln von Deckenplatten**
bei Öffnungen für Stegleitungen, Schächte, Treppen, Kamine usw. mit rostgeschützten Stahlbügeln laut beiliegender Zeichnung und Beschreibung.

. . . Stück. DM/Stück . . . . . .

4 **Ringanker**
mit einem Schwerbetonquerschnitt aus B . . . (min. B 160) von . . . cm Dicke und . . . cm Höhe, an der Außenseite mit YTONG-Verblendplatten GS 25, . . . cm dick, . . . cm hoch, . . . cm lang, verkleidet, mit seitlicher Sparschalung, Einlagen aus . . . Stück Betonstahl Ø . . . mm,

Position	Menge	Leistung	Einheitspreis	Gesamtpreis DM

mit der Fugenbewehrung und den Flacheisen der Decke (Pos. 1) verbinden.

... lfd. m DM/lfd. m ... ...

(Diese Position ist auch bei Dachplatten anwendbar.)

10.9 YTONG-Dachplatten

Position	Menge	Leistung	Einheitspreis	Gesamtpreis DM

1 **YTONG-Dachplatten,** mit abgefasten Kanten, GSB ..., ... cm dick, ... cm bis ... cm lang, 62,5 (60) cm breit, **liefern und auf Stahlkonstruktion nach Plan verlegen.** Angeschweißte Halteeisen für jeden zweiten Plattenstoß bauseits vorhanden. Jede Längsfuge säubern, anfeuchten, mit einem Bewehrungsstahl **ø 6—8 mm von mindestens 1,0 m Länge bzw. 1/3 der Plattenlänge im Bereich des Plattenstoßes über der** Pfette armieren und mit Zementmörtel 1:4 ausgießen. Querfugen über der Pfette ohne Stahleinlagen ausgießen.

Traufhöhe ... m
Firsthöhe ... m
Dachneigung ... °
Pfettenabstände ... m bis ... m
Die Bodenplatte ist ... frei und ... befahrbar. Sie besteht aus ..., belastbar mit ... kp/m².

... m² DM/m² ... ...

Position	Menge	Leistung	Einheitspreis	Gesamtpreis DM

Alternative

YTONG-Dachplatten, wie vorstehend, jedoch auf Betonpfetten, ... cm breit, nach Plan verlegen. Eingegossene Rundstahlbügel für jeden zweiten Plattenstoß bauseits vorhanden. Sonst wie vorstehend.

... m² DM/m² ... ...

2 **Bohren und Aussägen** werksseits gekennzeichneter Löcher und Aussparungen aus hierzu vorgesehenen Sonderplatten mit Spezialbewehrung. Die Bewehrung darf nicht beschädigt werden.

... Stück (oder lfd. m) DM/Stück oder lfd. m ... ...

3 **Auswechseln von Dachplatten** für bauseits zu montierende Oberlichter oder Lichtelemente, mit rostgeschützten Stahlbügeln laut beiliegender Zeichnung und Beschreibung.

... Stück DM/Stück ... ...

4 **Zuschlag für das Herstellen einer aussteifenden Dachscheibe** Fräsen von Dübellöchern in die Plattenfugen gemäß Zulassung für **YTONG-Dachplatten genau nach Verlegeplan der YTONG AG.**

Tiefe der Dübellöcher ... cm (0,6 × Plattendicke)
Durchmesser der Dübellöcher .. cm (Ø 8 cm oder Ø 10 cm)
Säubern der Löcher und Fugen von Bohrmehl (ausblasen), Zuschlag für das Einlegen der erforderlichen, verstärkten Fugenbewehrung, Löcher zusammen mit den Fugen der Pos. 1 ausgießen.

... m² DM/m² ... ...

11. Angewandte Forschung

YTONG-Freilandversuchsstelle Schrobenhausen

11.1 Allgemeines

Die YTONG-Freilandversuchsstelle Schrobenhausen ist Ende 1969 errichtet worden mit dem Ziel, neue Erkenntnisse über die Eigenschaften und Anwendungsmöglichkeiten von YTONG zu gewinnen. Solche Untersuchungen an Wand- und Dachkonstruktionen führen erst dann zu praxisgerechten Ergebnissen, wenn sie unter natürlichen außen- und innenklimatischen Bedingungen durchgeführt werden.
So sind unter der wissenschaftlichen Beratung von Herrn Dr. Künzel, dem Leiter der Außenstelle Holzkirchen vom Institut für Bauphysik Stuttgart u. a. zwei vollklimatisierte Versuchshäuser errichtet worden.
Das Schwergewicht des Versuchsprogramms liegt auf Untersuchungen über das Feuchtigkeits-, Temperatur- und Verformungsverhalten von YTONG-Bauteilen in Verbindung mit anderen Werkstoffen sowie von neuentwickelten YTONG-Produkten und Konstruktionen. Weiterhin werden Innenwandverfliesungen, Verfugungen, Dachdichtungen geprüft, Haftfestigkeit, Härte und Oberflächensaugvermögen von Putzen ermittelt, sowie meteorologische Messungen zur Bestimmung der Klimaverhältnisse im Großraum Schrobenhausen durchgeführt.
Neben den Untersuchungen einer Fülle von Wand- und Dachkonstruktionen unter normalen Wohnverhältnissen ist das Verhalten solcher Konstruktionen unter dauernden extremen raumklimatischen Bedingungen (Innentemperatur: 22° C, relative Raumfeuchte: 70%) von besonderem Interesse. Mit diesen Versuchen sollen die Grenzen der Einsatzmöglichkeiten klar umrissen werden.
Darüber hinaus wurde erstmalig eine klare Abgrenzung zwischen belüfteten und unbelüfteten YTONG-Flachdachkonstruktionen geschaffen, wobei auch hier der Einfluß verschiedener klimatischer Bedingungen berücksichtigt wurde.
Bei der Auswahl der Dachkonstruktionen wurde besonders auf die Möglichkeiten der Behandlung der Unterseiten eingegangen (Anstriche, Verkleidungen).
Bei den Wandkonstruktionen standen die Ausführungen der Oberflächenbehandlung — in erster Linie Putze — im Vordergrund. Auf den Wandfeldern wurden Putze verschiedener Zusammensetzung, Farbe und Struktur mit unterschiedlicher Härte, Wasseraufnahme und Diffusionsfähigkeit aufgebracht. Neben Putzen nach Norm wurden bekannte Edelputze und Neuentwicklungen auf diesem Gebiet untersucht.
Die besten Ergebnisse wurden mit hydrophobierten Außenschalen, die gute Diffusionseigenschaften aufweisen, erzielt.
Über die erforderliche Festigkeit der Putze in bezug auf mögliche Rißbildungen kann noch keine Aussage gemacht werden; jedoch kann als erwiesen gelten, daß sich auch bei sehr harten Außenschalen — selbst unter hoher Temperaturbeanspruchung z. B. bei dunklen Wandoberflächen auf Südseiten — keine Rißbildung im Putz einstellt.
In diesem Zusammenhang ist der Hinweis auf das Verhalten von Fassadenelementen mit Waschbetonvorsatz wichtig, die trotz äußerst ungünstiger Wandorientierung (Nordseite; keine direkte Besonnung, sondern nur geringe diffuse Sonneneinstrahlung) gute Trocknungseigenschaften besitzen.
Die Grenzen der Einsatzmöglichkeiten in Abhängigkeit von innenklimatischen Belastungen bei Wandkonstruktionen mit harter und verhältnismäßig dampfdichter Oberflächenbehandlung werden in Kürze aufgrund der Ergebnisse abgesteckt werden können. Die hier gewon-

nenen Erkenntnisse trugen wesentlich zur Entwicklung der YTONG-Fassadenelemente mit direkt aufgebrachter Hartbeschichtung (Natursteinplatten, keramisches Material) bei.
Die Ergebnisse der Untersuchungen ein- und zweischaliger Kellerwandkonstruktionen zeigen praktikable Möglichkeiten der Abdichtung gegen Bodenfeuchtigkeit, die im folgenden noch näher beschrieben werden.
Die in einem Versuchshaus errichteten, 5 m langen Innenwände aus PLANPLATTEN in verschiedener Verarbeitung und mit verschiedenen Anschlußbedingungen sollen Hinweise auf die Einflüsse geben, die zu den häufig auftretenden Rißschäden führen können. Bei der Beobachtung lediglich des Schwindverhaltens sind bisher keine negativen Veränderungen an den Versuchswänden festgestellt worden, obgleich der praktische Feuchtigkeitsgehalt schon erreicht ist. Um noch ungünstigere Verhältnisse zu schaffen, wurde Anfang Januar 1972 die relative Raumfeuchtigkeit auf ständig 35% herabgesetzt. Nach den bisherigen Ergebnissen dürften die Schäden in erster Linie auf Gebäudebewegungen und ungewollte Belastungen zurückzuführen sein.
Nach einem Untersuchungszeitraum von über drei Jahren haben die bisher vorliegenden Ergebnisse viele neue Erkenntnisse gebracht und auch anderseitig durchgeführte Untersuchungen bestätigt. In den folgenden Kapiteln werden daraus schon konkrete Folgerungen für die Praxis gezogen.

11.2 Kellerwände

Bei den untersuchten YTONG-Kellerwänden aus 30 cm dicken Blöcken und PLANBLÖCKEN GS 50 wurde bei den einschaligen Konstruktionen bewußt auf die übliche Vorbehandlung durch vollflächigen Sperrputz mit abgeriebener Oberfläche verzichtet (siehe Bild 11/1, Konstruktion a). Bei den Versuchen in Schrobenhausen wurden verschiedene Dichtungsmaterialien auf ihre Eignung bei direktem Auftrag auf den Gasbetonuntergrund geprüft (siehe Bild 11/1, Konstruktion b).
Eine weitere Variante — in Bild 11/1, Konstruktion c schematisch dargestellt — bildet die zweischalige Kellerwand, deren äußere Schale aus Wellasbestzementplatten oder Bitumen-Wellplatten besteht.
Alle in Bild 11/1 gezeigten Dichtungsmöglichkeiten sind für Gasbeton-Kellerwände gut geeignet. Während bei einer Vorbehandlung der Gasbeton-Kellerwand nach DIN 4117 bzw.

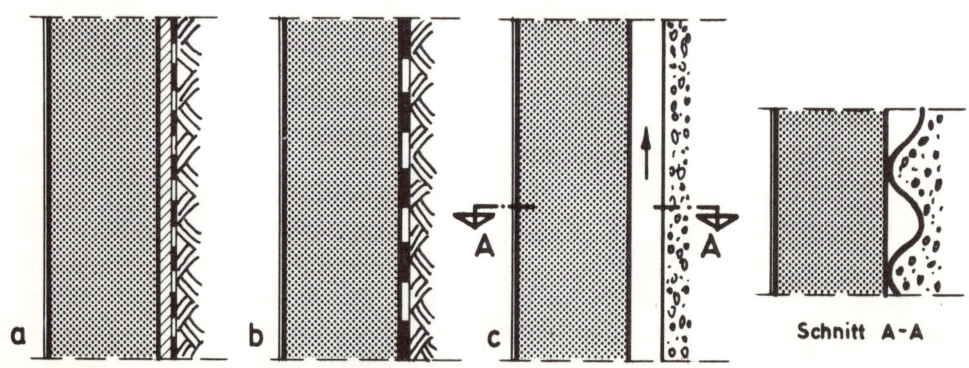

Die Kellerwanddichtungen bestehen aus:

a Sperrputz mit üblichen Dichtungsanstrichen
b Dickeren Dichtungsschichten (z. B. Bitumen-Dichtungsbahnen)
c Wellasbestzementplatten

Bild 11/1 Untersuchte YTONG-Kellerwandkonstruktionen

18550 bauübliche dünne Dichtungsanstriche eine ausreichende Isolierwirkung erbringen, reichen sie bei direktem Auftrag auf den Gasbeton nicht aus: Die Wirksamkeit einfacher Anstriche kann durch Fehlstellen, d. h. Verarbeitungsfehler, beeinträchtigt werden (siehe dazu Bild 11/2, Kurve a).
Dagegen haben sich dickere Dichtungsschichten aus geeignetem Material bei direktem Auftrag auf YTONG — durch Kurve b in Bild 11/2 dargestellt — gut bewährt. Zu diesen

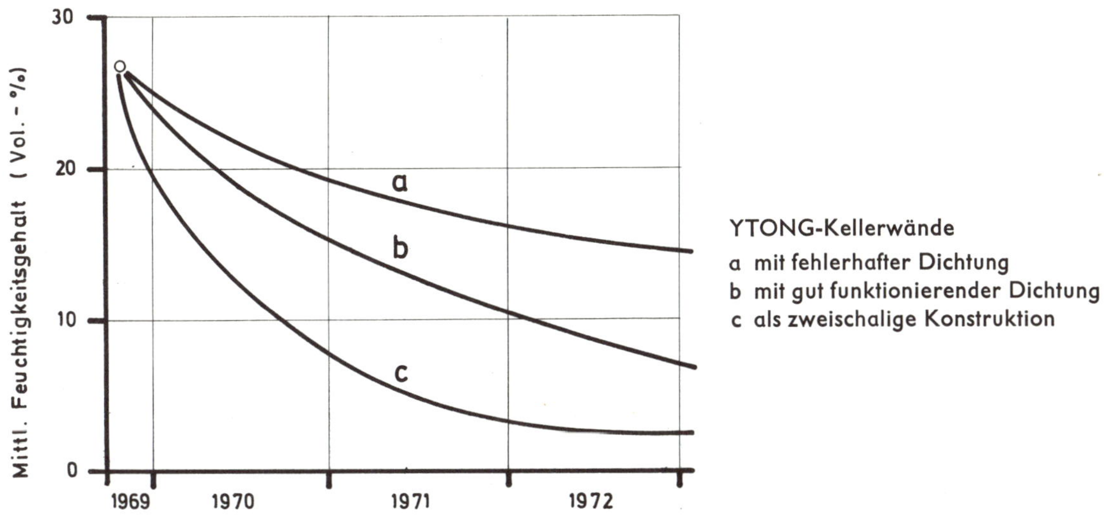

Bild 11/2 Trocknungsverhalten der untersuchten YTONG-Kellerwände bei normalen Wohnverhältnissen

Dichtungsschichten gehören Bitumen-Dichtungsbahnen, Bitumenemulsionen mit Kunststoffzusätzen und lösungsmittelhaltige Bitumenspachtel. Hierbei ist wichtig, daß das Dichtungsmaterial einen geschlossenen, homogenen, möglichst gummiartigen Überzug bildet. Bei diesen zuverlässig abgedichteten YTONG-Kellerwänden ist mit einer weiteren raschen Trocknung zu rechnen.
Die besten Trocknungsergebnisse wurden bei der zweischaligen Kellerwand erzielt: nach ca. zwei Jahren wurde der praktisch trockene Zustand erreicht (Bild 11/2, Kurve c). Die fehlende Feuchtigkeitssperre an der Außenseite der Kellerwand und der vorhandene Belüftungseffekt bewirken ein schnelles Austrocknen der Wand nach innen und außen. Diese Belüftungswirkung wurde durch Messungen von Feuchtigkeitsverteilungen über die Wanddicke zu verschiedenen Zeitpunkten nachgewiesen: es ergaben sich nur geringe Feuchtigkeitsunterschiede im Wandquerschnitt.
Zusammenfassend kann im Hinblick auf die praktische Anwendung gesagt werden, daß YTONG-Blöcke und -PLANBLÖCKE der Güteklassen GS 50 und 75 für Kelleraußenwände sehr gut geeignet sind; Voraussetzung ist eine zuverlässige Abdichtung der Außenseiten gegen Bodenfeuchtigkeit. Dies ist möglich

durch konventionelle Dichtungsverfahren, wie Sperrputz mit anschließenden Bitumenanstrichen,
durch geeignete dickere Dichtungsschichten direkt auf Gasbetonuntergrund und
durch Ausbildung einer zweischaligen belüfteten Konstruktion aus Asbestzement- und Bitumenwellplatten.

Bei einschaligen YTONG-Kellerwänden soll die Oberflächenbehandlung der Innenseite nur geringe Diffusionswiderstände aufweisen, damit die Austrocknung nach innen nicht behindert wird. In den Kellerräumen ist grundsätzlich für eine ausreichende Lüftung zu sorgen.
Für die Durchführung von Sanierungsmaßnahmen bei durchfeuchteten Kelleraußenwänden können Wellplatten auf Asbestzement- bzw. Bitumenbasis mit Erfolg eingesetzt werden.

11.3 Außenwände

Die in Bild 11/3 schematisch dargestellten Wandkonstruktionen werden auf der Freilandversuchsstelle Schrobenhausen nach verschiedenen Kriterien geprüft. In einem Versuchshaus, dessen Wände aus YTONG-Blöcken und -PLANBLÖCKEN GS 25 sowie aus Hochlochziegeln bestehen und dessen Raumklima normalen Wohnverhältnissen entspricht, werden verputzte Wände und Fassadenelemente mit Waschbetonvorsatz untersucht; ein weiteres Versuchshaus mit extremen raumklimatischen Verhältnissen hingegen besteht aus liegenden YTONG-Wandelementen, die mit Beschichtungen und Wandverkleidungen versehen wurden, sowie ebenfalls aus Fassadenelementen mit einer Schale aus Waschbeton.

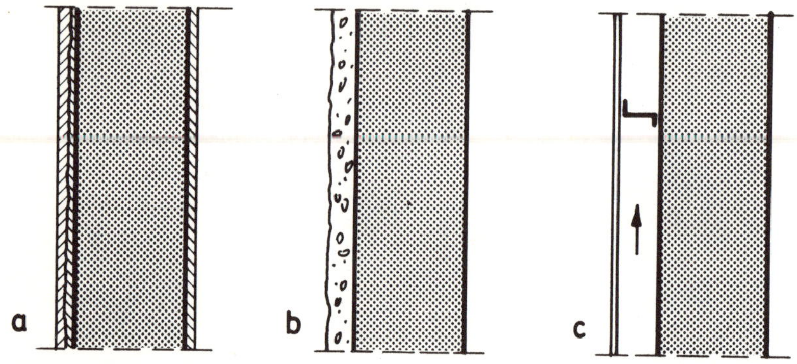

a Verputzte und beschichtete Wände
b YTONG-Fassadenelemente mit Waschbetonvorsatz
c Zweischalige belüftete Wände

Bild 11/3 Untersuchte YTONG-Außenwände

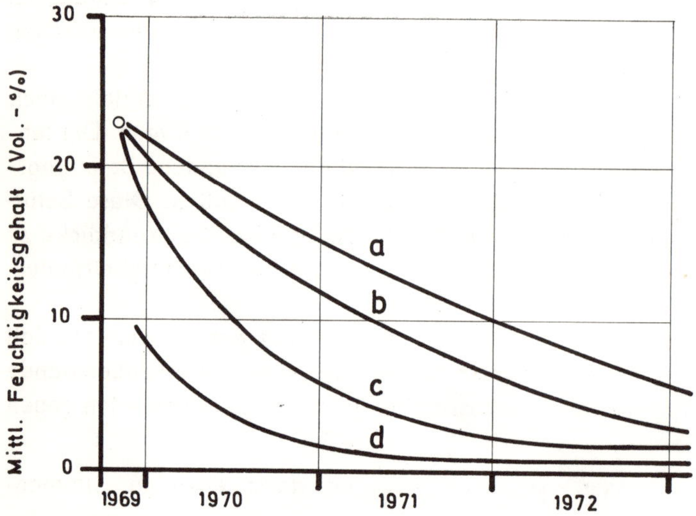

YTONG-Außenwände:
a mit KZ-Putz
b mit KZ-Putz und wasserabweisendem Anstrich bzw. Imprägnierung
c ohne Behandlung der Außenflächen

Ziegelwände
d mit KZ-Putz und wasserabweisendem Anstrich

Bild 11/4 Trocknungsverhalten der untersuchten Außenwände (Westseiten) bei normalen Wohnverhältnissen

Bei Außenwänden wird die Wandfeuchte nach innen und außen abgegeben. Die Trocknungsgeschwindigkeit ist wesentlich abhängig von der Dampfdurchlässigkeit der Oberflächenschichten, aber auch von der Orientierung der Wände. So trocknen schlagregenbeanspruchte Wände langsamer aus als wettergeschützte Wände.
Tendenzen der Trocknungsverläufe an nach Westen orientierten Wänden bei normalen Wohnverhältnissen gibt Bild 11/4 wieder. Daraus läßt sich erkennen, daß Kalkzement-Außenputze (Kurven a und b) durch ihren hohen Diffusionswiderstand die Trocknung von Gasbetonwänden verzögern. Unbehandelte Gasbetonwände (Kurve c) trocknen auch auf Westwänden rasch aus und erreichen schon nach eineinhalb bis zwei Jahren den praktischen Feuchtigkeitsgehalt.

Durch wasserabweisende Anstriche wird der Einfluß des Schlagregens eliminiert (siehe Kurve b im Vergleich zu Kurve a), die zeitlichen Verläufe der Austrocknung sind günstiger als bei Wänden mit nicht hydrophobierend eingestellten Außenputzen. Zum Vergleich ist in Bild 11/4 der Trocknungsverlauf einer in gleicher Weise geprüften Hochlochziegelwand eingezeichnet. Der niedrigere Endfeuchtigkeitsgehalt dieser Wand ist auf die vom Gasbeton unterschiedliche Kapillarstruktur dieses Materials zurückzuführen.
Die wasserabweisende Wirkung der Kalkzement- und Zementputze wird durch Imprägniermittel ohne bzw. mit PVA-Dispersionsanstrichen erreicht. Bei den Anstrichen wurden Risse beobachtet, die sich jedoch bisher nicht nachteilig auf die Feuchtigkeitsverhältnisse ausgewirkt haben.
Nicht hydrophobierende mineralische Edelputze sollen auf Gasbetonfassaden — vor allem auf Schlagregenseiten — nicht verwendet werden. Wie aus Bild 11/5 zu ersehen ist, kann durch eine nachträgliche Imprägnierung eines ungeeigneten Außenputzes die notwendige wasserabweisende Wirkung erzielt werden.

Das unterschiedliche Trocknungsverhalten von Südwänden mit weißer und dunkelblauer Oberfläche geht aus Bild 11/6 hervor. Die starke Absorption von Sonnenstrahlung durch die dunkle Oberflächenschicht beeinflußt wesentlich die Temperaturverhältnisse (siehe Bild 11/7) und somit die Trocknungsbedingungen.

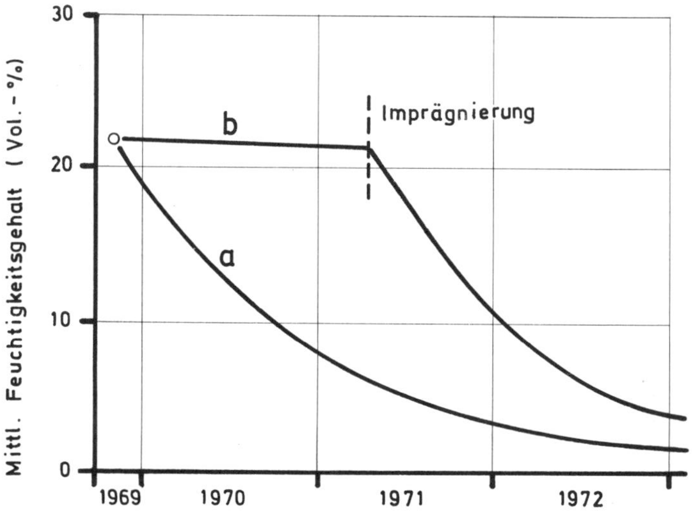

Trocknungsverläufe von Außenwänden mit
a Wasserabweisendem Außenputz
b Außenputz (Edelputz) mit nachträglicher Imprägnierung

Bild 11/5 Einfluß der Wasserabweisung von Außenputzen (Westseite)

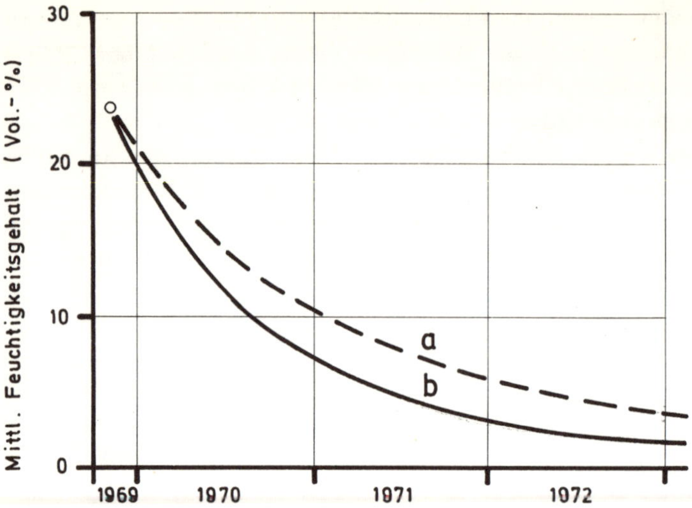

Trocknungsverhalten von Wänden mit
a weißer Oberfläche
b dunkelblauer Oberfläche

Bild 11/6 Trocknungsverhalten von verputzten YTONG-Wänden (Südseite) mit hellem und dunklem Anstrich

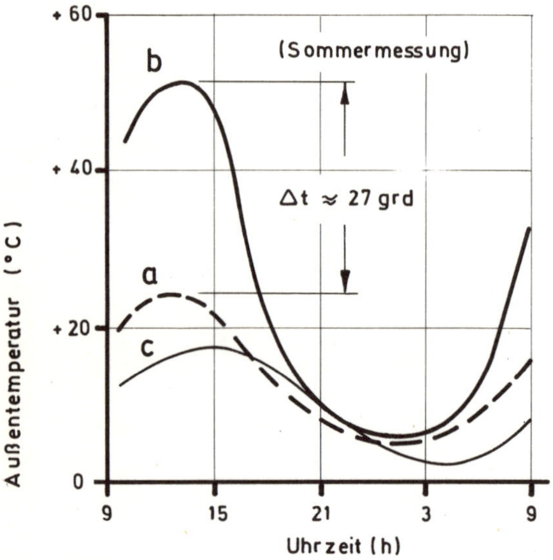

Temperaturverläufe der
a Wände mit weißen Oberflächen
b Wände mit dunkelblauen Oberflächen
c Außenluft

Bild 11/7 Aufheizung von dunklen und hellen Putzoberflächen (Südseite)

Dunkle Oberflächen werden an typischen Sommertagen stark aufgeheizt, so daß sich Temperaturunterschiede zu hellen Oberflächen von 30 grd ergeben. Wegen der daraus resultierenden stärkeren thermischen Beanspruchung sollen helle Putze bzw. Anstriche dunklen vorgezogen werden.
Die Eignung von Beschichtungen auf Acrylat-Basis für Gasbeton-Wandelemente ist auch auf der Versuchsanlage nachgewiesen worden: nach eineinhalb Jahren bei Ostwänden und zwei Jahren bei Westwänden stellte sich der praktische Feuchtigkeitsgehalt ein.

Der mittlere Feuchtigkeitsgehalt im Gasbeton von Waschbeton-Fassadenelementen (Nordwände) nahm innerhalb von zwei Jahren von ca. 20 Vol.-% auf 7 Vol.-% ab. Dieses Ergebnis ist als gut zu bezeichnen, da einerseits die Schwerbetonvorsatzschale eine Trocknung nach außen weitgehend verhindert und andererseits die Trocknungsbedingungen bei Nordwänden wegen fehlender direkter Besonnung besonders ungünstig sind. Mit einer weiteren Trocknung ist aufgrund des Kurvenverlaufs zu rechnen.

11.4 Flachdächer

In der YTONG-Freilandversuchsstelle Schrobenhausen werden Untersuchungen an YTONG-Flachdächern für den Wohnungsbau und den Industriebau durchgeführt. Es wurden belüftete und unbelüftete Dachkonstruktionen — wie in Bild 11/8 schematisch dargestellt — in unterschiedlichen Dicken ausgebildet und entsprechenden raumklimatischen Verhältnissen ausgesetzt.

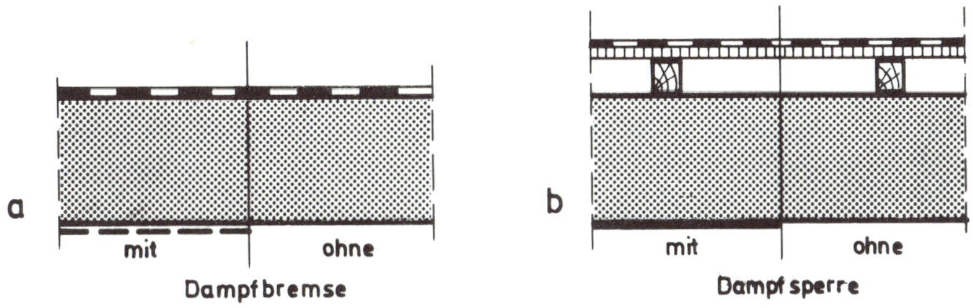

YTONG-Dachkonstruktionen:
a unbelüftete Flachdächer
b zweischalige belüftete Flachdächer

Bild 11/8 Untersuchte YTONG-Dachkonstruktionen

Durch unterschiedliche Behandlung der Dachhaut und der Dachplattenunterseiten wird der Einfluß von Abstrahlschichten bzw. unterseitigen Dampfbremsen und Dampfsperren auf das Trocknungsverhalten der YTONG-Dächer untersucht.
Bei diesen Versuchsaufbauten wurde auf den üblichen Bitumenvoranstrich vor Aufbringen der Dachhaut verzichtet und diese direkt auf den Untergrund aufgebracht. Die Befestigung der Dachbahnen erfolgte durch Nagelung bzw. durch direktes Aufspritzen einer Bitumen-Latex-Dichtungsmasse auf den Untergrund.
Nach einer Untersuchungsdauer von etwa zwei Jahren ergaben sich klare Austrocknungsverhältnisse in den Dachkonstruktionen beider Versuchshäuser, wie aus Bild 11/9 zu erkennen ist. Erwartungsgemäß ist der Trocknungsverlauf bei belüfteten Dächern (Kurve c) wesentlich günstiger als bei nicht belüfteten (Kurven a und b). Nach ein bis zwei Jahren ist sowohl bei hoher Raumluftfeuchtigkeit (70%) als auch bei durchschnittlicher Raumluftfeuchtigkeit (50%) und bei verschiedenen Plattendicken (20 cm, 24 cm) der praktisch trockene Zustand erreicht.

Unterseitige Dampfsperren (Chlorkautschukanstrich) bewirken beim Kaltdach zunächst eine Verzögerung der Trocknungsgeschwindigkeit gegenüber dampfoffenen Systemen (Binderfarbe), nach ca. anderthalb Jahren jedoch sind keine Unterschiede mehr festzustellen: der Feuchtigkeitsgehalt des Daches stellt sich von diesem Zeitpunkt an beim belüfteten Dach unabhängig von der raumseitigen Behandlung der YTONG-Dachplatten ein.

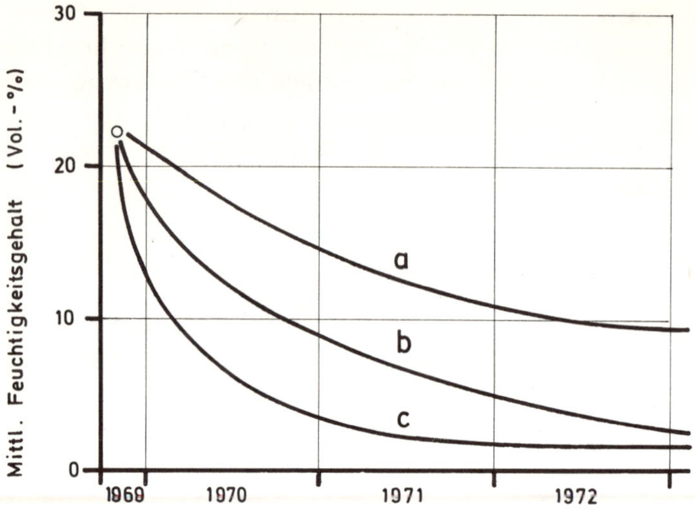

YTONG-Dachkonstruktionen
a unbelüftet, mit unterseitiger Dampfbremse
b unbelüftet, unterseitig dampfoffen
c belüftet

Bild 11/9 Trocknungsverhalten der untersuchten YTONG-Flachdachkonstruktionen unter normalen innenklimatischen Verhältnissen bei Wohn- und Industriebauten

Bei nicht belüfteten Dachkonstruktionen kann die Feuchtigkeit nur zur Raumseite hin abgegeben werden. Deshalb sind Dampfsperren oder starke Dampfbremsen an der Unterseite der Dachplatten nicht zulässig. Styropor-Kassettenplatten stellen einen erheblichen Dampfdiffusionswiderstand dar und verzögern wesentlich den Trocknungsprozeß (Bild 11/9, Kurve a).
Die besten Ergebnisse beim unbelüfteten Wohnhausdach wurden mit Konstruktionen erzielt, die nur mit Binderfarbe gestrichen waren. Eine innenseitige Verkleidung aus Gipskartonplatten (auf Lattung, ohne Belüftungseffekt) bewirkt im Vergleich zu völlig dampfdurchlässigen Unterseiten eine praktisch unbedeutende Trocknungsverzögerung, so daß auch dieser Dachaufbau — oder ähnliche Konstruktionen — ohne weiteres im Wohnungsbau Verwendung finden kann.
Beim unbelüfteten Industriedach (unterseitig Binderfarbe) sind die Feuchtigkeitsverhältnisse wegen der höheren Luftfeuchte und Innentemperatur im Vergleich zu Konstruktionen für den Wohnungsbau etwas ungünstiger. Aufgrund der Kurvenverläufe ist bei allen Warmdachkonstruktionen mit einer weiteren Trocknung zu rechnen.
Die untersuchten Dachdichtungssysteme (Glasvlies-Bitumen-Dachbahnen und Kautschuk-Bitumen-Emulsionen) haben sich bewährt. Blasenbildungen sind auf mangelhafte Verarbeitung zurückzuführen, sie beeinträchtigten bisher nicht die Dichtungseigenschaften der Dachhaut.

Abstrahlschichten, z. B. aus Quarzkies, vermindern erheblich die Dachoberflächentemperaturen und die Temperaturschwankungen innerhalb der Dachkonstruktion. Messungen ergaben Temperaturunterschiede bei Dachdichtungen mit und ohne Abstrahlschicht von ca. 20° C (siehe Bild 11/10).
Aufgrund der vorstehenden Ergebnisse kann zusammenfassend festgestellt werden, daß sämtliche geprüften, belüfteten und unbelüfteten Dachkonstruktionen für die praktische Anwendung im Wohnungsbau bzw. Industriebau geeignet sind.

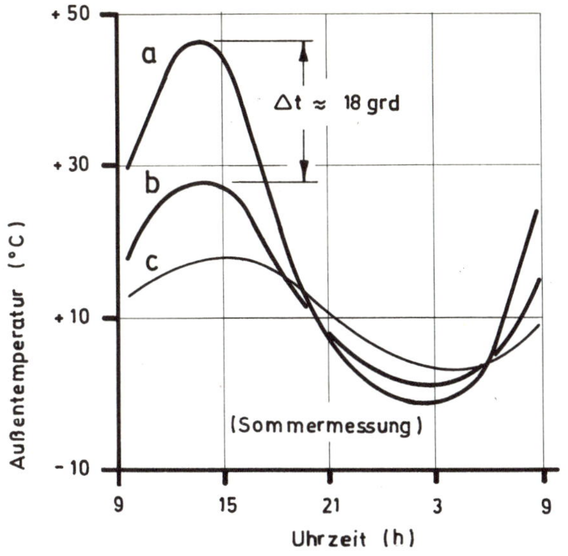

Temperaturverläufe der
a Dachoberflächen ohne Abstrahlschicht
b Dachoberflächen mit Abstrahlschicht
c Außenluft

Bild 11/10 Einfluß von Abstrahlschichten (Quarzkies) auf die Erwärmung von Dachoberflächen

Bei der Verwendung unterseitiger Styropor-Platten bei YTONG-Warmdächern muß jedoch mit einer Trocknungsverzögerung gegenüber den anderen Dachaufbauten gerechnet werden. Für die Praxis besonders interessant ist die Verkleidung der Deckenuntersicht in Wohnbauten mit Gipskartonplatten (auf Lattung).

Durch das Aufnageln der untersten Dachbahn bzw. das Aufspritzen der Bitumen-Latex-Emulsion direkt auf den Gasbetonuntergrund wird auf den kaltflüssigen Bitumen-Voranstrich und das Einlegen einer Glasvlies-Lochbahn verzichtet. Diese modernen Arbeitstechniken mit bewährten Dichtungsmaterialien führen zu einem erhöhten Rationalisierungs- und Wirtschaftlichkeitseffekt. Wegen der starken Verminderung der thermischen Belastung des Daches sind Abstrahlschichten für Gasbeton-Flachdächer zu empfehlen.

Aus bauphysikalischen Gründen müssen bei unbelüfteten Dächern unterseitige Dampfsperren oder starke Dampfbremsen vermieden werden, bei belüfteten Dächern können sie im Bedarfsfall — bei fortwährend hohen innenklimatischen Belastungen in der Regel bei Industriebauten — angeordnet werden.

STICHWORTVERZEICHNIS

Nachweis der Architekten zu den Fotos des 3. Kapitels „Anwendungsbereiche der YTONG-Produkte“

S. 44 Mehrgeschossiges Wohnhaus in Mosbach-Waldstadt:
Architekt Franz Wolf, Mosbach

S. 45 Bungalowsiedlung in Nürnberg-Langwasser:
Architekt Ernst Hofmann, Nürnberg

S. 46 Wohngebäude in Nürnberg:
Architekt Rolf Plank, Behringersdorf bei Nürnberg

S. 47 Wohnhaus in Baden-Baden:
Architekt Kurt E. Walker, Baden-Baden

S. 48 Wohnsiedlung in Nürnberg-Neuselsbrunn:
Architekt Prof. Gerhard Günther Dittrich, Nürnberg

S. 49 Einfamilienhaus:
Architekt Rainer Bange, Hanau,

S. 50 Bungalow:
Architekt O. Brenner, Neu-Ulm

S. 51 Wohngebäude in Würzburg:
Architekt W. Hetterich, Würzburg

S. 52 Komfort-Eigenheim in Gmund am Tegernsee:
Architekt Hans Emberg, München

S. 53 Wohnanlage in Bochum-Hustadt:
Architekt Günter Stegemann, Datteln

S. 54 oben: Appartementhaus in Zisishausen:
Architekt Axel Bangert, Nürtingen

S. 54 unten: Wohnsiedlung in Bayreuth:
Architekt Uwe Jannsen, Bayreuth

S. 55 Olympia-Jugenddorf in München:
Architekt Hans Hammer, München

S. 58 Industriebau in Wetzendorf bei Lauf/Mfr.:
Architekt Franz X. Heid, Neumarkt/Opf.

S. 59 Fabrikationsgebäude in Dietzenbach/Hessen:
Architekt Gerd Olaf Krauss, Offenbach

S. 60 Einkaufszentrum Offenburg:
Architekt Hans B. Vögele, Offenburg

S. 61 oben: Lagerhalle in Mellendorf:
Architekt Heinz Wilke, Hannover

S. 61 unten: Fabrikationshalle in Datteln:
Architekt Günter Stegemann, Datteln

S. 62 Hotelbau in Lübeck:
Architekt Max Louw, Enghaven/Dänemark

S. 63 Bankgebäude in Oberboihingen:
Architekt Axel Bangert, Nürtingen

S. 64 Kaufhaus in Saarlouis:
Architekt Alfred Schultz, Sitterswald

S. 65 Produktionshalle in Gendorf:
Planung: Bauabteilung der Farbwerke Hoechst,
Die Bildunterschriften auf den Seiten 64 und 65 sind vertauscht.

S. 67 Hotel in München (Tourotel):
Architekt Dr. Ferdinand Sieger

S. 68 Fabrikationshalle in Wiesau/Opf.:
Architekt Friedrich Zeitler, Mitterteich

S. 69 Hotelgebäude in Bad Nauheim:
Architekt Horst Becker, Bad Nauheim

S. 72 Tribünendach Volksparkstadion in Hamburg:
Architekten Gerold Garten und Werner Kahl, Hamburg